绿色低碳建筑节能技术

毛建西　卞素萍　主　编
葛翠玉　副主编

中国建筑工业出版社

图书在版编目（CIP）数据

绿色低碳建筑节能技术 / 毛建西，卞素萍主编；葛翠玉副主编. — 北京：中国建筑工业出版社，2023.6（2025.1 重印）

ISBN 978-7-112-28706-2

Ⅰ.①绿… Ⅱ.①毛… ②卞… ③葛… Ⅲ.①建筑-节能 Ⅳ.①TU111.4

中国国家版本馆 CIP 数据核字（2023）第 083696 号

随着社会经济的发展和国家"双碳"目标的提出，环境、生态、绿色、节能等问题已走出象牙塔走进人们的生活。建筑能耗是全社会能源消耗的大户，建筑节能与环境、生态和人类所面临的可持续发展问题密切相关，已成为目前建筑行业的热点问题之一。本书以建筑节能原理（包括建筑太阳能利用、建筑自然通风等）为主线，注重国际上先进的建筑节能理念，系统介绍了建筑设计工程中的节能设计原理、技术和方法。

本书分为建筑节能原理和建筑节能技术两部分，其中建筑节能原理主要包括建筑太阳能热利用原理、低碳建筑通风、低碳建筑节能规划设计以及低碳建筑节能单体设计等章节。建筑节能技术主要包括建筑外围护结构节能设计技术、建筑创作中的低碳通风设计和经典低碳太阳能利用技术等章节。本书突出建筑设计中的节能原理和途径，力争使读者对建筑节能设计问题"知其然并知其所以然"。

本书内容丰富、理论联系实际、图文并茂、实用性强，可作为建筑设计、规划设计、景观设计、绿色建筑节能设计、教学科研、工程管理等人员的工具书和参考资料，以及高等院校的教学参考书，也可以为政府相关职能部门提供借鉴。

责任编辑：杜　洁　张文胜　兰丽婷

责任校对：芦欣甜

绿色低碳建筑节能技术

毛建西　卞素萍　主　编

葛翠玉　副主编

*

中国建筑工业出版社出版、发行（北京海淀三里河路 9 号）

各地新华书店、建筑书店经销

北京鸿文瀚海文化传媒有限公司制版

建工社（河北）印刷有限公司印刷

*

开本：787 毫米×1092 毫米　1/16　印张：17¼　字数：427 千字

2023 年 6 月第一版　2025 年 1 月第四次印刷

定价：**62.00** 元

ISBN 978-7-112-28706-2

（40884）

前　言

地球能源与环境等多重压力迫使人们重视全球可持续发展问题。2020 年 9 月 22 日，国家主席习近平在第七十五届联合国大会一般性辩论上宣布，中国将提高国家自主贡献力度，采取更加有力的政策和措施，二氧化碳排放力争于 2030 年前达到峰值，努力争取 2060 年前实现碳中和，即“双碳”目标。“双碳”目标倡导绿色、环保、低碳的生活方式，需要我国引导绿色技术创新，提高产业和经济的全球竞争力，加快降低碳排放步伐。随着人们生活水平提高，建筑使用者越来越重视建筑的舒适性要求，供暖空调系统的使用越来越广泛。但建筑缺乏合理的保温、隔热措施使得建筑能耗居高不下。建筑能耗是目前全社会能源消耗的大户，建筑节能对“双碳”目标意义重大，越来越受到全社会的关注。因此，社会对建筑设计领域人才的节能知识要求逐渐增多，同时，在我国快速的城市化进程中，建筑工程、工程管理等相关工程大量进行。为此，高等教育已逐步向培养应用型人才和复合型人才转变，以适应经济和社会发展的需要，建筑节能已是建筑设计和施工中的必备内容。

本书契合“双碳”目标、适应应用型人才的培养目标，以建筑节能原理（包括建筑太阳能利用、建筑自然通风等）为主线，从实用和易使用入手，注重国际上先进的建筑节能理念，用简洁易懂的文字结合图片和实例讲解知识点，系统介绍了建筑设计工程中的节能设计理论和方法，并通过原理、知识和方法的学习可以引领大学生尽快进入专业设计领域；同时，本书在编写时突出建筑设计中的节能原理和途径，注重理论联系实际，由理论到实践、由原理到技术、由浅入深、循序渐进，力争使建筑设计师、工程管理人员等对建筑节能问题“知其然并知其所以然”。本书运用浅显易懂的文字结合图片和实例，使读者能够快速理解和掌握相关知识，并具有综合性强和应用性强的特点。

本书编写的具体分工为：第 1 章由卞素萍编写，第 2、3、4、8 章由毛建西编写，第 5、6 章由卞素萍、毛建西共同编写，第 7 章由葛翠玉编写。本书由江苏省绿色低碳发展国际合作联合实验室，自然资源部碳中和与国土空间优化重点实验室南京工程学院研究中心开放基金项目（CNT202207）资助。本书在编写过程中，引用和参考了有关著作和图片参见书后参考文献。限于编者的水平和编写时间限制，书中不妥之处恳切希望得到各方面的批评和指正。

目录

第1章 “双碳”目标与绿色建筑概论

引例

在“双碳”目标下，不同地区绿色建筑发展有何新技术、新方法、新路径；如何推行绿色建造方式，建设高品质绿色建筑，打造绿色低碳生态示范城区，推进绿色社区、绿色城市、绿色乡村不断发展，助力碳达峰碳中和，实现城乡建设全面绿色转型，聚力行业智慧，提供新思路。

绿色建筑是能够在提升居住者、使用者实际效用基础上实现降低碳排放的建筑，其中不仅包含了环境友好、节能减排、可持续等理念，也包含了提升人类生活质量、改善居住环境的内涵。在绿色居住建筑设计过程中，如何着眼于节约能源资源，将绿色建筑回归自然、生活环境舒适健康、使用成本节约等优势外部化。在公共建筑设计过程中，如何充分考虑地理、社会和人文等因素，利用绿色技术，绿色建筑方法和绿色材料等并行，推动绿色建筑智能化发展。

1.1 “双碳”目标

建筑业是城市能否实现碳达峰、碳中和的关键，而绿色建筑是重中之重。从减碳的重要性和紧迫性上看，发展绿色建筑是建筑业实现碳达峰、碳中和的重点之一。

绿色建筑是指建筑物在全寿命周期内最大限度地节约资源、保护环境、减少污染，为人们提供健康、适用、高效的使用空间，最大限度地实现人与自然和谐共生的高质量建筑。与传统建筑相比，绿色建筑更加强调与自然和谐共生，通过科学的整体设计，采用自然通风采光、低能耗围护结构、新能源利用、水循环利用、绿色建材等集成技术，更广泛地利用自然资源，实现资源循环利用，有效减少能源消耗，提高环境质量和舒适度，助力“双碳”目标实现。

1.1.1 “双碳”目标重大决策

2020年9月22日，在第七十五届联合国大会一般性辩论会上，国家主席习近平宣布，中国将提高国家自主贡献力度，采取更加有力的政策和措施，二氧化碳排放力争于2030年前达到峰值，努力争取2060年前实现碳中和。作为世界上最大的发展中国家，我国将用30年左右时间完成全球最高碳排放强度降幅，用全球历史上最短的时间实现从碳达峰到碳中和，难度可想而知。

2022年1月，中共中央政治局第三十六次集体学习，再次聚焦“双碳”主题。会上，总书记强调，减排不是减生产力，也不是不排放，而是要走生态优先、绿色低碳发展道路，在经济发展中促进绿色转型、在绿色转型中实现更大发展。

1. 提升城乡建设绿色低碳发展质量

2021年10月，《中共中央　国务院关于完整准确全面贯彻新发展理念做好碳达峰碳中和工作的意见》为我国“双碳”目标的实现指明了方向，具体如下：

（1）推进城乡建设和管理模式低碳转型。在城乡规划建设管理各环节全面落实绿色低碳要求。推动城市组团式发展，建设城市生态和通风廊道，提升城市绿化水平。合理规划城镇建筑面积发展目标，严格管控高能耗公共建筑建设。实施工程建设全过程绿色建造，健全建筑拆除管理制度，杜绝大拆大建。加快推进绿色社区建设。结合实施乡村建设行动，推进县城和农村绿色低碳发展。

（2）大力发展节能低碳建筑。持续提高新建建筑节能标准，加快推进超低能耗、近零能耗、低碳建筑规模化发展。大力推进城镇既有建筑和市政基础设施节能改造，提升建筑节能低碳水平。逐步开展建筑能耗限额管理，推行建筑能效测评标识，开展建筑领域低碳发展绩效评估。全面推广绿色低碳建材，推动建筑材料循环利用。发展绿色农房。

（3）加快优化建筑用能结构。深化可再生能源建筑应用，加快推动建筑用能电气化和低碳化。开展建筑屋顶光伏行动，大幅提高建筑采暖、生活热水、炊事等电气化普及率。在北方城镇加快推进热电联产集中供暖，加快工业余热供暖规模化发展，积极稳妥推进核电余热供暖，因地制宜推进热泵、燃气、生物质能、地热能等清洁低碳供暖。

2. 推动城乡建设绿色发展和推进城乡建设一体化发展

2021年10月，中共中央办公厅、国务院办公厅印发的《关于推动城乡建设绿色发展的意见》中指出城乡建设是推动绿色发展、建设美丽中国的重要载体。党的十八大以来，我国人居环境持续改善，住房水平显著提高，同时仍存在整体性缺乏、系统性不足、宜居性不高、包容性不够等问题，大量建设、大量消耗、大量排放的建设方式尚未根本扭转。

（1）促进区域和城市群绿色发展。建立健全区域和城市群绿色发展协调机制，充分发挥各城市比较优势，促进资源有效配置。在国土空间规划中统筹划定生态保护红线、永久基本农田、城镇开发边界等管控边界，统筹生产、生活、生态空间，实施最严格的耕地保护制度，建立水资源刚性约束制度，建设与资源环境承载能力相匹配、重大风险防控相结合的空间格局。统筹区域、城市群和都市圈内大中小城市住房建设，与人口构成、产业结构相适应。协同建设区域生态网络和绿道体系，衔接生态保护红线、环境质量底线、资源利用上线和生态环境准入清单，改善区域生态环境。推进区域重大基础设施和公共服务设施共建共享，建立功能完善、衔接紧密、保障有力的城市群综合立体交通等现代化设施网络体系。

（2）建设人与自然和谐共生的美丽城市。建立分层次、分区域协调管控机制，以自然资源承载能力和生态环境容量为基础，合理确定城市人口、用水、用地规模，合理确定开发建设密度和强度。提高中心城市综合承载能力，建设一批产城融合、职住平衡、生态宜居、交通便利的郊区新城，推动多中心、组团式发展。落实规划环评要求和防噪声距离。大力推进城市节水，提高水资源集约节约利用水平。实施海绵城市建设，完善城市防洪排涝体系，提高城市防灾减灾能力，增强城市韧性。实施城市生态修复工程，保护城市山体自然风貌，修复江河、湖泊、湿地，加强城市公园和绿地建设，推进立体绿化，构建连续完整的生态基础设施体系。实施城市功能完善工程，加强婴幼儿照护机构、幼儿园、中小学校、医疗卫生机构、养老服务机构、儿童福利机构、未成年人救助保护机构、社区足球场地等设施建设，增加公共活动空间，建设体育公园，完善文化和旅游消费场所设施，推动发展城市新业态、新功能。建立健全推进城市生态修复、功能完善工程标准规范和工作体系。推动绿色城市、森林城市、“无废城市”建设，深入开展绿色社区创建行动。推进以县城为重要载体的城镇化建设，加强县城绿色低碳建设，大力提升县城公共设施和服务水平。

（3）打造绿色生态宜居的美丽乡村。按照产业兴旺、生态宜居、乡风文明、治理有效、生活富裕的总要求，以持续改善农村人居环境为目标，建立乡村建设评价机制，探索县域乡村发展路径。提高农房设计和建造水平，建设满足乡村生产生活实际需要的新型农房，完善水、电、气、厕配套附属设施，加强既有农房节能改造。保护塑造乡村风貌，延续乡村历史文脉，严格落实有关规定，不破坏地形地貌、不拆传统民居、不砍老树、不盖高楼。统筹布局县城、中心镇、行政村基础设施和公共服务设施，促进城乡设施联动发展。提高镇村设施建设水平，持续推进农村生活垃圾、污水、厕所粪污、畜禽养殖粪污治理，实施农村水系综合整治，推进生态清洁流域建设，加强水土流失综合治理，加强农村防灾减灾能力建设。立足资源优势打造各具特色的农业全产业链，发展多种形式适度规模经营，支持以“公司+农户”等模式对接市场，培育乡村文化、旅游、休闲、民宿、健康养老、传统手工艺等新业态，强化农产品及其加工副产物综合利用，拓宽农民增收渠道，促进产镇融合、产村融合，推动农村一二三产业融合发展。

3. 城乡建设碳达峰行动等“碳达峰十大行动”

2021年10月，国务院印发的《2030年前碳达峰行动方案》中提出了“碳达峰十大行动”，我国碳达峰碳中和工作有了时间表、路线图和施工图，其中的城乡建设碳达峰行动明确了加快推进城乡建设绿色低碳发展，城市更新和乡村振兴都要落实绿色低碳要求，具体如下：

（1）推进城乡建设绿色低碳转型。推动城市组团式发展，科学确定建设规模，控制新增建设用地过快增长。倡导绿色低碳规划设计理念，增强城乡气候韧性，建设海绵城市。推广绿色低碳建材和绿色建造方式，加快推进新型建筑工业化，大力发展装配式建筑，推广钢结构住宅，推动建材循环利用，强化绿色设计和绿色施工管理。加强县城绿色低碳建设。推动建立以绿色低碳为导向的城乡规划建设管理机制，制定建筑拆除管理办法，杜绝大拆大建。建设绿色城镇、绿色社区。

（2）加快提升建筑能效水平。加快更新建筑节能、市政基础设施等标准，提高节能降碳要求。加强适用于不同气候区、不同建筑类型的节能低碳技术研发和推广，推动超低能耗建筑、低碳建筑规模化发展。加快推进居住建筑和公共建筑节能改造，持续推动老旧供热管网等市政基础设施节能降碳改造。提升城镇建筑和基础设施运行管理智能化水平，加快推广供热计量收费和合同能源管理，逐步开展公共建筑能耗限额管理。到2025年，城镇新建建筑全面执行绿色建筑标准。

（3）加快优化建筑用能结构。深化可再生能源建筑应用，推广光伏发电与建筑一体化应用。积极推动严寒、寒冷地区清洁取暖，推进热电联产集中供暖，加快工业余热供暖规模化应用，积极稳妥开展核能供热示范，因地制宜推行热泵、生物质能、地热能、太阳能等清洁低碳供暖。引导夏热冬冷地区科学取暖，因地制宜采用清洁高效取暖方式。提高建筑终端电气化水平，建设集光伏发电、储能、直流配电、柔性用电于一体的“光储直柔”建筑。到2025年，城镇建筑可再生能源替代率达到8%，新建公共机构建筑、新建厂房屋顶光伏覆盖率力争达到50%。

（4）推进农村建设和用能低碳转型。推进绿色农房建设，加快农房节能改造。持续推进农村地区清洁取暖，因地制宜选择适宜取暖方式。发展节能低碳农业大棚。推广节能环保灶具、电动农用车辆、节能环保农机和渔船。加快生物质能、太阳能等可再生能源在农业生产和农村生活中的应用。加强农村电网建设，提升农村用能电气化水平。

1.1.2 “双碳”目标与绿色建筑的内涵及发展趋势

由《绿色建筑评价标准》GB/T 50378—2019 中给出了绿色建筑的定义：所谓绿色建筑，简单说是能达到节能减排目的建筑物，具体是指在全寿命期内，节约资源、保护环境、减少污染，提供健康、适用和高效的使用空间，最大限度地实现人与自然和谐共生的高性能民用建筑。

2021 年 6 月 1 日，住房和城乡建设部发布《绿色建筑标识管理办法》，对绿色建筑标识的申报和审查程序、标识管理等作了相应规定。绿色建筑星级并载有性能指标的信息标志，包括标牌和证书。绿色建筑标识授予范围为符合绿色建筑星级标准的工业与民用建筑，标识星级由低至高分为一星级、二星级和三星级 3 个级别。其中，三星级标识认定统一采用国家标准，二星级、一星级标识认定可采用国家标准或与国家标准相对应的地方标准。新建民用建筑采用《绿色建筑评价标准》，工业建筑采用《绿色工业建筑评价标准》，既有建筑改造采用《既有建筑绿色改造评价标准》。绿色建筑标识认定需经申报、推荐、审查、公示、公布等环节，审查包括形式审查和专家审查，申报由项目建设单位、运营单位或业主单位提出，鼓励设计、施工和咨询等相关单位共同参与申报。在形式审查后，由住房和城乡建设部门组织专家审查，按照绿色建筑评价标准审查绿色建筑性能，确定绿色建筑等级。对于审查中无法确定的项目技术内容，组织专家进行现场核查。

加强科学技术研发，推进绿色建筑共性和关键技术研发，着重开展既有建筑节能改造、可再生能源建筑应用、节水与水资源综合利用、固废资源化利用等方面的技术研究。加强科技项目建设，培育超低能耗建筑、绿色建筑、装配式建筑、清洁能源供暖等示范工程项目，充分发挥科技示范工程的带动作用。

1.1.3 我国各地绿色建筑创建行动

我国各地的绿色建筑创建行动以城镇建筑为创建对象，在城镇总体规划确定的城镇建设用地范围内的新建民用建筑，要求按照绿色建筑标准进行建设。城镇新建民用建筑中绿色建筑面积占比不断提高，星级绿色建筑持续增加，既有建筑能效水平不断提高，住宅健康性能不断完善，装配化建造方式占比稳步提升，绿色建材应用进一步扩大，绿色住宅使用者监督全面推广，人民群众积极参与绿色建筑创建行动，形成崇尚绿色生活的社会氛围。

（1）绿色建筑应当坚持因地制宜、绿色低碳、循环利用的技术路线，在传承、推广和创新具有地域特色、适应地区气候的绿色建筑技术的基础上，各地对绿色建筑建设推出了资金支持、容积率奖励、税收优惠、绿色金融服务和公积金优惠政策等全套激励措施，推动绿色建筑向工业化、数字化、智能化发展，有力推动我国高星级绿色建筑建设。

（2）大力发展被动式超低能耗建筑。对于新建公共、居住建筑，原则上按照被动式超低能耗建筑标准规划、建设和运行，以点带面迅速形成被动式超低能耗建筑规模化推广格局。对建筑面积较大的被动式超低能耗建筑示范项目给予资金补助等办法带动绿色建筑的发展。

（3）强力推进装配式建筑发展。装配式建筑可显著提高建筑综合品质性能和施工安全，而且用工少、工期短、节能环保，是建筑领域推进生态文明建设和传统建造方式转型升级的重要途径。在全市推广装配化建造方式，加强集成设计，规范构件选型，提高建筑标准化、模数化水平，着力提升项目装配率。同时，大力发展钢结构等装配式建筑及装配式装修，开展适合沿海地区特点的装配化建造关键技术研究，打造一批装配式建筑产业基地。大力培育扶持装配式建筑产业，支持有条件的建筑企业、房地产开发企业、建筑设计企业和有一定影响的部品部件生产企业转型升级，发展设计、生产、施工一体化的装配式建筑龙头企业。引导建筑行业部品部件生产企业合理布局、完善产品品种和规格，特别是支持墙体材料生产企业重点发展保温隔热及防火性能良好、施工便利、轻质高强、使用寿命长的墙体和屋面材料。提升装配式建筑工程质量，推广通用化、模块化、标准化设计方式，鼓励和引导设计单位提高统筹建筑结构、机电设备、部品部件、装配施工、装饰装修的装配式建筑集成设计能力，加强全过程的指导和服务。推行绿色施工模式，提高装配式建筑工程施工能力。

(4) 加大绿色建材应用。进一步规范建材市场，加大对建材生产、流通和使用环节的监管力度，杜绝性能不达标的建材进入市场，大力推广纳入目录的绿色节能技术、建材和产品，特别是工程项目建设中优先采用绿色建材，逐渐提高外墙保温材料、高性能节能门窗及密封材料、高性能混凝土、资源循环利用等绿色建材应用比例。

(5) 既有建筑和小区的绿色节能改造。提升建筑能效水平被作为重点任务。结合城镇老旧小区改造、海绵城市建设等工作，推动既有居住建筑节能节水改造且符合条件的小区实施绿色化改造。通过加强绿色建筑宣传引导和信息共享，提高民众对绿色建筑的认知；通过鼓励建设绿色农房、将政府服务下沉到广大农村，提高民众对绿色建筑的认同；通过规范既有建筑的绿色化改造，提高老旧小区人居环境质量，助力城市更新，提升民众对绿色建筑的获得感，让城市更生态。

(6) 推进新技术和信息共享。支持研发和推广与绿色建筑相关的新技术、新工艺、新材料、新设备、新服务。鼓励当地企业同高等院校、科研机构共同开展绿色建筑技术研发与应用。加强新一代信息技术与建筑工业化技术的结合。推进数字化设计体系建设，统筹建筑结构、部品部件、装配施工、装饰装修，推行一体化集成设计。探索以钢筋制作安装、模具安拆、混凝土浇筑、隔墙板等工厂生产关键工艺环节为重点的工艺流程数字化应用。

(7) 加强绿色建筑过程监督管理。细化绿色建筑管理，重点加强对规划阶段、设计审查阶段、施工与验收阶段等关键环节的管理。严格按照“双随机、一公开”监管工作要求开展监督检查，对存在违法违规行为的，依法依规对责任单位和责任人实施行政处罚。加强住房城乡建设行业信用体系建设，利用行业信用信息管理平台等，营造诚实守信的市场环境。

(8) 加大可再生能源和建筑垃圾的利用。采取太阳能光热光伏、地源热泵、高效空气源热泵等可再生能源的建筑面积不断增大。应当加强对建筑垃圾产生、分类、收集、运输、消纳和处置的监管，实现建筑垃圾减量化、无害化、资源化利用，变废为宝。

随着城市的发展和绿色低碳理论研究的不断深化，绿色视角下的建筑设计方法还有待进一步深化研究。基于当前我国城乡建设中的问题和要求，其研究内涵和外延也将随着相关理论研究和实践的发展与时俱进。坚持以转变城乡建设模式和发展方式为核心，以满足人民日益增长的美好生活需要为根本目的，将绿色发展理念贯穿到住房城乡建设工作全过程、各方面。我国持续推进绿色建筑创建行动，大力发展超低能耗建筑、低碳建筑，开展零碳建筑、零碳社区建设试点。加强历史文化传承保护，稳妥推动历史文化建筑活化利用。优化城市及街区路网结构，加快补齐城市居住社区基础设施短板，推进完整居住社区建设。强化科技创新赋能，构建以市场为导向的绿色发展技术创新体系。不断提升城市绿色运维水平。充分运用大数据、云计算、物联网、区块链等现代信息技术，推动数字化城市管理平台智慧化升级，加快城市信息模型基础平台建设。

1.2 我国绿色建筑的发展

目前全球绿色建筑评价体包括美国的 LEED、中国的绿色建筑评价（GB/T 50378）、英国的 BREEAM、日本的 CASBEE 等。这些评价标准有各自的表现形式，目标是建筑应健康、舒适、无害，达到质量、功能、性能与目的统一，使环保性能与费用、经济性能平衡。绿色建筑的认证及评估提供了系统的平台，以分析建筑物各方面的效能，客观及科学的量化系统能有效支持政府施政以至立法，引导建筑业的日常作业。各国都在推行各自的绿色建筑评价体系，尤其是发展较早的英美等国家，如美国 LEED 标准已在世界 147 国家和地区应用，有效推动了绿色建筑的发展及环境的保护。

1.2.1 我国绿色建筑发展中存在的问题和对策

1. 绿色技术与文化及艺术之间的博弈

当今有些绿色建筑设计案例因过分强调其技术特征，导致设计者更多地关注技术本身，而忘却建筑作为艺术的独特本质，建筑表情变得异常冷漠。而绿色建筑设计最重要的原则是探索一种整体性的、可持续的设计方法。它在保护自然资源和提高环境质量的同时，为人类提升和创造一种宜居、舒适、高效、多样的环境。如英国斯拉夫与东欧研究学院伦敦大学学院，它是一个战后遗留项目的扩建，此绿色建筑充分考虑与原有建筑风格协调，尤其是与周边格鲁吉亚风格的街道风貌相配合的建筑屋顶设计。优秀的绿色建筑设计是在尊重地域文化及体现自己鲜明的艺术性下的整体设计。

2. 绿色建筑不仅是技术集成

有些观点认为只要多做绿化或堆砌一些节能技术就是绿色建筑。当然充分利用绿化无可厚非，但绝非仅此而已，基于绿色可生长空间基础上的能为人们提供绿色生活，在机理上响应绿色建筑的总体诉求，而非机械应对某单项指标。绿色视角下的建筑设计策略是基于各要素整体系统化过程的实施。在国内，诸多绿色设计直接借鉴国外的一些绿色建筑技术之后，发现投入效果不尽人意，因为设计者缺乏绿色技术的本土化研究，如成熟度研究等，由此失去了技术的支撑条件，从而造成不必要的浪费。此外，国外诸多绿色建筑走的是高成本路线，所以探索一条符合我国绿色建筑标准的以节约优先的绿色设计策略和方法至关重要。基于以上的问题，我国也在不断寻求解决问题的办法。

3. 寻求理性的设计方法节约能源

以人、建筑和自然环境的协调发展为目标，影响世界生态足迹的因素是自然和人类活动的总量，人类建造要充分体现向大自然的索取和回报之间的平衡。中国香港于 2002 年专门成立了环保建筑专业议会（PGBC），此后多次举办了关于城市气候和城市绿化的专题研讨会，提出了都市气候地图、空气流通评估法、楼宇风透率或间距，以及绿化覆盖率及垂直绿化等，都是香港现正在新兴的举措及研究，以提高城市的品质和保护自然环境，关注城市的可持续发展。2009年12月的哥本哈根气候变化峰会，为应对温室效应，以低碳为核心的节能减排成为重要议题。通过既有建筑和新建筑节能达到一定的标准来大幅减少碳排放量，探索适宜的主动与被动式结合的绿色技术是重要的技术手段，因为我国的绿色建筑标准提倡节约能源和降低建设所需的成本。

4. 利用可再生能源推进集成绿色技术

只有通过能源结构调整和性能的优化，才能为绿色建筑的发展提供必要的前提。可再生及可替代能源的发展不容忽视，真正减少碳足迹才是可持续目标之一，也是应对诸多环境问题的必要途径。技术革新可提高能源的性能，太阳能、风能、自然光等清洁能源的研发已成为发展的趋势，并受到民众的欢迎。由此，建筑减碳要从城市规划、建筑设计、楼宇系统等多方面共同努力，有效结合规划师、建筑师、工程师、测量师等应对绿色建筑实践，协同推进节能减排。基于绿色视角的设计过程应以共享、平衡为核心，通过优化流程、增加内涵、创新方法，实现共享设计，全面审视、综合权衡设计中每个环节涉及的内容，使资源得到高效利用。以定性判断和定量验证为决策手段，把控设计的每个环节，以低碳设计为技术愿景，共同推进集成绿色技术。

1.2.2 不同国家绿色建筑评价体系的特点

不同国家的绿色建筑评价体系不同。例如始创于1990年的美国标准BREEAM是世界上第一个也是全球最广泛使用的绿色建筑评估方法，新版标准中还开发了三个新指标（循环利用、人员健康、全生命周期碳排放）。美国标准LEED主要强调建筑在整体、综合性能方面达到"绿化"要求，凡通过LEED评估的工程都可获得由美国绿色建筑协会颁发的绿色建筑标识，根据每个方面的指标进行打分，总得分是110分，分四个认证等级：铂金级、金级、银级、认证级。德国标准DGNB力求在建筑全寿命周期中满足建筑使用功能、保证建筑舒适度，不仅实现环保和低碳，更将建造和使用成本降至最低。根据分值授予金、银、铜三级（图1-1）。

英国标准 BREEAM	美国标准 LEED	德国标准 DGNB	新加坡标准 GM	中国标准GB/T 50378
1.能耗控制	1.整合过程	1.生态质量	1.气候响应设计	1.安全耐久
2.健康宜居	2.选址与交通	2.经济质量	2.健康舒适	2.健康舒适
3.项目绿色管理	3.可持续场地	3.社会文化及功能质量	3.生活便利	3.生活便利
4.绿色建筑材料	4.节水	4.技术质量	4.资源节约	4.资源节约
5.污染控制	5.能源与大气	5.程序质量	5.环境宜居	5.环境宜居
6.用地与环境生态	6.材料与资源	6.场址选择		
7.废物处理	7.室内环境质量			
8.绿色交通	8.创新			
9.水资源利用	9.区域优先			

图1-1 不同国家标准评价内容

我国的绿色建筑评价指标体系由安全耐久、健康舒适、生活便利、资源节约、环境宜居5类指标组成，且每类指标均包括控制项和评分项；评价指标体系还统一设置加分项（表1-1、表1-2）。

绿色建筑评价分值（分） 表 1-1

	控制项基础分值	评价指标评分项满分值					提高与创新加分项满分值
		安全耐久	健康舒适	生活便利	资源节约	环境宜居	
预评价分值	400	100	100	70	200	100	100
评价分值	400	100	100	100	200	100	100

注：引自《绿色建筑评价标准》GB/T 50378—2019。

一星级、二星级、三星级绿色建筑的技术要求 表 1-2

	一星级	二星级	三星级
围护结构热工性能的提高比例，或建筑供暖空调负荷降低比例	围护结构提高 5%，或负荷降低 5%	围护结构提高 10%，或负荷降低 10%	围护结构提高 20%，或负荷降低 15%
严寒和寒冷地区住宅建筑外窗传热系数降低比例	5%	10%	20%
节水器具用水效率等级	3 级	2 级	
住宅建筑隔声性能	—	室外与卧室之间、分户墙（楼板）两侧卧室之间的空气声隔声性能以及卧室楼板撞击声性能达到低限标准限值和高要求标准限值的平均值	室外与卧室之间、分户墙（楼板）两侧卧室之间的空气声隔声性能以及卧室楼板撞击声性能达到高要求标准限值的平均值
室内主要空气污染物浓度降低比例	10%	20%	
外窗气密性	符合国家现行相关节能设计标准的规定，且外窗洞口与外窗本体的结合部位应严密		

注：引自《绿色建筑评价标准》GB/T 50378—2019。

绿色建筑评价的总得分计算公式是：$Q=(Q_0+Q_1+Q_2+Q_3+Q_4+Q_5+Q_A)/10$，其中 Q 是总得分；Q_0 是控制项基础分值，当满足所有控制项的要求时取 400 分，被评为基本级；$Q_1 \sim Q_5$ 是评价指标体系中的安全耐久、健康舒适、生活便利、资源节约、环境宜居 5 类指标评分项得分；Q_A 是提高与创新加分项得分。满足每类评分的控制项且评分项得分不低于 30%、进行全装修且满足对应技术要求后，根据公式计算后的 60 分、70 分、85 分分别评为一星级、二星级、三星级绿色建筑。

我国《绿色建筑评价标准》GB/T 50378，作为规范和引领我国绿色建筑发展的根本性技术标准，2006 年首次发布，2014 年第 1 次修订版发布，2019 年第 2 次修订版发布。推动了我国绿色建筑的健康规范、规模化发展。

1.2.3 绿色建筑设计策略研究

1. 降低碳排放及促进可再生能源的政策

减排的措施借鉴欧洲国家的经验，设计鼓励采取能源使用与传输的效率（热电联产），绿色交通系统，回收系统，可再生能源系统，以及减少能源消耗等的激励性措施。欧洲许多城市借助于中央政府补贴与开发经费促进了可再生能源使用的增长。丹麦的“能源 21”计划，即不断改善及开发热电联合并大力强调可再生能源的使用，尤其是风能与生物能源的使用（设立在发电量构成中每年提高 1%的目标）。目前太阳能光电技术的应用正在推进，为后期降低能耗提供了可能。此外，对风能的利用及雨水的回收利用也在积极探索并大力推进。

2. 构建与自然共生绿的色生态网络

《2021 中国绿色低碳城市指数 TOP50 报告》指出：当今世界，应对全球性气候危机，走可持续发展道路刻不容缓，建设绿色低碳城市，实现城市的绿色低碳转型，是摆在世界各国面前的重要课题。伴随着城市化和工业化进程加快，城市发展中普遍出现的人口激增、无序扩张、环境污染、资源浪费等问题日益严峻。尤其以能源危机和气候变化为代表的全球性环境问题，更对地球的资源可持续利用和人类的生存与发展提出了重大挑战。迄今，世界各国仍未能从根本上遏制环境总体恶化的态势。只有集聚全球智慧，才能共创城市的绿色低碳未来。党的十八大以来，绿色低碳城市逐渐成为我国新型城镇化发展的主要方向之一。“十三五”期间，我国突出强调绿色低碳发展，向世界展示并贡献了发展绿色低碳城市的中国智慧、中国方案。绿色低碳城市建设要求建筑设计以生态学为基础，使技术和自然达到充分融合、宁静舒适，实现高效、可持续发展的自然和人工环境的复合系统。

绿色创新设计思维和技术：在建筑物之间、在室内、在庭院空间及屋顶都应有自然的元素，屋顶花园、绿色屋顶、绿色墙体（垂直绿化）（图 1-2）、绿色庭院以及其他的绿色措施都是对建设及开发带来的绿色空间损失的补偿，这是关键的理念之一。如奥地利的洪德特瓦塞尔通过对绿色屋顶及绿色建筑来实现生态补偿值得借鉴。对环境中已有的水域、绿色公共空间要充分利用，如利用其中的绿化品种及与建筑物合理的布置方位来调节区域内的微气候。所以绿色规划是在利用自然条件和技术手段创造良好、健康的学习环境的同时，尽可能地控制和减少对自然的破坏，充分体现向大自然的索取和回报之间的平衡。

图 1-2 深圳低碳城的垂直绿化技术

3. 生物多样性保护与地下空间的利用

新世纪因全球变暖、动植物栖息地毁灭加速等问题，环境保护已成为全球性的复杂问题，它要求保护自然资源和环境并促进可持续发展。生态设计的指导性原则就是设计的连接避免碎片化，生态学上破碎的土地、河流、森林会使降低功能选择性生存。设计上，流域、开放空间等自然系统的连接可为徒步的人行道、自行车道、娱乐场所提供更合理的地点，同时保护野生动物和植物的栖息地走廊。绿色建筑应保护现有的自然区域和修复被损坏的区域，为动物和植物提供优质栖息地，促进生物多样性。新建建筑要对场地进行微气候研究，以确定场地的各项要素、合理利用各项自然条件，总体规划应尽量减少对现有生态系统的破坏，优秀的绿色校园要从自身及社区环境、区域环境出发促进良性生态循环。地下空间很宝贵，新、扩建建筑既要避免破坏城市的历史人文环境，又要适应空间拓展的需要。由此利用地下空间成了理想选择，覆土建筑和地下空间已成为很多城市扩建的发展趋向，很多城市都采用了开发地下空间拓展土地的利用模式。

综上所述，绿色建筑从以下方面来理解：节约资源和能源的建筑；环境友好的建筑；考虑人的健康、适用需求的建筑；与自然和谐的建筑。建筑全生命周期是指从材料与构件生产、规划与设计、建造与运输、运行与维护，直到拆除与处理（废弃、再循环和再利用等）的全循环过程。由此绿色建筑的内涵可归纳为：减轻建筑对环境的负荷，即节约能源及资源；提供安全、健康、舒适性良好的生活空间；与自然环境亲和，做到人及建筑与环境和谐共处、永续发展。绿色设计要最大限度地节约资源、保护环境和生态，减少污染，使用可再生和可回收的能源和先进的设计策略等，以取得良好的社会效益。绿色建筑技术发展的速度和广度在不断地前进。与传统的设计方法不同，绿色建筑设计更加科学和理性，并且需要更多先进的、成熟的、适合区域特征的绿色技术作为支撑。利用相关软件对建筑物周围和自身的环境特征进行简化建模。根据对通风、太阳辐射、朝向、温湿度的模拟结果，探索项目采取的绿色设计策略和技术措施。积极总结这些绿色技术和方法可使它们真正可推广和可实施，为城市的可持续发展作出贡献。

1.2.4 绿色技术分析模拟软件的应用

1. 数据的采集和分析

在建筑和规划设计中，可运用绿色建筑理念和设计方法，进行低碳节能的设计策略及技术措施方面的探索，包括对风场环境的模拟、太阳辐射等要素的模拟及相关的热工分析。例如利用 WeaTool 软件对建筑物风场环境进行模拟实验，了解所在城市的全年主要风频，更利于通风换气的最佳朝向，以保证更多房间获得采光通风。夏季房间门打开使空气形成对流后，室内房间能形成良好的通风且无死角。同时根据模拟结果提出了夏季改变建筑物周围微环境的技术措施和冬季提高建筑物窗户气密性、减少热桥效应的技术策略，即对建筑体形以及开窗位置的调整，利用建筑外表面形成的正负压区，有效引导室内空气的流动。在室内的空间设计中，还可以利用通高的空中花园、退台式楼层布局和减小进深，使室内气流有序地从建筑各通风口进出，有效降低能耗。再如，焓湿图是气象分析的重要手段和形式，利用它可分析该地区在舒适范围内的天数，对建筑的室内热舒适性不利的时间，可研究进行改善的对策。此外，设计还可通过外遮阳技术的应用，很大程度上改善室内热舒适度。还可以进行双层表皮设计，不仅夏季防晒防热，同时冬季可以抵御部分冷风渗入室内，达到节能效果。玻璃的太阳辐射是双刃剑，冬季室外温度低时要考虑绝热问题，即外窗与透明墙体具有良好的保温性能，同时玻璃具有更高的太阳能透过率，以最大限度利用太阳能，使阳光能投进室内以减少供暖负荷。夏季遮阳并尽可能阻挡太阳辐射进入室内以减少室内空调负荷。通过 ECO—TECT 软件模拟，夏至日通过调节百叶角度，反射室外光线，阻挡过多的阳光照进室内增加空调系统负担，达到降低室内热量的效果。冬至日通过调节百叶，让阳光尽可能多地照进室内，室内热量受遮阳系统的影响较小。根据以上分析，可以采取遮阳与建筑一体化方案，若想实现建筑运行能耗的降低，高性能的外围护结构是重中之重。设计对建筑材料的热工性能提出要求，体现在外围护结构材料的选择和构造设计上。建筑需要大面积开窗以获得较好的视野及采光的墙体部分设置呼吸式幕墙系统。设计采用恒温器和 CO_2 传感器控制外部百叶窗的开启，向室内提供新鲜空气，保持最佳的室内空气质量。可开启的窗户给人充分的自由度，同时根据个人对室外空气量的不同需要而自行控制。由此通过不同季节对呼吸式幕墙空气间层及遮阳百叶的灵活运用，显著提升幕墙系统整体热工性能，即经过仔细地测算，使幕墙系统的综合传热系数达到理想值。金属卷帘外遮阳的遮阳率非常高，其遮光的构件能根据变化的环境参数做出反应，百叶可根据光线情况确定叶片的倾斜角度，并可依需要启闭；它具有隔热、防辐射、保温节能的功能，有助于实现冬暖夏凉，可减少因阳光的直射而引起的室内温度上升，避免室内过热以节约能源，还可以充分利用自然光，使照度分布均匀。外表皮的玻璃采用高透光双银 Low-E 中空玻璃，中间如留有空隙，内充氩气，具有良好的保温、隔热及隔声等性能，可拦截室内的太阳辐射，同时表面因镀有多层金属或其他化合物组成的膜系产品，使其具有低辐射、高透光的特点，因此大大降低了辐射造成的室内外热能的交换，建筑外窗材料可采用断热隔热金属型材多腔密封窗框。

Radiance 软件主要服务于建筑采光领域等。目前世界上应用最广泛的建筑能耗模拟软件是 DOE—2 软件以及在此基础上开发的 eQUEST（Quick Energy Simulation Tool）。21世纪初形成了新一代软件：Energyplus。此外，TRNSYS 为建筑系统模拟软件，是参数化模拟软件的鼻祖。我国的热环境设计模拟工具包（DeST 软件）由清华大学研发；北京绿建斯维尔开发的绿色建筑性能模拟系列软件是国内的主流软件之一。其他还包括上述的 Ecotect 软件，主要进行建筑声、光、热环境模拟，且为图形界面。

2. 适宜的地域性绿色技术的探索

设计方案可以通过现场测试数据与气象数据进行对比整理，结合该地域的地理自然环境特点，探索地源热泵、太阳能集热器、光导系统、围护结构一体化设计等方面的相关技术，促进公共建筑绿色设计及绿色技术的推广。

（1）被动节能技术优先：除上述合理、高效地利用自然通风是绿色设计的重要手段外，严格控制建筑体形的外表面积也是节能的关键。在相同平面面积前提下，尽量少的围护结构面积对减少能量流失意义重大，长方形体形系数小，热桥和热量损失少；夏季迎风面与背风面压差大更利于通风。地面上设置地下采光井配合光导系统以加大对自然光的利用，而采光井结合水景的设计使得环境更加怡人。高层建筑裙房屋顶部分设置屋面花园，夏季利用屋面上的种植来阻隔强烈的太阳辐射，防止建筑顶层空间温度过高，有效降低建筑物外的综合温度，减少对地面的温差热量。塔楼部分间隔设计竖向的绿化空间，因其具有开敞性，加强了建筑内外空间的渗透关系。同时这些植被结合竖向空间被营造成空中花园，成为优美的视觉焦点，有助于舒缓工作的紧张氛围，让人们直接感受阳光和绿地。种植屋面利用植被遮阳将部分太阳能转化为生物能。在夏季，吸收部分照射到屋面的太阳辐射，利用植物叶面增加蒸发的散热量，降低屋面得热；同时净化空气，吸收 CO_2，释放氧气。

（2）集成应用成熟技术：建筑的外墙设计有多种方式，如使用镀膜双层玻璃来降低太阳辐射率，为幕墙安装复合板，安装室外的雨篷或遮阳板等，将建筑造型、空间与技术措施有机结合正是绿色建筑美之所在。外墙材料也可以利用光伏发电玻璃、光伏发电天窗及生态装饰板材等，加大对可再生能源的利用。随着科技的进步，无机类保温结构一体化材料是保温隔热发展的主流，它对材料保温隔热的性能、材料自身的持久性，包括机械性能、抗老化性能提出严苛要求，复合型结构的优势决定了其能很好地满足要求。外墙生态装饰板这一新型产品，集保温与装饰为一体，具有安装方便快捷、装饰效果好、可拆卸更换、保温隔热性能符合计算要求，且综合成本较低的优点，为整个建筑能耗的降低提供了必要保障。这种整合式的应用也是达到最佳的节能效果和降低对环境影响的有效手段。它区别于传统的设计过程，这种一体化的设计过程需要各专业在建模、测试和协调上的配合才能发挥各自特色，以达到更大的能源经济效益。而将人性化设计、自然要素、艺术欣赏融入一体化的设计中，可使绿色建筑更具生命力和亲和力。再如，空调可采用地源热泵的温湿度独立控制空调：即向室内送入经过处理的新风，承担室内湿负荷。根据气候差异，夏季对新风进行降温除湿处理，冬季对新风进行加热加湿处理，新风承担排除室内CO_2等卫生方面的要求以及调节室内湿环境的作用。室内温度控制由显热空调末端实现，达到温度与湿度分开控制的目的。冬季通过换热器从地下取热成为热泵的热源；夏季从地下取冷使其成为热泵的冷源，实现了冬存夏用及夏存冬用，能量转换率高。屋顶部分设计太阳能集热器，取代传统的燃气热水或电辅助加热系统，即采用太阳能集热耦合地源热泵生活热水系统。夏季空调系统的冷凝水被排除，其冷凝余热可作为太阳能集热的辅助加热。冬季因地源热泵机组工作能力会有盈余，恰好弥补太阳能集热不足的缺点。此外还有自然光利用技术与人工照明的整合，因照明能耗约占到建筑能耗的30%，这一绿色技术利用室外光线代替人工照明，不仅节能而且提供健康的人居环境。通过采光装置聚集室外的自然光线并将其导入系统内部，然后经过光导装置强化并高效传输后，由漫反射器将自然光均匀导入室内需要光线的任何地方，达到节约能源的目的。不论白昼、晴雨天，该照明系统导入室内的光线仍然十分充足。自然光利用技术取代电力照明，减少由常规电等能源带来的环境污染，采光装置利用雨水即可自清洁且无需日常人工维护。

建筑物的能源性能是建筑物实际所需的能源量，如通风、照明、空调等，能源使用应考虑保温、技术、日照、设计及建筑朝向与区域气候之间的关系以及邻近建筑对项目的影响，尽可能地运用可再生能源，减少对能源的需求。从建筑节能出发，充分考虑建筑所在地的各项资源和全年的气候条件，采取满足标准规范的技术措施。设计以科技为手段首先体现在定性分析上，关注地域特点和项目自身的特色；其次为科学化的定量验证，现代计算机数字模拟技术提供了科学的验证手段，为修正设计、提前解决问题提供了依据；同时借助科学手段创造解决问题的途径。我国绿色建筑和技术前景广阔，它的推广对自然环境、社会环境的保护意义重大。基于绿色理念的设计实践需要推进合理的、有开创性的、低碳节能的设计理念，利用可再生的自然能源，也是减少碳足迹的有效之道。选择与创造本土化的适应性绿色技术，为城市的可持续发展做出贡献。

1.3 绿色社区与绿色住宅设计

环保节能、健康、舒适的高品质住宅已经成为建筑节能技术的内在、本质要求，让建筑在使用过程中减少对煤、电等能源的消耗，提高能源的利用效率，使改善建筑内外环境与建筑节能相结合，节能设计要有利于施工和维护，通过应用节能技术措施，最大限度减少建筑物能耗量，以获得理想建筑节能效果。以建设自然生态环境居住社区为出发点，以被动式技术为先导，大量采用先进成熟的新材料、新技术、新设备、新工艺，在环保、节地、节能和再生资源利用方面做大胆尝试和积极探索，突出体现居住建筑产业化的发展方向，实现当代居住建筑产业中科技成果的实践和应用，全面提高居住建筑的功能、环境质量的同时，推动材料的更新换代以及低能耗居住建筑产业的形成和发展。

低能耗绿色社区是指具备一定的符合环保要求的硬件设施，建立较完善的环境管理体系和公众参与机制的社区；其硬件设施包括绿色建筑、绿化、垃圾分类、污水处理、节水、节能和新能源应用等应用措施；有完备的社区管理部门、制度等。它将人类生态系统与建成环境与自然环境结合，更是综合成本与环境负荷的最佳结合。另外，社区资源利用方式是低成本、低环境负荷的。社区鼓励个人承担责任，特别是在诸如废物分类和能源、水保护措施等环境倡议方面。合理、适度的土地混合利用被认为是创造更具经济活力、社会平等和环境品质的宜居城市的重要方面。居住建筑在规划之初要注重紧凑集约，例如英国伦敦附近的 BEDZED 社区由八幢房屋组成，以 3 层为主，采用居住和办公混合的形式，设计注重交往空间的营造和绿色空间占比，通过屋顶绿化等增加空间的多样性；通过减少通勤距离，来减缓交通成本和资源消耗，减轻环境污染。低能耗社区大力倡导绿色生活，使环保成为一种生活方式、社区文化；有助于推动环保产业和建筑业、公交业、回收业等相关行业的发展。

1.3.1 绿色住宅与低能耗技术

住宅设计首先要合理选择建筑造型、形式。因建筑形式对建筑能耗有直接影响，简约的造型可有效控制建筑体形系数，最小化能源消耗。Peter Goretzki 通过对不同形态、层数的建筑的研究指出：建筑物包围面积与可用空间的比率，作为建筑物形状的函数；其值越低，建筑物的能源效率越高。体积大、体形简单的建筑及多高层建筑的体形系数较小，对节能较为有利。所以必须重视建筑体形的选择，它直接关系着建筑能耗的高低（图 1-3）。建筑的外围护结构是节能的重点，重视门窗等保温隔热的关键要素的设计；加强新建和现有建筑的节能措施，例如增加保温措施，采用低发射率双层玻璃，采用更高效的加热系统、太阳能热水器等。

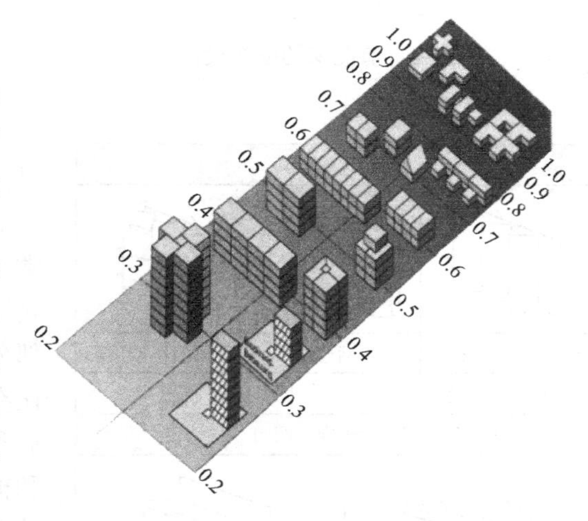

图 1-3 不同体形建筑的能源效率

被动式住宅采用节能技术构造最佳的建筑围护结构，可极大限度地提高保温隔热性能和气密性，使热传导损失最小化；通过技术手段尽可能实现室内舒适的热湿环境和采光环境；最大限度降低对主动式供暖和制冷系统的依赖，如充分利用室内生活热量和可再生能源。意大利福贾（Foggia）的居住建筑在复杂的设计中采用传统的节能措施。在传统的混凝土结构中，顶层用木线条来抬高，通风屋顶使得集成屋顶的南侧进行了优化，以表面的集成板来满足住宅需求。而需求减少则要感谢高绝缘材料的使用，其总传热系数 0.201W/（m^2·K），高性能的窗户的传热系数仅为 1W/（m^2·K）。图 1-4 所示节能窗的框料设计有三个独立密封层，通过改善材料的保温隔热性能和提高门窗的密闭性能，来提高门窗的节能性以及周边高性能密封技术，从而降低空气渗透热损失，提高门窗的气密、水密、隔声、保温、隔热等主要物理性能。不同玻璃的传热系数不同（图 1-5），因普通玻璃容易散发热量，即具有高发射率，所以其保留热量的能力可通过降低其辐射率（Low-E 玻璃）来提高。这通过在玻璃表面的微观金属片的涂层来实现，它有助于抑制太阳辐射的进入。

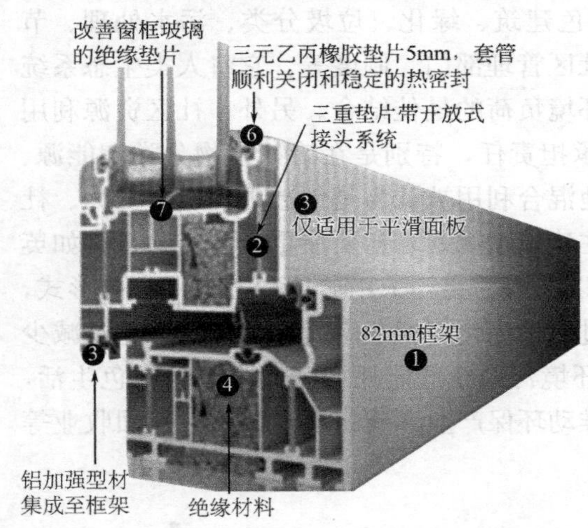

图 1-4　节能窗的框料设计

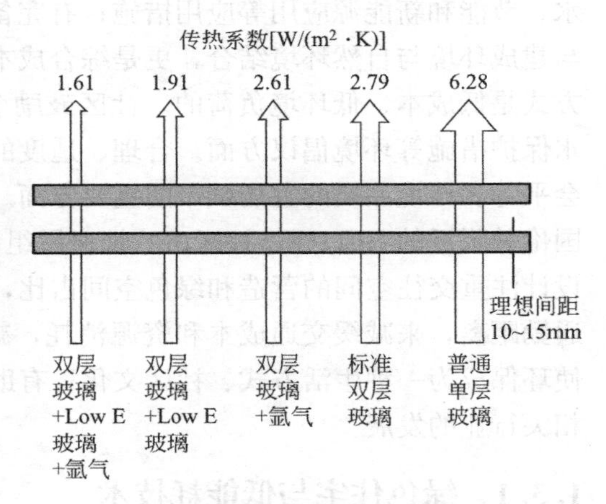

图 1-5　不同玻璃的传热系数

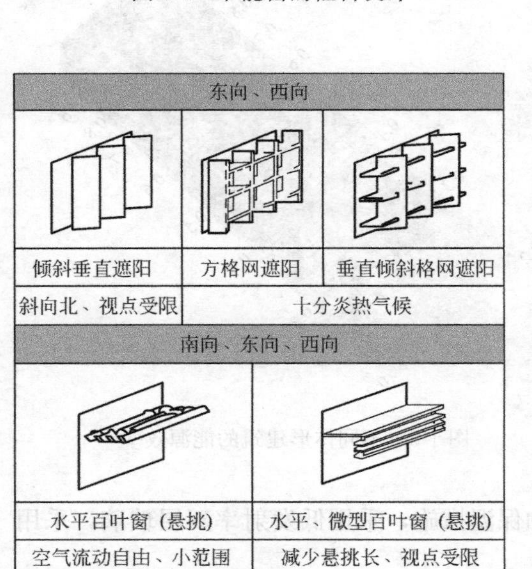

图 1-6　基于气候的几种不同遮阳的选择

住宅节能设计需关注的另一重要方面是热量损益平衡。与所有热传递一样，热量将从窗口的暖侧流到冷侧。与太阳辐射相比，窗户通常是较差的绝缘体，因此它们对太阳辐射几乎是透明的，代表着建筑物的热增益和损耗的大部分。面向太阳的窗户在白天常获得的太阳能比在夜间失去的热量更多，其过程影响通过玻璃和窗口部件的热损失率。热损失通过窗玻璃和框架边缘主要以传导的形式发生。如框料设计有效避免了能量损失，同时遮阳也要基于不同的气候和形式来选择，增强其适应性，不同朝向和形式对室内舒适度以及视线都有重要影响，要综合考虑各种因素（图 1-6）。通过对世界上最大的被动式住宅区德国海德堡 Bahnstadt 的研究可发现，除了能源效率之外，住宅还提供了巨大的长期效益，例如甚至在极端条件下超绝缘和气密结构提供了无与伦比的舒适性等。被动式住宅是通向净零能耗建筑的最佳途径，因为它最大限度地减少了可再生能源需要提供的负荷。

住宅的设计、建造、使用、废弃环节周密的设计都与低能耗、低污染与低排放相关，在考虑建筑坚固耐久的同时兼顾建筑的易拆除设计，考虑所用的材料和采用的构件在其寿命结束时能再循环，对于自然资源的节约和可再生能源利用等方面严格要求，体现可持续性。建筑师充分考虑到围护结构材料的生命周期和维护，它们在创造立面的同时需有可及性和可维护的能力。图1-7所示的美国北卡州被动式住宅表皮拆分，体现了可再生能源利用的重要性。在建筑物的寿命周期内，零件和组件将需要修理或更换，如硅密封件的寿命一般为35年；玻璃涂层为20年；聚酯粉末涂料为15年。建筑耐久性不仅取决于材料的选择、完成、设计质量和施工，而且还取决于维护和可及性，维护良好的建筑才会有更长的寿命周期。因此，居住建筑设计要关注资源和材料的低消耗，包括建筑部件的重复使用和拆卸设计。

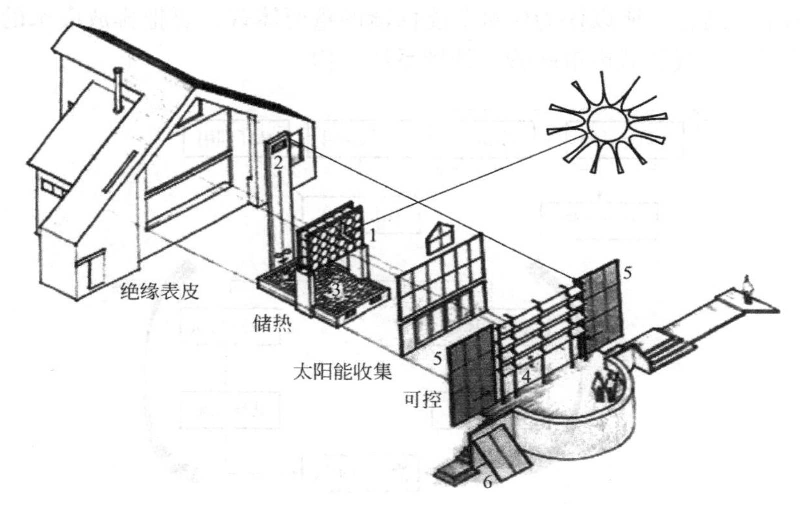

图1-7 美国兰德尔曼（北卡州）被动式住宅表皮等距离拆分图

1—水鼓；2—热空气进入蓄热石；3—蓄热石层；4—阳光控制遮阳篷；5—半透明的绝缘板；6—太阳能热水器集热器

1.3.2 绿色住宅设计策略

1. 资源的循环利用和低成本复合系统的开发

绿色住宅的资源利用与能源消耗、资源循环利用等密切相关。Ken Yeang在《生态设计》中以水资源的利用为例，指出设计师要了解“质量水”是生物圈的关键资源。水与建筑环境以三种形式相互作用：大量的水（如雨水、灰水）、水蒸气和随空气扩散（潮湿）移动的水。雨水收集设计的关键要素是水的回收再利用，设计时要以不同方式考虑关键技术：建筑如何收集、过滤和清洁水；水与内部系统如湿度控制相结合，并通过建造材料的选择，保护它免受雨水汽的侵蚀。这些可通过倾斜的屋顶、湿地的建造和多层建筑围护结构的形式等实现。建筑环境的生态设计及其过程须保存好品质的水，通过整合和规划以节约水资源，雨水收集、中水回用和循环利用，如黑水（坐便器及小便器出水）、灰水（厨房、盥洗室、地漏出水）的降级使用以及雨水和地表水回馈给地面。同时在技术上保障水压、水质，使用新型环保管材供水，防止供水输送过程中的二次污染；积极采用生活污水处理回用技术，对生活污水进行高效的三级处理，处理后的污水可作绿化用水和道路冲洗等以节省水资源，降低建造运行成本。尤其是我国的农村居住建筑，要结合现有的自然地理条件，积极利用废弃地、滩涂等，灵活运用生态处理技术，因地制宜地选择合适的工艺，使污水达标排放，经处理后达到农田回用标准，用于农田灌溉和农村杂用水，充分发挥生态效益和环境效益。

德国提出至 2010 年 10%的电力来自再生能源，到 2030 年上升至 25%，到 2050 年上升至 50%。法国政府鼓励住宅建造时充分利用新能源，为建筑安装生物能、太阳能、风能、光能发电等新能源设备提供补助。我国也在拓宽能源利用的宽度和深度，善于开发低成本的复合系统尤为重要，例如将太阳能收集和雨水收集系统结合的复合系统（图 1-8、图 1-9）。图中雨水除用于绿色屋顶和绿化墙灌溉之外，部分进入雨水箱，将其与被太阳能加热的水利用系统结合。所以作为建筑节能内涵的重要体现，要把排放废水的减量化、资源化作为追求目标，减轻城市市政管网处理系统负担。

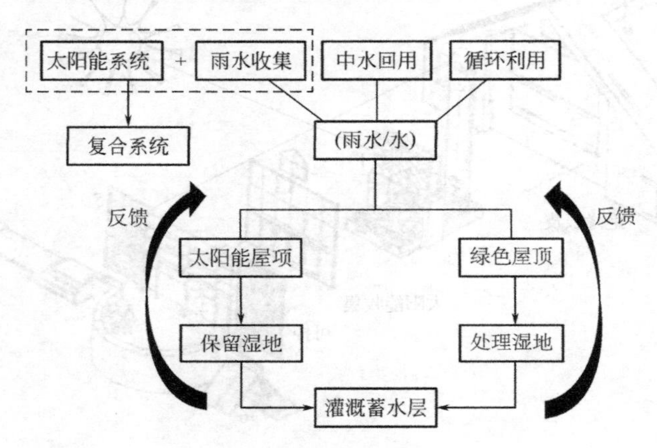

图 1-8　雨水收集设计

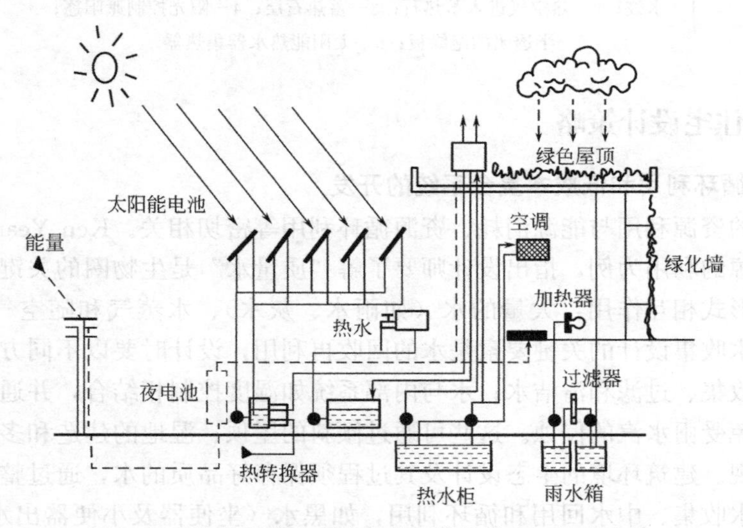

图 1-9　太阳能收集和雨水收集系统的结合（作者改绘）

2. 新型材料和结构、能源等集成系统的研发

绿色住宅是基于人与自然持续共生、资源高效利用等原则而设计建造的一种能使住宅内外物质能源系统良性循环，无废、无污、能源实现一定程度自给的新型住宅模式。其建设过程要尽可能地把对自然环境的负面影响控制在最小范围，实现住区与环境的和谐共存。它的内涵是指建筑对环境无害，能充分利用环境自然资源，并且在不破坏环境基本生态平衡的条件下建造；以有利于人体健康和环境保护为目的，以节约能源和资源为宗旨的环保住宅，是全世界发展的大趋势。

绿色住宅，尤其是节能型住宅的建设，以提高住宅性能、降低能耗以及资源循环利用为重点，与可持续发展和打造循环经济的要求相一致。除了须具备传统住宅遮风避雨、通风采光等基本功能外，还要具备协调环境、保护生态的特殊功能；其建造应遵循生态学原理，体现可持续发展的原则，在规划设计、营建方式、选材用料方面按特定要求进行，即在生理生态方面有广泛的开敞性；采用的是无害、无污、可以自然降解的环保型建筑材料；按生态经济开放式闭合循环的原理作无废、无污的生态工程设计；有合理的立体绿化，能有利于保护，稳定周边地域的生态；利用清洁能源，降低住宅运行能耗，提高自养水平；富有生态文化及艺术内涵。

国外绿色住宅注重节能环保成套技术体系的优化、集成、推广和应用，注重先进成熟的新材料、新技术、新设备、新工艺等的应用，体现标准化设计、系列化开发、集约化生产、商品化配套供应的原则。同时，坚持环保、节地、节能和再生资源利用的可持续发展建设原则，值得我们借鉴。图1-10中将光伏板与屋顶保温隔热系统进行综合开发，加快了成熟技术的应用。学者Shorrock和Henderson通过研究成本效益的效率，发现25%的能源可以通过有效的成本效益的措施削减。能源管理系统可减少每日峰值负荷，如安装节能家用电器和照明及低水耗安装（图1-11）。与绿色住宅形态相适应的可持续性结构设计理论也是新的研究方向，以保温节能、减轻建筑物自重，构件模块化、循环再生材料利用，健康材料、生态性新型建筑部件使用、新型结构体系等都是建筑技术创新的重点。

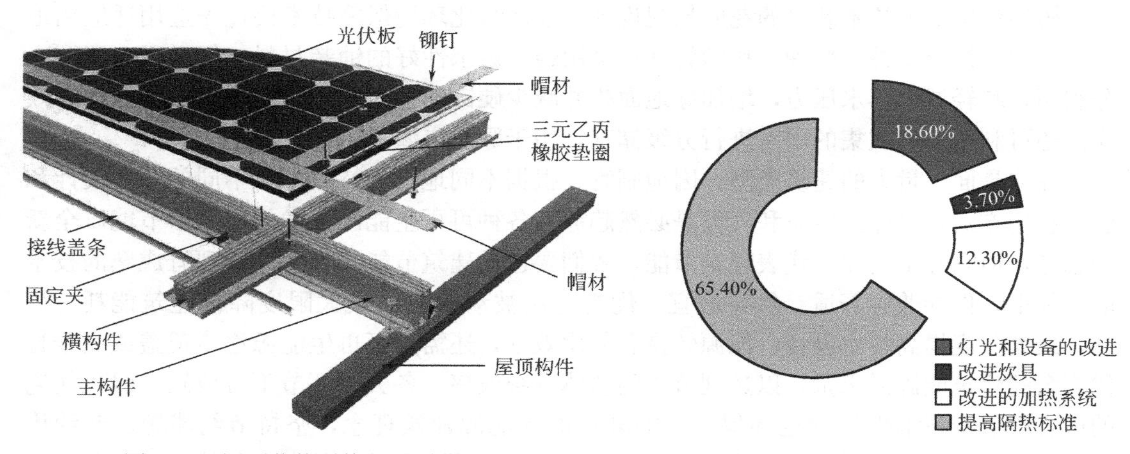

图1-10 屋顶节能系统的系列化开发

图1-11 成本效益的效率

绿色住宅设计应更多采用太阳能和地热能及风能等可再生能源。例如充分利用太阳能，优化冬季太阳能增益和夏季太阳遮阳技术，捕捉冬季阳光，避免夏季太多的太阳辐射。同时，充分利用住宅设计和自然条件提供的所有被动手段，产生更多能量而不是消耗。例如高层住宅的电梯十分耗电，但如果使用的节能反馈电梯，即利用电梯上下产生的

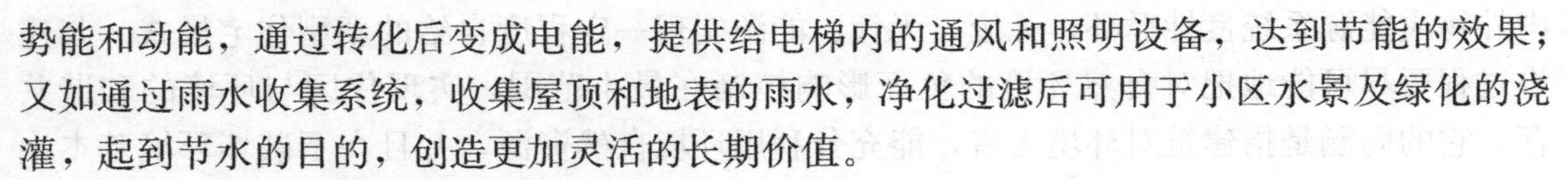

势能和动能，通过转化后变成电能，提供给电梯内的通风和照明设备，达到节能的效果；又如通过雨水收集系统，收集屋顶和地表的雨水，净化过滤后可用于小区水景及绿化的浇灌，起到节水的目的，创造更加灵活的长期价值。

3. 住宅景观生态技术的应用和推广

推广绿色住宅景观生态技术，屋顶绿地等立体绿化形式有助于促进城市绿地均衡布局、提高碳汇能力。例如与住宅景观结合的绿化墙的建造与传统的工艺，即骨架＋花盆防水类同，但其改善之处是花盆变成了方形、菱形等几何模块，这些模块组合更加灵活方便，模块中的植物和植物图案通常须在苗圃中按客户要求预先定制好，经过数月的栽培养护后，再运往现场进行安装；其优点是对地面或山崖植物均可以选用，自动浇灌，运输方便，现场安装时间短，系统寿命较长。气候炎热地区的绿化墙有效地进行隔热的同时，在景观设计上体现了创新和气候的适宜性，绿化上以生态学原理为指导，从互惠互生、物种多样竞争性等原理出发进行园林绿化配置，推崇积极健康的社区生态文化。景观设计要充分利用树木、花草、灌木、绿篱和原生草，是创建低能耗建筑最重要和最经济有效的工具之一。首先它能显著减少热岛效应和降低暖通空调的需求和成本，建筑物西侧外墙种植的藤蔓等植物的垂直绿化可以限制热量的吸收。沿着建筑物南立面设计的植物将同时提供遮荫，减少夏天的热量。选择落叶乔木，秋冬季将减少能源使用；夏季在建筑、停车场周围种植树木和乔木，能最大限度地减少热岛效应，并创建一个阴凉、有吸引力的停车空间；树木能吸收空气中的污染物，可以显著改善空气质量并满足绿色建筑标准的要求。

屋顶绿化在增加城市绿量、提高建筑节能效益、缓解热岛效应、助力碳达峰碳中和等方面发挥重要作用；它是部分或完全覆盖植被和土壤，或采用生长介质和添加防水膜，即活屋顶或生态屋顶，它可减少顶棚或阁楼温度及雨水径流。水资源匮乏地区尤其是缺水区，水是宝贵、有限的，使用耐旱和本土植物将节约用水和降低维护成本，要推动耐旱的乡土树种和用节水技术栽培的花园景观规划。住区绿化环境保障技术要优先选用适应当地气候特点的优质草种、树种，科学管理；采用透气透水性好的铺装材料，促进雨水资源充分利用，减轻城市排水压力，增加绿地面积并减少硬铺砌地面的热辐射强度，降低热岛效应。还可利用沟渠收集的雨水进行分级储存，用于绿化浇灌等。

住宅是面广量大的建筑类型，因地制宜、根据不同地区的特点采取不同的节能设计和能源利用方式，以保护生态和气候是必然趋势。各种可再生能源技术的应用给节能以全新的思考，但它并不能完全代表建筑节能，我们要遵循建筑节能的步骤，在现有成熟的技术的条件下，倡导兼容舒适、价廉适宜，优先应用被动式技术最大限度降低建筑能耗。另外，最大限度提高技术设备、能源转换和使用效率，还需用可再生能源逐步覆盖或完全替代剩余的建筑能源需求量，以达到节能的整体系统效率，各关键环节不可或缺。绿色住宅的适宜性节能技术倡导绿色环保、节能减排的新能源建筑理念，坚持节约能源、节约用地、节约用水、节约用材和保护环境的原则，采用简约、标准化的方法，简化生产和装配流程，最大化空间和能源的利用效率，增强空间的灵活性和互动性，减少传统的建筑垃圾，增加绿色环保材料的使用，并尽可能使用可回收材料和增大绿地景观面积，以实现低碳节能的目标。

城市住宅设计的过程要注重人性化的设计理念，注重整体建筑结构的节能环保，将绿色生态文明建设和宜居生态城市建设的理念融入住宅设计，实现城市住宅建筑设计的创新与发展。住宅外部景观布置的过程中通常会使用生态植草、景观旱溪、雨水净化池，以及搭配不同的山石草木组合来优化景观配置。在景观布局设计的过程中，要考虑到多层居住区和高层居住区及两者之间的不同，能够使用均衡化的景观布局效果，减少中心地带的面积，从而实现对建筑周边面积的最大量使用。在空间尺度上，多层住宅区一般将各种景观元素进行搭配使用，从而构建层次感；而高层住宅区可采用较为通透的造景元素营造氛围。多层建筑可以公共绿地为主，通过植物搭配来营造公共区域，将不同的区域进行分割形成围合、半开敞、开敞的空间层。对于高层建筑，则需要增加垂直方向的设计，形成立体的空间搭配效果。在水体设计的过程中，应以“海绵城市”为基本发展理念，通过透水铺装、生物滞留、下沉式绿地等设计方式，增强外部景观的整体效果。

1.3.3 再生材料构筑的绿色建筑：以竹为例

气候变暖是人类面临的十大生态问题之首，CO_2 等温室气体排放形成的温室效应是气候变暖的根源。森林的固碳作用在制氧、减缓温室效应方面有着重要作用。在市场上，森林碳汇被当作为商品，通过碳信用自由转换成温室气体排放权，帮助国家完成温室气体减限排义务，形成了森林碳汇服务市场。其中竹林被誉为“第二森林”，生态效益优势明显；生物多样性保护价值大，造林成本低，天然具有优势。研究表明，竹林的固碳能力十分巨大，1hm^2 毛竹的年固碳量为 5.09t，是杉树的 1.46 倍。世界各地竹产业可以通过碳汇交易获得设备、技术、资金，借此增强竹产业的国际影响和提升产业水平。绿色，是一种发展理念。竹材作为一种重要的建筑材料从古沿袭至今，不仅有着文化的积淀，更有其天然的优势作为一种文化气息浓郁、环保性突出的材料。竹建筑体现在地性、功能性，它们或服务于城市空间，或妆点景区景色，或融于村庄风貌，把竹材形态上的多变和空间层次的表达体现尽致。

在绿色化的浪潮中，竹材对国家绿色建筑、文化建筑的发展，都将起到重要的支撑作用。竹材速生、环保等特性，与装配式建筑的快速施工要求相得益彰。从景观小品到户外应用再到全竹建筑，竹材应用前景可观，应探索集设计、生产、施工于一体的装配式结构生产模式。竹建筑是自然和文化的相互交融，不仅包含了美学，还包含了文化逸趣，使建筑架构拥有更深的内涵。竹和我国传统人文情怀密不可分，与其说在设计建筑发展中建筑师们选择了竹，不如说是竹本位的回归，他们更多倡导挖掘竹应用的深层内涵，遵循因地制宜原则，将其体现在不同的场景、不同的地形特征，竹建筑都有效契合当地自然风景，并提供休憩、品茶、观景等功能。我国的竹乡安吉在做大做强竹产业的同时，不断深挖竹文化内涵，大力拓展竹在建筑领域内的应用，大力开发竹子这一极具低碳特质和文化内涵的绿色资源，助推生态经济化和经济生态化。

竹子在生产和加工过程中的生态性，与健康、自然、环保的理念不谋而合，经过优秀设计和精细加工制作的竹产品在国外具有良好的市场前景。在绿色环保的建筑理念大行其道的背景下，被西方建筑界誉为“植物钢筋”的竹子，受到建筑大师的青睐并付诸设计实践。西方的设计师们更多地在文化层面开始尝试以现代的设计语言来赋予竹子新的活力。由世界著名“走在设计前端建筑事务所”（Foreign Office Architects）设计的坐落于马德里南郊的名为“The Carabanchel”的公共住宅建筑，引起世界建筑界的震撼。该建筑外墙采用竹子为主要材料，不仅绿色环保，更具有概念性的探索意义，堪称一幢既前卫又实用的现代竹楼。这一具有浓郁东方色彩和环保色彩的竹子充当了重要的媒介。

卡拉班切尔竹屋（Carabanchel Social House）位于马德里郊区的“再生区”卡拉班切尔区，是一个由国家补贴的5层住宅项目，有100个单元，上面覆盖着竹制百叶窗（建筑本身不是由竹子制成的，但由于百叶窗，竹子在其主要的建筑声明中非常突出。）该创新设计将环境意识模式与21世纪的社会城市化需求相结合，也是欧洲最大的社会住房项目之一。

该建筑的“先进生态技术”设计注重空间和光这两个重要元素，其目标是为低成本住宅提供最大的空间和质量，同时体现统一性（由覆盖整个结构的竹制百叶窗提供）。建筑本身是一个100m×45m的平行四边形，允许每个单元面向东和西。管状公寓长13.4m，有1.5m的露台，可以俯瞰建筑两侧的当地公园，露台提供了一个半外部缓冲空间，由安装在折叠框架上的竹屏风包围，以保护玻璃表面免受强烈的阳光照射（图1-12）。

竹子具有强大的实用性，尤其是在西班牙的炎热的天气，可以使其内部免受室外环境的影响。就可持续性而言，该建筑的竹百叶窗允许自然光进入和通风（图1-13），并且可以由居民自主调整，减少对中央空调系统的需求。设计的绿色策略是采用长满草的基座，用于隐藏停车场，并适应建筑物周围的标高变化，以及屋顶太阳能板，用于水加热和风烟囱，为内部浴室和厨房通风。

图1-12　卡拉班切尔竹屋外立面

图1-13　竹屋的外表皮开启状态

1.3.4　我国台湾的垂直森林生态住宅

我国台湾的垂直森林生态住宅的目标在于推广和促进碳吸收建筑。建筑师以生态设计的手法，试图打造在能源上自给自足的公寓楼，即包括了电能、热能以及大楼循环吸收的能源。该建筑形状的灵感来自于DNA的旋转结构（图1-14）。作为开拓性的可持续住宅生态，利用地区的气候和环境条件进行采光、热和风分析以微调设计，优化整个建筑的自然采光和通风。建筑核心区的双层幕墙系统，能为垂直循环和内部空间提供被动气候控制。其他环境功能包括雨水回收系统、电子玻璃、屋顶上的光伏太阳能阵列、节能电梯和适应气候条件的自动节能监视器等。

图1-14　垂直森林生态住宅

（1）低碳生态系统：这栋住宅建筑安装了自然通风的烟囱管道，以过滤大楼中央核心筒区域内的空气。此外，建筑师还整合了雨水循环利用系统、LED照明的无线监控及控制系统、光纤连接网络、光导系统和太阳能、风能，通过再生电梯、高效空调、LED照明和节水冲洗系统的整合达到节能减排的目标。大面积绿植高达246%，实现每年130t的碳吸收量。

（2）对气候的回应：该建筑尝试通过垂直都市农场，实现人与自然共生的愿景。在健康和环保方面，室内采用大量的生物基及可回收材料，展现了环境友好和尊重循环经济的理念。地面层的隔震连接和窗户设计，使得清新的空气可以到达地下停车空间。此外，隔震缝和地下室的双壁设计确保了地下空间自然通风和自然采光的品质。中央核心筒区域的双层玻璃幕墙，在形成自然通风的同时减少了空调能耗。太阳能和风能系统的大规模使用可以将每年的二氧化碳排放量减少到35t。

1.3.5 德国汉堡的马可波罗塔

德国汉堡的马可波罗塔在2010年戛纳MIPIM大奖上获得一等奖，成为“住宅开发”类别中的世界最佳住宅项目（图1-15）。这是欧洲最大的升级项目，其155hm^{2}的填海土地使目前的城市面积增加了40%。该塔是该地区的一个新地标，位于市中心和新邮轮码头之间。宽敞的阳台和露台意味着室内场所可以自然延伸到室外。建筑采用了可持续发展技术并特别注意节能，利用最先进的外表皮加上太阳能电池板。

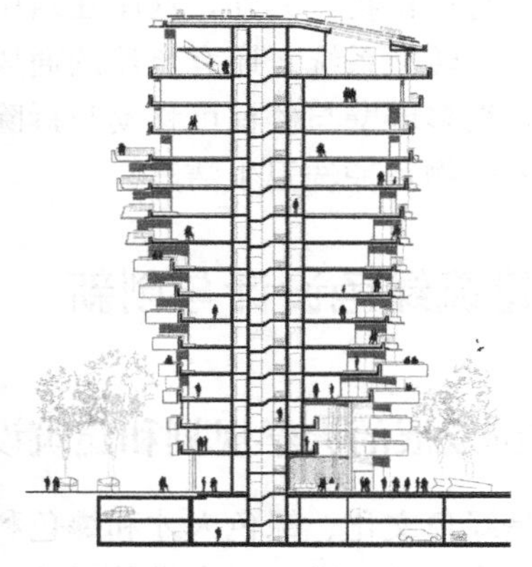

图1-15 马可波罗塔的剖面设计

马可波罗塔高达55m，居民从楼上可俯瞰绵延的海港、易北河和城市中心。居住空间概念强调自然光和景观，在形式和布局上，它是一座弯曲的雕塑建筑。因为没有一个楼层或公寓是完全相同的，承重结构元件和必要的固定服务都已尽可能减少。它是一个整体的生态建筑概念，凹进的立面通过上方的悬垂露台防止阳光直射，因此不需要额外的遮阳棚。屋顶上的太阳能集热器利用热交换器将热量转化为公寓的冷却系统。睡眠区还设有隔声百叶窗，可以在不增加外界噪声污染的情况下实现自然通风。

1.3.6 新加坡的热带环保设计大厦

新加坡的热带环保设计大厦（Ecological Design In The Tropics），简称（EDITT

图 1-16 热带环保设计大厦

Tower），由国际著名生态建筑设计大师杨经文设计。高层建筑的生物气候学主要是在设计中运用被动式低能耗技术与场地和气象数据相结合，从而降低能耗，提高生活质量。大厦所设置的绿色空间与居住面积比例为 1∶2。绿色空间从街口一直延伸到屋顶并与 26 层的塔楼有机结合，形成独特的表面景观。设计融入了新的构思和环境处理手法，揭示了设计师的生态设计原则（图 1-16）。建筑运用过渡空间种植绿化、遮阳设计、通风处理等一系列手段节省能源、增加空间的舒适度，同时形成了别具一格的建筑语汇。生态响应包括垂直景观美化，使用植物从可见的街道向上螺旋而上，连接着并排的建筑物屋顶，并作为一个连续的生态系统，促进物种迁移，编发更多样化的生态系统和更大稳定性的生态系统。绿色植物沿坡道向上延伸，整个建筑从底部到楼顶都披上绿装。大楼四周也种满了植物作为隔热墙之用。这栋大厦具有许多外装的太阳电池板收集能源，满足大楼约 40%的用电需求。该大厦由回收材料及可回收材料建造而成，其 50%的外表面可种植有机植物。另外，这座建筑中还设置有雨水收集及废水再利用系统，并且设置有污水—沼气转换系统。还有自然的通风设计，这栋长满植物的摩天大楼，考虑到了未来的扩充性，很多墙壁与楼梯可移动与拆除。屋顶汇集的雨水、污水经过滤后存入屋顶水池，用于浇灌植物和冲洗卫生洁具。

1.4 公共建筑绿色设计与创新

1.4.1 可持续发展的大学规划和建筑设计

绿色大学是绿色文化、绿色人才和绿色科学技术的基地，是实施可持续发展及科教兴国战略的必然要求，是新世纪对大学的呼唤。我国节约型校园向绿色校园升级，是内容的扩展和内涵的提升，作为一项重大改革，其特征是以绿色生态为核心价值，校园软硬件建设并举，以校园节能减排的实践支撑和演绎绿色理念，贯通各环节且横跨多个领域。绿色校园旨在为广大师生提供舒适高效的工作及学习环境同时，带动周边的社区和城市建设，推进全社会的可持续发展。以香港大学百周年校园为例，它获得了美国 LEED 铂金奖，其在节约用水、能源效率、室内环境质量和创新设计等六项环保指标的评估中，均取得优秀成绩。2011 年中国绿色大学联盟成立，同济大学当选为主席单位，2012 年荣获由国际可持续校园联盟（ISCN）选评的“全球可持续校园杰出奖”。加入该联盟的大学在水资源及可再生能源的利用等方面积极进行探索。其中包括：人工湿地试验项目、中水处理和雨水利用系统、太阳能光伏应用项目、对既有建筑的节能改造等，此外，校园的节能专项有：节能照明改造工程、电力系统的升级改造、数字化能源监管平台等。目前我国一些老校园靠后期改造也逐步地进行一些高效率及低能耗设计策略的尝试，但还远未达到绿色校园的标准。

(1) 哈佛大学的气候行动计划。哈佛大学提出，作为一个大学社区，有责任根据教职员工和学生的研究和见解采取行动。哈佛大学气候行动计划将以过去的进展为基础，利用校园来应对气候变化带来的难题，并测试有希望的新解决方案，使哈佛和世界远离化石燃料（图 1-17）。通过以最大可行的速度减少校园温室气体排放来应对气候变化的挑战。减少能源和排放仍然是大学首要任务之一，大学持续通过能效、能源管理和可再生能源方面的一流创新来应对这一挑战。

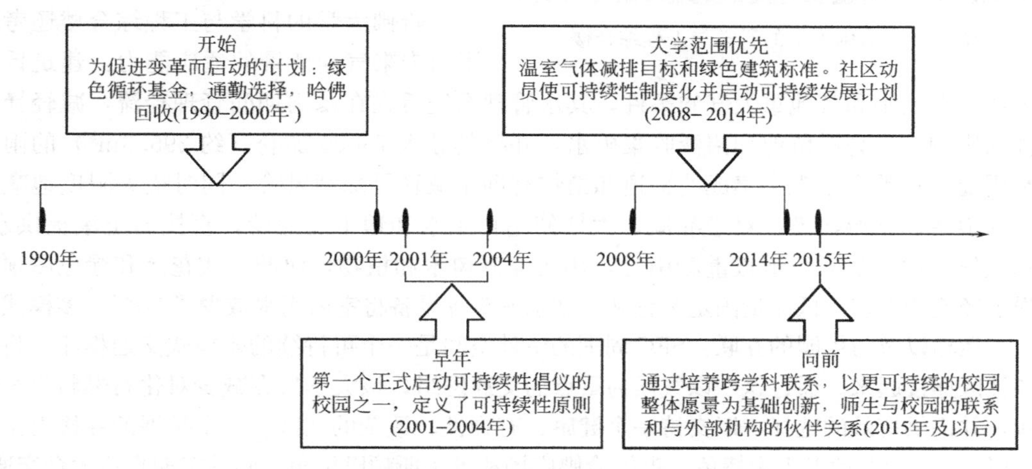

图 1-17 哈佛大学可持续发展计划

短期目标：到 2026 年化石燃料中性。到 2026 年，哈佛大学将优先大力减少校园能源使用，并通过投资可再生能源等校外项目，努力抵消剩余的温室气体排放。哈佛大学将让其研究人员和行业气候领导者参与确定并在可行的情况下投资于可信的减排项目，同时为人类健康、社会公平和生态系统健康造福。

长期目标：到 2050 年无化石燃料。那时，将转向无化石燃料资源来运营和维护哈佛大学校园。这意味着哈佛大学购买的电力将来自不燃烧化石燃料的清洁可再生能源，如太阳能或海上风能；哈佛的地区能源系统将在没有化石燃料的情况下运行；哈佛拥有的车辆将不使用化石燃料；为购买尽可能少依赖化石燃料的外部服务或活动设定目标。

哈佛大学注重保护自然与生态系统，校园是一个更大、相互联系的生态系统的一部分，应采取的行动将对自然环境产生连锁反应。哈佛大学提出保护和加强大学拥有、管理或影响的生态系统和绿地，以增强区域生物多样性和个人福祉；同时还将努力通过设计和维护建筑环境以及开发和实施有助于福祉的尖端项目，提高学生、教师和员工的健康、生产力和生活质量。哈佛大学的房屋更新计划旨在重振历史悠久的用于本科生的大学建筑系统，提升学生体验。除了创造性规划和满足 21 世纪不断变化的学习需求的、健康的生活空间以外，可持续性的另一目标是有助于指导所有更新项目。

哈佛大学的科学与工程综合楼（SEC）被评为世界上最健康、最可持续、最节能的实验室建筑之一。该建筑通过使用先进的技术和建筑材料，不含世界上最有害的化学物质，并连接到高效、低温热水、灵活的区域能源系统，该系统包括马萨诸塞州同类最大的储热

图 1-18　哈佛大学的科学与工程综合楼

系统。这座建筑群（图 1-18）将有助于哈佛大学实现到 2026 年化石燃料中性、到 2050 年无化石燃料的目标。建筑群获得美国绿建委（USGBC）颁发的能源与环境设计（LEED）白金认证。哈佛大学利用 SEC 的建设对 6033 种建筑材料进行了评估和测试，包括电线涂层、家具织物和照明设备。

哈佛大学的科学与工程综合楼还考虑了对未来气候情景的适应能力：建筑旨在抵御风暴潮洪水和其他重大气候事件，其水管理系统旨在在暴雨期间管理径流，减轻暴雨事件的影响。生物滞留池和沼泽收集雨水，并将其导入 78000 加仑（约 295.3m^3）的雨水再利用池。在整个景观中集成的护道和植物有助于减轻风暴潮风险，同时最大限度地减少水资源浪费和下游污染。对于灌溉，大楼使用再生水和地下滴灌管，直接向土壤提供水，限制蒸发。雨水从人行道被重新引导，用于灌溉树木和植物，而凹入式花园和绿色屋顶则加强了径流的管理。低流量固定装置和自动水龙头等设备将室内用水减少了 70%。多模式电动汽车运输以及与校园的互联：SEC 周围的室外空间是一个可持续的多模式交通枢纽，将人们和社区连接起来。通过这一以气候为重点的交通网络，该大学旨在减少对化石燃料汽车的依赖，并提供有效的选择，以支持一个健康、有弹性、繁荣的地区。一个扩展的穿梭巴士系统，以 100%的电动巴士为特色，提供哈佛广场和奥尔斯顿巴里角之间的定期直达大众交通。

SEC 由 Behnisch Architekten 设计，还采用了高性能、新颖的技术，以确保能源效率。集成先进的遮阳策略、适应性强的通风方法、高性能的热回收系统和节能的空气级联系统，可提高建筑群的能源性能，同时兼顾健康。可控制的窗户和通风口允许新鲜空气在整个建筑中流通，可根据需要调节气流。这种灵活的空气管理策略使建筑运营商和安全专家能够微调通风率，从而节约能源，同时创造更安全的工作条件。该建筑还采用了雨水再利用系统、卓越的隔热技术、三层玻璃窗和基础设施，以实现未来的太阳能电池板安装。建筑由哈佛附近的地区能源设施（DEF）提供动力，DEF 的设计旨在过渡到无化石燃料的未来，抵御气候影响（包括风暴潮洪水），并为哈佛大学奥尔斯顿校区的建筑提供可靠、有弹性的供暖、制冷和电力来源。

（2）绿色校园创新设计的探索。现代高效能建筑物在设计之时就对整个建筑物进行考虑，并采用建筑物生命周期的理念来选择各种设计策略。在美国绿色大学建设的实践中，高性能绿色建筑的整体能耗包括建筑场地、建筑物围护结构（包括墙体、窗户、屋顶、地面等）、建筑物供暖通风和空调系统、建筑照明、各种自动控制和其他建筑设备等。此外，在整个建筑物能源利用设计过程中还要充分利用计算机来模拟各建筑物组成部分能耗和对整个建筑能耗进行评估，为确定最佳的设计方案提供科学、准确的技术支持。

绿色校园研究涉及多学科领域交叉，综合了建筑学、城市规划学、景观学、建筑技术科学、生态学、能源技术科学、环境学等众多学科。它跨越多层级尺度范畴，建筑在空间上具有外界环境系统的多层级及它们之间存在相关性的特征，实施绿色校园需要对宏观、中观、微观等不同尺度层级的空间领域环境给予关注并构建对策。

绿色校园由于能源、资源的节约会大大降低建造和使用成本，其自适应性设计也会显著降低后期的维护和改造费用，并降低环境成本，整体效益是非常可观的。在绿色校园设计中，应选择环境性和经济性平衡的建筑材料，并建立整体建筑系统投资优化的概念，从设计、建造和使用运行等全局来考虑经济效益。

美国耶鲁大学克朗楼获得美国绿色建筑委员会颁发的LEED白金认证。它的设计紧密结合地域气候特征，形成个性化的技术路线，通过集成化的工作模式，持续化的效能验证等实现绿色目标，楼体的布局与功能相关联，材料、通风、自然采光、外墙的构造等都经过优化组合，在节能、节地、节水、节材诸环节进行整体考虑，并能满足人们舒适健康需求的综合性措施（图1-19、图1-20）。建筑使用了独特的技术进行供暖和制冷：最低一层设在山坡上，只有南侧暴露在外，由此可很好地隔热，并最大限度地减少了北部暴露。长长的南立面最大限度地增加了冬季的阳光照射。外立面主要由玻璃覆盖，确保室内尽可能多地获得自然光。光线充足时，传感器会使人造光变暗。建筑的红橡木镶板来自耶鲁—迈尔斯森林，该森林由耶鲁大学管理，并获得森林管理委员会和可持续林业倡议的认证。整个建筑都使用了混凝土，以防止室内温度变化。50%的混凝土混合物是矿渣，这是一种后工业再生材料。设计还采用了创新的通风系统，通过空气增压室和高架地板上的多个散流器输送热空气和冷空气。地下室的低速风扇使空气在整个建筑中循环；屋顶光伏板阵列为建筑提供了约25%的电力；建筑的饮用水使用量比基准建筑减少了81%；雨水从屋顶和地面收集，并通过本地水生植物过滤。从水槽和淋浴收集的废水被添加到雨水中，用于所有非饮用需求，如冲厕和灌溉。通过安装低流量管道和灌溉装置，进一步减少了用水需求。因此，该建筑是可持续发展的缩影，以各种形式使用可再生能源；绿色技术在建筑中实现了更多创新而简单的应用。

图1-19 耶鲁大学克朗楼室外透视

图1-20 耶鲁大学克朗楼室内透视

香港大学百周年校园绿色技术体现了系统工程性和可持续性，主要表现在：废水循环再用系统、可拆卸表皮（图1-21）、风力发电装置（图1-22）、太阳能板、环境监测系统、冷水储存系统、置换通风空调系统、电梯再生能源应用、厨余分解系统、晚间换气系统、雨水循环再用系统、空调节能系统（滚动式热交换器、热泵、高效能制冷机等）、使用环保物料（无挥发有机物质，采购有认证木材等）、低耗能LED照明系统、节能幕墙、双感应座厕冲水系统等。

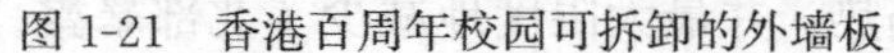

图 1-21　香港百周年校园可拆卸的外墙板

图 1-22　香港百周年校园绿化屋顶上风力发电装置

香港大学创建于 1911 年，新扩建的校园在校园现址的西面，扩建后将建成 3 幢大楼，由文学院、社会科学学院及法律学院使用。校园扩建后将为新增的学生提供完善的教学设施。新落成的香港大学百周年校园，在节约用水、能源效率、室内环境质量和创新设计等六项环保指标的评估中，均取得优秀成绩，亦为全港首间在新建筑物类别中获得 LEED 评级系统最高级铂金级认证的院校。百周年校园的原址为政府水务署水塘系统所在，为维持正常供水，在建造时以挖通隧道的形式，将原有水塘迁移至后面山坡内。并在前期阶段，把水库等基础设施迁移到附近的洞穴内，以腾出建筑空间，避免大量挖掘和干扰自然栖息地，是非常创新的设计。

百周年校园是在原有基地上的紧凑型校园空间的大胆探索，原地建起由三座主教学楼、研习坊及学术庭园组成的新校区。研习坊可用作多用途会议中心、展览等。学术庭院不仅和优美的景观整合在一起，而且有餐厅、咖啡屋等，外部及内部空间设计充分体现了灵活性、可持续性，大学街连接了本部与百周年校园，设计结合天然景致，其中不乏绿色创新的构思。每幢建筑物的空间位置及朝向均经过特别设计，注重节约水资源兼注重室内环境和建筑材料环保以充分利用天然照明、风能和雨水等自然能源的收集。

南方科技大学的规划设计方案首期以打造精致校区为原则，布局紧凑集中，在尊重自然条件的基础上，保留了现有的地形地貌，在总体规划框架下，选择校园的核心区为建设起点，以会堂、图书馆、行政楼、科研楼围合而成校核心区广场，适应山地特征，以多轴线空间组织学校重要的公共建筑，形成校前区特有的学院气氛。沿着环街逆时针向北，空间向校园的自然山体景观开敞，强调田园校区的自然形态。南方科技大学绿色设计内容具体如下：

（1）尊重自然与绿色理念。校园建设时保留了八座自然山体，并将多余土方堆积成为第九座山，因山就势，建筑和山体间有一条自大沙河的水系，形成“九山一水”格局。校园中地基回填和路面的防水砖，使用的是旧址拆迁时留下的建筑垃圾。建筑外幕墙有很多透光孔，在保障给光的同时，减少阳光对楼体的直射和减少夏天开空调的能耗。从太阳能利用到图书馆的降噪处理，都体现了绿色理念（图 1-23）。

（2）湿地公园与水资源的利用。南方科技大学引进先进的生态理念及技术，以营造绿色低碳校园。如通过湿地公园的设计，对雨水收集利用，并用作中水系统的供水，降低校园用水成本。通过景观水体的设计，即植物修复功能来净化雨水。雨水径流通过建筑屋

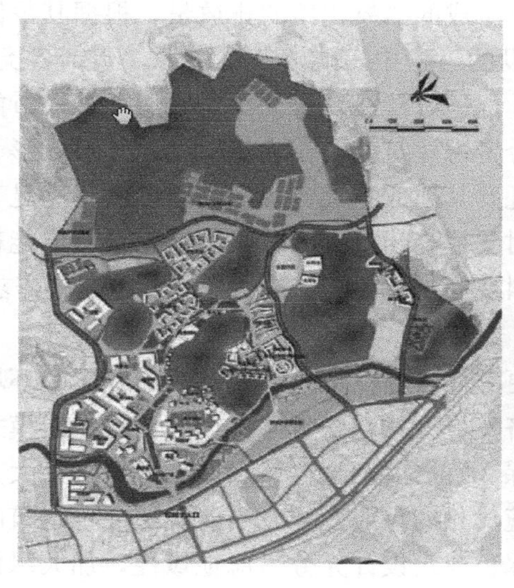

图 1-23 南方科技大学总平面和湿地公园

顶和场地收集，流经景观水体，经过植物净化后收集到地下蓄水池。雨水从这里通过水泵与水体进行再循环。水池蓄水量能满足建筑的冲厕及景观灌溉的需要。由此节省了可饮用水，并有助于改善水质，减少雨水排入城市下水系统，从而减少城市废水处理的负荷。

（3）对自然环境及生物多样性保护。绿色校园应为保护已有自然区域和修复被损坏的区域，以促进生物多样性。因此应对场地进行调查，确定场地的各项要素并为项目开发制定总体规划，小心选择适应的建筑位置，尽量减少对现有生态系统的破坏。优秀的绿色设计更需考虑如何更好地融合入建筑所处的环境中。南方科技大学一期规划项目在保护好校园山水格局的前提下，建设紧凑型、有利于促进融合交流的步行校园；打造既富有岭南园林特色，又符合国际化标准的校园规划模式。坚持绿色校园、人行校园、海绵校园、弹性校园等先进校园建设理念，后续项目采用新技术、新方法，建设示范性、可持续发展的绿色校园，即通过布局弹性可持续的雨水花园、湖泊、湿地、溪流等水系，创造丰富的水生态环境和传递生态文化，充分展现生机有活力的校园景观。

1.4.2 公共建筑绿色设计策略

建筑业是碳减排重点领域之一。建筑节能是当前世界的大趋势和当代建筑科学技术新的增长点，主要体现在：一是继续提高能源的利用效率，进一步降低能耗；二是改善环境与能源开发相结合，大力研究和开发、利用再生能源。绿色设计的目标通过最优化的建筑节能设计、采用先进的节能材料、技术降低能耗，充分利用可再生能源进行能量补给，通过高效循环利用使资源消耗少、环境负荷小。低碳技术的推广对改善居住环境，助力实现“双碳”目标具有重要作用；以建筑、人、城市与环境和谐发展的目标，要求促进转变建设方式，加快绿色社区和绿色城市建设，推动建筑业高质量发展。

1. 低碳建筑与绿色建筑

低碳建筑一般是指在建设过程中能够提高具体能效，降低对应的能耗，主要针对的就是碳排放，将各个建筑物的组成材料分别计算生成的二氧化碳的排放量，根据其数值来判断是否为低碳建筑。绿色建筑一般是指在建设的过程中，能够节省资源，包括各类能耗、用地，水电、材料等，对环境不会产生污染，促进可持续发展。优先采用被动式节能设计是在制定建筑方案过程中的重要方面，需充分考虑建筑朝向、建筑保温、建筑体形、建筑遮阳、最佳窗墙比、自然通风等因素，在不耗费其他成本和资源的基础上使其满足节能低碳的要求，为人们提供舒适的居住环境。同时要提高建筑的能效，不断完善超低能耗相关建材部品、设备产品系统等的研发，建筑材料要满足绿色、安全、环保、节能等需求。

2. 绿色建筑的示范与普及

经济发展和物质财富增长使人们的生活更美好，却也带来了城市热岛效应和环境污染等问题，导致人们的生活品质降低。转变经济发展方式，探索可持续的低碳发展模式是必然选择。绿色建筑的特点包括节能高效、环保、宜居以及与自然和谐发展，因此大力发展绿色建筑是实现建筑业乃至整个城市生态环境优化的重要途径。当前我国绿色建筑的发展取得了一定成就，但诸多方面还需完善，如绿色建筑设计充分考虑地域性，加大绿色建筑的引导及激励政策的普适性力度；对不同地域的绿色技术在引进使用时需进行合理性与成熟度研究等。通过可持续性设计使城市生态环境更美好，也推动绿色建筑向更高层次迈进。

3. 绿色建筑与生态环境的可持续发展

（1）保护生态环境，从低碳建设开始。在绿色建筑设计中采用主动及被动式设计策略结合的方式，降低资源及能源的消耗，减少二氧化碳排放，才能保护人类生存的环境。从1987年开始，生态足迹就超过了地球的生态容量，联合国预测到2100年人类对自然的需求将超过两倍的生物圈生产能力。为应对当前的城市病和建筑病，低碳城市建设应重视被动式技术，满足人的需求并通过科技手段提供健康、舒适的居住环境。正如香港“零碳天地”建设一样，在可能的条件下，能够通过废物利用等方式回馈能源。

（2）绿色建筑与低碳生活。绿色建筑在推动低碳城市建设上体现在发展低碳经济和营造低碳生活两方面。低碳经济以高效能、高效率、高效益为主要特征，同时实现低能耗、低污染、低排放。以节能减排为发展方式，而绿色建筑追求的三个目标，即适宜健康、低耗高效、环保和谐，正是对前者的诠释。低碳生活则提倡全民的低碳意识、环保意识，从生活中的点滴做起，合理、有效使用绿色建筑，实现生活方式和行为模式的低碳化转变。

（3）技术的本土化和与经济利益的平衡。绿色建筑将是生态城市的构成“细胞”，但生态城市并非绿色建筑的简单集合。我国绿色建筑技术引进和本地化还有待进一步发展完善。技术成熟度和实现过程的合理性有着重要意义。当我们面临诸多技术层面及建造速度的问题时，应保持对经济与社会可持续性方面的研究和分析；在生态环境和绿色建筑项目实施过程中，应密切关注与经济利益的平衡问题。

绿色建筑是一种理念和方式，推广、实施绿色建筑对于生态环境的保护及低碳城市的建设意义重大。

4. 典型案例：香港首座零碳建筑——“零碳天地”

香港“零碳天地”位于香港九龙湾常悦道，由吕元祥建筑师事务所设计，项目用地面积 14700m²，建筑面积 5000m²，落成于 2012 年 6 月。香港“零碳天地”是耗资 2.4 亿港元打造的城市绿洲。设计建造目的：①向本地及世界各地的建造业展示环保建筑的尖端科技及先进设计，向业界宣传最新的低碳建筑科技与做法。②通过提供参观团及举办各类型教育项目提高市民对低碳生活模式的认知及推动行为上的改变。

“零碳天地”是香港建造业议会与香港特区政府发展局合作建设的全港首个“零碳建筑”，达到绿色建筑评价体系认证的最高级别——白金级认证，建筑因引入了国际级减碳节能技术，利用生物柴油、太阳能等再生能源就地发电，不仅能满足自身的能耗，在抵消整幢建筑所需能源后，还将剩余能源供给公共电网。这片城市绿洲，包括一栋集绿色科技于一身的两层高建筑及环绕其四周的全港首座原生林景区，通过绿色设计和清洁能源技术，向世界展示环保建筑的尖端科技及先进设计，由此提高市民对可持续生活模式的认知（图 1-24、图 1-25）。

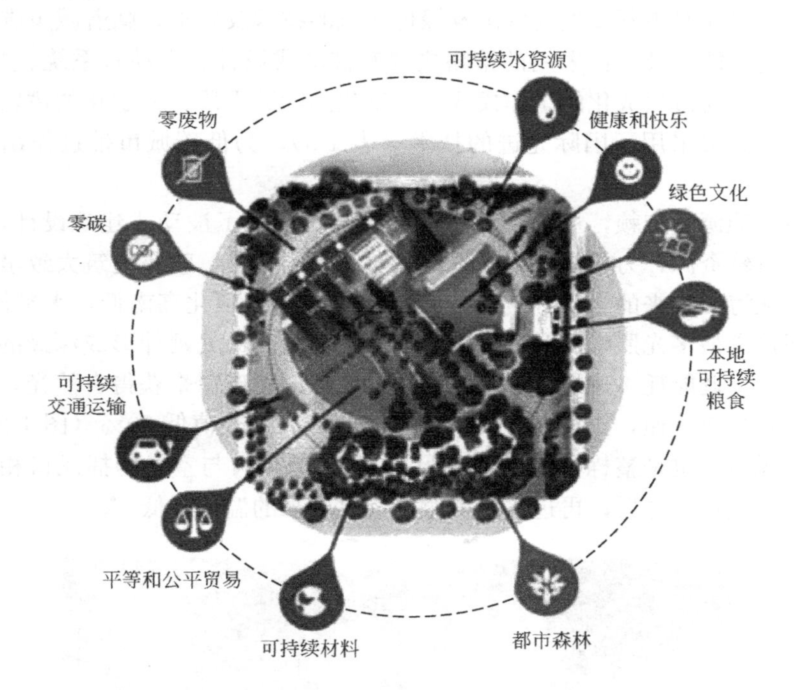

图 1-24　香港“零碳天地”及示范目的

图 1-25　香港零碳天地室外原生林景区、屋面太阳能电板

香港的“零碳天地”的积极探索从城市的角度改善了周边的微气候，减少了热岛效应。灵活的设计以应对不断发展的低碳及绿色建筑的技术及要求，朝着减少碳排放及可持续生活模式推进。能源技术：采用的策略主要有被动式设计、主动式系统、可再生能源、都市森林等。设计通过集成化的工作模式、数字化的辅助手段、科学化的逻辑判断、持续化的效能验证，大量采用了国际先进的技术（表 1-3），为低碳城市推进作出贡献，探索如下：

（1）减少对能源的依赖，主动与被动设计结合。采用了被动式建筑设计，因地制宜，最大限度使用自然资源，力求从源头降低建筑对能源的依赖。整座建筑大致坐北朝南且迎风而立，利用从海面吹来的自然风为室内通风。如建筑屋顶北高南低，水平仰角 21°，让屋顶太阳能板接受最多光照，同时增加室内采光。屋檐向低处延伸形成深邃的遮阳，阻挡阳光直射，减少空调能耗。建筑墙面采用大块的低辐射玻璃窗来获得自然光，不仅透光性能良好且有效减少热传递，比香港有关条例允许的最大总热值低 80%（图 1-26）。设在室内地板上的送风口，也是整栋建筑的“呼吸器官”。送风口与室外的捕风口相连。自然风从捕风口进入，经过地底后，再进入室内时已经比原来的温度降低 5℃。

图 1-26　立面透视（屋檐遮阳）

（2）通过主动系统监管，提高能源利用率。“零碳天地”强调顺应自然的建筑设计，而在被动建筑设计无法满足日常需求时，就需要主动技术干预辅助、调节室内环境。它拥

有一套智能建筑管理设备。这个“管家”依靠分布在主建筑内外的2800个探测器，掌握室内外的温度、湿度、光照及二氧化碳情况。当室内温度超过28℃时，智能管理系统就会命令地板上的送风口输出冷气。“零碳天地”将送风口安装在地板上，冷气可直接吹向参观者，而不用吹冷整个空间，因此制冷温度不用像一般冷气的12～14℃那么低，只需16～18℃就能达到同样的效果（图1-27）。

图1-27 “零碳天地”内景

（3）转废为用，可持续建设回馈城市。位于主建筑地下一层的生物柴油发电装置，是“零碳天地”的“心脏”，“心脏”里的“血液”全部是提炼自食用废油的百分百生物柴油。生物柴油通过特制设备发电，发电的余热被用来制冷，制冷后的余热再用来除湿，形成发电、制冷、制热的三联供，从而充分利用能源，能源利用率达70%，而传统的发电厂发电只有约40%的能源利用率。生物柴油燃烧后产生的二氧化碳比传统燃料少很多。此外，生物柴油源自植物，植物在生长过程中吸收二氧化碳。“零碳天地”每年使用6万L生物柴油，年发电不仅足以负担整座建筑每年能耗131MWh，还有多余。香港的绿色建筑环保评价体系虽在1995年就已推出，但建筑物的用电量仍占香港总用电量的九成。香港建造业议会希望，从“零碳天地”开始，向市民传递绿色建筑生活的正能量（表1-3）。

香港“零碳天地”的主要可持续设计方法　**表 1-3**

技术策略	实现途径与具体措施
朝向(微气候研究)	主立面朝向东南之夏季盛行风
窄长及锥形建筑形态	增大不同建筑立面的气压差别,加强通风效果,窄长可减少东西朝向
通风设计	利用自然通风和烟囱效应,以加强自然通风的装置,可增加局部风速 25%
地下置换式供冷	地下送风系统将冷风通过自然对流分布,扩散至室内空间
活动天窗	鳍片的遮光角度由电脑程式及感应器控制
都市原生林	栽种约 135 棵约 40 个品种的原生树。不同类型的原生灌木,为野生物种提供食物和庇护以吸引它们于城市生活。夏季提高降温效果,优化景观
节能电梯	电梯配备再生转换器回收及使用机组制动模式时产生的能量
光伏建筑一体化	太阳能光伏板把太阳能直接转为电力,预计每年产 87MWh 再生能源
生物柴油三联供	利用由香港本地废弃食油炼制之生物燃料制冷,产热及发电
吸附式制冷机	使用热水制冷,热水来自冷热电三联供系统,以回收常被浪费的热能加热
人工湿地	人工湿地系统的地下流,透过植物根茎分解水里有机物,处理洗盥污水
有攀爬植物的绿化墙	攀爬植物是最佳绿化墙植物品种,常绿、草质藤本植物有观赏价值
微气候监测站	4 个站于建筑上及附近,以量度气温、太阳辐射、雨量、湿度、现场风速及风向,评估建筑物的环保表现及跟周边的相互影响
环保材料的利用	将可回收材料如报纸、木材等进行加工利用,节约资源

1.4.3 装配式建筑的探索

装配式建筑的优点如下：①有利于提高施工质量，因为装配式构件是在工厂里预制的，能最大限度地改善墙体开裂、渗漏等质量通病，并提高住宅整体安全等级、防火性和耐久性。②有利于加快工程进度，装配式建筑建造速度比传统建筑的建造速度快 30%左右。③有利于提高建筑品质，室内精装修工厂化以后，可实现即拆即装。④有利于调节供给关系，提高建造速度，减缓市场供给不足的现状，行业普及以后，可以降低建造成本。⑤有利于文明施工、安全管理，减少了传统作业现场大量的工人，大大减少了现场安全事故发生。⑥有利于环境保护、节约资源，现场原始现浇作业极少，健康不扰民。此外，钢模板等重复利用率高，垃圾、损耗、能耗都能大幅减少。随着数字技术、材料和施工技术的发展，装配式施工已经被用于住宅、公共设施和商业空间等多种类型的项目当中，成为建筑里的佼佼者，势必会改变未来建筑发展的格局。

武汉火神山医院采用装配式建筑技术，向世界展现了中国速度，主要源于装配式施工在效率上的巨大优势。以预制构件为基础的装配结构具有标准化、易于运输、安装迅速、场地适应性强和节能环保等特点，借助模块化的设计还能够展现出高度的可组合复制性，因而常被用于需要在短期内建成的临时应急性建筑。主要创新如下：

(1) 模数及集装箱组合方式：武汉火神山医院之所以能够快速建成，源于运用了装配式集装箱组合的搭建方式。集装箱由 3m×6m 的预制板材和高 3m 的“L”形预制钢柱共同构成。设计团队采用 3×3 的模数，最大限度模块化，配合 3m×6m 板房构建搭建。三块集装箱板拼成两个病房，走廊的集装箱板与病房垂直。集装箱的结构是“一板四柱”的拼接模式，每增加一块板材，就需要增加四根柱子，形成“多柱合一”的束柱。

(2) BIM＋前沿的装配式建筑技术：武汉火神山医院因采取的是集装箱式的结构，工厂预制构件，到了现场直接拼装，这种集装箱式的结构一般单体建筑10～20d，组合式建筑20～40d即可交付使用，因最大限度地采用拼装式工业化成品，大幅减少现场作业的工作量和施工时间。房屋可实现循环使用，使用过程中不产生建筑垃圾。同时，在外部拼接过后进行整体吊装，将现场施工和整体吊装穿插进行，实现了效率最大化。“BIM＋装配式”，是武汉火神山医院建设奇迹的重要支柱。箱式板房的单个箱体由底框、顶框、角柱和围护系统组成，角柱与角部连接件采用活动连接而非焊接，自重更轻，受力也更接近半刚性。围护系统内预先安装好门窗等构件，现场装配完成后可交付。

中海鹿丹名苑项目是我国典型的装配式住宅建筑，是深圳市政府主导的商品房拆除改造项目、民心工程。其中，8号楼、9号楼为装配式施工，结构高度分别147m、124m，总建筑面积为59300m^2，该项目成为建筑产业化住宅的标志性工程。作为深圳市首个使用PC构件柱的工程，采用了混凝土＋铝模＋PC的新形式，通过工厂加工生产建筑“零部件”的混凝土制品，运输到施工现场，在楼房框架内拼装，再通过钢筋焊接、混凝土浇筑，将构件和楼房框架完美地组装在一起。预制构件类型包含预制凸窗、叠合板、楼梯构件，预制率达15%以上，装配率达到30%以上，工业化程度高。

西班牙的露德圣母学校体育馆被设计为一个可拆卸的结构，使其能迅速搭建，且兼具可持续和创新性的特点。建筑师在此基础上引入了由制冷板构成的可拆卸自支撑结构，轻盈而高效的特性使其能迅速组装并在未来重复使用。该板材的厚度为10cm，建筑的总质量则不到传统建筑重量的1/4。室内的地板饰面使用了再生的工业橡木，其中混合了其他木材的余料。这种橡木能够为室内带来温暖的氛围，同时满足室内运动的功能需要（图1-28）。

图1-28 西班牙的露德圣母学校体育馆

2022卡塔尔世界杯比赛场地——拉斯阿布·阿布德体育场使用装配式建筑理念建设，是可拆卸、可重复利用的“绿色球场”，是世界上首次使用集装箱模块化理念建设的大型体育场馆，也是中国企业参与建造的。使用集装箱作为主要建筑模块的灵感设计，来源于卡塔尔的大港口多哈港。整个场馆由990个集装箱模块组合而成，共有7层，“立式立模复合轻质节能墙板”可解决隔热的问题。每个模块都包含可移动的座椅、特许摊位、厕所和其他基本的体育场馆元素，以革命性的方式将锦标赛体验和传统规划相结合，创造出独特的场地。选定地块后，先用钢结构做好体育场的框架，然后把集装箱模块拼装到相应位置，再进行涂刷、装饰。因采用装配式模块化结构，整个体育场能减少用料、减少浪费、减少排放，建造时间也可以大大缩短。体育场是可方便拆卸的模块化建筑，被拆除后它既可在其他地方重新搭建，也可化整为零重新拼成若干个小场馆方便人们使用，甚至还能完全拆散开来改造成经济适用房等。而原体育场的位置则可快速复原为一片绿色公园且不留任何痕迹。

1.5 绿色公共建筑设计案例

1.5.1 温哥华会议中心生态屋顶创新设计

温哥华会议中心是世界上第一个获得双重 LEED 白金认证的会议中心，是一个可持续发展的典范。作为世界上最绿色的会议中心之一，具有丰富的创新绿色功能。它位于温哥华的海滨，享有山脉、海洋和公园的壮丽景色，将自然生态、充满活力的当地文化和建筑环境融为一体并通过建筑强调它们的相互关系。会议中心的公共领域延伸至现场及其周围，包括一条海滨长廊，而未来发展的基础设施则延伸至水中。在西楼的基础上建造了一个经过修复的海洋栖息地，使该地区水质得到显著改善，并且大量的海洋生物返回了该地点，水处理系统和自然光利用增加了建筑物的可持续性。该建筑的地形以特定的方式折叠，以拥抱市中心的街道网格为主，并保留通往水面的景观走廊。材质基于本土木材的使用，室内始终与日光和景观相连，并将室内体验与城市和海滨的生活联系。

图 1-29 温哥华会议中心的滨水生态和活屋顶

（1）可持续性：作为该建筑可持续发展的一部分，温哥华会议中心的活屋顶成为加拿大最大的屋顶（图 1-29），并起到绝缘体的作用，减少了夏季的热量增加和冬季的热量损失。屋顶也是四个蜂箱的家园，采用倾斜形式，与附近的公园和山脉形成了生态联系。斜坡为屋顶生态建立了自然排水和种子迁移模式，可以作为迁徙野生动物的全功能栖息地。绿色屋顶以 40 万种本地植物和草为景观，作为绝缘体调节外部空气温度，加强雨水的利用，并与滨水景观生态系统融为一体。

（2）绿色技术：该建筑绿色低碳的亮点包括：①作为建筑物基础一部分的恢复海洋栖息地；②现场黑水处理和脱盐系统预计将比同类建筑减少 60%～70%的饮用水使用；③利用邻近海水的恒定温度来加热和冷却的热泵系统；④广泛使用当地材料，包括从温哥华岛和阳光海岸收获的花旗松和铁杉木饰面；⑤节能装置和先进的能源管理系统；⑥自然采光和通风。

1.5.2 澳大利亚墨尔本像素大厦——未来办公室

像素大厦由 Studio505 设计，用于容纳 Grocon 开发团队（澳大利亚最大的建筑、开发和住宅房地产公司之一）、销售办公室等；设计被要求建造一座对环境最敏感的建筑。

作为一个未来办公室，当碳限制的环境要求更加注重能源效率时，大厦可分析新技术在建筑领域的持续影响。它获得了绿星分数105分和LEED分数105分。除了从根本上突破环境限制（包括绿色屋顶）之外，建筑师们还设计了一种巧妙的艺术方法，将阳光和隐私屏安装在立面上，由零废料回收彩色面板精心组合而成，并安装在旋转钢管上，体现了创新性（图1-30）。

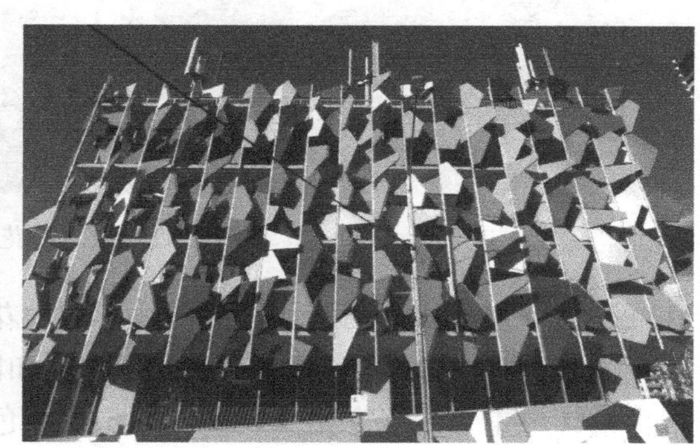

图1-30 像素大厦屋顶的太阳能利用和表皮设计

像素大厦不是常规建筑，是一座完全碳中和的办公楼，在现场可以自行发电和供水。尽管二氧化碳对植物有益，但当二氧化碳大量产生时会导致气候变化。因此，该建筑生产了它所需的全部能量。建筑在创造独特和可持续方面，展示了美学、设计、科学和工程的完美结合。它的每一部分都是专门设计的，屋顶是一个花园，有各种太阳能电池板和3台风力涡轮机。太阳能电池板整天都跟随太阳的方向，这项技术最大限度地提高了从太阳获得的能量；由当地发明家设计的风力涡轮机不需要电力就能启动；此外一个100%的新鲜空气冷却系统，由一台燃气氨吸收式制冷机提供，然后空气通过工作站中的活动地板以液压方式释放。大厦的另一个特点是它的取水和使用。这座建筑与主要供水系统断开，因为它重新利用了雨水。智能窗户在晚上自动打开，使得建筑中储存的热量得以排出，同时允许新鲜空气进入室内。厕所系统节省了很多水；这座建筑本身是用一种特殊的混凝土建造的，这种混凝土可以最大限度地减少混合料中碳的使用。

建筑的外部造型独特，一堆随机颜色的碎片混合后就像一张像素化的图像；每部分都可达到一个目的，由此这些部件被科学地布置，以最大限度地增加办公室的日光量，并最大限度地减少进入办公室的眩光和热量（图1-30）。大厦除了使用最新的技术外，其动态环境支持不断变化的设计实践，也是未来建设更多环保建筑的榜样。

1.5.3 新加坡皮克林宾乐雅精选酒店

新加坡皮克林宾乐雅精选酒店荣获新加坡绿色建筑最高荣誉——BCA（新加坡建设局）绿色建筑白金奖（Green Mark Platinum），并成为新加坡首个使用太阳能系统的酒店，获得太阳能先锋奖（Solar Pioneer Award）。酒店由WOHA国际一流的设计师设计，采用花园酒店理念，并突出节能特色，强调建筑环境的修复（图1-31）。

在环境方面，大量的绿化吸收热量、遮蔽硬质表面以及通过蒸发蒸腾作用来减少城市的热岛效应（图1-31）。通过吸收二氧化碳和通过光合作用释放氧气，改善了空气质量，

图 1-31　酒店的花园设计及景观设计

并减少了温室气体。酒店巨大的曲线形空中花园，覆盖着热带植物，整个建筑群内绿意盎然，酒店的树木和花园与毗邻公园的树木和园林融为一体，成为一片连绵不断的城市绿地。设计最重要的概念是呈现一座理想化绿色城市中的花园式建筑，酒店成为新加坡街景的重要组成，12 层的塔楼形成“E”形的平面，所有客房都面向公园或空中花园。楼高 4 层的繁茂园林、瀑布和花墙，是酒店总占地面积的两倍以上。除了多种姿态各异的植物群外，该酒店也是新加坡首家使用太阳能电池供电的零耗能酒店，更采用综合性节能节水措施，例如使用光线、雨水和动作感应器，以及集雨和循环再用水。预制混凝土的分层起伏层包裹在停车场和酒店公共区域的周围和上方，如同等高线穿过圆柱形柱的模块化网格。瀑布从游泳池和裙楼屋顶上的花园式露台流下，越过条纹状的“侵蚀岩石”，进入裂缝和壁架，树木和藤蔓可以从中茁壮成长。地质隐喻是绿色建筑的最基本元素。酒店“自遮阳”通过空中花园以及三个相邻客房楼可通过相邻建筑遮蔽太阳，房间因此可用完全玻璃外墙（通过低反射率玻璃）而无外部遮阳设备。屋顶表面收集雨水，通过重力饲料灌溉美化环境。收集的离子池可容纳储备，并仅在长期干旱的天气中补充非饮用水的“新加坡再生废水”，这在新加坡的热带气候中很少见。滴灌系统用于优化用水量。所有观景区域都装有降雨传感器，当检测到最低水平时，为了防止浪费，该传感器将关闭灌溉系统。

1.5.4　城市更新与绿色低碳技术

城市更新是践行以人民为中心城市理念的重要手段，是城市高质量可持续发展的必经之路。绿色低碳是一个与时俱进的主题，围绕“双碳”目标，城市更新行动必然要更注重绿色低碳的高质量发展。这是城市更新的意义所在，也是以人民为中心城市理念的生动体现。城市更新带来三个改变，即思想观念、方法和路径、政府管理和社会治理的模式。持续强化规划引领和统筹推进，强化数字赋能和绿色低碳，强化共建共享以及盘活发展空间，赓续人文记忆，创造品质生活。传承历史文脉，培育功能置换和提升城市空间品质，同时提升城市的韧性，给人们以更安全、更舒适、更便利的高质量城市环境和城市形态。

纽约高线公园（High Line Park）是一个位于纽约曼哈顿中城西侧的线形空中花园，是城市废弃设施再利用的经典案例，将高架铁路的遗址改造成公园的项目（图 1-32）。利用哈德逊港口铁路货运专用线建成了独具特色的空中花园绿道，为纽约曼哈顿西区赢得了社会经济效益，成为国际设计和旧城重建的典范。

图 1-32 利用废弃铁路修建成的纽约高线公园

纽约高线公园将各街区联系起来，为城市更新和城市绿化树立了新的标杆。它创造了一种审视城市的新视角，是创新设计和绿色低碳设计的代表作，证明了可持续的景观对城市生活质量带来的巨大改变。高线公园因选择了耐寒的本地植物品种来营造野生的感觉，创造了丰富的色调，随着季节的变化而变化。原来的火车轨道被重新插入，以回忆高线以前的用途，而独特的铸造石板地板也暗示了过去的铁路用途。高线全长 1.45 英里（约 2.33km），地面约 9.1m 高。高线及其所有活动和项目都可使用轮椅，并符合《美国残疾人法案》的规定。纽约高线公园作为城市绿道，在生态、游憩和社会文化三大功能建设上有以下特点：

（1）文化历史的尊重和保护：体现出对城市文化、公众意见及场地的尊重。由于保留了高线铁路遗址，高线公园成为纽约西区工业化历史的一座“纪念碑”。最初正是附近市民自发组织的“高线之友”团体推翻了拆毁高线铁路的议案，推动了公园的规划建设，可以说高线公园从项目缘起、竞标、设计、实施，均与当地居民保持了紧密的联系，在为纽约市民带来一片美妙的公共空间的同时，也承载了这座城市的记忆。在设计中提出，对结构特性的保存和重新阐释是其转型为公园的关键所在。公园不仅保留和重新阐释了部分铁轨，还保留了部分厂房的残垣断壁。这些场景，记载、诉说和传递着场地的历史。

（2）功能的变换突出景观创新设计：高线公园与城市的紧密联系成为该项目鲜明的独特性。它以不间断的形态横向切入多变的城市景观中。高出地面 9m 的空中步道带来了独特的城市体验，人们在深入城市的同时也在远离城市。以一种全新的视角一睹城市风采。

第一期设计的出发点是尽可能地保留高线的原有特征，避免对原有设施造成较大破坏。利用较少的路面和较多的原始地表，再加上各种植物，创造出一个“慢节奏”的空间。公园中的绿地既减少了热岛效应，又给野生动物提供了生存空间。园内植物以本地物种为主，并根据耐寒性、可持续性、形状和不同颜色选择了多年生植物。整个公园覆盖了完整的无障碍通行道，并在原来的基础上增设两部电梯，设计了一系列景观小品造福公众。切尔西丛林可欣赏开花灌木和小树构成的草原景观。项目三期新建了长凳、铁轨步行道、表演空间以及为孩子们准备的游戏场等，通过农业＋建筑的策略，将高线公园的表面数字化为分散的铺装和种植单元，路面结合了从 100％的硬景观至 100％的柔性植物景观的过渡。铺路系统由带有开放式接口的预制混凝土板拼接而成，使野草能生长于人行道的夹缝中。该策略将公园变成了一个融合了野生植被、耕种空间和社交功能的场所。大自然重新获得了城市基础设施的重要组成部分，通过改变植物生活和行人之间的互动规则，“农业建筑”策略将有机材料和建筑材料以一定的混合比例结合起来，以修正和适应自然、文化、亲密关系。

在当今的绿色大潮中，我国也出现了诸多示范项目，而要想通过示范达到普及的目的，则需克服其存在的片面性：有的未考虑本地区的造价和运营成本，脱离于城市经济主流；有的过于强调技术特征，没有综合考虑审美、地域及文化因素。由此可见，探索适合我国国情的低成本、本土化、具有推广意义的绿色建筑示范（包括既有建筑的改造），带动我国绿色建筑的普及意义重大。在城市发展和建筑建造过程中，需在空间上将建造各部分作为整体来考虑，在时间上将建造过程的能源和成本计入成本效益的考量。可持续性设计更多地直接影响绿色建筑的使用者，并通过健康、满意的个体将积极方面传递给所在的社区及城市，还通过减少空气污染和减少能耗造福社会，也直接关系人们的生活质量。可持续性设计是建筑和建设开发的未来，是生态环境更好发展的保障。

第 2 章　建筑太阳能热利用原理

引例

太阳辐射是地球的主要能量来源，也是地球气候的主要成因，地面建筑离不开也躲不过太阳与太阳辐射的作用和影响。建筑主动利用太阳能或者减少其影响是本章的要点。

例如在建筑物外围护结构保温材料选用和布置中就存在这样的问题：南向墙面应当贴敷多少保温隔热材料？北向墙面又该怎样？总体差异有多少？作为本章的一部分我们应当思考这样一个整体的能量、结构和外立面问题。

2.1　建筑的传热

2.1.1　建筑传热的研究方法——热电类比

机械工程中经常采用电路类比的方法研究相关问题，此处简单介绍本章中采用的热电类比的基本思想。

由若干个电气设备或器件按照一定方式组合起来所构成的电流通路称为电路，电路一般由电源、负载和中间环节三部分组成。

由于组成电路的电气设备和器件种类繁多，电气设备或器件工作时发生的物理现象很复杂，这给电路分析带来了很大的困难，因此电路分析的直接对象并不是那些由实际的电工器件构成的电路，而是分析从实际电路抽象出来的电路模型，这些电路模型是由表示实际器件的基本物理性质的理想元件组成的，电路中基本的理想元件有：电阻、电容、电感和电源（电流、电压）等。

在传热学中，经常采用电路学中欧姆定律的形式（电流＝电位差/电阻）来分析热量传递过程中热流量与温度差的关系，即借助于线路模型采用热电类比的方法研究传热问题。与电路中基本的理想元件对应，热电类比中基本的理想热元件有：导热系数、热容、热阻、热流、温差（热压）等。

其中，材料的导热系数和热容量是描述材料热属性的两个基本物理量。

导热系数用 k 表示，其单位是 Btu/（ft·h·℉）或者 W/（m·K），前者是英制单位，后者是国际单位，两个单位换算关系为：1Btu＝2.93×10^{-4}kWh，1ft＝304.8mm，1℉＝1.8℃＋32。

热电类比中把热流量计算式改写为欧姆定律的形式可以表示为：热流量＝温度差/热阻，数学表达式简写为：$q=\dfrac{\Delta T}{R}$（W）。

与欧姆定律对照，可以看出热流相当于电流；温度差相当于电位差；而热阻则相当于电阻。于是，得到一个在传热学中非常重要而且实用的概念——热阻。对于不同的热传递方式，热阻的具体表达式将不一样。以平壁为例，其热量在平壁中的传递如图 2-1 所示，热流量可以表达为式（2-1）的形式。

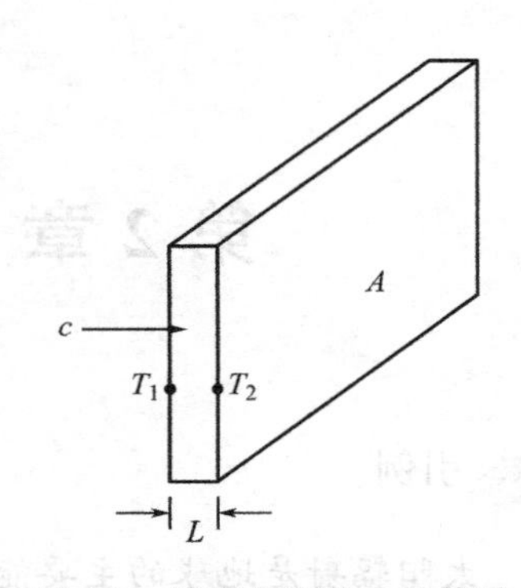

图 2-1　热流在平壁中的传递

$$q=\frac{kA}{L}(T_1-T_2) \tag{2-1}$$

简写为

$$q=uA(T_1-T_2)$$
$$u=\frac{k}{L} \tag{2-2}$$

此处 $u=\frac{k}{L}$ 为传热系数，单位是 Btu/（ft^2・h・℉），或者 W/（m^2・K）。这里的电路类比思想为：电流强度 $i=\frac{\Delta V}{R}$（欧姆定律）与热流量 $q=\frac{\Delta T}{R}$ 类比。$R=\frac{1}{uA}=\frac{L}{kA}$ 为导热热阻，单位是 h・℉/Btu，或 K/W。

由导热热阻的表达式可以看出，平壁的导热热阻与平壁厚度成正比，而与导热系数和壁面面积成反比。不同情况下的导热过程导热量的表达式不同，导热热阻的计算方法也不同。

热阻是一个用来标示壁面上或通过壁面传热行为的物理量，是类比于电阻定义的。热流与电流对应，驱动热流的温度差与驱动电流的电压或电势差对应。

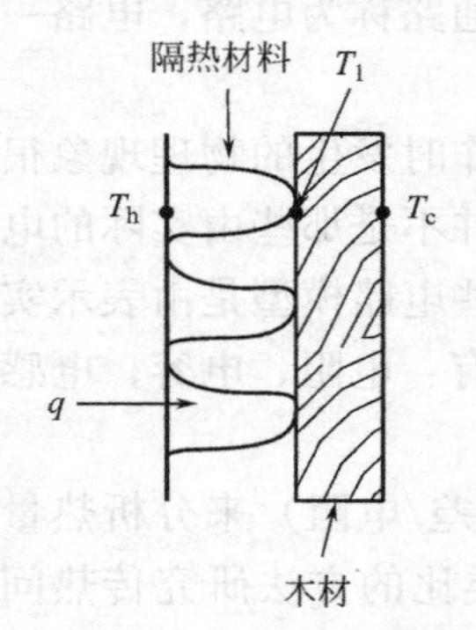

图 2-2　热阻的串联

1. 多层材料（热阻串联情况）

工程中经常遇到冷热两种流体隔着固体壁面的换热，即热量从壁面一侧的高温流体通过壁体传递到另一侧的低温流体的过程，称为传热过程。设有一平壁由两种材料构成，面积为 A；它的一侧为温度 T_h 的热流体，另一侧为温度 T_c 的冷流体；假设两侧壁面温度与流体温度相同，两种材料的导热系数分别为 $k_{insulation}$ 及 k_{wood}；两种材料的厚度分别为 $L_{insulation}$ 及 L_{wood}，如图 2-2 所示。当材料中没有能量储存和耗散时，传热过程处于稳态，即各处温度及传热量不随时间改变；平壁的长和宽均远大于它的厚度，可以认为热流方向与壁面垂直。

在稳定状态下，通过壁体中两种材料的热流量相等，各参数代入热流表达式（2-1）得到式（2-3）。

$$q=\frac{k_{insulation}}{L_{insulation}}A(T_h-T_1)=\frac{k_{wood}}{L_{wood}}A(T_1-T_c) \tag{2-3}$$

注：式（2-3）表示当材料中没有能量储存和耗散时，能流保持稳定。

重新排列式（2-3）得到式（2-4）：

$$T_h - T_1 = q\frac{L_{insulation}}{k_{insulation}A} = qR_{insulation}$$
$$T_1 - T_c = q\frac{L_{wood}}{k_{wood}A} = qR_{wood} \tag{2-4}$$

两式相加消去 T_1 得到式（2-5）：

$$T_h - T_c = q(R_{insulation} + R_{wood})$$
$$q = \frac{T_h - T_c}{R_{insulation} + R_{wood}} = \frac{T_h - T_c}{R_{Toal}} \tag{2-5}$$

由式（2-5）可看出平壁串联的总传热阻为式（2-6）：

$$R_{Toal} = R_{insulation} + R_{wood} \tag{2-6}$$

多层材料的热阻如何计算？同理可以推出式（2-7），即平壁串联时其总热阻等于各层材料热阻之和。

$$R_{Total} = \sum_i R_i \tag{2-7}$$

总之，热流通过多层材料的传热过程的热阻等于冷、热流体之间的热阻之和，相当于串联电阻的计算方法，掌握这一点对于分析和计算传热过程十分方便。由传热热阻的组成不难认识，传热热阻的大小与流体的性质、流动情况、墙壁的材料以及形状等许多因素有关，所以它的数值变化范围很大。例如，建筑物室内空气通过 240cm 厚砖墙向周围环境的散热过程的 k（传热系数）值约为 2W/（m² · K），如果墙外贴上几厘米厚的高效保温层则可使它降到 0.5W/（m² · K），建筑物围护结构保温层的作用是减少热损失，保温材料的导热系数越小，k 值越小，保温性能越好。

热阻串联时累加计算，其计算方法及其推导过程在任何一本电路书籍中都可以查到。

2. 多重热流路径（热阻并联情况）

前述无限大平壁，或多层无限大平壁的每一层，都是由同一种材料组成的，工程中也会遇到另一类平壁，它在垂直于热流方向上由不同材料构成，如图 2-3 所示。设平壁中两种材料的面积分别为 $A_{insulation}$ 和 A_{wood}；它的一侧为温度 T_h 的热流体，另一侧为温度 T_c 的冷流体；假设两侧壁面温度与流体温度相同，两种材料的导热系数分别为 $k_{insulation}$ 及 k_{wood}；两种材料的厚度分别为 $L_{insulation}$ 及 L_{wood}。当材料中没有能量储存和耗散时，传热过程处于稳态，其总热流量等于两种材料中热流量之和，如式（2-8）所示。

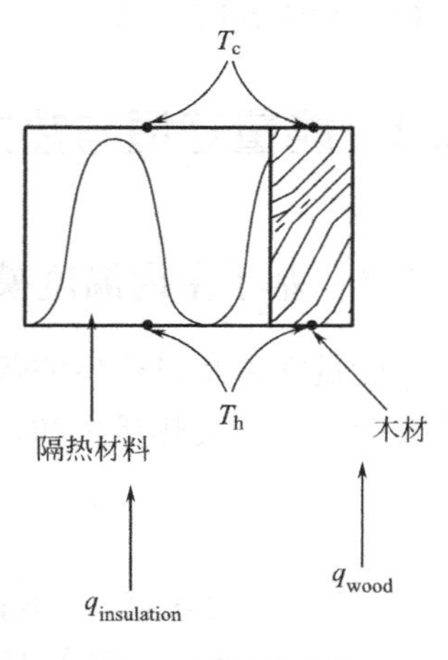

图 2-3　热阻并联

$$\begin{aligned} q &= q_{insulation} + q_{wood} \\ &= \frac{k_{insulation}A_{insulation}}{L_{insulation}}(T_h - T_c) + \frac{k_{wood}A_{wood}}{L_{wood}}(T_h - T_c) \\ &= \left(\frac{k_{insulation}A_{insulation}}{L_{insulation}} + \frac{k_{wood}A_{wood}}{L_{wood}}\right)(T_h - T_c) \end{aligned}$$

$$= \left(\frac{1}{R_{\text{insulation}}} + \frac{1}{R_{\text{wood}}}\right)(T_{\text{h}} - T_{\text{c}})$$
$$= \frac{T_{\text{h}} - T_{\text{c}}}{R_{\text{Total}}} \tag{2-8}$$

式（2-8）中

$$\frac{1}{R_{\text{Total}}} = \frac{1}{R_{\text{insulation}}} + \frac{1}{R_{\text{wood}}} \tag{2-9}$$

一般情况下，当有多重热流路径时总热阻的倒数等于各路径热阻倒数之和：

$$\frac{1}{R_{\text{Total}}} = \sum_i \frac{1}{R_i} \tag{2-10}$$

基于热电类比的思想，多重热流路径热阻的计算方法，相当于并联电阻的计算方法，其计算方法在任何一本电路书籍中都可以查到，掌握这一点对于分析和计算有多重热流路径组成的传热过程十分方便。

2.1.2 热容量

比热容 c，单位是 Btu/（lbm・°F）或者 kJ/（kg・K），它以单位质量形式给出，表示单位质量的流体或固体蓄热的能力。热容量则表示整个流体或固体的总蓄热能力。用 $C = mc$ 表示热容量，此处 m 是质量，单位是千克（kg）。C 的单位是 Btu/F 或者 J/K。

总之，学习建筑节能基本原理的目的概括起来就是：认识传热规律；计算各种情况下的传热量或传热过程中的温度及其分布；掌握增强或削弱传热过程的措施以及对传热现象进行实验研究的方法。

2.2 能量守恒与热力模型

2.2.1 基于室内温度模型的能量守恒方程

能量守恒是自然界的普适规律，能量在建筑中的传递可以用能量守恒方程：储存热量的改变等于得失热量之和，其能量守恒方程式可用式（2-11）来表示。

$$C\frac{\mathrm{d}T_{\text{i}}}{\mathrm{d}t} = \frac{T_{\text{o}} - T_{\text{i}}}{R} + q \tag{2-11}$$

式中 C——比热容，J/K；

T_{i}，T_{o}——室内、室外温度，℃；

t——时间，s；

R——热阻，K/W；

q——热流量，W。

这里℃是摄氏温度单位；K 是热力学温度单位或者温度差值单位（也可以用摄氏温度℃表示）。

能量守恒方程式（2-11）是能量守恒在传热中的具体应用，方程式可以生动地解释能量的物理意义，体现了导热中的两种重要效应，左侧项表示储存热量，右侧两项分别表示流入流出的热量和热源产生的热量。

根据定义，在稳定状态下，式（2-11）中 $C\frac{dT_i}{dt}=0$，储能效应消失，式（2-11）改写为式（2-12），流入流出能量相等，这种情况是典型的稳态导热状态。

$$\frac{T_i-T_o}{R}=q \tag{2-12}$$

2.2.2　实例

现在假设 T_i 变化，在两种特殊情况下求解能量守恒方程（2-11），然后推广到一般情况。

1. 特例 1

在能量守恒方程式（2-11）中，假设 T_o 固定，$q=0$。

在 $t=0$ 时，给 T_i 指定一个初始值，定义式（2-13）：

$$T=T_i-T_o \tag{2-13}$$

因为 T_o 固定，所以 $\frac{dT_o}{dt}=0$，并且 $\frac{dT_i}{dt}=\frac{dT}{dt}$，能量守恒方程式（2-11）可以写成式（2-14）：

$$RC\frac{dT}{dt}+T=0 \tag{2-14}$$

$$T|_{t=0}=T_{initial}$$

定义 $RC=\tau$，因为其量纲（单位）为时间，所以称其为热时间常数，代入式（2-14）得到式（2-15）：

$$\tau\frac{dT}{dt}+T=0 \tag{2-15}$$

变形为

$$\frac{dT}{T}=-\frac{1}{\tau}dt \tag{2-16}$$

两边同时积分得到：

$$\ln T=-\frac{t}{\tau}+A \tag{2-17}$$

这里 A 是一个积分常数，改写为指数形式

$$T=e^{-\frac{t}{\tau}+A}=Be^{-\frac{t}{\tau}} \tag{2-18}$$

$T|_{t=0}=B$ 而且等于初始条件温度 $T_{initial}$，因此，$B=T_{initial}$

$$T=T_{initial}e^{-t/\tau} \tag{2-19}$$

可以用图形来表示温度随时间的变化（图 2-4），温度的时间响应按指数规律变化（衰减）。

由温度变化曲线或者式（2-19）可以看出，当时间趋于无穷大时，温度 T 趋于 0，根据式（2-13），T_i 趋于 T_o，其意义是在室内没有热源的情况下热量传递的最终结果是室内、室外温度相同。

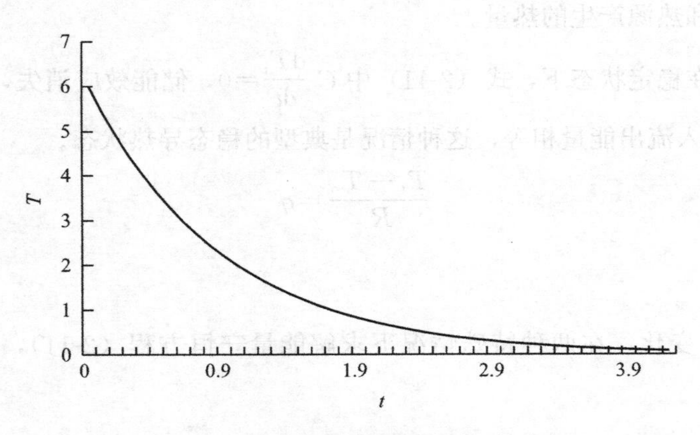

图 2-4　特例 1 情况下温度随时间的变化

2. 特例 2

在能量守恒方程式（2-11）中，假设 T_o 固定，但热流强度 q 取非零常数使 $(T_i - T_o)|_{t=0}=0$，根据特例 1 的求解结果和能量方程式的结构，特例 2 的求解可以借助参数变量法求解，即假设此时能量守恒方程式（2-11）的解为式（2-20），此处把特例 1 求解中式（2-18）的常数 B 改写为时间的参数变量。

$$T = B(t)e^{-t/\tau} \tag{2-20}$$

注意到式（2-20）中 B 是时间的函数。

根据热时间常数 τ 的定义和式（2-13）中 T 的定义，能量守恒方程式（2-11）可写为：

$$\tau \frac{dT}{dt} + T = Rq \tag{2-21}$$

在稳定状态下达到峰值时，$\frac{dT}{dt}=0$，式（2-21）变为 $T=Rq$，注意到 $T=T_i-T_o$，这正是前述的典型的稳态传热情况。

不考虑初始值 $T_{initial}$，将假设结果式（2-20）代入能量守恒方程式（2-21）中，得：

$$\tau\left[e^{-t/\tau}\frac{dB(t)}{dt}+B(t)\left(-\frac{1}{\tau}\right)e^{-t/\tau}\right]+B(t)e^{-t/\tau}=Rq \tag{2-22}$$

展开合并，式（2-22）（魔术般的）简化为：

$$\tau e^{-t/\tau}\frac{dB(t)}{dt}=Rq \tag{2-23}$$

$$\frac{dB(t)}{dt}=\frac{1}{\tau}e^{t/\tau}Rq \tag{2-24}$$

变形并两边同时积分得到：

$$\begin{aligned} B(t) &= \int \frac{1}{\tau}e^{t/\tau}Rq\,dt + D \\ &= Rq\int e^{t/\tau}Rq\,d\left(\frac{t}{\tau}\right)+D \\ &= Rq e^{t/\tau}+D \end{aligned} \tag{2-25}$$

D 是另一个积分常数。将式（2-25）的结果代入式（2-20）得：

$$T(t)=(Rq\mathrm{e}^{t/\tau}+D)\mathrm{e}^{-t/\tau} \tag{2-26}$$

考虑到初始值 $T_{\text{initial}}=0 \Rightarrow D=-Rq$ 代入式（2-26）得：

$$\begin{aligned} T(t) &= Rq(\mathrm{e}^{t/\tau}-1)\mathrm{e}^{-t/\tau} \\ &= Rq(1-\mathrm{e}^{-t/\tau}) \end{aligned} \tag{2-27}$$

用图形表示特例 2 情况下温度随时间的变化如图 2-5 所示。

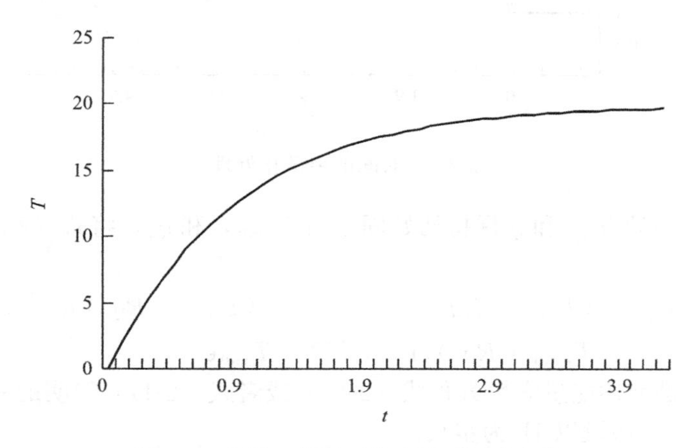

图 2-5　特例 2 情况下温度随时间的变化

由温度变化曲线可以看出，当时间趋于无穷大时温度 T 趋常数 Rq，根据式（2-13），T_i 趋于 T_o+Rq。其意义是在室内有热源的情况下，热量传递的最终结果是室内可以达到的最高温度是室外温度加上 Rq。室内能够达到的温度与建筑外围护结构的热阻和室内热源密切相关。

3. 一般情况

现在，继续推导一般结果，让 T_o 和 q 都发生变化。能量守恒方程式（2-11）写为：

$$\tau\frac{\mathrm{d}T_{\text{in}}}{\mathrm{d}t}+T_{\text{in}}=T_{\text{out}}+Rq \tag{2-28}$$

为了清晰起见，这里用 T_{in} 和 T_{out} 分别表示室内和室外的温度，因为马上要增加其他下标。

首先，取 T_{out} 和 q 为非零常数。我们可以基于前面的工作，参照式（2-26）写出式（2-28）的解为：

$$T_{\text{in}}=[(T_{\text{out}}+Rq)\mathrm{e}^{t/\tau}+D]\mathrm{e}^{-t/\tau} \tag{2-29}$$

现在（很重要！关键在下面）使 T_{out} 和 q 变化，但只是以离散的时间间隔变化（比如典型的以小时为步长变化），如图 2-6 所示。

（1）$t=0$

此时只要已知初始值 $T_{\text{out},0}$，q_0 和 $T_{\text{in},0}$，就可以由初始条件确定积分常数 D，当 $t=0$ 时，代入式（2-29）得：

$$\begin{aligned} &T_{\text{in},0}=[(T_{\text{out},0}+Rq_0)\mathrm{e}^{0}+D]\mathrm{e}^{-0}=T_{\text{out},0}+Rq_0+D \\ &D=T_{\text{in},0}-T_{\text{out},0}-Rq_0 \end{aligned} \tag{2-30}$$

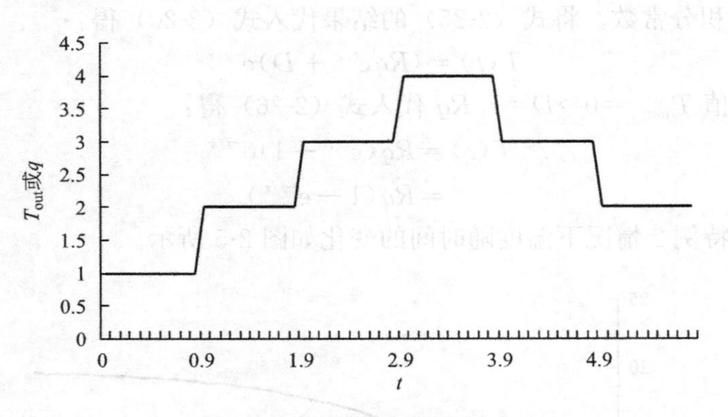

图 2-6 时间的离散化处理

从此刻开始，只要 T_{out} 和 q 保持初始固定值 $T_{out,0}$，和 q_0，将式（2-30）中的 D 代入式（2-29）得：

$$\begin{aligned}T_{in}&=[(T_{out,0}+Rq_0)e^{t/\tau}+T_{in,0}-(T_{out,0}+Rq_0)]e^{-t/\tau}\\&=(T_{out,0}+Rq_0)(1-e^{-t/\tau})+T_{in,0}e^{-t/\tau}\end{aligned}\tag{2-31}$$

式（2-31）正是前述能量守恒方程式（2-28）或者式（2-11）简明的一般解。

（2）在 $t=0$ 末（假设以 1h 为步长）

$$\begin{aligned}T_{in}&=[(T_{out,0}+Rq_0)e^{1/\tau}+T_{in,0}-(T_{out,0}+Rq_0)]e^{-1/\tau}\\&=T_{in,1}\end{aligned}\tag{2-32}$$

（3）$t=1$

重复上述过程，如果需要可以从头开始，但是利用新的初始条件 $T_{out,1}$，q_1，和 $T_{in,1}$ 代入式（2-29）得：

$$\begin{aligned}&T_{in,1}=[(T_{out,1}+Rq_1)e^{0}+D]e^{-0}=T_{out,1}+Rq_1+D\\&D=T_{in,1}-T_{out,1}-Rq_1\end{aligned}\tag{2-33}$$

（4）在 $t=1$ 期间

$$T_{in}=(T_{out,1}+Rq_1)(1-e^{-t/\tau})+T_{in,1}e^{-t/\tau}\tag{2-34}$$

（5）在 $t=1$ 末

$$\begin{aligned}T_{in}&=(T_{out,1}+Rq_1)(1-e^{-1/\tau})+T_{in,1}e^{-1/\tau}\\&=T_{in,2}\end{aligned}\tag{2-35}$$

这是解的一个范式。在 n 小时内

$$T_{in,n+1}=(T_{out,n}+Rq_n)(1-e^{-t/\tau})+T_{in,n}e^{-t/\tau}\tag{2-36}$$

（6）在 $t=n$ 末

$$T_{in,n+1}=(T_{out,n}+Rq_n)(1-e^{-1/\tau})+T_{in,n}e^{-1/\tau}\tag{2-37}$$

2.3 窗户得热

2.3.1 窗户的热工特性

在窗户得热中，除了太阳辐射通过玻璃影响室内热环境外，室外气温也同时通过室内外温差传热影响室内热环境。具体来讲，可用下述关系式表示窗户的得热，即：

通过玻璃获得的瞬态得热率（热流强度）=通过玻璃的辐射热传输（透射热）+玻璃吸收的太阳辐射向内的热流（辐射热）+由于室内外温差引起的热流（传导热）

对于单层玻璃窗而言，有

$$\frac{q}{A}=I_t\tau+N_{in}\alpha I_t+U_{total}(T_{out}-T_{in}) \tag{2-38}$$

$\left(\text{这里采用国际单位，}\frac{q}{A}\text{的单位为}\frac{W}{m^2}\text{，}q\text{ 的单位为 W}\right)$

式中　I_t——由直射辐射和散射辐射构成的总辐射（分别来自太阳直射和天空散射），W/m^2；

τ——透射系数，%；

α——吸收系数，%；

U_{total}——窗户两侧空气层和玻璃层（可为多层）的值（传热系数），W/（m^2 · K）；

N_{in}——吸收的辐射向内流动的比例，%；

当太阳辐射能量投射到窗户外表面时，总的投射能量分为三部分，即透射能量、反射能量和吸收能量，其中吸收能量引起玻璃发热后再次向室内外发射长波辐射，用 N_{in} 衡量该部分能量向室内传递的比例。

依据热电类比原理，窗玻璃热阻线路模型如图 2-7 所示，窗户的总热阻计算如下式所示：

$$\frac{1}{U_{window}}=\hat{R}_{window}=\frac{1}{h_{in}}+\hat{R}_{glass}+\frac{1}{h_{out}} \tag{2-39}$$

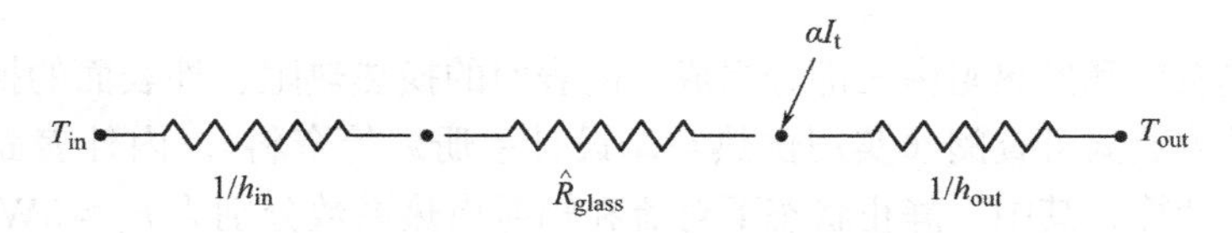

图 2-7　窗玻璃的吸热与放热线路模型

图中，$\hat{R}=\frac{1}{U}$没有考虑面积的热阻（与第 1 节引入的热阻 R 对比）。h 是由内外表面长波辐射和对流换热组成的换热系数，W/（m^2 · K）。

吸收的辐射向内流动的比例 N_{in} 可以通过监测得到或者通过伏特分压原理计算获得：

$$N_{in}=\frac{1}{h_{out}\hat{R}_{window}}=\frac{U_{window}}{h_{out}} \tag{2-40}$$

（N_{in} 是设想的一个参数，表示玻璃吸收的辐射向内流动的比例，向内、向外流动比例之和等于 1）

$$\frac{q}{A}=\left(\tau_{window}+\alpha_{window}\frac{U_{window}}{h_{out}}\right)I_t+U_{window}(T_{out}-T_{in}) \tag{2-41}$$

$$\hat{R}_{glass}=\frac{1}{AU_{glass}} \tag{2-42}$$

$$\hat{R}_{\text{window}}=\frac{1}{Ah_{\text{in}}}+\hat{R}_{\text{glass}}+\frac{1}{Ah_{\text{out}}}=\frac{1}{AU_{\text{window}}} \tag{2-43}$$

$$N_{\text{in}}=\frac{1/Ah_{\text{out}}}{\hat{R}_{\text{window}}}=\frac{U_{\text{window}}}{h_{\text{out}}} \tag{2-44}$$

由伏特分压原理得到上述结果，原理如图 2-8 所示。

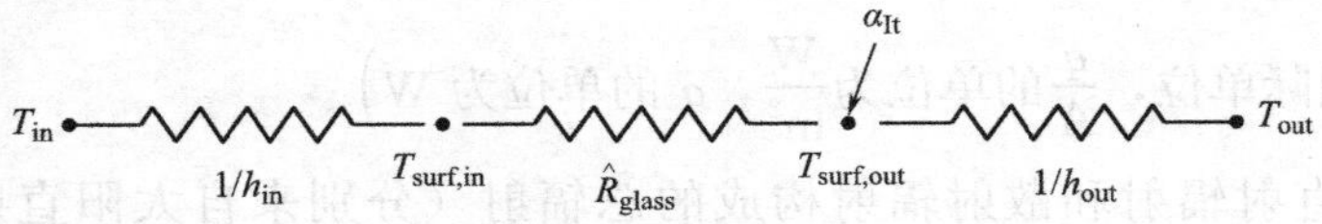

T_{in}　$1/h_{\text{in}}$　$T_{\text{surf,in}}$　$\hat{R}_{\text{glass}}$　α_{It}　$T_{\text{surf,out}}$　$1/h_{\text{out}}$　T_{out}

图 2-8　窗玻璃的吸热与放热详细线路模型

根据伏特分压原理，在没有太阳辐射时热流强度为：

$$\frac{q}{A}=\frac{T_{\text{in}}-T_{\text{out}}}{\hat{R}_{\text{window}}}=\frac{T_{\text{in}}-T_{\text{surf,in}}}{1/h_{\text{in}}}=\frac{T_{\text{surf,in}}-T_{\text{surf,out}}}{\hat{R}_{\text{glass}}}=\frac{T_{\text{surf,out}}-T_{\text{out}}}{1/h_{\text{out}}} \tag{2-45}$$

因此

$$T_{\text{in}}-T_{\text{surf,in}}=\frac{1/h_{\text{in}}}{\hat{R}_{\text{window}}}(T_{\text{in}}-T_{\text{out}})=\frac{U_{\text{window}}}{h_{\text{in}}}(T_{\text{in}}-T_{\text{out}}) \tag{2-46}$$

$$T_{\text{surf,in}}-T_{\text{surf,out}}=\frac{\hat{R}_{\text{glass}}}{\hat{R}_{\text{window}}}(T_{\text{in}}-T_{\text{out}}) \tag{2-47}$$

$$T_{\text{surf,out}}-T_{\text{out}}=\frac{1/h_{\text{out}}}{\hat{R}_{\text{window}}}(T_{\text{in}}-T_{\text{out}})=\frac{U_{\text{window}}}{h_{\text{out}}}(T_{\text{in}}-T_{\text{out}}) \tag{2-48}$$

2.3.2　窗户（玻璃）的一些热工数据

窗户的换热系数和换热阻由三部分组成，内表面的换热热阻、外表面的换热热阻和窗户本身的热阻（具体数据可查阅《实用供热空调设计手册》等资料）。内外表面换热阻分别按静止和流动气流计算。其中，静止状态下对流和辐射换热系数分别为 $h_r\approx5$W/（m^2·K）和 $h_c\approx1.2\sim4.3$W/（m^2·K）。静止空气的总换热系数和热阻分别为 $h=6.1\sim9.2$W/（m^2·K），$R=0.11\sim0.16$m^2·K/W。

同样方法可以换算出流动空气表面换热系数和热阻分别为 $h=22.7\sim34$W/（m^2·K）和 $R=0.03\sim0.04$m^2·K/W。

玻璃的总传热系数计算如下：

已知玻璃的导热系数 $k_{\text{glass}}\approx1$m·K/W，对于 3mm 厚的玻璃，$R=0.003$m^2·K/W，对于玻璃的总热阻来讲，玻璃本身的热阻很小几乎可以忽略。即便考虑边界层，单层玻璃的热阻仅为 2.5cm EPS 板的 1/5。窗玻璃的总传热热阻数据如图 2-9 所示。

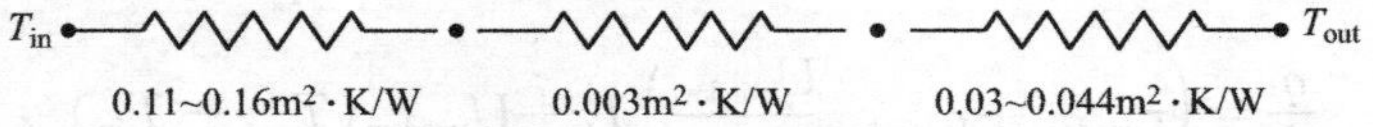

T_{in}　0.11~0.16m^2·K/W　0.003m^2·K/W　0.03~0.044m^2·K/W　T_{out}

图 2-9　窗玻璃的总传热热阻

2.3.3　太阳辐射得热系数与遮阳系数

阳光照射到窗玻璃表面后，一部分被反射掉，被反射的部分全部不会成为房间的得热；一部分直接透进室内，全部成为房间得热量；还有一部分则被玻璃吸收，使玻璃温度升高，这样，其中一部分又以长波辐射和对流方式传入室内，而另一部分则同样以长波辐射和对流方式散至室外，不会成为室内得热。因此，室内实际获得的太阳辐射量包括透过玻璃直接传入室内的部分和经玻璃吸收后再传入室内的部分。

室内实际获得的太阳辐射量与入射到玻璃外表面的太阳辐射量的比值称为玻璃的太阳辐射得热系数。定义太阳辐射得热系数为：

$$SHGC=\tau+\alpha N_{in} \tag{2-49}$$

通过太阳辐射得热系数可以非常简便地计算室内实际获得的太阳辐射得热量。太阳辐射得热系数可以分为太阳直射辐射的得热系数和散射辐射的得热系数。前者与太阳辐射入射的角度有关，而后者基本为定值。

根据太阳辐射得热系数的定义，通过任何窗户的热流强度可以写为：

$$\frac{q}{A}=SHGC\cdot I_{t}+U_{window}(T_{out}-T_{in}) \tag{2-50}$$

对于单层玻璃窗，有

$$SHGC=\tau+\alpha\frac{U_{window}}{h_{out}} \tag{2-51}$$

对于其他情况，可以通过模型计算或者测量得到，数据可参考相关设计手册查到，类似地，定义太阳辐射得热量：

$$SHGF=\left(\tau+\alpha\frac{U_{window}}{h_{out}}\right)I_{t} \tag{2-52}$$

式（2-52）表示 3mm 单层白玻璃窗内部测量得到的太阳能。

有时也用遮阳系数来描述透过窗户的太阳辐射得热量，遮阳系数是一个相对量，其定义式为：

$$SC=\frac{SHGC_{test}}{SHGC_{standard}} \tag{2-53}$$

式（2-53）定义的是窗户的遮阳系数。一般选择 3mm 的透明玻璃作为参照玻璃。如果已知参照玻璃的太阳辐射得热系数，那么测试窗的遮阳系数 SC 就是测试窗的太阳辐射得热系数乘以一个常数。工程中，为简便起见，一般取 3mm 透明玻璃的太阳辐射得热系数 $SHGC$ 为 0.85，其遮阳系数 SC 为 1。应该知道无论参照窗或者是待测定的窗，太阳辐射得热系数 $SHGC$ 实际上是随入射角、入射光谱分布的变化而有所不同的。

随着窗玻璃层数的增多、设计越来越复杂，太阳辐射得热系数 $SHGC$ 正逐步取代遮阳系数 SC。因为在进行包括对建筑物逐时能耗模拟分析计算时，与辐射立体角有关系的太阳辐射得热系数 $SHGC$ 比遮阳系数 SC 更有效。

尽管太阳辐射得热系数的准确性要好于遮阳系数，但由于遮阳系数比较直观，因而除了用于比较不同玻璃的太阳辐射得热外，还常常用于描述室内外遮阳设施的遮阳效果。此时，遮阳系数的定义与式（2-53）有所不同，可用 SC' 表示：

$$SC' = \frac{\text{有遮阳设施时透进的太阳辐射量}}{\text{无遮阳设施时透进的太阳辐射量}} \tag{2-54}$$

采用遮阳设施后窗户的太阳辐射得热系数等于 SC'乘以原有窗的太阳辐射得热系数。可以通过 SC'方便、直观地比较不同遮阳设施的遮阳效果。如内遮阳中常采用的浅色百叶的遮阳系数 SC'约为 0.65，中色百叶的遮阳系数 SC'约为 0.75，浅色百叶的遮阳效果好于中色百叶。对于窗户系统来说，其总体的遮阳系数等于玻璃的遮阳系数 SC 与遮阳设施的遮阳系数 SC'的乘积，有时也称为"综合遮阳系数"。

窗户是重要的建筑围护结构构件，传统上外窗是建筑保温隔热的薄弱环节。随着窗户玻璃系统由单玻向双玻、Low-E 中空玻璃的逐步变化，窗户的传热系数明显降低，减少窗户传热最有效的措施在于采用热阻较高的玻璃系统。表 2-1 列出了几种窗户传热系数的典型取值。图 2-10 是典型断桥热窗框构造图与剖面热成像图。

不同窗户传热系数的典型取值［单位：W/（m² · K）］　　表 2-1

	钢窗	铝合金	U-PVC	断热桥	木窗
标准单玻	6.4	6.2	4.7	5.4	4.8
标准双玻	—	3.9	2.8	3.4	2.9
Low-E 双玻	—	2.9	1.9	2.5	2.0

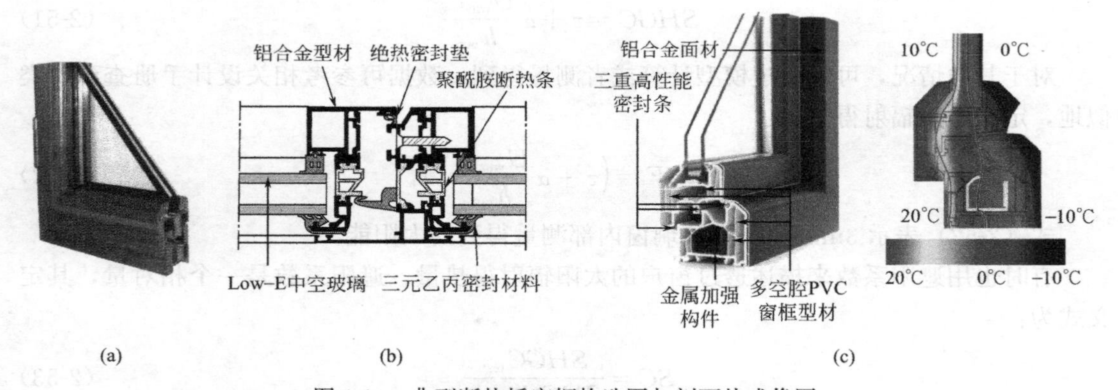

图 2-10　典型断热桥窗框构造图与剖面热成像图

（a）木包铝断热桥保温窗；（b）铝合金断热桥 Low-E 玻璃窗截面；（c）保温窗窗框及其剖面热成像图

2.4　建筑不透明外围护结构（墙和屋顶）得热

外墙和屋顶等不透明外围护结构在太阳辐射的作用下将吸收太阳能，浅色表面、深色表面产生的效果不同。

2.4.1　室外综合温度

在进行建筑外围护结构热工设计，特别是进行隔热设计时，首先应当确定外围护结构在室外气候条件下所受到的热作用。

图 2-11 表示外围护结构受到的室外热作用情况。图 2-11（a）表示外围护结构所受到

的综合热作用，其综合热作用可分解为 3 种不同方式的热作用：

（1）太阳辐射热的作用：当太阳辐射热作用到围护结构外表面时，一部分被围护结构外表面所吸收，如图 2-11（b）所示。

（2）室外空气的传热：由于室外空气温度与外表面温度存在温度差，将以对流换热为主要形式与围护结构的外表面进行换热，如图 2-11（c）所示。

（3）在围护结构受到上述两种热作用以后，外表面温度升高，辐射增大，向外界发射长波辐射，失去一部分热能，如图 2-11（d）所示。

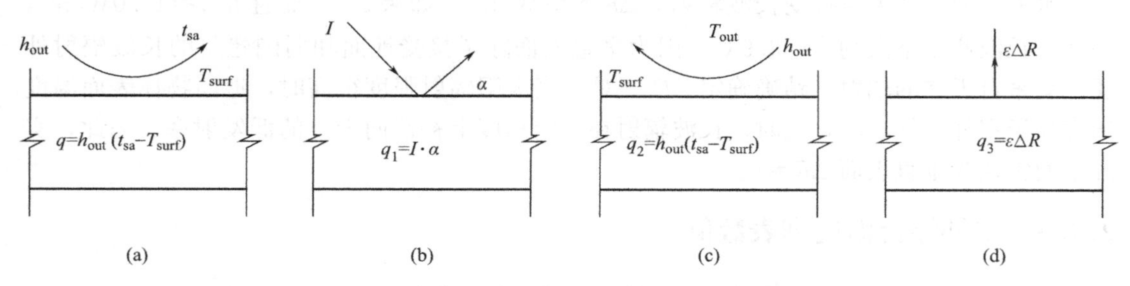

图 2-11　围护结构所受室外热作用与室外综合温度的概念

（a）外围护结构所受到的综合热作用；（b）太阳辐射热的作用；（c）室外空气的传热；（d）外表面向外界发射长波辐射失热项

因此，围护结构实际接收的热量为：

$$q=q_1+q_2-q_3 \tag{2-55}$$

式中　q——围护结构外表面在室外热作用下所得到的热量，W；

q_1——围护结构外表面吸收的太阳辐射热，W；

q_2——室外空气与围护结构外表面的换热量，W；

q_3——围护结构外表面与外界环境的长波辐射换热量，W；

在一般的围护结构隔热设计中，为了简化设计便于应用，将三者的作用综合起来，以假想的“室外综合温度”代替三者共同的热作用。

室外综合温度与室外空气温度不同，在缺乏所有辐射数据变化的情况下，室外综合温度考虑到了投射到表面的太阳辐射、表面与环境的温差以及表面与室外空气的对流热交换的综合效果。

根据太阳投射到外围护结构表面的热平衡可以得到进入围护结构表面内部的热流强度，它由太阳辐射吸收、温差导热传热和长波热损失三部分组成：

$$\frac{q}{A}=\alpha I_t+h_{out}(T_{out}-T_{surface})-\varepsilon\Delta R \tag{2-56}$$

式中　ε——（半球）表面发射率，%；

$T_{surface}$——外表面温度，℃；

ΔR——天空和室外环境投射到表面的长波辐射与室外空气温度中黑体发射辐射的差值，W/m²；

其他符号意义同前文。

通过设想的进入外围护结构表面的热流强度［式（2-56）］引入室外综合温度的概念，室外综合温度用符号 $T_{sol-air}$ 表示。

$$\frac{q}{A}=h_{\text{out}}(T_{\text{sol-air}}-T_{\text{surface}}) \tag{2-57}$$

对比式（2-56）和式（2-57）得到室外综合温度计算式：

$$T_{\text{sol-air}}=T_{\text{out}}+\frac{\alpha}{h_{\text{out}}}I_{\text{t}}-\frac{\varepsilon\Delta R}{h_{\text{out}}} \tag{2-58}$$

2.4.2 水平表面与垂直表面的长波失热项

水平表面只从天空接受长波辐射，$\Delta R\approx 63\text{W/m}^2$，如果 $\varepsilon=1$ 而且 $h_{\text{out}}\approx 17.0\text{W/m}^2$，那么，长波修正量大约为−3.9℃。因为垂直表面除了接受地面和周围建筑的长波辐射外还接受来自天空的辐射，精确确定 ΔR 很难。当太阳辐射强度很高时，地面物体表面温度通常高于室外空气温度，此时，长波辐射在一定程度上补偿向天空的低发射率。因此，实际中通常认为垂直表面 $\Delta R=0$。

2.4.3 室外综合温度列表数值

通常假设水平表面 $\varepsilon\frac{\Delta R}{h_{\text{out}}}=-3.9\text{K}$，而垂直表面等 0。表面颜色对室外综合温度有重要影响，比如对于浅色表面$\frac{\alpha}{h_{\text{out}}}=0.026$，而深色表面$\frac{\alpha}{h_{\text{out}}}=0.052$。此处 h_{out} 的单位是 W/（$\text{m}^2\cdot\text{K}$），$\frac{\alpha}{h_{\text{out}}}$的单位 $\text{m}^2\cdot\text{K/W}$，$h_{\text{out}}=17\text{W/}(\text{m}^2\cdot\text{K})$。以十月份为例，计算一天 24 小时 *SHGF* 平均值乘以$\frac{1}{0.87}=1.15$ 将 *SHGF* 转化为 I_{t}。东西向一天获得的总辐射量用两个半天的辐射量相互补偿，南向、北向和水平方向是两个半天的辐射量之和。

东向或者西向表面一天获得的总辐射量 $E_{\text{x}}=(1964+279)\ \text{Wh/m}^2\times 1.15=2579\text{Wh/m}^2$。

对于东向或者西向，浅色表面、深色表面分别计算室外综合温度与室外空气温度之差为：

$$T_{\text{sol-air}}-T_{\text{out}}=\frac{\alpha}{h_{\text{out}}}\frac{2579\text{Wh/m}^2}{24\text{h}}=2.8\text{K}(\text{浅色表面})$$

$$=5.6\text{K}(\text{深色表面})$$

水平方向，浅色表面、深色表面分别为：

$$T_{\text{sol-air}}-T_{\text{out}}=\frac{\alpha}{h_{\text{out}}}\left(\frac{1704\times 2\times 1.15}{24}\right)-3.9\text{K}=0.3\text{K}(\text{浅色表面})$$

$$=4.6\text{K}(\text{深色表面})$$

北向，浅色表面、深色表面分别为：

$$T_{\text{sol-air}}-T_{\text{out}}=0.7\text{K}(\text{浅色表面})$$

$$=1.4\text{K}(\text{深色表面})$$

南向，浅色表面、深色表面分别为：

$$T_{\text{sol-air}}-T_{\text{out}}=6.2\text{K}(\text{浅色表面})$$

$$=12.4\text{K}(\text{深色表面})$$

综上所述，室外综合温度与室外空气温度的差值（$T_{sol-air}-T_{out}$）列于表 2-2 中做一对比。

$T_{sol-air}-T_{out}$ 列表数值（单位：K） **表 2-2**

	垂直表面			水平表面
	东、西向	南向	北向	
浅色表面	2.8	6.2	0.7	0.3
深色表面	5.6	12.4	1.4	4.6

从表 2-2 可以看出，深色表面室外综合温度明显高于浅色表面，很显然深色表面可以得到更多的太阳辐射，有利于建筑保温但不利于建筑防热，而浅色表面恰恰相反，因此各地方建筑为适应当地气候特点，建筑外立面一般采用与地方气候相适应的颜色。图 2-12 是哈尔滨、广州和南京常见的建筑外立面颜色。

(a)

(b)

(c)

(d)

图 2-12 哈尔滨、广州和南京常见的建筑外立面颜色

(a) 哈尔滨建筑外立面；(b) 广州建筑外立面；(c) 南京建筑外立面；(d) 南京建筑外立面细部

2.5 窗墙传热对比

2.5.1 通过窗和墙的热流强度

首先，把墙比作窗，以便与单层表面做直接的比较；其次，把窗比作墙，以便处理现实中建筑的问题。

室外综合温度 $T_{sol-air}$ 的概念有助于我们以更全面的方式思考能量和建筑表皮问题。浅色表面和深色表面室外综合温度的数值不同。因为浅色表面和深色表面吸收太阳辐射之后以综合温度的形式显现。但它仍然存在不足，首先不能用它得到室内温度 T_{in} 随时间的变化；其次，不能直接比较墙和窗的保温隔热效果，或者评估玻璃幕墙系统（特朗布墙），或者确定在墙体上布置多厚的隔热材料。

$$\frac{q}{A}=h_{out}(T_{sol-air}-T_{s}) \tag{2-59}$$

在式（2-59）中包括室外综合温度和外表面温度 T_s，在很难确定外表面所吸收的太阳辐射的情况下，用 T'_{out} 和 T_{in} 表示热流更加实用。

可以采用简易的比较墙体和窗户方法去除 T_s，根据窗户得热计算式有：

$$\frac{q}{A}=SC\left(\tau+\alpha_{window}\frac{U_{window}}{h_{out}}\right)I_{t}+U_{window}(T_{out}-T_{in}) \tag{2-60}$$

类似地写出墙体得热计算式：

$$\frac{q}{A}=\alpha_{wall}\frac{U_{wall}}{h_{out}}I_{t}+U_{wall}(T_{out}-T_{in}) \tag{2-61}$$

式（2-61）的推导过程如下：

假设在一天中各变量采用时间步长规律变化，线路模型如图 2-13 所示（采用人为去除 T_s 法）。忽略 $\varepsilon\Delta R$，如图 2-14 所示。

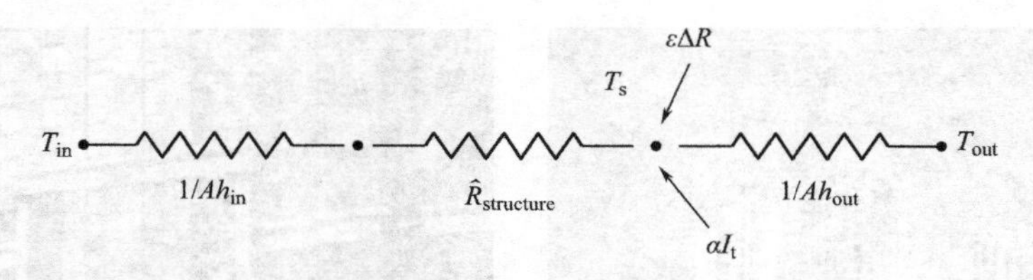

图 2-13 考虑 $\varepsilon\Delta R$ 的线路模型

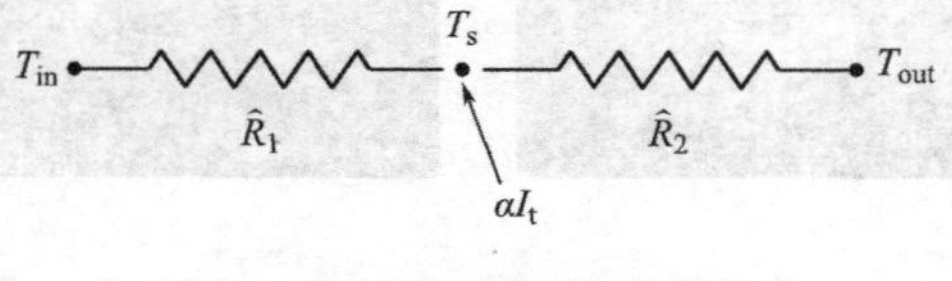

图 2-14 忽略 $\varepsilon\Delta R$ 的线路模型

$$\hat{R}_{1}+\hat{R}_{2}=\hat{R}_{wall}=\frac{1}{U_{wall}A} \tag{2-62}$$

在夜间没有太阳辐射情况下，有：

$$q=\frac{T_{out}-T_s}{R_2}=\frac{T_{out}-T_{in}}{\hat{R}_1+\hat{R}_2} \tag{2-63}$$

$$T_{out}-T_s=\frac{\hat{R}_2}{\hat{R}_1+\hat{R}_2}(T_{out}-T_{in})=\frac{U_{wall}}{h_{out}}(T_{out}-T_{in}) \tag{2-64}$$

重新使用式（2-56）的定义，得：

$$\frac{q}{A}=\alpha I_t+h_{out}(T_{out}-T_s)-\varepsilon\Delta R \tag{2-65}$$

并且注意到可以替换掉 $T_{out}-T_s$ 也可以得到 U_{wall}（$T_{out}-T_{in}$）。

将前述的线路模型应用于墙体，如图 2-15 所示。

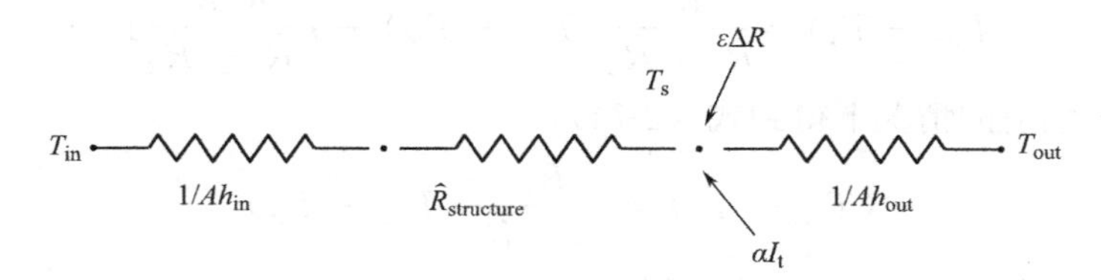

图 2-15　墙体构造线路模型

为了简化起见忽略 $\varepsilon\Delta R$，另外因为对于垂直表面它本身就等于零。简化的线路模型如图 2-16 所示。

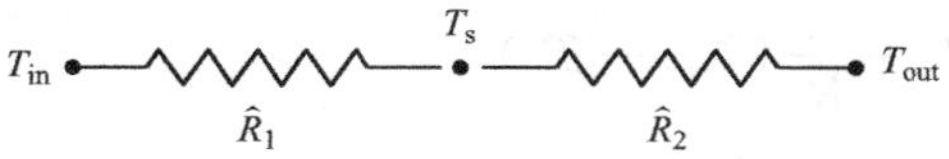

图 2-16　墙体构造简化线路模型

$$\hat{R}_1=\frac{1}{h_{in}}+\hat{R}_{structure}\qquad \hat{R}_1+\hat{R}_2=\hat{R}_T=\frac{1}{U_{wall}}$$
$$\hat{R}_2=\frac{1}{h_{out}} \tag{2-66}$$

首先，预计夜晚没有太阳辐射获得的情况（图 2-17），这可以作为检验最终结果的一个方法。

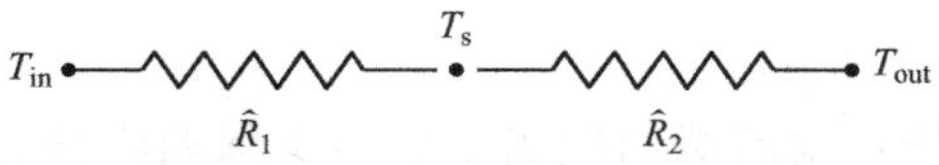

图 2-17　计算温差用墙体构造简化线路模型

$$T_{out}-T_s=\frac{\hat{R}_2}{\hat{R}_1+\hat{R}_2}(T_{out}-T_{in}) \tag{2-67}$$

这很容易从式（2-66）中看出。

$$\frac{q}{A}=\frac{T_{out}-T_s}{\hat{R}_2}=\frac{T_{out}-T_{in}}{\hat{R}_1+\hat{R}_2} \tag{2-68}$$

现在，包括 αI_t，外表面热流之和（通过主动方式进入表面得到热流）必须等于零。这里记录的仅仅是简单的计算，如果需要可以提出更具说服力的依据（节点电流定律）。

$$\alpha I_t+\frac{1}{\hat{R}_2}(T_{out}-T_s)+\frac{1}{\hat{R}_1}(T_{in}-T_s)=0 \tag{2-69}$$

$$\alpha I_t+\frac{1}{\hat{R}_2}(T_{out}-T_s)+\frac{1}{\hat{R}_1}[(T_{in}-T_{out})-(T_s-T_{out})]=0 \tag{2-70}$$

$$\alpha I_t+\left(\frac{1}{\hat{R}_2}+\frac{1}{\hat{R}_1}\right)(T_{out}-T_s)=\frac{1}{\hat{R}_1}(T_{out}-T_{in}) \tag{2-71}$$

$$\alpha I_t+\left(\frac{\hat{R}_1+\hat{R}_2}{\hat{R}_1\hat{R}_2}\right)(T_{out}-T_s)=\frac{1}{\hat{R}_1}(T_{out}-T_{in}) \tag{2-72}$$

$$(T_{out}-T_s)=\frac{\hat{R}_2}{\hat{R}_1+\hat{R}_2}(T_{out}-T_{in})-\alpha\frac{\hat{R}_1\hat{R}_2}{\hat{R}_1+\hat{R}_2}I_t \tag{2-73}$$

在没有太阳辐射的情况下得到式（2-74）：

$$(T_{out}-T_s)=\frac{\hat{R}_2}{\hat{R}_1+\hat{R}_2}(T_{out}-T_{in}) \tag{2-74}$$

将式（2-73）代入式（2-75）中，得：

$$\frac{q}{A}=\alpha I_t+h_{out}(T_{out}-T_s) \tag{2-75}$$

通过定义 $\frac{1}{h_{out}}=\hat{R}_2$ 得到。与前面推导结果一样。

$$\begin{aligned}\frac{q}{A}&=\alpha I_t+\frac{1}{\hat{R}_2}(T_{out}-T_s)\\&=\alpha I_t+\frac{1}{\hat{R}_2}\left[\frac{\hat{R}_2}{\hat{R}_1+\hat{R}_2}(T_{out}-T_{in})-\alpha\frac{\hat{R}_1\hat{R}_2}{\hat{R}_1+\hat{R}_2}I_t\right]\\&=\alpha\left(1-\frac{\hat{R}_1}{\hat{R}_1+\hat{R}_2}\right)I_t+\frac{1}{\hat{R}_1+\hat{R}_2}(T_{out}-T_{in})\\&=\alpha\frac{\hat{R}_2}{\hat{R}_1+\hat{R}_2}I_t+\frac{1}{\hat{R}_1+\hat{R}_2}(T_{out}-T_{in})\\&=\alpha\frac{U_{wall}}{h_{out}}I_t+U_{wall}(T_{out}-T_{in})\end{aligned} \tag{2-76}$$

2.5.2 墙体传热示例

对于装饰保温材料问题：南向墙面应当贴敷多少保温隔热材料？北向墙面又该怎样？总差异有多少？我们应当思考这样一个整体的能量、结构和外立面问题。在发展中国家，一个实际而且重要的问题是在那里保温隔热材料很缺乏并且价格昂贵。

假设 $U_{wall}=0.5\text{W}/(\text{m}^2\cdot\text{K})$（相当于忽略边界层之后大约 2 英寸（5.08cm）厚硬质泡沫塑料的传热系数），$h_{out}=17\text{W}/(\text{m}^2\cdot\text{K})$，$\alpha=0.44$（浅色表面），$T_{out}-T_{in}=-10\text{K}$，$I_t=500\text{W/m}^2$，将数据代入式（2-76）得到：

$$\left.\frac{q}{A}\right|_{wall}=6.5\text{W/m}^2-5.0\text{W/m}^2=+1.5\text{W/m}^2。$$

该结果中第一项为获得的太阳能，第二项为传导热损失。在太阳的照射下，墙体获得能量（正值），即便是外面温度低于室内温度也是如此。

现在将热阻 $\hat{R}$ 从 $2m^2 \cdot K/W$ 减少到 $1m^2 \cdot K/W$，比如去掉一些保温层看看一些有趣的结果。

对于 2 英寸（5.08cm）厚的硬质泡沫塑料，有：

$U=\dfrac{0.029}{0.0508}=0.57W/(m^2 \cdot K)$，$\hat{R}=1.7517m^2 \cdot K/W$，边界层大约增加 $0.16m^2 \cdot K/W$，$\hat{R}_{Tol} \approx 1.91m^2 \cdot K/W$，$U \approx 0.52W/(m^2 \cdot K)$。

对于 1 英寸（2.54cm）的厚硬质泡沫塑料，有：

$U=\dfrac{0.029}{0.0254}=1.1417W/(m^2 \cdot K)$，$\hat{R}=0.8759m^2 \cdot K/W$，近界层大约增加 0.16，$\hat{R}_{Tol}=1.04m^2 \cdot K/W$，$U=0.9654 \approx 0.97W/(m^2 \cdot K)$。

将 1 英寸的数据代入式（2-74）得到：

$$\left.\frac{q}{A}\right|_{wall}=13W/m^2-10W/m^2=+3W/m^2$$

保温材料是 1 英寸，得到的总热流量是 $3W/m^2$，大于 2 英寸时的 $1.5W/m^2$，在这种情况下，减少保温隔热材料更好。

对于深色表面，$\alpha=0.88$，同样有：

$$\left.\frac{q}{A}\right|_{wall}=13W/m^2-5.0W/m^2=+8W/m^2 \quad [U_{wall}=0.5W/(m^2 \cdot K)]$$

$$\left.\frac{q}{A}\right|_{wall}=26W/m^2-10W/m^2=+16W/m^2 \quad [U_{wall}=1.0W/(m^2 \cdot K)]$$

对于一个深色表面，如果其吸热系数达到 $\alpha=0.88$，辐射对于热平衡的贡献更加明显，但是，必须考虑夜间和多云天气时太阳不能直射墙面的情况，此时怎样处理 24h 或者整个冬季的热平衡？例如对于北京的整个冬季来讲，更多的保温隔热材料更好。

深色表面可以增加墙体太阳辐射吸收得热量，而对于保温材料来讲，减少保温材料在上述条件下有利于太阳辐射吸收，但温差导热失热量增加，那么采用多少保温材料才合适呢？回答该问题可以有两种思考方法：①借助计算程序计算，可以加深印象。②采取一些积极的改变墙体隔热性能的措施是很有价值的，如通过采用可移动的墙板、活动遮阳，或者采用一些已经存在的并非特意苛求的高科技成果，如微遮阳构件，在太阳照射的时候（冬季）减少隔热水平。对于保温材料实践方面的问题，在木材很昂贵的北京和巴黎可以在墙上贴保温材料，也可以采用双层砌块墙体结构。

2.5.3　窗墙传热比较

墙体参数为：$\alpha_{wall}=0.88$，$U_{wall}=0.5W/(m^2 \cdot K)$，$h_{out}=17W/(m^2 \cdot K)$。

窗户参数为：单层，标准玻璃，$SC=1$，$\left(\tau+\alpha_{window}\dfrac{U_{window}}{h_{out}}\right)=0.86$

上述墙体和窗户参数分别代入式（2-59）和式（2-58）得到：

$$\left.\frac{q}{A}\right|_{wall}=0.026I_t+0.5(T_{out}-T_{in}) \tag{2-77}$$

$$\left.\frac{q}{A}\right|_{\text{window}}=0.86I_{\text{t}}+5(T_{\text{out}}-T_{\text{in}}) \tag{2-78}$$

从式（2-77）和式（2-78）可以对比看出，如果 $T_{\text{out}} \approx T_{\text{in}}$，窗户（玻璃）有利于得热，而当 $I_{\text{t}} \approx 0$ 时，墙体更好（热损失较少）。

什么样的窗户保温更好？典型的做法是减少传导热传输并减少遮阳系数，例如，SC 为 0.5，$U_{\text{window}}=2\text{W}/(\text{m}^2\cdot\text{K})$ 的窗户。表 2-3 列出了墙体与两种窗户在相同室内外温差下的热流强度对比。

墙体与窗户在特定条件下获得热流强度的对比 **表 2-3**

$T_{\text{out}}-T_{\text{in}}$ (K)	I_{t} (W/m²)	$\left.\frac{q}{A}\right\|_{\text{wall}}$ (W/m²)	$\left.\frac{q}{A}\right\|_{\text{window}}$ (W/m²)	$\left.\frac{q}{A}\right\|_{\text{better-window}}$ (W/m²)
−10	500	10	385	197.5
−10	20	−4.4	−32.6	−13.3

2.5.4 低碳建筑构件——特朗布墙

特朗布墙是一种典型的集热墙系统。集热墙式太阳能建筑的供热机理与直接受益式不同，阳光透过玻璃照射在后面的厚重墙体上，该墙外表面涂有高吸收率涂层，其顶部和底部分别开有通风孔，并设置可控制开启的门。白天集热墙吸收太阳辐射热，加热空腔内的空气，并通过上下通风口，将热空气输送到室内；夜间上下通风口关闭，玻璃和墙体之间设置隔热窗帘，减少散热，这时则由蓄热墙体向室内放热。集热墙体白天吸收的热量，通过辐射和对流方式释放到室内，维持房间温度。图 2-18 是特朗布墙冬季白天和夜间工作状况，图 2-19 是特朗布墙构造简图。

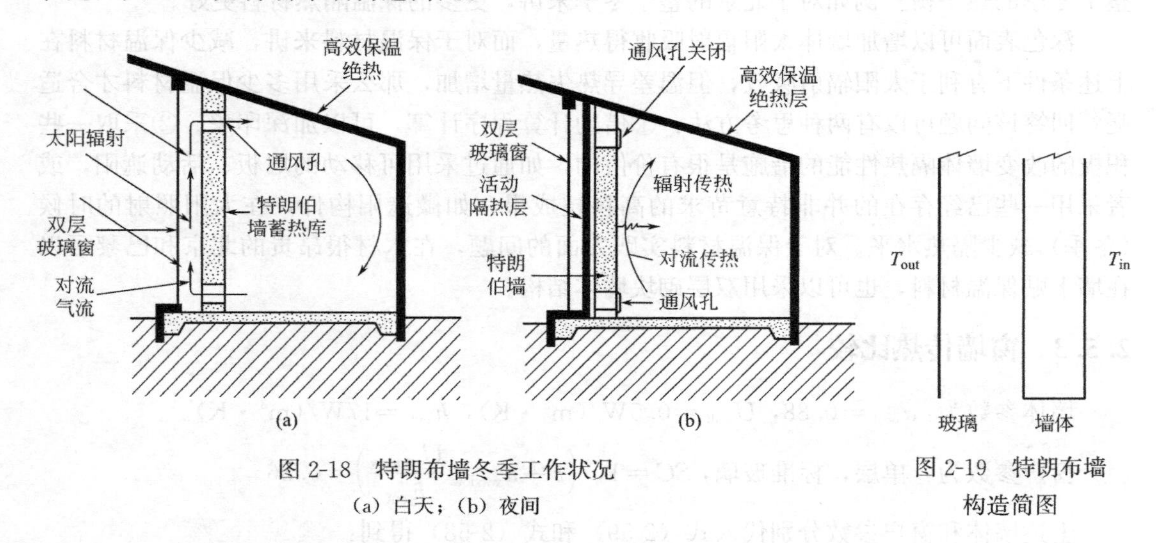

图 2-18 特朗布墙冬季工作状况

（a）白天；（b）夜间

图 2-19 特朗布墙构造简图

特朗布墙是有透明玻璃和不透明厚重墙体以及上下通气孔组成的复合构造，其作用是集热。下面讨论特朗布墙的吸热传热情况，讨论中忽略了玻璃的长波辐射。

可以用等效的线路模型来求解该问题，然而也有更简单并且更精确的方法。可以将该墙体系统作为一个墙体模型，但是要做两项修正：①与墙体相比，由于外部玻璃的存在减少了投射到墙体的太阳辐射得热量，表 2-4 列出了普通墙体与特朗布墙太阳辐射得热量对比。②基于同样的原因（外部玻璃的存在），减少了外部空气层的换热系数 h_{out}，h_{out} 减少后用一个新的换热系数 h_{out}^{*} 表示，如表 2-5 所示。

平板墙与特朗布墙得热对比　　　　**表 2-4**

平板墙	特朗布墙
$\alpha_{wall} \cdot I_t$	$\alpha_{wall} \cdot SC \cdot SHGF$ 或 $\alpha_{wall} \cdot SHGC \cdot I_t$

平板墙与特朗布墙换热系数、传热系数表示方法区别　　　　**表 2-5**

平板墙	特朗布墙
h_{out}	h_{out}^{*}
U_{wall}	U_{wall}^{*}

例如，特朗布墙上只有单层玻璃时，有：$\alpha_{wall}=0.88$，$SHGC=0.86$，$h_{out}=17\text{W}/(\text{m}^2\cdot\text{K})$，$1/h_{out}=0.06\text{m}^2\cdot\text{K/W}$；$h_{out}^{*}=U_{\text{single. pane. standard. window}}\cong 6\text{W/m}^2\cdot\text{K}$，$1/h_{out}^{*}=0.16\text{m}^2\cdot\text{K/W}$，$U_{wall}=0.5\text{W}/(\text{m}^2\cdot\text{K})$，$U_{wall}^{*}=0.48\text{W}/(\text{m}^2\cdot\text{K})$。

上述数据代入式（2-58）和式（2-59）得到特朗布墙和平板墙体的得热量分别为

$$\left.\frac{q}{A}\right|_{\text{Trombe. wall}}=0.058I_t+0.48(T_{out}-T_{in}) \tag{2-79}$$

$$\left.\frac{q}{A}\right|_{\text{wall}}=0.026I_t+0.50(T_{out}-T_{in}) \tag{2-80}$$

对比式（2-79）和式（2-80）可以看出，特朗布墙与传统墙体相比能够较好地利用太阳辐射并且减少传导热损失。

特朗布集热墙最典型的应用是在太阳房设计中，如图 2-20 所示。

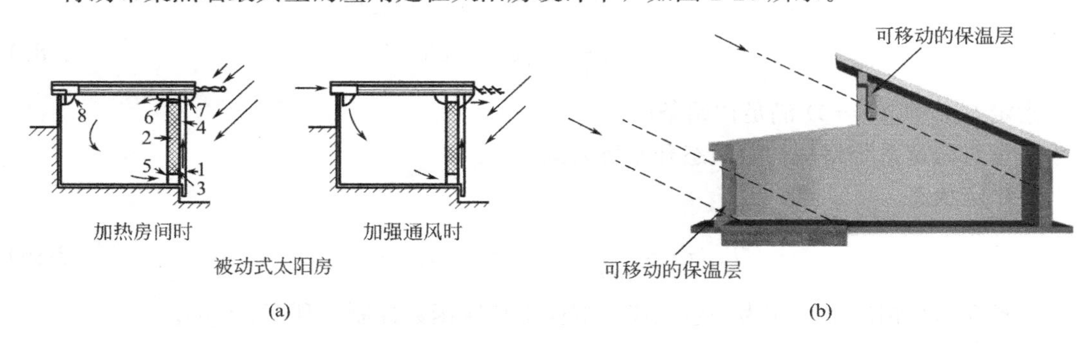

图 2-20　特朗布集热墙应用于太阳房设计

（a）经典太阳房；（b）地、墙蓄热太阳房

1—玻璃；2—重质墙体；3—辐射接受面；4—空气层；5—下通风口；6—热空气入口；7—通风口；8—风门

2.6 频谱分析

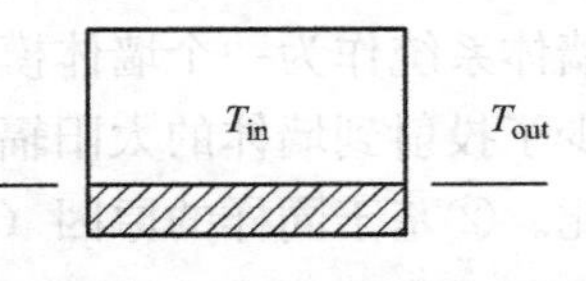

图 2-21 房屋模型图

选取简易房子模型分析其能量传递情况（图 2-21）。

假设 $T_{in}=T_{mass}$，室内无热源，对于建筑外围护结构热阻 $R=\frac{1}{uA}$，代入能量守恒方程得：

$$C\frac{dT_{in}}{dt}=\frac{1}{R}(T_o-T_{in})$$

$$RC=\tau \tag{2-81}$$

$$\tau\frac{dT_{in}}{dt}=T_o-T_{in}$$

使用拉普拉斯变换，得：

$$(\tau s+1)T_{in}(s)=T_o(s)$$

$$T_{in}(s)=\frac{1}{\tau s+1}T_o(s)=G(s)T_o(s) \tag{2-82}$$

对于 $T_o=e^{j\omega t}$，求解上述方程得：

$$\frac{dT_{in}}{dt}+\frac{1}{\tau}T_{in}=\frac{1}{\tau}e^{j\omega t} \tag{2-83}$$

利用积分因数得：

$$e^{t/\tau}\left(\frac{dT_{in}}{dt}+\frac{1}{\tau}T_{in}\right)=\frac{1}{\tau}e^{(j\omega+1/\tau)t}$$

$$\frac{d}{dt}(e^{t/\tau}T_{in})=\frac{1}{\tau}e^{(j\omega+1/\tau)t}$$

$$e^{t/\tau}T_{in}=\frac{1}{\tau}\int_t e^{(j\omega+1/\tau)t}dt \tag{2-84}$$

$$=\frac{1}{\tau(j\omega+1/\tau)}e^{(j\omega+1/\tau)t}+C$$

$$T_{in}(t)=\frac{1}{j\omega\tau+1}e^{j\omega t}+Ce^{-t/\tau} \tag{2-85}$$

指定 $C=T_{in}(t=0)$ 满足初始条件。

注意对稳定系统将从初始状态开始将衰减。

在稳定状态

$$T_{in}(t)=\frac{1}{j\omega\tau+1}e^{j\omega t}=G(j\omega)e^{j\omega t} \tag{2-86}$$

注意在这种情况下，作为一般规律，响应由传输函数控制，利用 $s=j\omega$。

对于上面的房子，有：

$$G(j\omega)=\frac{1}{j\omega\tau+1}=\frac{-j\omega\tau+1}{\omega^2\tau^2+1}=\frac{1}{\omega^2\tau^2+1}-j\frac{\omega\tau}{\omega^2\tau^2+1}=A(\omega)e^{j\phi(\omega)} \tag{2-87}$$

这里

$$A(\omega)=\sqrt{R_{e}^{2}+I_{m}^{2}}=\frac{\sqrt{1+\omega^{2}\tau^{2}}}{1+\omega^{2}\tau^{2}}=\frac{1}{\sqrt{1+\omega^{2}\tau^{2}}} \tag{2-88}$$

$$\phi(\omega)=\tan^{-1}(-\omega\tau) \tag{2-89}$$

考虑波幅 $A(\omega)$，用分贝（dB）表示。在低频或者很小的热时间常数情况下，

当 $\omega \ll 1/\tau$ 时，$A(\omega)=1$，$20\ln A=0\text{dB}$；

当 $\omega=1/\tau$ 时，$A(\omega)=\frac{1}{\sqrt{2}}\cong\frac{1}{1.4}$，$20\ln A\cong-3\text{dB}$；

当 $\omega \gg 1/\tau$ 时，$A(\omega)=\frac{1}{\omega\tau}$，$20\ln A=-20\ln\omega\tau=-20(\ln\omega+\ln\tau)$。

当画出 $-20\ln\omega\tau$ 随 $\ln\omega$ 的变化图形时，得到斜率为每 10 倍变化 -20dB 的图线，图线在 $\omega=1/\tau$ 时为 0dB，如图 2-22 所示。图 2-23 是热流相位随频率的变化。

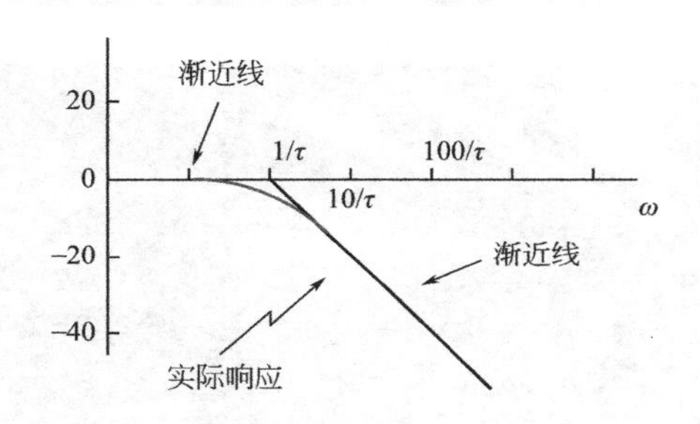

图 2-22　热流波幅随频率的变化

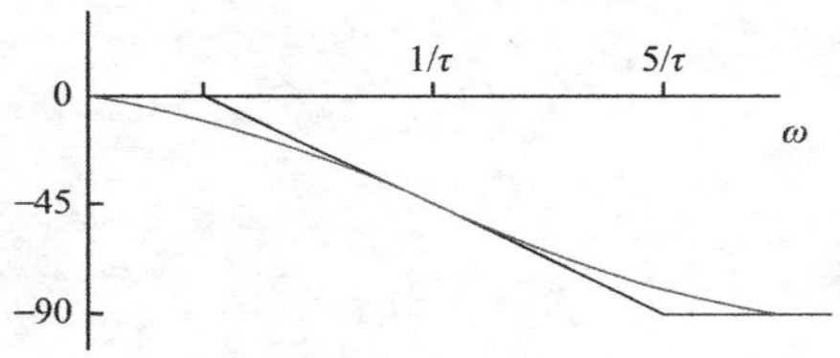

图 2-23　热流相位随频率的变化

现在考虑相位角 $\phi=\tan^{-1}(-\omega\tau)$ 的情况：

当 $\omega \ll 1/\tau$ 时，$\phi=0$；

当 $\omega=1/\tau$ 时，$\phi=-45°$；

当 $\omega \gg 1/\tau$ 时，$\phi=-90°$。

对于前面的房子模型这些能够说明什么？

（1）因为最大相位延迟是 90°，360°⇒24h，90°⇒6h。因此，如果室外温度峰值出现在 15：00，则室内温度峰值将出现在 21：00 之前。

（2）设室外温度 T_{out} 的周期是 2π 弧度（或者 360°），当 $\tau=10$h 时，室内温度波幅 T_{in} 将减少到室外温度波幅 T_{out} 的 0.37 倍；当 $\tau=40$h 时，室内温度波幅 T_{in} 将减少到室外温度波幅 T_{out} 的 0.1 倍。

由此可以看出，热时间常数 τ 是推迟室内温度最大值出现时间并减缓室内温度波动的重要指标。

2.7　低碳建筑案例分析

2.7.1　陕西窑洞

热时间常数是建筑外围护结构抵御室外热环境影响、调节室内热舒适度的重要指标，

一些老房子冬暖夏凉的重要原因就在于此。比如中国传统民居中陕西窑洞就很好地利用了当地气候条件改善室内热环境（图 2-24）。

图 2-24　窑洞建筑环境

2.7.2　法兰克福商业银行

德国法兰克福商业银行（图 2-25、图 2-26）是由建筑师诺曼·福斯特设计，于 1997 年 6 月建成，共 60 层，建筑面积 130000m²，是典型的绿色节能建筑案例，其主要（生态）设计特征主要体现在：

（1）多个空中花园围绕建筑主体塔楼盘旋而上，建筑侧面被 4 层高的花园所分割。

（2）建筑主体中通高的中庭与花园连通，类似烟囱一样为内向的办公室提供 100％的自然通风。

（3）利用混凝土的蓄热性能为建筑提供自然夜间降温。

（4）利用自动监控的垂直遮阳板系统为建筑物提供遮阳和日照控制。

（5）利用时间和运动监测器实行节能人工照明控制。

（6）采用多层立面系统（多层表皮结构）实现建筑节能。

（7）成对的剪力墙在角落围合起来，以支撑承托 8 层建筑的大跨梁。这些大梁使办公室和花园都成为无柱的开敞空间。

（8）建筑平面为每边 60m 长的等边三角形，每边都向外微曲以取得最大的办公空间和满足采光通风等要求。

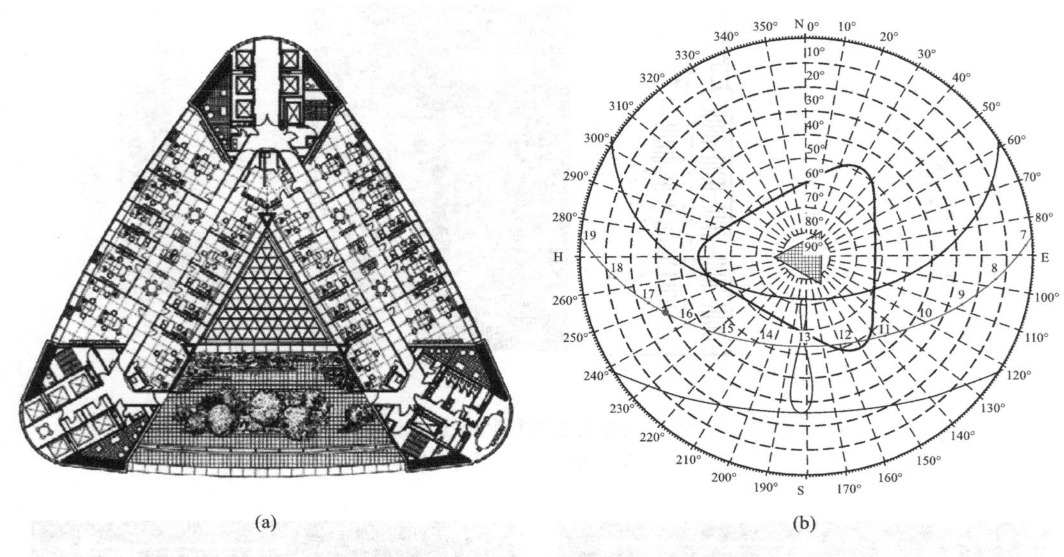

图 2-25 法兰克福商业银行

(a) 平面分区与布局；(b) 太阳运行轨迹图

图 2-26 法兰克福商业银行整体效果

(a) 白天；(b) 夜间

(9) 电梯和服务空间被安排在平面的三个角上，对办公空间和空中花园形成围合和加固。

法兰克福商业银行图形分析：

(1) 建筑竖向分区与空中花园：建筑被划分为 4 个组，每组包括 12 层的单元——“办公村”，每个“办公村”都有一个 4 层高的空中花园，空中花园共有 9 个（图 2-27）。

(2) 自然通风组织：为了发挥烟囱效应，组织好办公空间的自然通风，经风洞试验后，在 3 个办公空间中分别设置了多个空中花园。这些空中花园分布在 3 个方向的不同标高上，成为“烟囱”的进、出风口，有效地组织了办公空间自然通风，如图 2-28 所示。

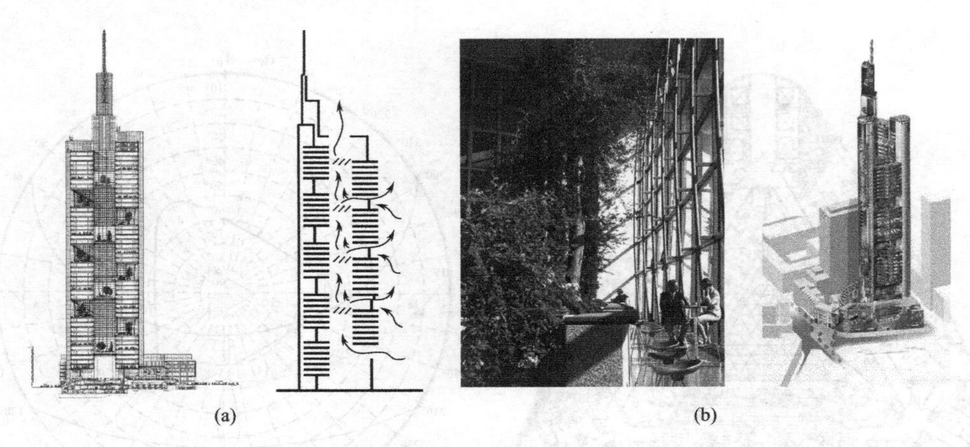

(a) (b)

图 2-27 法兰克福商业银行竖向分区与空中花园

(a) 竖向分区；(b) 空中花园

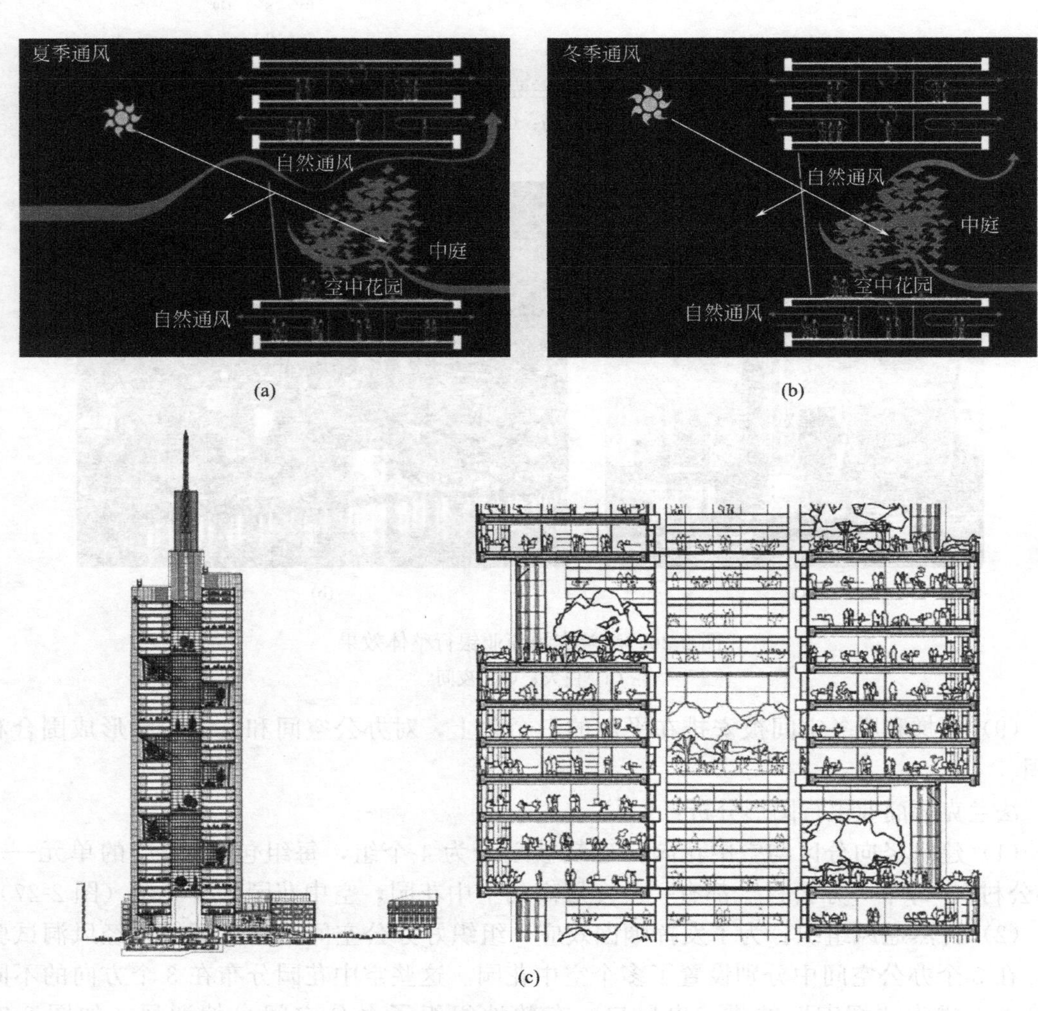

(a) (b)

(c)

图 2-28 法兰克福商业银行自然通风的组织

(a) 夏季通风；(b) 冬季保温；(c) 中庭“烟囱”效应

（3）建筑平面分区：建筑平面呈三角形，3 个核心筒（由电梯间和楼梯及服务设备组成）构成的 3 个巨型柱布置在三个角上，巨型柱之间架设空腹拱梁，形成 3 条无柱办公空间，其间围合出的三角形中庭，如同一个大烟囱。三角形平面又能最大限度地接纳阳光，创造良好的视野，同时又可减少对北邻建筑的遮挡。

（4）集热、蓄热、双层表皮结构的利用：空中花园中的花坛、瓷砖、植物、黏土等植物种植基质都有一定的蓄热作用，能够起到很好的热量存储和释放作用，保持空中花园和整个建筑的热稳定性。双层表皮结构能够很好地调节室内外气候条件，限制或者利用室外太阳辐射和自然通风资源，特朗布墙起到很好的集热、蓄热、储存和释放能量、调节建筑内部热稳定性的作用（图 2-29）。

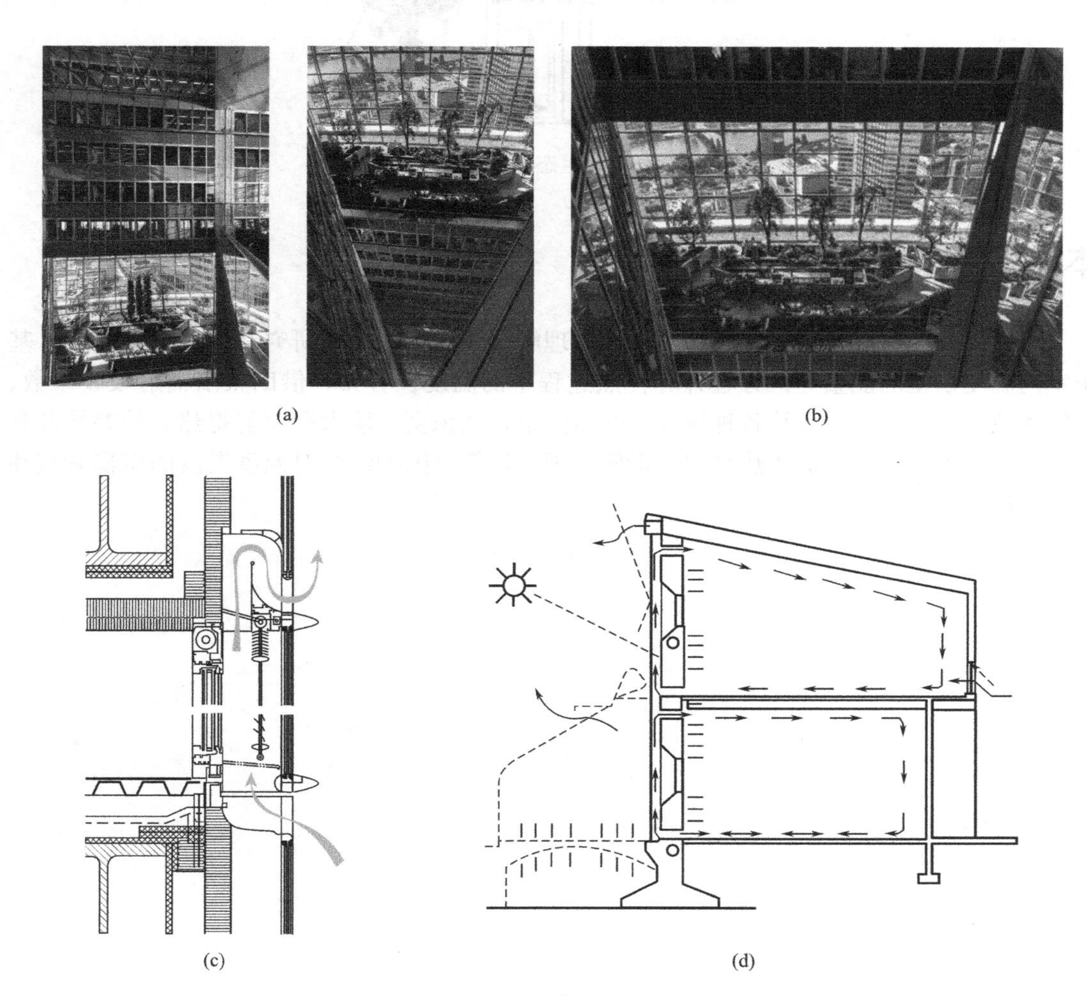

图 2-29　法兰克福商业银行蓄热构造

（a）、（b）空中花园集热与蓄热；（c）双层表皮结构；（d）特朗布墙

（5）生态之塔：基于大厦立面、平面空中花园、绿化、自然通风等良好的设计和生态效果，大厦被冠以“生态之塔”“带有空中花园的能量搅拌器”的美称（图 2-30）。

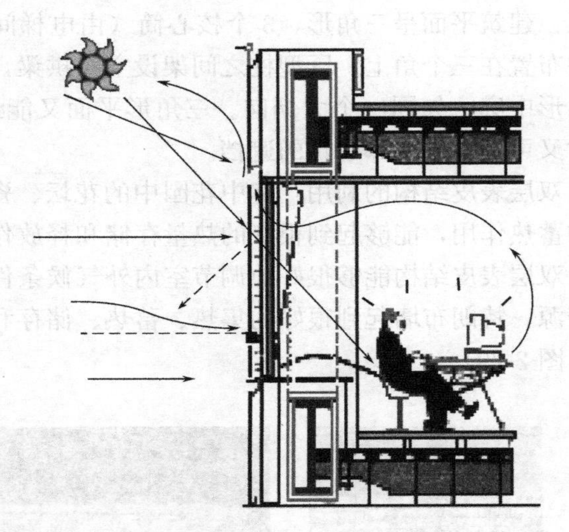

图 2-30 “生态之塔”示意

本章小结

本章主要加深对建筑主动利用太阳能的理解，通过线路模型研究和认识传热规律，基于室内温度模型的能量守恒方程计算传热过程中的温度及分布，借助太阳辐射吸收系数、透射系数、传热系数等计算各种情况下的传热量，认识窗、墙太阳辐射得热量的差异及其优缺点，了解增强或削弱传热过程的措施，理解建筑外围护结构对温度谐波的振幅衰减和相位延迟现象。

第 3 章　低碳建筑通风

引例

民用建筑的通风一般主要是指建筑的自然通风，在建筑的自然通风设计中要充分考虑到自然通风的动力，其中风压通风需要借助室外风力，热压通风需要依靠通风口的高度差和室内外的温度差。在夏季静风率较高的地区，比如南京地区，热压通风尤为重要，热压通风需要在建筑设计中形成竖井空间，来加速气流流动，实现自然通风。在建筑设计中竖井空间主要形式有：①纯开放空间（中庭）。目前，大量的建筑中设计有中庭，主要是平面过大的建筑出于采光的考虑。从另外一个方面考虑，可利用建筑中庭内的热压形成自然通风。由福斯特主持设计的法兰克福商业银行就是一个利用中庭进行自然通风的成功案例，在这一案例中，设计者利用计算机模拟和风洞试验，对 60 层高的中庭空间的通风进行分析研究，为了避免中庭内部过大的紊流，每 12 层作为一个独立的单元，各自利用热压实现自然通风，取得了良好的效果。②“烟囱”空间（又叫风塔）由垂直竖井和风斗组成。在通风不畅的地区，可以利用高出屋面的风斗，把上部的气流引入建筑内部，来加速建筑内部的空气流通。风斗的开口应该朝向主导风向，在主导风向不固定的地区，则可以设计多个朝向的风斗，或者设计成可以随风向转动。例如在英国贝丁顿零能耗发展项目中，设计了可以随风向转动的风斗，配合其他措施，利用自然风压实现了建筑内部的通风。

3.1　自然通风要求与通风设计分析工具

3.1.1　自然通风

能否在不开空调的情况下利用自然通风对校园礼堂制冷降温？让我们在了解物理原理之前先从数据上得到一些直观的感受。

例如，在一个礼堂中有 200 人，每人产生大约 75W 的热量，那么：$q=15\text{kW}$。

现在，假设所有热量必须通过对流换热排除，之后会增加导热换热。再次利用能量守恒方程得到式（3-1）：

$$q=\rho C_{\mathrm{p}}\dot{V}(T_{\mathrm{in}}-T_{\mathrm{out}}) \tag{3-1}$$

式中　ρ——空气密度，kg/m^3；

C_{p}——常压下的热容量，kJ/(kg·K)；

$\dot{V}$——体积流速，$\text{m}^3\text{/s}$。

空气在常温下：$\rho \approx 1.2\text{kg/m}^3$，$C_p \approx 1\text{kJ/(kg·K)}$。

假设礼堂容积为 4000m^3，窗户开口面积为 2m^2，为了排除 $q=15\text{kW}$ 的热量，在不同的室内外温差下计算得到的体积流速、每小时换气次数以及窗口气流速度如表 3-1 所示。

特定热量所需空气体积速度，流速和换气次数 **表 3-1**

室内外温差(K)	体积速度(m^3/s)	换气次数(h^{-1})	气体流速(m/s)
2	6.25	5.6	3.1
5	2.5	2.3	1.3
10	1.25	1.1	0.6

3.1.2 建筑通风设计分析工具

通常，人们喜欢利用图解的方式认识和理解自然通风，在通风计算中经常采用计算流体力学（CFD）方法。CFD 仿真程序，比如 PHOENICS，运行一次产生一些数据点，一个气流模式，这些数据和模式可以用来分析或者控制空气变化速率。为了理解气流流动趋势，必须运行多次。解决该问题可以借助一个简化方法，该方法假设在研究的空间中没有阻尼物，不输出空间中有关气流分布的信息。

为了建立这种方法，需要探索电子表的应用，需要一些基本元件（建筑构件或者简单工具，选择你喜欢的）。在开始讨论之前，记住一些基本物理原理：空气通过一个开口（比如窗户）流动的原因是在开口处存在空气压力差。我们的工作是理解室内外温度差或者风力产生的空气压力差，并要搞清楚这些压力差与气流之间的关系。

3.2 浮升力（热压）通风

通过窗户的空气压力差是如何产生的？我们先从浮升力（热压）气流开始，为此需要流体力学方程式和理想气体方程。

3.2.1 流体力学公式

气压随温度和高度是如何变化的？我们来看力学平衡，是什么原因阻止一个小流体气泡下落？它其实是有一定质量的。答案是：气泡上部的压力比下部的压力稍微低一点，如图 3-1 所示。

对于流体微元，在平衡状态下满足平衡方程式：$F_z=0$。

气压与面积相乘得到压力，密度与体积相乘得到质量，质量与引力常量相乘得到重力。

$$P_0\mathrm{d}x\mathrm{d}y-\left[P_0+\left(\frac{\partial P}{\partial z}\right)_0\mathrm{d}z+\cdots\right]\mathrm{d}x\mathrm{d}y-\rho g\mathrm{d}x\mathrm{d}y\mathrm{d}z=0 \tag{3-2}$$

在上部和下部气压作用下流体重力达到平衡：

$$\left(\frac{\partial P}{\partial z}\right)_0+\rho g=0$$

$$P_z = P_0 - \int_0^h \rho g \, dz \tag{3-3}$$

如果讨论的问题中密度在高度上接近常量（建筑物很好地满足这一点），则有：

$$P_z = P_0 - \rho g h \tag{3-4}$$

式中：P_0——压强，N/m^2 或者 Pa；

g——引力常量，$9.8m/s^2$；

z，h——高度，m。

密度与压力之间的关系如图 3-2 所示。

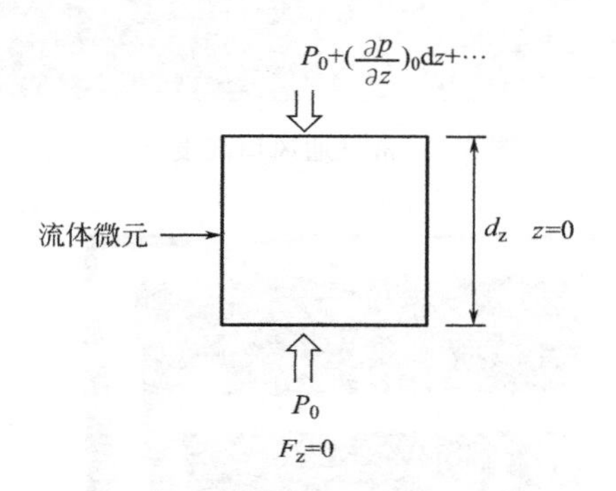

图 3-1　流体微元所受压力示意

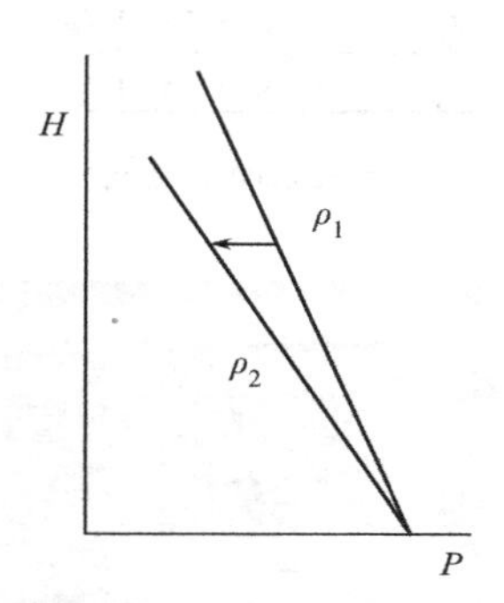

图 3-2　密度与压力之间的关系

从图 3-2 中可以看出，在给定高度 h，空气将通过开口从高压一侧（ρ_2）流向低压一侧（ρ_1），这就意味着 ρ_1 小于 ρ_2。但问题是，空气密度与空气温度之间又有什么样的关系呢？

3.2.2　理想气体方程

$$PV = nRT \tag{3-5}$$

式中　P——气体压强，Pa；

V——气体体积，m^3；

n——摩尔数，mol；

R——气体常量，8.34kJ/(kg·mol·K)。

变换式（3-5），得：

$$P = \frac{n}{V}RT = \frac{m}{V}\frac{R}{M}T = \rho \frac{R}{M}T \tag{3-6}$$

此处，M 是摩尔质量，求出密度 ρ：

$$\rho = \frac{P}{T\frac{R}{M}} \tag{3-7}$$

式（3-7）说明在常压下密度与温度成反比。

由以上分析可知，建筑热压通风的动力主要来自建筑开口位置的高度差和室内外温度差引起的压力差，因此建筑自然通风设计中可以利用上述热压通风原理组织自然通风。图 3-3 是热压通风原理示意图，图 3-4～图 3-7 是通风口高度比较。

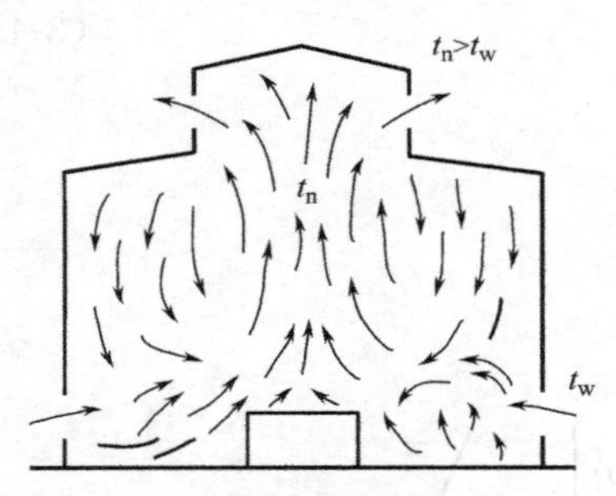

图 3-3　热压通风原理示意图

图 3-4　常见通风口高度（一）

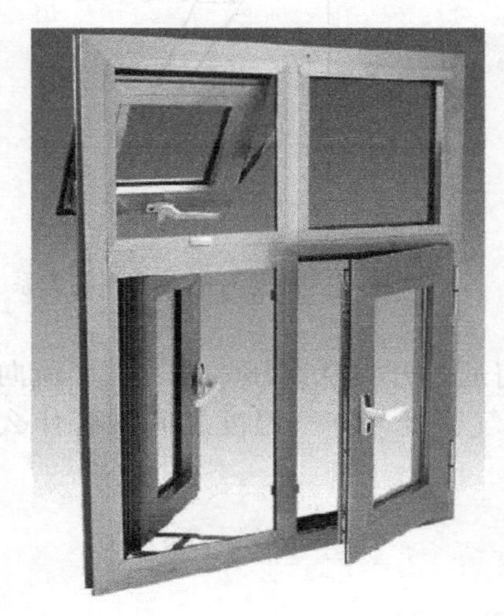

图 3-5　常见通风口高度（二）

图 3-6　利用技术手段（电动窗）提高通风口高度

图 3-7　传统建筑提高通风口开口高度处理手法

3.3 风力（风压）通风

现在讨论风压引起的气流。需要风速和气压之间的关系（伯努力方程），一些模糊因素称为风压系数，给出了风速与距地面高度的函数关系。

3.3.1 伯努利方程

伯努利方程是针对温度稳定流体的能量守恒方程，其表达式为：

$$P+\rho\frac{v^2}{2}+\rho gh=constant \tag{3-8}$$

式中 $\rho\frac{v^2}{2}$ 项称作动压力。

当风遇到无限大墙面无处可去时将对墙面施加压力并彻底停止下来，这类似于当你在飞驰的汽车中将手臂伸到车窗外感受到的压力。当然，这种感受也并非完全相同，因为你的手臂在尺寸上不是无限大的。流体阻力可以表示为：

$$F=C_dA\rho\frac{v^2}{2} \tag{3-9}$$

式中，C_d 是阻力系数，越小越好。但是如果作用面积较小的话，一个相对较大的阻力系数 C_d 也许没有什么大不了的，比如很多跑车就是如此。

注意到风压或者阻力与速度的平方成正比，因此，在石油危机时期，人们通过降低速度节省能源。比较时速 60km 和 50km，可以发现阻力降低到原值的 $\left(\frac{50}{60}\right)^2$ 或者 0.69，由此可以看出速度降低 17%对应阻力降低 31%。

对车辆 C_d 的认识可以用来解释为什么在拖车驾驶室的顶部设置风力导引线，如图 3-8 所示。

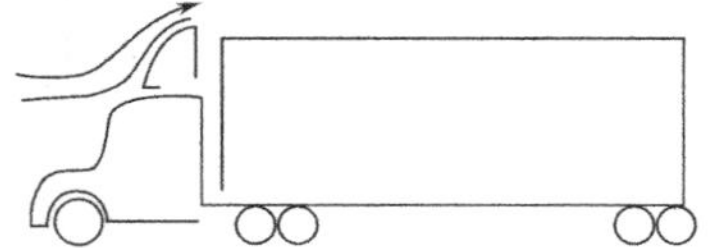

图 3-8　拖车驾驶室顶部风力导引线

3.3.2 建筑风压（模糊）系数

对于小车和卡车来说，风压系数我们了解了很多，那么建筑又如何呢？这里利用风压公式：

$$P_w = C_w \rho \frac{v^2}{2} \tag{3-10}$$

因为建筑不是无限大并且空气环绕建筑流动，因此期望峰值正压低于 $\rho \frac{v^2}{2}$，换言之即 C_w 小于 1。

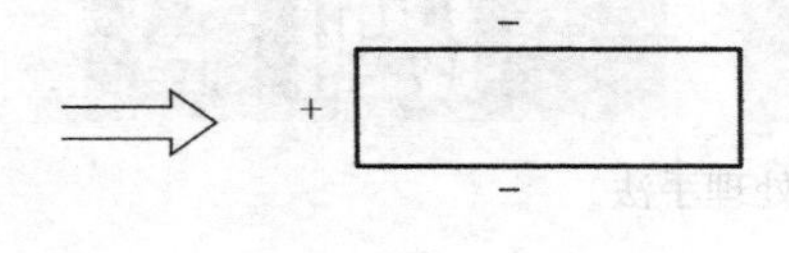

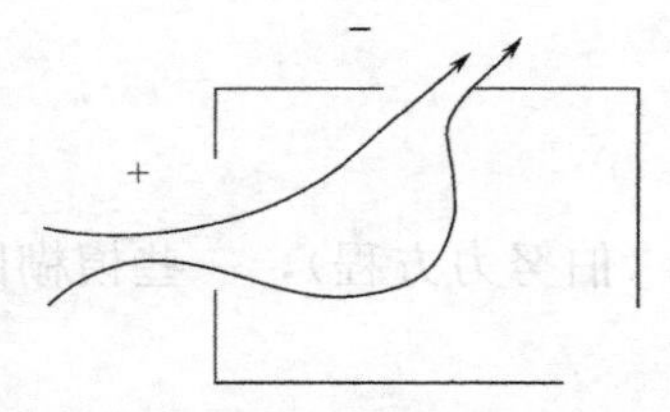

图 3-9　风压系数取值

该公式也可用于建筑背风面，此时 C_w 是负值，风压不仅不能使风吹入室内，而且风压的抽吸作用使风向向外，非常有利于建筑通风。

如此可能要问，影响风压系数的因素有哪些呢？这些因素包括建筑造型、风向、附近建筑物、地形和植被等。该系数可以通过风洞研究确定，也许 CFD 是一个新的可以接受的选择。一般情况下，在迎风面，夜间值是 0.7，其他时间均有一个对应数值。在背风面，其值为负值，一般为－0.7～－0.5，如图 3-9 所示。注意到建筑外面存在负值 C_w，甚至负值超过－1.0。

这可以解释房间内拐角处穿堂风的形成原因。风速随距地面的高度而变化：

$$v_w = v_g \left(\frac{\delta}{Z_g}\right)^{\alpha} \tag{3-11}$$

式中　Z_g——参考点（风速仪）的高度，m；

v_g——参考点（风速仪）所在高度处风速值，m/s；

δ——参考点高度（边界层厚度），m；

α——指数，取决于风流经的地形和粗糙程度，如图 3-10 所示。

表 3-2 列出了 ASHRAE 提供的不同地区边界层高度和指数大小。

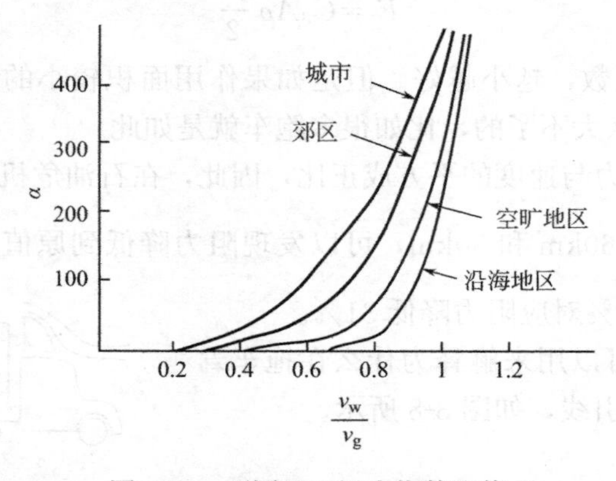

图 3-10　不同地区风力指数取值

不同地区边界层高度和指数　　表 3-2

地区	α	δ(m)
城市	0.33	460
郊区	0.22	370
空旷地区	0.14	270
沿海地区	0.10	210

现在仅仅需要一个关系式，通过该关系式确定给定压力差下的气流速度大小。

举例，通常 v_{met} 在室外空旷地形 10m 之处测量，此时，$\alpha=0.14$，$\delta=270\text{m}$，所以

$$v=v_{\text{met}}\left(\frac{\delta}{Z_{\text{met}}}\right)^{\alpha}=v_{\text{met}}\left(\frac{270}{10}\right)^{0.14} \tag{3-12}$$

3.3.3　孔洞（窗洞）方程

孔洞（窗洞）方程起源于管道流，如图 3-11 所示。

测量平板上孔洞入风口和出风口的压力，可以推导出下述经验关系式：

$$V=C_{\text{d}}A\sqrt{\frac{2\Delta P}{\rho}} \tag{3-13}$$

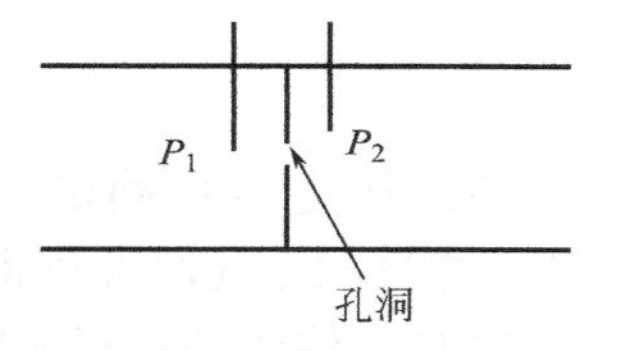

图 3-11　管道入风口与出风口压力

式中　V——体积速度，m^3/s；

C_{d}——孔洞流量系数，其大小与孔洞结构有关；

A——孔洞面积，m^2；

ΔP——流体流经孔洞的压力降低，Pa 或 N/m^2；

ρ——流经孔洞的流体密度，kg/m^3。

通常流经孔洞的风流是紊乱的（紊流），对于紊流 C_{d} 取常量 0.6。

当空气通过建筑的缝隙渗透入建筑内部时，其流动是分层的（缓慢、平缓）。对于分层气流，C_{d} 与 ΔP 成正比，即

$$C_{\text{d}}\propto\sqrt{\Delta P} \tag{3-14}$$

因此，对于紊流，$V\propto\sqrt{\Delta P}$；对于层流，$V\propto\Delta P$。

实践中，对于实际的建筑，体积速度 V 是紊流和层流的混合，即：

$$V\propto\Delta P^{n} \tag{3-15}$$

式中，$0.5\leqslant n\leqslant 1$。

孔洞方程需要注意以下三个方面。

(1) 孔洞意味着小孔，字面意思是有“口”、有“孔”，但在管道流中它是一个小孔。当建筑上的窗户相对小于所在墙面尺寸时这种关系基本成立。

(2) 风压和热压共同作用情况。例如在一栋建筑或者一座村舍中测得的热压换气次数是 2h^{-1}，风压换气次数是 6h^{-1}（前者无风压，而后者室内外无温差），那么会发生什么情况呢？是 8h^{-1} 吗？答案是否定的。

原因是：

$$V_{\text{total}}\propto\sqrt{\Delta P_{\text{total}}}\propto\sqrt{\Delta P_{\text{buoyancy}}+\Delta P_{\text{wind}}} \tag{3-16}$$

$$V_{\text{total}}^2 \propto \Delta P_{\text{buoyancy}} + \Delta P_{\text{wind}} \tag{3-17}$$

注意到，热压流，$V_{\text{buoyancy}}^2 \propto \Delta P_{\text{buoyancy}}$，风压流也有类似的结果，因此

$$V_{\text{total}}^2 = V_{\text{buoyancy}}^2 + V_{\text{wind}}^2 \tag{3-18}$$

即，$V_{\text{total}} = \sqrt{V_{\text{buoyancy}}^2 + V_{\text{wind}}^2}$

换言之，气流以二次方的形式相加，即

$V_{\text{total}} = \sqrt{2^2 + 6^2} = \sqrt{40} = 6.3\text{h}^{-1}$，不是 8h^{-1}。

（3）到底如何利用孔洞方程呢？依据质量守恒定律：流入质量等于流出质量（图 3-12），即

$$\rho_{\text{out}} V_{\text{in}} = \rho_{\text{in}} V_{\text{out}} \tag{3-19}$$

式（3-19）中，V_{in} 是室外空气流入室内的流量，V_{out} 是室内空气流到室外的流量，将孔洞方程代入上式得到：

$$\rho_{\text{out}} C_{\text{d}} A_{\text{in}} \sqrt{\frac{2\Delta P_{\text{in}}}{\rho_{\text{out}}}} = \rho_{\text{in}} C_{\text{d}} A_{\text{out}} \sqrt{\frac{2\Delta P_{\text{out}}}{\rho_{\text{in}}}} \tag{3-20}$$

从上述方程式中可以求解一个未知量：

$$\Delta P_{\text{in}} = P_{\text{out}}\big|_{\text{inlet}} - P_{\text{in}} \tag{3-21}$$

$$\Delta P_{\text{out}} = P_{\text{in}} - P_{\text{out}}\big|_{\text{outlet}} \tag{3-22}$$

室外压力容易确定，需要求解室内压力 P_{in}，利用室内压力，可以计算 ΔP_{in} 或者 ΔP_{out} 并且利用孔洞方程得到换气流量。

窗户气体流动示意如图 3-13 所示。

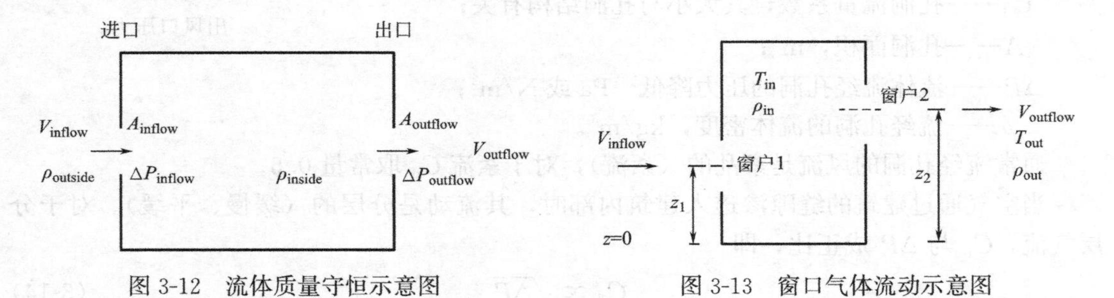

图 3-12　流体质量守恒示意图　　图 3-13　窗口气体流动示意图

图 3-13 中，ΔP_{inflow} 是通过窗口 1 从室外到室内的压力降低，$\Delta P_{\text{outflow}}$ 是通过窗口 2 从室内到室外的压力降低。

窗口 1 处的风压（相对于大气压 P_0）为 $0.5C_{\text{w1}}\rho_{\text{out}}v_{\text{w1}}^2$，窗口 2 处的风压为 $0.5C_{\text{w2}}\rho_{\text{out}}v_{\text{w2}}^2$。

这里，$v_{\text{w1}} = v_{\text{G}}\left(\frac{z_1}{\delta}\right)^{\alpha}$，$v_{\text{w2}} = v_{\text{G}}\left(\frac{z_2}{\delta}\right)^{\alpha}$

3.4 自然通风量

3.4.1 热压（浮力）流计算

考虑到质量守恒，因此从单区域建筑较低窗户流入的质量等于从较高窗户流出的

质量。

$$\rho_{out}C_dA_1\sqrt{\frac{2\Delta P_{inflow}}{\rho_{out}}}=\rho_{in}C_dA_2\sqrt{\frac{2\Delta P_{inflow}}{\rho_{in}}} \tag{3-23}$$

$$A_1^2\rho_{out}\Delta P_{inflow}=A_2^2\rho_{in}\Delta P_{outflow} \tag{3-24}$$

由于 $\rho\propto\frac{1}{T}$，则有

$$A_1^2\frac{\Delta P_{inflow}}{T_{out}}=A_2^2\frac{\Delta P_{outflow}}{T_{in}} \tag{3-25}$$

$$\frac{A_1^2}{T_{out}}[(P_{out}-\rho_{out}gz_1)-(P_{in}-\rho_{in}gz_1)]=\frac{A_2^2}{T_{in}}[(P_{in}-\rho_{in}gz_2)-(P_{out}-\rho_{out}gz_2)] \tag{3-26}$$

$$P_{out}-P_{in}=(\rho_{out}-\rho_{in})gz_2\frac{\left(\frac{A_1}{A_2}\right)^2\left(\frac{T_{in}}{T_{out}}\right)\frac{z_1}{z_2}+1}{\left(\frac{A_1}{A_2}\right)^2\left(\frac{T_{in}}{T_{out}}\right)+1} \tag{3-27}$$

利用上面压力差计算结果可以确定通过下部窗口的体积速度：

$$\begin{aligned}V_{inflow}&=C_dA_1\left[\frac{2}{\rho_{out}}[(P_{out}-P_{in})-(\rho_{out}-\rho_{in})gz_1]\right]^{0.5}\\&=C_dA_1\left[2\frac{T_{in}-T_{out}}{T_{in}}gz_1\frac{\left(\frac{A_1}{A_2}\right)^2\left(\frac{T_{in}}{T_{out}}\right)\frac{z_1}{z_2}+1}{\left(\frac{A_1}{A_2}\right)^2\left(\frac{T_{in}}{T_{out}}\right)+1}-\frac{z_1}{z_2}\right]^{0.5}\\&=C_dA_1\left[2\frac{T_{in}-T_{out}}{T_{in}}g(z_2-z_1)\frac{1}{\left(\frac{A_1}{A_2}\right)^2\left(\frac{T_{in}}{T_{out}}\right)+1}\right]^{0.5}\end{aligned} \tag{3-28}$$

假如设定 $z_1=0$，为简化起见将 z_2 定义为 z，则有

$$V_{inflow}=C_dA_1\left[2\frac{\Delta T}{T_{in}}gz\frac{1}{\left(\frac{A_1}{A_2}\right)^2\left(\frac{T_{in}}{T_{out}}\right)+1}\right]^{0.5} \tag{3-29}$$

可见，如果 $z=0$ 就不存在热压流，如果 $T_{out}=T_{in}$ 同样不存在热压流。

上述方程式是精确的。引入第一个简化，使 $\frac{T_{in}}{T_{out}}\approx1$。

注意温度差值必须保留，则有

$$\begin{aligned}V_{inflow}&=C_dA_1\left[2\frac{2\Delta T}{T_{in}}gz\frac{1}{\left(\frac{A_1}{A_2}\right)^2+1}\right]^{0.5}\\&=C_d\left[\frac{A_1^2A_2^2}{A_1^2+A_2^2}\right]^{0.5}\left[2gz\frac{\Delta T}{T_{in}}\right]^{0.5}=C_dA_{eff}\left[2gz\frac{\Delta T}{T_{in}}\right]^{0.5}\end{aligned} \tag{3-30}$$

通常情况下等效面积受两个因素影响，定义如下：

$$A'_{eff}=\left[\frac{2A_1^2A_2^2}{A_1^2+A_2^2}\right]^{0.5} \tag{3-31}$$

特殊情况下，即当两个窗口面积相等时，$A'_{eff}=A_1=A_2=A$，此时有

$$V_{inflow}=C_d A'_{eff}\left[gz\frac{\Delta T}{T_{in}}\right]^{0.5} \tag{3-32}$$

当定义中性面高度时，在中性面位置室内室外压力相等，上式可变为：

$$V_{inflow}=C_d A_1\left[2g\Delta h_{NPL}\frac{\Delta T}{T_{in}}\right]^{0.5} \tag{3-33}$$

式中 C_d——孔洞流量系数，其大小与孔洞结构有关；

Δh_{NPL}——低开口中点到中性面的高度，m。

对于单一开口的双向气流，$C_d=0.40+0.0045|T_i-T_o|$，其他情况 C_d 取 0.65。

然而，在应用上述公式时必须确定中性面的位置存在一定困难。对比上述表达式发现

$$V_{inflow}=C_d A_1\left[2\frac{\Delta T}{T_{in}}gz\frac{1}{\left(\frac{A_1}{A_2}\right)^2+1}\right]^{0.5}=C_d A_1\left[2\frac{\Delta T}{T_{in}}g\Delta h_{NPL}\right]^{0.5} \tag{3-34}$$

$$\Delta h_{NPL}=z\frac{1}{\left(\frac{A_1}{A_2}\right)^2+1} \tag{3-35}$$

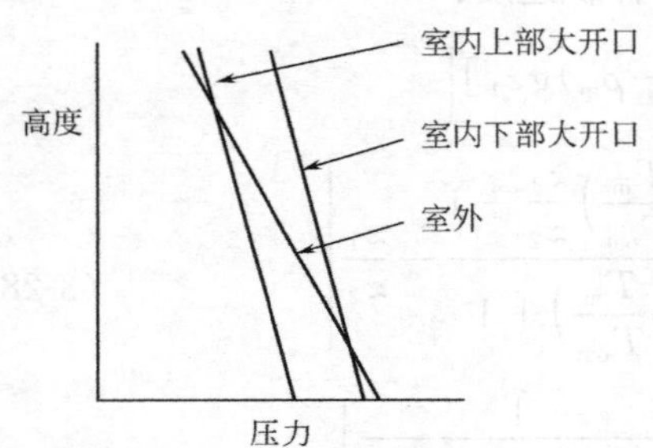

图 3-14 开口位置与压力

如果只有两个窗口而且窗口的面积相等，则中性面在两个窗户中点之间一半的位置，与直觉感受相同。如果下部窗户较大，中性面向下部窗户偏移，否则，如果上部窗户较大，中性面向上部窗户偏移（图 3-14）。对于多个开口情况很难确定中性面的位置（高度）。

示例：计算下述情况下的体积流速度：$T_{in}=30℃$，$T_{out}=20℃$，$z=3m$，$A_1=A_2=2m^2$。

结果：$V_{inflow}=C_d A_1\left[gz\frac{\Delta T}{T_{in}}\right]^{0.5}=0.6\times2\times\left[9.8\times3\times\frac{10}{303}\right]^{0.5}\approx1.2m^3/s$。

注意需要代入绝对温度，因为利用理想气体方程将气体密度替换为气体温度。

3.4.2 风压流计算

在风压流中，使 $T_{in}=T_{out}$，这也意味着 $\rho_{in}=\rho_{out}$。气流的驱动力不是温差而是风压。然而，如果建筑内部存在热源，室内温度将高于室外温度，因此室内外温度和密度明显不同。

$$\rho_{out}C_d A_1\sqrt{\frac{2\Delta P_{inflow}}{\rho_{out}}}=\rho_{in}C_d A_2\sqrt{\frac{2\Delta P_{inflow}}{\rho_{in}}} \tag{3-36}$$

$$A_1^2\rho_{out}\Delta P_{inflow}=A_2^2\rho_{in}\Delta P_{outflow} \tag{3-37}$$

由于 $\rho\propto\frac{1}{T}$，则有

$$A_1^2\frac{\Delta P_{inflow}}{T_{out}}=A_2^2\frac{\Delta P_{outflow}}{T_{in}} \tag{3-38}$$

$$\frac{A_1^2}{T_{out}}\left[\left(P_{out}+\frac{1}{2}C_{p1}\rho_{out}v_{w1}^2\right)-P_{in}\right]=\frac{A_2^2}{T_{in}}\left[\left(P_{in}-\left(P_{out}+\frac{1}{2}C_{p2}\rho_{out}v_{w2}^2\right)\right]\right. \tag{3-39}$$

$$P_{out}-P_{in}=\frac{1}{2}\rho_{out}C_{p1}v_{w1}^2\frac{\left(\frac{A_1}{A_2}\right)^2\left(\frac{T_{in}}{T_{out}}\right)+\frac{C_{p1}}{C_{p2}}\left(\frac{v_{w2}}{v_{w1}}\right)^2}{\left(\frac{A_1}{A_2}\right)^2\left(\frac{T_{in}}{T_{out}}\right)+1} \tag{3-40}$$

如果流入气体的窗口和流出气体的窗口高度不同，与这些窗口相关联的风速按下式计算：

$$v_w=v_G\left(\frac{Z}{\delta}\right)^{\alpha} \tag{3-41}$$

式中　v_G——参考点或者一定垂直高度处风速值，m/s；

δ——参考点高度（边界层厚度），m；

α——指数，取决于迎风面的地形和粗糙程度。

借助于计算出的压力差值可以确定通过迎风面窗口气流的体积速度：

$$V_{inflow}=C_dA_1\left[\left(P_{out}-P_{in}\right)+\frac{1}{2}\rho_{out}C_{p1}v_{w1}^2\right]^{0.5}=C_dA_1\left\{C_{p1}v_{w1}^2\left[\frac{1-\frac{C_{p1}}{C_{p2}}\left(\frac{v_{w2}}{v_{w1}}\right)^2}{\left(\frac{A_1}{A_2}\right)^2\left(\frac{T_{in}}{T_{out}}\right)+1}\right]\right\}^{0.5}$$

$$=C_vA_1v_{w1} \tag{3-42}$$

这里 C_v 表示开口有效面积系数：

$$C_v=C_d\left\{C_{p1}v_{w1}^2\left[\frac{1-\frac{C_{p2}}{C_{p1}}\left(\frac{v_{w2}}{v_{w1}}\right)^2}{\left(\frac{A_1}{A_2}\right)^2\left(\frac{T_{in}}{T_{out}}\right)+1}\right]\right\}^{0.5} \tag{3-43}$$

这是模型框架内的精确表达式。为了简化计算，假设室内外温度相等，迎风面与背风面开口高度相同，这样风速就相同，此时有

$$V_{inflow}=C_dA_1\left\{C_{p1}v_{w1}^2\left[\frac{1-\frac{C_{p2}}{C_{p1}}}{\left(\frac{A_1}{A_2}\right)^2+1}\right]\right\}^{0.5}=C_vA'_{eff}v \tag{3-44}$$

式中

$$A'_{eff}=\left[\frac{2A_1^2A_2^2}{A_1^2+A_2^2}\right]^{0.5},\quad C_v=C_d\left[\frac{C_{p1}-C_{p2}}{2}\right]^{0.5} \tag{3-45}$$

最后，如果迎风面风压系数与背风面风压系数在数值上相等而符号相反，则有效面积系数表示为：

$$C_v=C_dC_p^{0.5} \tag{3-46}$$

风垂直入射时取值 0.5～0.6，斜入射时取值 0.25～0.35。

3.4.3　复合通风流计算

1. 风压热压共同作用的复合气流

再次利用质量守恒定律，此次既包括室内外的风压作用又包括热压作用。

$$\rho_{\text{out}} C_{\text{d}} A_1 \sqrt{\frac{2\Delta P_{\text{inflow}}}{\rho_{\text{out}}}} = \rho_{\text{in}} C_{\text{d}} A_2 \sqrt{\frac{2\Delta P_{\text{inflow}}}{\rho_{\text{in}}}} \tag{3-47}$$

$$A_1^2 \rho_{\text{out}} \Delta P_{\text{inflow}} = A_2^2 \rho_{\text{in}} \Delta P_{\text{outflow}} \tag{3-48}$$

由于 $\rho \propto \frac{1}{T}$，则有：

$$A_1^2 \frac{\Delta P_{\text{inflow}}}{T_{\text{out}}} = A_2^2 \frac{\Delta P_{\text{outflow}}}{T_{\text{in}}} \tag{3-49}$$

$$\frac{{A_1}^2}{T_{\text{out}}}\left[(P_{\text{out}} - \rho_{\text{out}} g z_1) + \frac{1}{2} C_{\text{p1}} \rho_{\text{out}} v_{\text{w1}}^2 - (P_{\text{in}} - \rho_{\text{in}} g z_2)\right] = \frac{{A_2}^2}{T_{\text{in}}}\left\{(P_{\text{in}} - \rho_{\text{in}} g z_2) - \left[(P_{\text{out}} - \rho_{\text{out}} g z_2) + \frac{1}{2} C_{\text{p2}} \rho_{\text{out}} v_{\text{w2}}^2\right]\right\} \tag{3-50}$$

$$P_{\text{out}} - P_{\text{in}} = (\rho_{\text{out}} - \rho_{\text{in}}) g z_2 \frac{\left[\left(\frac{A_1}{A_2}\right)^2 \left(\frac{T_{\text{in}}}{T_{\text{out}}}\right) \frac{z_1}{z_2} + 1\right] - \frac{1}{2} \rho_{\text{out}} C_{\text{p1}} v_1^2 \left[\left(\frac{A_1}{A_2}\right)^2 \left(\frac{T_{\text{in}}}{T_{\text{out}}}\right) + \frac{C_{\text{p1}}}{C_{\text{p2}}} \left(\frac{v_2}{v_1}\right)^2\right]}{\left(\frac{A_1}{A_2}\right)^2 \left(\frac{T_{\text{in}}}{T_{\text{out}}}\right) + 1} \tag{3-51}$$

注意到上式的右边由两项构成，分别对应热压项和风压项，两项都与前面分别计算时一样，是精确计算结果，换言之，气流量叠加不是气流直接相加而是压力差相加。复合气流表示为：

$$V_{\text{inflow}} = C_{\text{d}} A_1 \left\{ 2 \frac{\Delta T}{T_{\text{in}}} g (z_2 - z_1) \left[\frac{1}{\left(\frac{A_1}{A_2}\right)^2 \left(\frac{T_{\text{in}}}{T_{\text{out}}}\right) + 1}\right] - C_{\text{p1}} v_1^2 \left[\frac{\frac{C_{\text{p2}}}{C_{\text{p1}}} \left(\frac{v_2}{v_1}\right)^2 - 1}{\left(\frac{A_1}{A_2}\right)^2 \left(\frac{T_{\text{in}}}{T_{\text{out}}}\right) + 1}\right] \right\}^{0.5} \tag{3-52}$$

式（3-52）中根号下（0.5 次幂）第一项是前面讨论过的浮力流，第二项是风压流。再次假设温度比率为 1，则有：

$$V_{\text{inflow}} = C_{\text{d}} A_{\text{eff}} \left\{ 2 \frac{\Delta T}{T_{\text{in}}} g h + C_{\text{p1}} v_1^2 \left[1 - \frac{C_{\text{p2}}}{C_{\text{p1}}} \left(\frac{v_2}{v_1}\right)^2\right] \right\}^{0.5} \tag{3-53}$$

$$A_{\text{eff}} = \left(\frac{1}{\frac{1}{A_1^2} + \frac{1}{A_2^2}}\right)^{0.5} \tag{3-54}$$

用风压项替代得到：

$$V_{\text{inflow}} = C_{\text{d}} A_{\text{eff}} \left(2 \frac{\Delta T}{T_{\text{in}}} g h + C_{\text{p1}} v_1^2 - C_{\text{p2}} v_2^2\right)^{0.5} \tag{2-55}$$

窗户必须在不同的高度时热压才发挥作用，然而如果高度差接近，那么风速在本质上相同，而且如果背风面风压系数在数值上与迎风面相等而符号相反，此时有

$$V_{\text{inflow}} = C_{\text{d}} A_{\text{eff}} \left(2 \frac{\Delta T}{T_{\text{in}}} g h + 2 C_{\text{p}} v^2\right)^{0.5} = C_{\text{d}} A'_{\text{eff}} \left(\frac{\Delta T}{T_{\text{in}}} g h + C_{\text{p}} v^2\right)^{0.5} \tag{3-56}$$

2. 复杂建筑几何形状

上述气流表达方式对于窗户布置简单、室内没有遮挡物的单区域建筑是足够精确的，

对于复杂的建筑构造，推荐应用 CONTAM 之类的实用计算程序。CONTAM 是 NIST 开发的计算机械通风和自然通风的免费软件，可用于多区域多窗口建筑通风计算。

建筑自然通风量的主要影响因素包括开口高度、室内外温差、开口面积以及室外风速等，自然通风组织与设计中应充分考虑这些因素，为建筑创造良好的自然通风条件。图 3-15～图 3-17 是丹麦生命之家建筑设计中开窗与通风设计示例。

图 3-15　丹麦生命之家透视

图 3-16　丹麦生命之家开窗内景

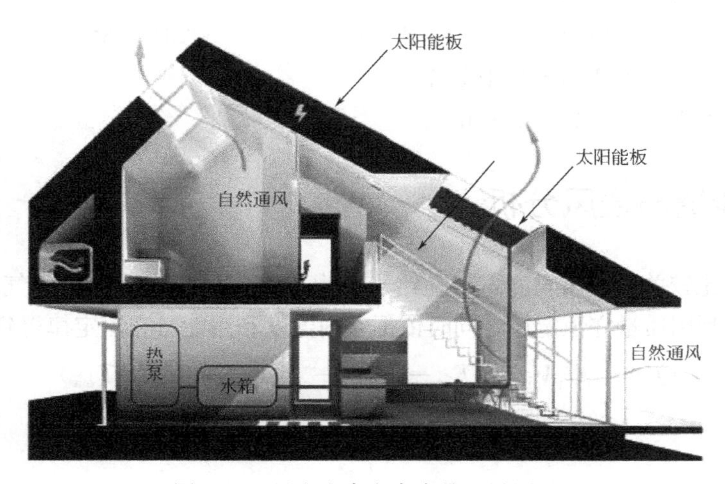

图 3-17　丹麦生命之家自然通风原理

3.5 渗透通风

渗透通风是热压和风压复合作用的结果。空气渗透量的计算一般通过由实验或者计算得到的有效泄漏面积、孔洞方程利用裂缝方法得到：

$$Q = AC\Delta P^n \tag{3-57}$$

式中 A——裂缝的有效泄漏面积，m^2；

C——流量系数；

ΔP——室内外的压力差，Pa。

在计算通过围护结构的空气总渗透时，通常采用空气浮升力与垂直来流风向影响的经验公式。这是在已知建筑有效泄漏总面积以及从空气渗透量测量数据库中总结出的经验数据推导出来的。下式经常用来计算居住建筑等近似于单一区域建筑的空气渗透量：

$$Q = L(C_s\Delta T + C_w v^2)^{0.5} \tag{3-58}$$

式中 Q——渗透率，L/s；

L——建筑有效泄漏面积，cm^2；

C_s——热压系数，$L^2/(s^2 \cdot cm^4 \cdot K)$；

ΔT——平均内外温差，K；

C_w——风压系数，$L^2/(s^4 \cdot cm^4 \cdot K \cdot m^2)$；

v——当地气象站测得的平均风速，m/s。

热压系数 C_s 的大小取决于建筑高度、层数，风压系数 C_w 取决于建筑高度和风力屏蔽等级。

示例：估计波士顿两层住宅建筑在设计条件下的空气渗透量。该住宅有效泄漏面积 $500cm^2$，容积 $340m^3$ 被厚实树篱包围（风力屏蔽等级 3 级）。

求解：冬季设计条件：$T_o = -13℃$，$v = 8m/s$，$T_i = 22℃$的通风量。

通过 ASHRAE 基础手册查得 $C_s = 0.000290$，$C_w = 0.000231$。

$$\begin{aligned} Q &= L(C_s\Delta T + C_w v^2)^{0.5} \\ &= 500[0.000290 \times 22 - (-13) + 0.00231 \times 8^2]^{0.5} \\ &= 79L/s = 284m^3/h \end{aligned}$$

空气换气次数为 $284/340 = 0.84h^{-1}$。

3.6 复合能量与通风分析

通常情况下比较关心室内温度，但在给定室内热负荷的情况下，室内气流将如何变化？依据室内压力，利用质量守恒定律，同时依据室内温度利用能量守恒定律得到式（3-59）：

$$\begin{aligned} Q &= \rho_{out} C_p V_{inflow}(T_{in} - T_{out}) + \sum_i U_i A_i (T_{in} - T_{out}) \\ V_{inflow} &= C_d A_{eff}\left(\frac{\Delta T}{T_{in}} gh + \Delta P_w\right)^{0.5} \end{aligned} \tag{3-59}$$

将质量守恒方程的 V_{inflow} 代入能量守恒方程得到关于 ΔT 的表达式：

$$Q=\left[\rho_{\text{out}}C_{\text{p}}C_{\text{d}}A_{\text{eff}}\left[\frac{\Delta T}{T_{\text{in}}}gh+\Delta P_{\text{w}}\right]^{0.5}+\sum_{i}U_{i}A_{i}\right](T_{\text{in}}-T_{\text{out}}) \tag{3-60}$$

根据热负荷求出温差，代入质量守恒方程得到：

$$V_{\text{inflow}}=C_{\text{d}}A_{\text{eff}}\left(\frac{Q}{\rho_{\text{out}}C_{\text{p}}V_{\text{inflow}}+\sum_{i}U_{i}A_{i}}\frac{gh}{T_{\text{in}}}+\Delta P_{\text{w}}\right)^{0.5} \tag{3-61}$$

3.7　实际建筑的自然通风

采用自然通风量计算公式在解决了公式中的动力压差 ΔP 之后，其关键就是确定开口的有效面积 CA，实际建筑的开口形式有许多，基本可归纳为并联开口和串联开口，下面分别讨论有效面积的确定。

3.7.1　并联开口建筑在风压作用下的自然通风量

建筑物同一侧开设不止一个孔洞时，可按并联开口（图 3-18）确定其有效开口面积。

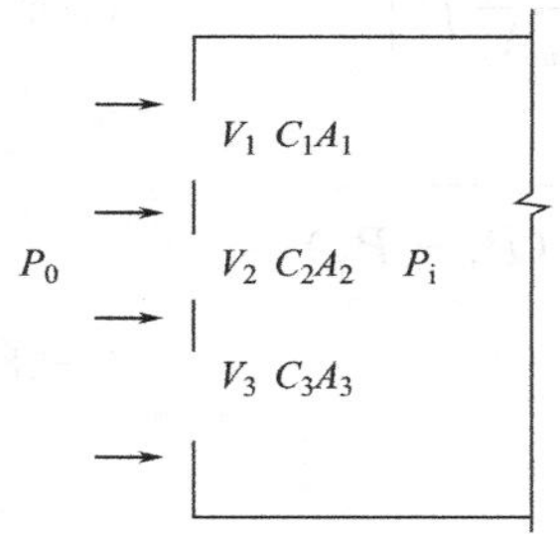

图 3-18　并联开口建筑

由式（3-13）可得通过各并联开口 1，2，……n 的通风量分别为

$$V_1=C_1A_1\sqrt{\frac{2\Delta P_1}{\rho}}$$

$$V_2=C_2A_2\sqrt{\frac{2\Delta P_2}{\rho}}$$

……

$$V_n=C_nA_n\sqrt{\frac{2\Delta P_n}{\rho}} \tag{3-62}$$

将上述等式左右项分别相加，并假设各孔口处的室内外压差相等（即 $\Delta P=P_{\text{o}}-P_{\text{i}}$），即可得到总的通风量：

$$V=V_1+V_2+\cdots+V_n=(C_1A_1+C_2A_2+\cdots+C_nA_n)\sqrt{\frac{2\Delta P}{\rho}}=CA\sqrt{\frac{2\Delta P}{\rho}} \tag{3-63}$$

$$CA=C_1A_1+C_2A_2+\cdots+C_nA_n \tag{3-64}$$

式中　CA——并联开口时的当量有效开口面积。

3.7.2　串联开口建筑在风压作用下的自然通风量

若建筑物除外窗有开口外，沿空气流向的另一侧也设有开口，可按串联开口（图 3-19）确定其有效开口面积。

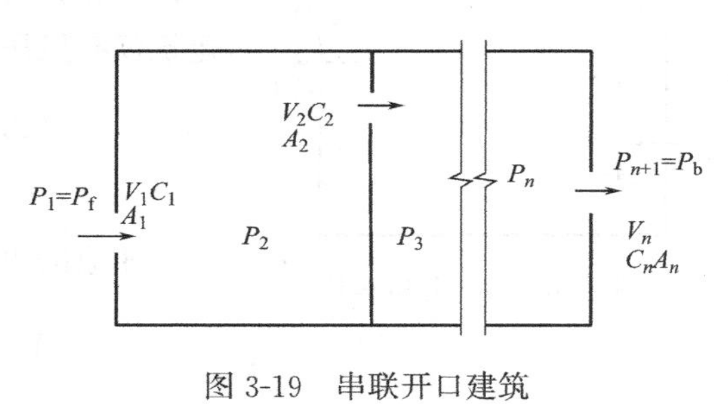

图 3-19　串联开口建筑

由热压通风量计算公式得到通过各串联开口 1，2，……n 的通风量为：

$$V_1=C_1A_1\sqrt{\frac{2(P_{\text{f}}-P_2)}{\rho}}$$

$$V_2=C_2A_2\sqrt{\frac{2(P_2-P_3)}{\rho}}$$

……

$$V_n=C_nA_n\sqrt{\frac{2(P_n-P_b)}{\rho}} \tag{3-65}$$

将上述公式整理为：

$$P_f-P_2=\frac{\rho}{2}\left(\frac{V_1}{C_1A_1}\right)^2$$

$$P_2-P_3=\frac{\rho}{2}\left(\frac{V_2}{C_2A_2}\right)^2$$

……

$$P_n-P_b=\frac{\rho}{2}\left(\frac{V_n}{C_nA_n}\right)^2 \tag{3-66}$$

将上述各等式左右项分别相加，并注意到 $V=V_1=V_2=\cdots\cdots=V_n$，可得：

$$P_f-P_b=\frac{\rho}{2}\left[\left(\frac{V_1}{C_1A_1}\right)^2+\left(\frac{V_2}{C_2A_2}\right)^2+\cdots\cdots+\left(\frac{V_n}{C_nA_n}\right)^2\right] \tag{3-67}$$

由上式可得由风压引起的通风量 V 为：

$$V=\frac{1}{\sqrt{\left(\frac{1}{C_1A_1}\right)^2+\left(\frac{1}{C_2A_2}\right)^2+\cdots\cdots+\left(\frac{1}{C_nA_n}\right)^2}}\sqrt{\frac{2}{\rho}(P_f-P_b)} \tag{3-68}$$

$$=CA\sqrt{\frac{2}{\rho}(P_f-P_b)}$$

其中串联开口的当量有效开口面积 CA 可以表示为：

$$\left(\frac{1}{CA}\right)^2=\left(\frac{1}{C_1A_1}\right)^2+\left(\frac{1}{C_2A_2}\right)^2+\cdots\cdots+\left(\frac{1}{C_nA_n}\right)^2 \tag{3-69}$$

3.7.3 混合开口建筑在风压作用下的自然通风量

混合开口建筑是指既有并联开口，又有串联开口的建筑物（图 3-20）。这类建筑的自然通风量计算，可根据上述并联开口和串联开口建筑的自然通风计算基本原理确定。

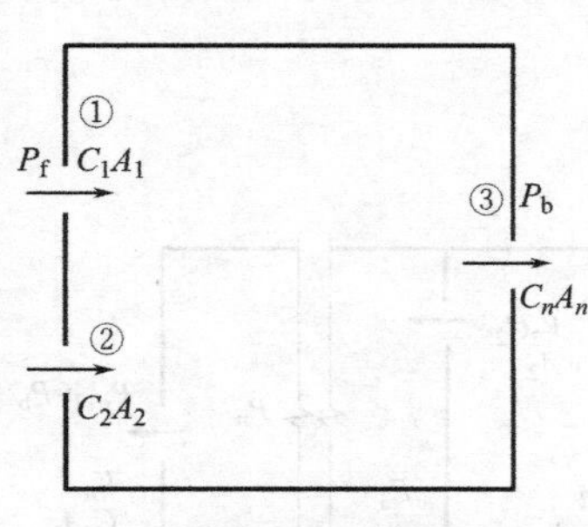

图 3-20 混合开口建筑

图 3-20 中开口①和开口②属于并联开口，而它们与开口③之间属于并联关系。由上述串联并联计算原则可知，开口①和开口②的当量有效开口面积为 $C_1A_1+C_2A_2$，当建筑仅有风压作用时，建筑物总当量有效开口面积为：

$$CA=\frac{1}{\sqrt{\left(\frac{1}{C_1A_1+C_2A_2}\right)^2+\left(\frac{1}{C_3A_3}\right)^2}} \tag{3-70}$$

相应的由风压引起的自然通风量为：

$$V=CA\sqrt{\frac{2}{\rho}(P_f-P_b)}=CA\sqrt{\frac{2\Delta P}{\rho}} \tag{3-71}$$

其中

$$\Delta P = P_{\mathrm{f}} - P_{\mathrm{b}} = (C_{\mathrm{wf}} - C_{\mathrm{wb}})\rho \frac{v^2}{2} \tag{3-72}$$

3.8　低碳建筑通风案例分析

3.8.1　现代建筑案例

建筑自然通风的组织与设计只要遵循经典原理不需要高科技技术也可以获得理想的通风效果，图 3-21 是建筑复合通风常用形式。图 3-22、图 3-23 是从化图书馆利用经典通风原理实现建筑自然通风的示例，该图书馆自然通风利用了垂直方向的高度差实现图书馆中庭的自然通风，利用室外风压营造建筑内部穿堂风。

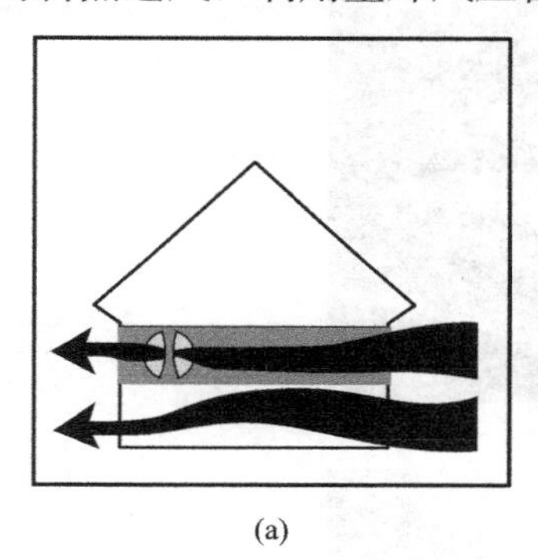

(a)

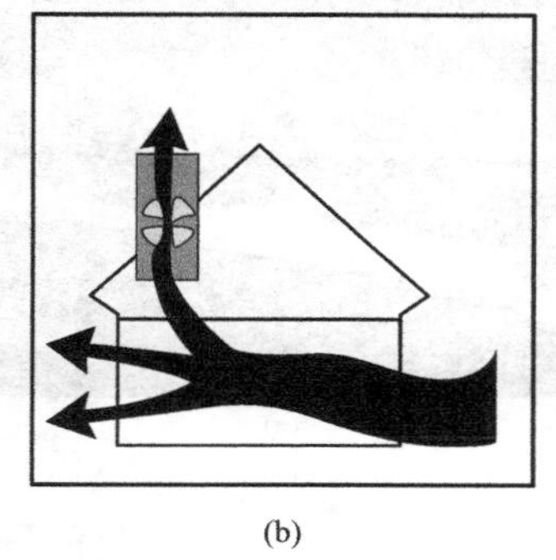

(b)

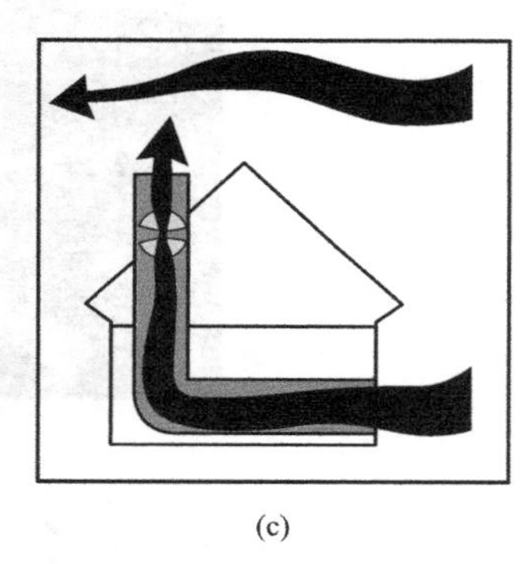

(c)

图 3-21　复合通风原理示意图

(a) 自然通风与机械通风；(b) 风扇辅助自然通风；(c) 烟囱和风力辅助机械通风

图 3-22　从化图书馆新馆透视与内景

日本大阪体育馆（图 3-24）从选址到建造都充分考虑了建筑的基地特点，将体育馆融入基地之中，与自然环境和谐共生，自然通风利用了地下的低温气体，借助高度差通过屋顶上方开口是向自然通风。

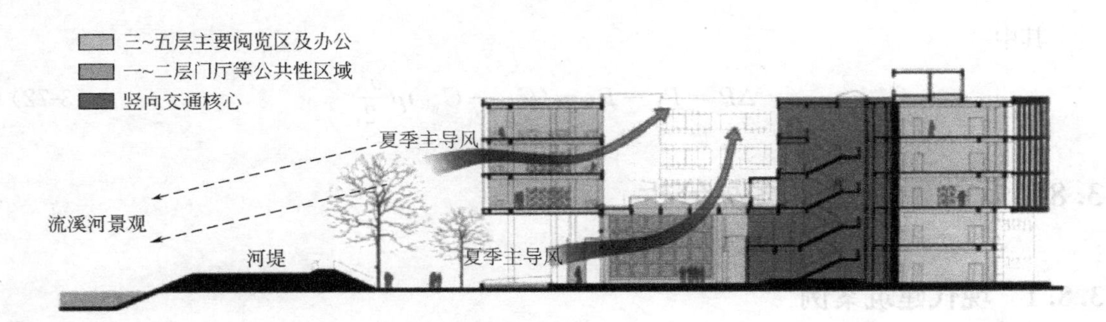

图 3-23　从化图书馆新馆夏季通风示意

图 3-24　大阪体育馆通风示例

(a) 体育馆位置；(b) 体育馆入口；(c) 体育馆通风原理

日本东京明治大学图书馆塔楼（图3-25），自然通风系统采用烟囱效应和南北穿堂通风原理在温和季节为建筑提供适宜的室内气候条件，而在一年中的其他季节则借助机械通风和空调系统实现室内热舒适，仅自然通风一项每年可以节省建筑能耗17%。

丹麦斯楚厄B&O（The Bang and Olufsen，著名影音公司）总部大楼（图3-26），采用风扇辅助自然通风系统，通常借助开窗控制自然通风，在自然通风不足时利用屋顶风帽低功耗风扇提供所需要的风速。

图3-25　明治大学图书馆塔楼

图3-26　丹麦斯楚厄B&O总部大楼

上海中信广场为高层办公楼，高228m，地上47层，地下3层，占地面积15135m^2，总建筑面积131621m^2，于2010年竣工（图3-27）。

图3-27　上海中信广场

上海中信广场自然通风设计中，自然通风口的外侧采用了容易导入新风的竖向开口，内侧采用了容易开启的手动控制装置，便于使用者在需要时简单地开启与关闭自然通风口，促进自然通风的利用。

标准层的自然通风示意图如图3-28（a）所示，玻璃幕墙与自然通风口的设计效果如图3-28（b）所示。图3-29显示了自然通风口外观和局部平面图。标准层面积约为1800m^2，西、南、东3面外窗上总共设有14处自然通风口。每处通风口高3100mm、宽250mm，开口率约为50%。

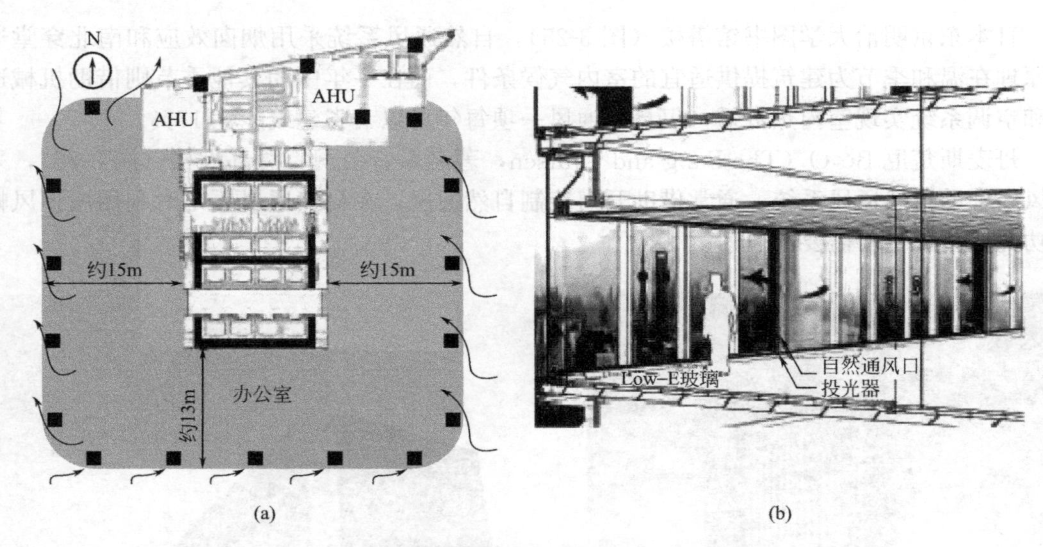

图 3-28　上海中信广场标准层自然通风示意图

（a）平面通风；（b）玻璃幕墙与自然通风口

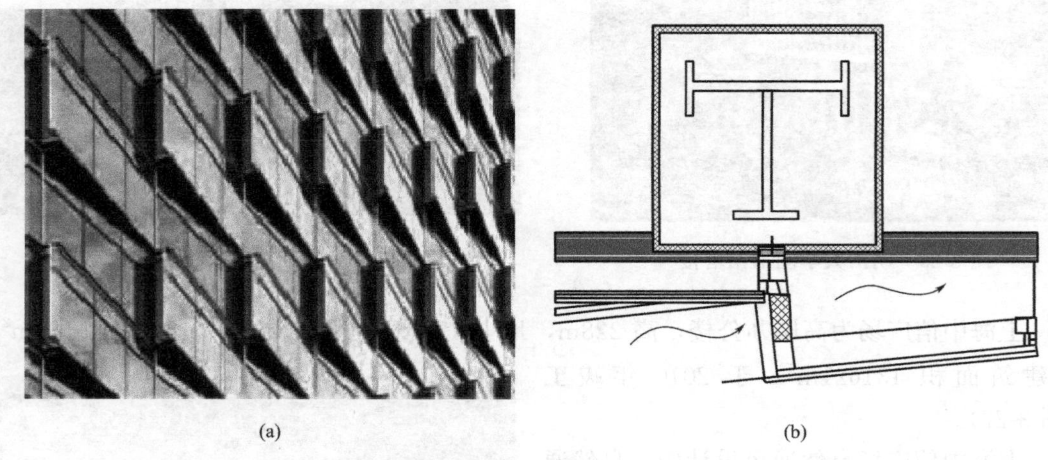

图 3-29　上海中信广场自然通风口

（a）自然通风口外观；（b）自然通风口局部平面图

3.8.2　南京传统民居案例

中国传统民居建筑形式是传统文化和人文精神的结晶，在自然通风设计上有着自己的一套系统，运用自然通风降温符合绿色生态和可持续发展的要求。

南京地区四季分明，夏季多雨、高温潮湿，南京的传统民居往往给人一种恬淡、质朴、静雅的感觉，在自然通风的物理营造上也有着自己的一套生态手法，这在一定程度上是与当地的气候相适应的。南京高淳老街和南京甘熙故居是南京民居的代表。

南京传统民居的开窗多为木结构格子窗（图 3-30），窗格的纹样很丰富，门窗开合自由。按照惯例门窗基本上会设置于通风比较好的地方，有些民居的房屋前后都有门窗，以便在炎热的夏季形成贯通室内的穿堂风。

图 3-30　格子窗

图 3-31 是南京甘熙故居的一处窗户，这种窗户是南京传统民居中常用的称之为亮窗的一种开窗形式。亮窗不仅具有内部的装饰效果，更重要的是能最大限度地打开窗洞口，从而获得更大的通风截面，不仅可以增强室内自然通风的效果，对建筑空间的上层空间更是有着显著的散热和空气平衡效果。

图 3-31　亮窗

南京（南方）民居中经常采用天窗，民居中亦称其为气窗（图 3-32）。天窗通常设置在高屋面上，往往接近屋脊，有着良好的通风效果。

民居中隔断作为围护结构的一部分具有可移动或可拆卸的功能。南京地区传统民居中很多都采用通透隔断，它是这一气候区经常使用的一种建筑结构，室内与室外都有布设，例如南京甘熙故居的民宅，就是使用这种类似的隔断结构（图 3-33）。基于对南京夏季湿热需要通风散热除湿的认识，人们在隔断上镂刻各种木雕通花，不仅装饰了房间，其自身

图 3-32　高淳老街气窗示例

的通透性在炎热的夏季对气流也达到了“隔而不断”的效果，通过隔断上的通花流向隔断后方的空间，这种隔断把自身对室内整体风场流动的阻挡降到了最低，增加了室内通风的通透性与自由度，还保持了分隔空间的初衷。

图 3-33　通花隔断

天井在传统民居中起着不可替代的作用，天井是调节住宅小气候的缓冲空间，它担负着重要的组织和纽带作用，成为建筑与外界环境的连通口。利用天井改善通风是中国传统民居的一大特色，天井形式多样且运用娴熟（图 3-34）。

通风孔的设计是一种特殊的建筑通风手法，这种手法因地理与环境的不同有多种形式。南京的传统民居到处可见通风孔的设置，如高淳老街的民居，通风孔直接与地板架空的底部相连，配合天井、天窗、冷巷与窗子构成了一个与建筑和谐统一的循环通风系统（图 3-35）。南京甘熙故居的民居通风孔的设计更加巧妙，利用在屋内外设置水井的方式开出许多通风口，或设置地下通道，利用水井的井口或周围的地道口，从较阴凉的地下取风，再经过地下水或风道与土壤或水换热进一步降温，使居住空间获得凉爽的空气，这种巧妙的设计已经具有了适应气候的自然空调效应（图 3-36）。

图 3-34　天井

图 3-35　高淳老街通风孔

图 3-36　甘熙故居通风孔

本章小结

本章可加深对建筑物中空气供应和控制的理解，熟悉自然通风的原因和必要条件，掌握确定和计算特定环境下所需要的通风速度、通风量的计算方法，了解通风过程所伴随的能量和能耗。

第 4 章　低碳建筑节能规划设计

引例

《宅经》中说："人宅相扶，感通天地。"一方水土养一方人，地域与民俗民风，山水与一方人才的关系，实在是不须赘述，生态建筑正是以其自然与人工的和谐统一，力求为人们创造一个舒适、健康的生活环境。

节能规划设计就是分析构成气候的决定因素——辐射因素、大气环流因素和地理因素的有利及不利影响，通过建筑的规划布局，对上述因素进行充分的利用、改造，形成良好的居住条件和有利于节能的微气候环境。

节能规划设计是建筑节能的一个重要方面，应从分析地区的气候条件出发，将设计与建筑技术和能源利用有效地结合，使建筑在冬季最大限度地利用自然能供暖，增加得热量和减少热损失，夏季最大限度地减少得热和利用自然条件来降温冷却。小区规划应从建筑选址、建筑体型、建筑间距、冬季主导风向、太阳辐射、建筑外部空间环境构成等方面综合考虑，以改善小区的微气候，利于节能。因此，在规划设计阶段应充分研究、比较构成小区微气候的决定性因素（太阳辐射、大气环流、地理因素等）的有利与不利影响，通过小区规划布局上的调整、改善，形成良好的居住条件和有利于节能的微气候。

4.1　建筑选址

在进行节能建筑设计时，首先要全面了解建筑所在位置的气候条件、地形地貌、地质水文资料，当地建筑材料情况等资料。综合不同资料作为设计的前期准备工作，节能建筑的设计应考虑充分利用建筑所在环境的自然资源条件，遵循气候设计方法和建筑技术措施，尽可能减少对常规化石能源的依赖。居住区规划阶段与节能有关因素包括选址、通风日照、朝向、布局、日照间距、绿化率等。

4.1.1　气候条件

室外气候因素包括温度、湿度、风和太阳辐射等，直接影响室内热环境。许多传统民居与当地微观气候条件相适应的案例很好地诠释了建筑规划设计节能只有充分考虑和利用当地的气候条件才能取得成功。

建筑的热损失在很大程度上取决于室内外温度。从这个角度上来讲，传热过程中的热损失受到三个同样重要因素的影响：传热表面、围护结构保温隔热性能以及室内外温差。这里，第三个因素是无法改变的当地气候特征之一。外部的温度条件越恶劣，对前两个因素的优化就显得越重要。

对于节能建筑来说，太阳辐射是最重要的气候因素。在寒冷地区太阳能可以帮助供暖，而在炎热地区，主要的问题是避免太阳辐射引起的室内过热。在规划设计中应十分重视研究太阳辐射对建筑的影响。

太阳辐射由直射光和漫射光组成。漫射光是间接的太阳辐射。因此，即使是北立面也能接收到一定的太阳辐射，尽管它比其他朝向的立面所接收的要少得多。被动式太阳能建筑主要是利用太阳辐射的直射能量，太阳辐射会影响到建筑朝向、建筑间距的选择以及街道和开放区域的太阳入射情况。

风会在两个方面对建筑的能量平衡产生影响：首先是通过建筑表皮的对流增加传热过程中热量的损失；其次是通过建筑表皮的冷风渗透增加通风热量损失。

夏季一天中室外温度的变化也会很大。经过精心设计的通风系统可以让建筑实体结构在晚上降低温度，使之能够吸收白天在室内积聚的热量。

在设计开放空间时，风的影响是一个非常重要的因素。当地条件的重要性远远超过所有的地形和植物、朝向和建筑形体或者是建筑相互之间的位置关系，它决定着缝隙空间的风力情况以及外部空间的舒适性。密集的建筑群和开放的空间或者有导向性缺口的街道可以避免出现风道效应。附属建筑（库房、工棚、车库等）以及挡土墙或者防风林（树木、树篱等）可以起到保护建筑环境的作用。

除了气候因素，场地、位置、朝向、地形和植物也都是当地条件的重要因素。场地的特征对选择何种节能措施非常重要。在城市环境中，建筑的基地变得越来越小，而且会比乡村的建筑更容易受到周围环境的影响。地形影响了建筑的朝向或者通风情况。例如，顶层为利用太阳能创造了有利的条件，但同时由于强大的风力作用而带来了更多的热量损失。相反，南向坡地上的场地可以减小建筑之间的间距，从而实现更高的建筑密度。

在建筑的周围种植植物可以改善与开放空间相邻的建筑表皮的气候条件（太阳入射情况、风力条件）。落叶树可以在夏天带来阴凉，而在冬天又可以保证太阳的入射。成排的树木还可以形成挡风的屏障，或者在必要的时候形成自然通风的通道。通过蒸发作用，植物在夏天还能用作室外降温的工具，从而促进自然通风的效果。

传统建筑中建筑适应地区气候而建造的案例很多，这里以北京四合院、陕西窑洞、干阑建筑、中东民居、北欧住宅为例说明建筑形式与地区气候和建筑节能的关系。

图 4-1 所示北京传统建筑四合院很好地适应了我国北方冬季寒冷、风沙大，需要避风建造，而夏季干热需要满足遮荫、乘凉的需要。

中国传统民居——陕西窑洞，窑洞建筑依山挖洞建造，利用当地地形、地质（土质）条件，借助厚重黏土墙体良好的保温隔热性能和极好的蓄热能力营造冬暖夏凉的室内热环境，很好地适应当地冬季寒冷、夏季干热的气候特点。同时，建筑就地取材减少建筑材料远距离运输能耗，体现节能思想。

图 4-2 所示为东南亚民居形式，从建筑的屋面形式、底层架空以及材料选用等方面可以看出，东南亚民居就地取材，建筑形式很好地适应了热带雨林气候特点。

分析图 4-3 所示中东民居形式可以看出，其单体建筑外墙厚重、开窗较小便于防热、防风沙，建筑群体布局较为密集，利于建筑之间相互遮荫防热。这种大建筑、小窗户和浅颜色在炎热干燥的气候中是典型的。在这样的气候区，平屋顶和建筑物挤在一起以相互遮蔽是很常见的。

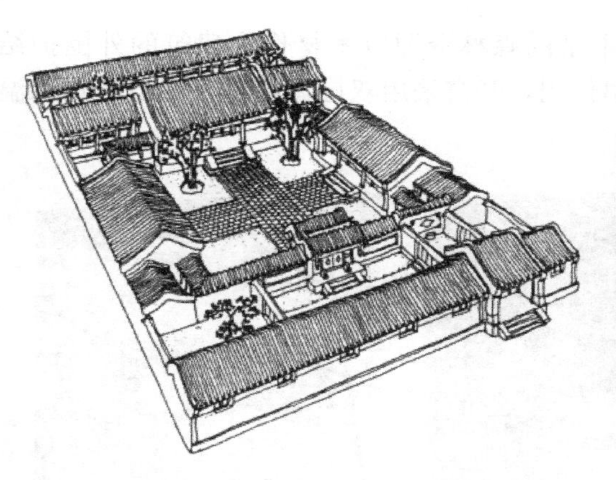

图 4-1　北京典型建筑——四合院

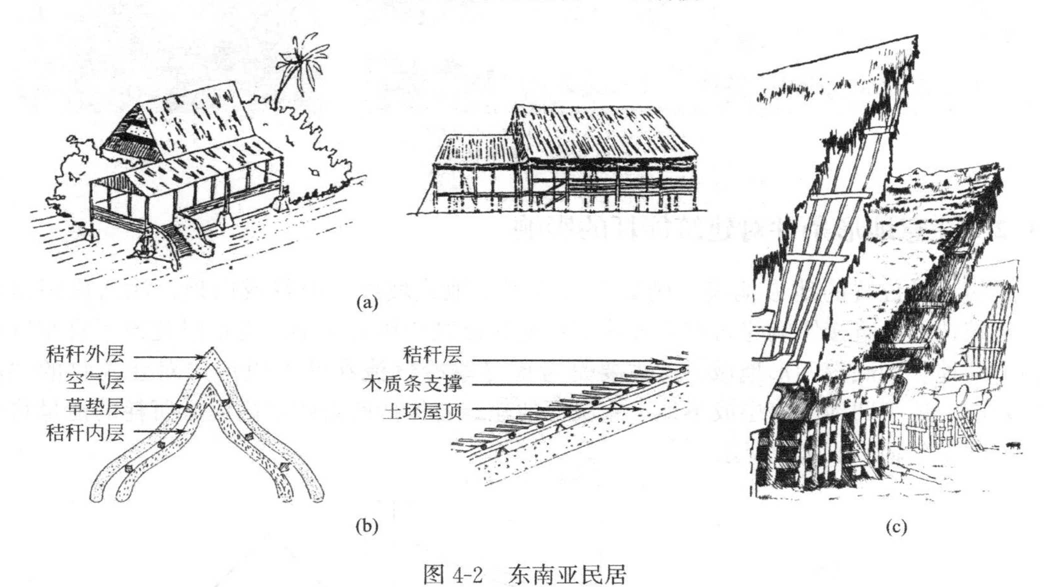

图 4-2　东南亚民居

(a) 雅瓜屋（亚马逊）马来西亚住宅；(b) 双屋顶：马萨住宅（喀麦隆）和奥里萨住宅（印度）；(c) 民居外观

图 4-3　中东民居

图 4-4 所示北欧传统住宅建筑利用当地丰富的森林资源以木材作为建筑的外围护结构，利用木材较小的导热系数起到良好的保温作用，开窗采用双层窗或者多层窗增加保温性能、减少冷风渗透、提高室内热舒适度。

图 4-4　北欧住宅

4.1.2　注意地形条件对建筑能耗的影响

建筑所处位置的地形地貌，例如是否位于平地或坡地、山谷或山顶、江河或湖泊水系。建筑选址将直接影响建筑室内外热工环境和建筑耗热的大小。选址时建筑不宜布置在山谷、洼地、沟底等凹形地域。这主要是考虑冬季冷气流在凹地里形成对建筑物的“霜洞”效应，位于凹地的底层或半地下室层面的建筑若保持所需的室内温度所耗的能量将会增加。图 4-5 显示了这种现象。

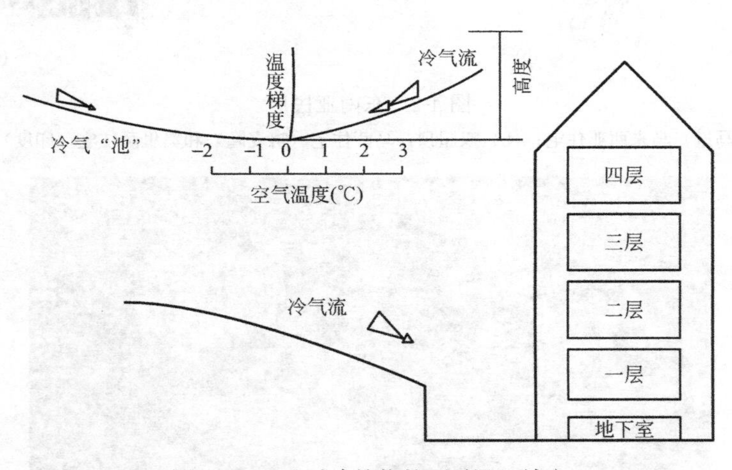

图 4-5　凹地对建筑物的“霜洞”效应

但是，对于夏季炎热的地区而言，建筑布置在上述地区却是相对有利的，因为这些地方往往容易实现自然通风，尤其是到晚上，高处的凉爽气流会“自然”地流向凹地，把室内热量带走，在节约能耗的基础上改善了室内热环境。

江河湖泊丰富的地区，因地表水陆分布、地势起伏、表面覆盖植被等不同，在白天太阳辐射作用和地表长波辐射的影响下，产生水陆风而形成气流运动。在进行建筑设计时，充分利用水陆风以取得穿堂风的效果，对于改善夏季热环境、节约空调能耗是非常有利的。

建筑物室外地面覆盖层会影响小气候环境，地表面植被或是水泥地面都直接影响建筑供暖和空调能耗的大小。建筑室外铺砌的坚实路面大多为不透水层（部分建筑材料能够吸收一定的降水，亦可变成蒸发面，但为数不多），降雨后雨水很快流失，地面水分在高温下蒸发到空气中，形成局部高温高湿闷热天气，这种情况加剧了空调系统的能耗。因此，节能居住小区规划设计时，应有足够的绿地和水面，严格控制建筑密度，采用透水铺装，尽量减少水泥地面，并应利用植被和水域减弱城市热岛效应，改善居住区热湿环境。

4.1.3　争取使建筑向阳、避风建造

人们日常生活、工作中离不开阳光，在规划设计中要注意合理利用太阳辐射，例如针对寒冷地区的冬季，住宅规划设计应在满足冬至日规定最低日照小时数的基础上尽可能争取更长的日照时间，因此要在基地选择、朝向选择和日照间距上仔细考虑。在居住建筑设计中应从以下几个方面争取最佳日照：

（1）居住建筑的基地应选择在向阳、避风的地段上。冷空气对建筑物围护体系的风压和冷风渗透均对建筑物冬季防寒保温带来不利影响，尤其严寒地区和寒冷地区冬季对建筑物和室外气候威胁很大。居住建筑应选择避风基地建造，应以建筑物围护体系不同部位的风压分析图作为设计依据，进行围护体系的建筑保温与建筑节能以及开设各类门窗洞口和通风口的设计。

（2）注意选择建筑的最佳朝向。对严寒和寒冷地区，居住建筑朝向应以南北向为主，这样可使每户均有主要房间朝南，对争取日照有利。同时，可在不同地区的最佳建筑朝向范围内作一定的调整，以争取更多的太阳辐射量和节约用地。而在夏季炎热的地区，则应适应当地的盛行风向，尽可能利用自然通风。对于绝大多数地区而言，由于冬夏两季盛行风向的不同，住宅小区的选址和规划布局可以通过协调与权衡来解决防风和通风问题，以实现节能目标。

（3）选择满足日照要求、不受周围其他建筑严重遮挡的基地。

（4）利用住宅建筑楼群合理布局，争取日照。住宅组团中各住宅的形状、布局、走向都会产生不同的风影区，随着纬度的增加，建筑风影区的范围也增大。所以在规划布局时，注意从各种布局处理中争取最好的日照。

4.2　建筑组团布局

合理设计小区的建筑布局，可以形成优化微气候的良好界面，建立气候“缓冲区”，对住宅节能有利。因此，小区规划布局中要注意改善室外风环境，在冬季应避免二次强风的产生，着力于建筑防风，在夏季应避免涡流死角的存在而影响室内的自然通风。此外，小区规划布局中还应注意对热岛现象的控制和改善，以及如何控制太阳辐射得热等。

影响建筑规划设计组团布局的主要气候因素有：日照，风向、气温、雨雪等。在我国严寒地区及寒冷地区进行规划设计时，可利用建筑的布局，形成优化微气候的良好界面，

建立气候防护单元，对节能很有利。设计组织气候防护单元，要充分根据规划地域的自然环境因素、气候特征、建筑物的功能、人员行为活动特点等形成完整的庭院空间。充分利用和争取日照、避免季风的干扰，组织内部气流，利用建筑的外界面，形成对冬季恶劣气候条件的有效防护，改善建筑的日照和风环境，做到节能。

建筑群的布局可以从平面和空间两个方面考虑。一般的建筑组团平面布局有行列式、错列式、周边式、混合式、自由式几种，如图 4-6 所示。

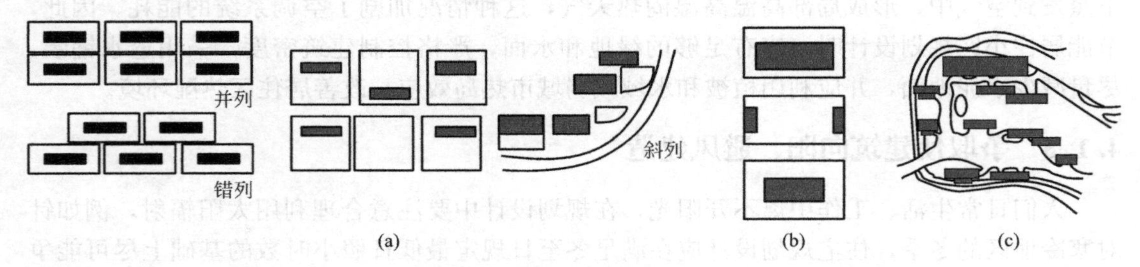

图 4-6　建筑组团形式

(a) 行列式；(b) 周边式；(c) 自由式

行列式——建筑物成排成行地布置，这种方式能够争取最好的建筑朝向，使大多种居住房间得到良好的日照，并有利于通风，是目前我国广泛采用的一种布局方式。

错列式——可以避免“风影效应”，同时利用山墙空间争取日照。

周边式—建筑沿街道周边布置，这种布置方式虽然可以使街坊内空间集中开阔，但有相当多的居住房间得不到良好的日照，对自然通风也不利。所以这种布置仅适于北方寒冷地区。

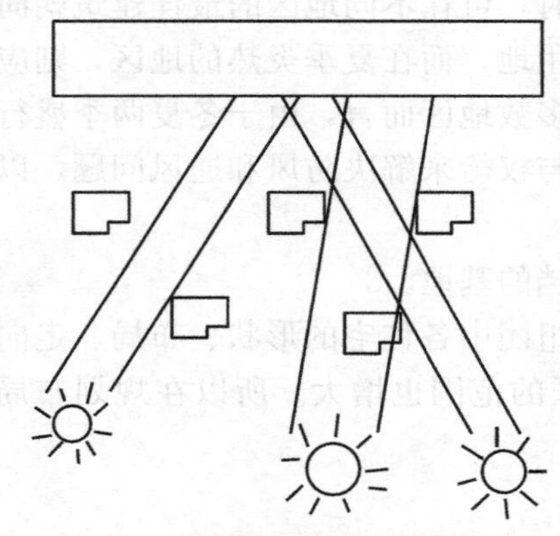

图 4-7　点式建筑与条形建筑结合布置争取最佳日照

混合式—是行列式和部分周边式的组合形式。这种方式可较好地组成一些气候防护单元，同时又有行列式日照通风的优点，在北方寒冷地区是一种较好的建筑群组团方式。

自由式——当地形复杂时，密切结合地形构成自由变化的布置形式。这种布置方式可以充分利用地形特点，便于采用多种平面形式和高低层及长短不同的体形组合。可以避免互相遮挡阳光，对日照及自然通风有利，是最常见的一种组团布置形式（图 4-7）。

建筑布局时，还要尽可能注意使道路走向平行于当地冬季主导风向，这样有利于避免积雪。

在建筑布局时，若将高度相似的建筑排列在街道的两侧，并用宽度是其高度的 2～3 倍的建筑与其组合会形成风漏斗现象（图 4-8），这种风漏斗可以使风速提高 30%左右，加速建筑热损失，所以在布局时应尽量避免。

在组合建筑群中，当一栋建筑远高于其他建筑时，它在迎风面上会受到下冲气流的冲击，如图 4-9（b）所示。另一种情况出现在若干栋建筑组合时，在迎冬季来风方向减少某一栋，均能产生由于其间的空地带来的下冲气流，如图 4-9（c）所示。这些下冲气流与附近水平方向的气流形成高速风及涡流，从而加大风压，造成热损失加大。

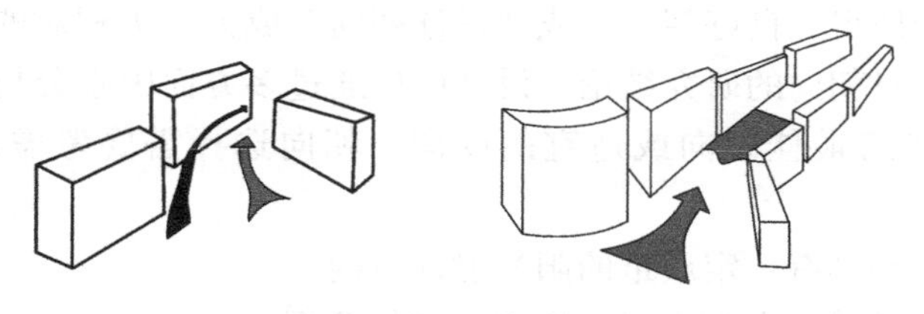

图 4-8　风漏斗改变风向与风速

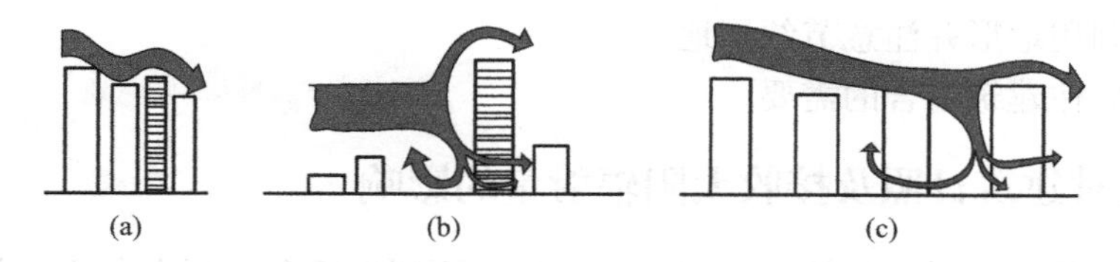

图 4-9　建筑物组合产生的下冲气流

图 4-10 是苏州朗诗国际街区组团布局。苏州属于亚热带季风性湿润气候，四季分明，气候温和，雨量充沛，年平均气温 17℃上下，年降水量在 1300mm 左右，无霜期在 230d 左右，日照约 2000h，春夏之交多梅雨，3～8 月降水量占全年雨量的 63%，夏末秋初多台风，夏季主导风向东南风，冬季主导风向西北风。根据上述气候特点，苏州朗诗国际街区设计时，基于苏州地区属于平原地带，无需考虑冬季气流在凹地里形成对建筑物的“霜洞”效应。此外，建筑物室外地面覆盖层会影响小气候环境，地表植被或是水泥地面都直接影响建筑供暖和空调能耗的大小。因此，节能居住小区规划设计时，应有足够的绿地和水面，严格控制建筑密度，采用透水铺装，尽量减少水泥地面，并应利用植被和水域减弱城市热岛效应，改善居住区热湿环境。

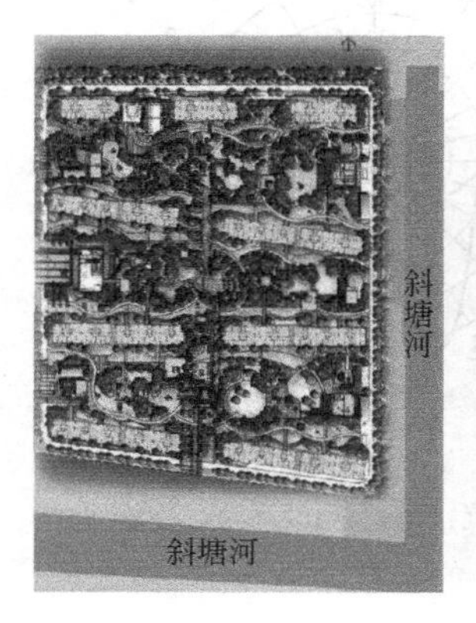

图 4-10　苏州朗诗国际街区组团布局

4.3　建筑朝向

建筑物的朝向对建筑的采光与节能有很大的影响。在规划设计中影响建筑朝向的因素很多，如地理纬度、地段环境，局部气候特征及建筑用地条件等。如果再考虑小区通风及道路组织等因素，会使得“良好朝向”或“最佳朝向”成为一个相对的提法。它是在只考虑地理和气候条件下对朝向的研究结论。设计中应通过多方面因素分析，优化建筑的规划设计，采用本地区建筑最佳朝向或适宜的朝向。朝向选择需要考虑的因素有以下几个方面：

（1）冬季有适量并具有一定质量的阳光射入室内。

（2）炎热季节尽量减少太阳直射室内和居室外墙面。

（3）夏季有良好的通风，冬季避免冷风吹袭。

（4）充分利用地形并注意节约用地。

（5）照顾居住建筑组合的需要。

4.3.1 朝向对建筑日照及接收太阳辐射量的影响

充分的日照条件是居住建筑不可缺少的，对于不同地区和气候条件下，居住建筑在日照时数和日照面积上是不尽相同的。由于冬季和夏季太阳方位角度变化幅度较大，各个朝向墙面所获得的日照时间相差很大。因此，要对不同朝向墙面在不同季节的日照时数进行统计，求出日照时数的平均值，作为综合分析建筑朝向的依据。在炎热地区，居住建筑的多数房间应避开最不利的日照方位（即午后气温最高时的几个方位）。分析室内日照条件和朝向的关系，应选择在最冷月有较长的日照时间和较高日照面积，而在最热月有较少的日照时间和较小的日照面积的朝向。

对于太阳辐射，在这里只考虑太阳直接辐射作用。设计参数一般选用最冷月和最热月的太阳累计辐射强度。图 4-11 为北京和上海地区太阳辐射量。

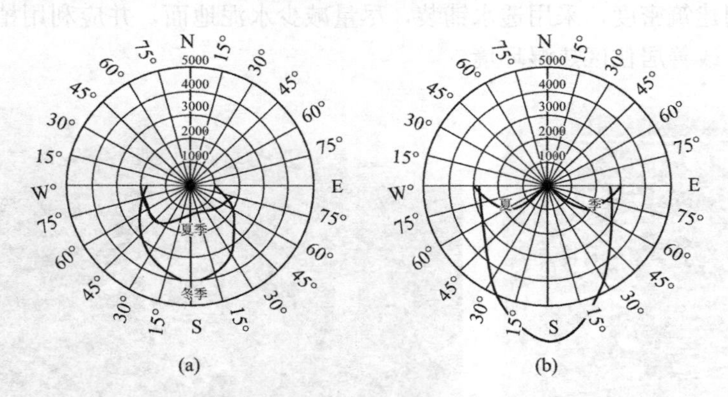

图 4-11　太阳辐射日总量的变化图［单位：kcal/(m^2·d)］

(a) 北京；(b) 上海

从图 4-12 中可以看到，北京地区冬季各朝向墙面上接收的太阳直接辐射热量以南向为最高［3948kcal/(m^2·d)］，东南和西南次之，东、西向则更少，而在北偏东或偏西 30°朝向范围内，冬季接收不到太阳直接辐射。在夏季，北京地区太阳直接辐射以东、西向为最多，分别为 1716kcal/(m^2·d) 和 2109kcal/(m^2·d)；南向次之，为 1192kcal/(m^2·d)；北向最少，为 724 kcal/(m^2·d)。由于太阳直接辐射强度一般是上午低、下午高，所以无论是冬季还是夏季，建筑墙面上所接收的太阳辐射量都是偏西比偏东的朝向稍高一些，北、西北和北向最少，为南向的 1/3 左右。另外，还要考虑主导风向对建筑物冬季热耗损和夏季自然通风的影响。表 4-1 是综合考虑以上几方面因素后，给出我国不同地区建筑朝向的建议，作为设计时朝向选择的参考。

不同地区建议建筑朝向　　表 4-1

地区	最佳朝向	适宜朝向	不宜朝向
北京地区	南偏东 30°以内 南偏西 30°以内	南偏东 45°以内 南偏西 45°以内	北偏西 30°～60°
上海地区	南至南偏东 15°	南偏东 30°以内 南偏西 15°	北、西北
石家庄地区	南偏东 15°	南至南偏东 30°	西
太原地区	南偏东 15°	南偏东至东	西北
呼和浩特地区	南至南偏东 南至南偏西	东南、西南	北、西北
哈尔滨地区	南偏东 15°～20°	南至南偏东 2° 南至南偏西 15°	西北、北
长春地区	南偏东 30° 南偏西 10°	南偏东 45° 南偏西 45°	北、东北、西北
沈阳地区	南、南偏东 20°	南偏东至东 南偏西至西	东北东至西北西
济南地区	南偏东 10°～15°	南偏东 30°	西偏北 5°～10°
南京地区	南偏东 15°	南偏东 25° 南偏西 10°	西、北
合肥地区	南偏东 5°～15°	南偏东 15° 南偏西 5°	西
杭州地区	南偏东 10°～15°	南、南偏东 30°	北、西
福州地区	南、南偏东 5°～10°	南偏东 20°以内	西
郑州地区	南偏东 15°	南偏东 25°	西北
武汉地区	南偏西 15°	南偏东 15°	西、西北
长沙地区	南偏东 9°左右	南	西、西北
广州地区	南偏东 15° 南偏西 5°	南偏东 22°30′ 南偏西 5°至西	
南宁地区	南、南偏东 15°	南偏东 15°～25° 南偏西 5°	东、西
西安地区	南偏东 10°	南、南偏西	西、西北
银川地区	南至南偏东 23°	南偏东 34° 南偏西 20°	西、北
西宁地区	南至南偏西 30°	南偏东 30°至南偏西 30°	北、西北

4.3.2 建筑体形与建筑朝向

建筑的朝向对建筑能耗有较大的影响。从节能的角度出发，如总平面布置允许自由考虑建筑物的形状和朝向，则应首先选择长方形体形，采用南北朝向。但是，实际设计中建筑可能采取的体形和适宜的朝向，常常与此不合。“节能住宅的朝向”对板式、点式与Y形住宅研究如图4-12所示。

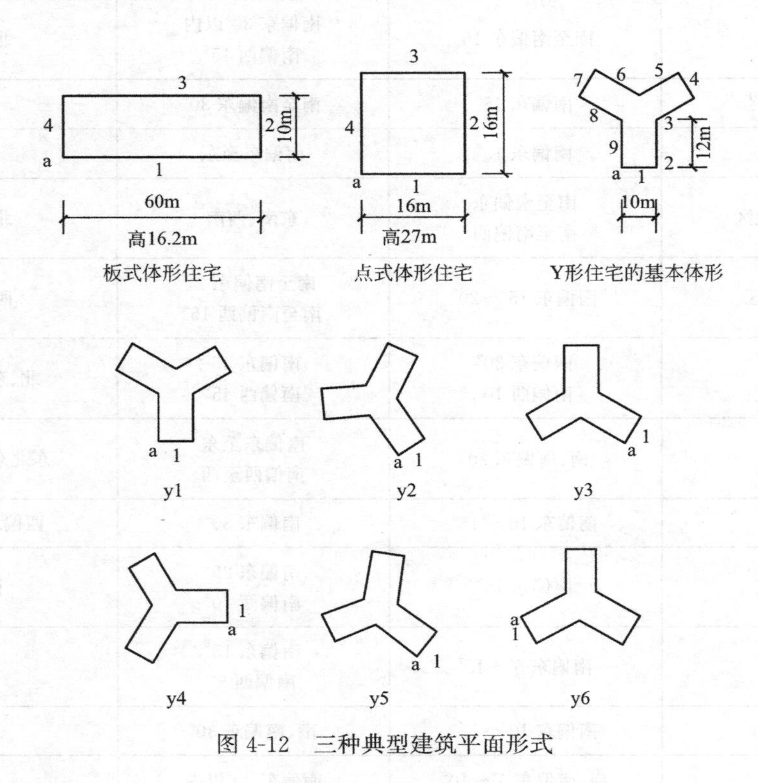

图4-12 三种典型建筑平面形式

得出结论如下：

(1) 不同体形对朝向变化敏感程度不同；

(2) 无论何朝向均有辐射面积较大的立面；

(3) 板式体形以南北主朝向时得热最多；

(4) 点式体形与板式体形相仿但总得热较少；

(5) Y形体形总辐射面积小于上述两种；

(6) Y形体形中以y1、y3形得热量最多。

总之，建筑物的朝向对建筑的采光与节能有很大的影响。朝向选择的原则是冬季能获得足够的日照并避开主导风向，夏季能利用自然通风并防止太阳辐射。

4.4 建筑间距

在确定好建筑朝向之后，还要特别注意建筑物之间应具有较合理的间距，以保证建筑能够获得充足的日照。建筑设计时应结合建筑日照标准、建筑节能、节地原则，综合考虑各种因素来确定建筑间距。

居住建筑的日照标准一般由日照时间和日照质量来衡量。

日照时间：我国地处北半球，居住建筑总希望在夏季能够避免较强的日照，而冬季又希望能够获得充分的直接阳光照射，以满足建筑采光以及得热的要求。居住建筑的常规布置为行列式，考虑到前排建筑物对后排房屋的遮挡，为了使居室能得到最低限度的日照，一般以底层居室获得日照为标准。北半球太阳高度角在全年最小值是冬至日。因此，选择居住建筑日照标准时通常取冬至日正午前后有 2h 日照为下限（也有将大寒日定为日照下限），再根据各地的地理纬度和用地状况加以调整。

日照质量：居住建筑的日照质量是通过日照时间内日照面积的累计而达到的。根据各地的具体测定，用在日照时间内居室内每小时地面上阳光投射面积的积累来计算。日照面积对于北方居住建筑冬季提高室温有显著作用。

日照间距是建筑物长轴之间的外墙距离，它是由建筑用地的地形、建筑朝向、建筑物的高度及长度、当地的地理纬度及日照标准等因素决定的。

在平坦地面上，前后有任意朝向的建筑物间距如图 4-13 所示。

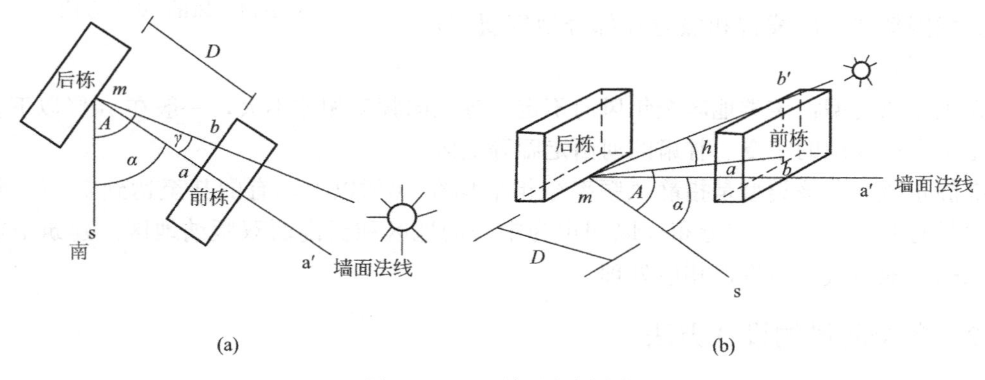

图 4-13　日照间距示意图

计算点 m 规定在后栋建筑物底层窗台高度，建筑间距计算公式为：

$$D_0 = H_0 c\tan h\cos\gamma \tag{4-1}$$

式中　D_0——日照间距，m；

H_0——前栋建筑物计算高度，m；

h——太阳高度角，°；

γ——后栋建筑物墙面法线与太阳方位所夹的角，°，可由 $\gamma = A - \alpha$ 求得；

A——太阳方位角，°；

α——墙面法向与正南向夹角，°。

当建筑物为南北朝向时，计算公式可简化为：

$$D_0 = H_0 c\tan h\cos A \tag{4-2}$$

4.5 建筑与风环境

4.5.1 建筑与风环境

风是太阳能的一种转换形式，在物理学上它是一种矢量，既有速度又有方向。风向以22.5°为间隔共计16个方位表示，如图4-14所示。静风则用“C”表示。一个地区不同季节风向分布可用风玫瑰图表示。我国的风向类型可分为：季节变化型、主导风向型、无主导风向型和准静止风型四个类型。

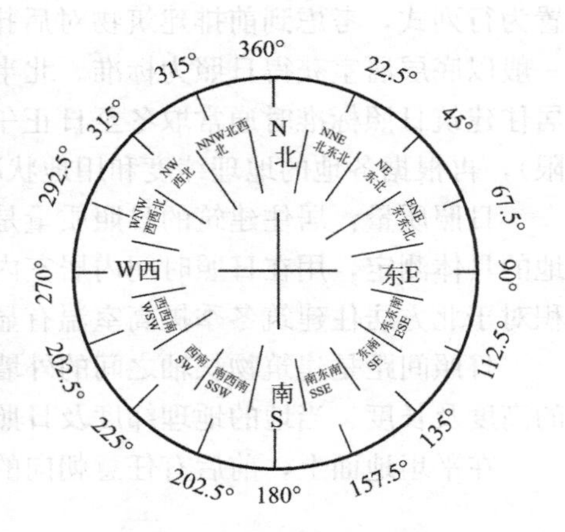

图4-14 风的16个方位

季节变化型：风向随季节而变。冬、夏季基本相反，风向相对稳定。我国东部，从大兴安岭经过内蒙古过河套绕四川东部到云贵高原，这些地区多属于季节变化型风向地区。

主导风向型：该类地区全年基本上吹一个方向的风。我国新疆、内蒙古和黑龙江部分地区属于这种风向类型。

无主导风向型：该类地区全年风向不定，各风向频率相差不大，一般在10%以下。这种风型主要在我国的宁夏、甘肃的河西走廊等地区。

准静止风型：该类型是指静风频率全年平均在50%以上，有的甚至达到75%，年平均风速只有0.5m/s。主要分布在以四川为中心的地区和云南西双版纳地区。建筑节能设计应根据当地风气候条件作相应处理。

4.5.2 冬季防风的设计方法

我国北方严寒、寒冷地区冬季主要受来自西伯利亚的寒冷空气影响，形成以西北风为主要风向的冬季寒流。而各地区在最冷的1月份主导风向也多是不利风向。表4-2为我国严寒、寒冷地区主要城市1月份风向的统计结果。

我国严寒、寒冷地区主要城市1月份风向分布 表4-2

<table>
<tr><th>城市</th><th colspan="2">风向频率(%)</th><th>风速(m/s)</th><th>城市</th><th colspan="2">风向频率(%)</th><th>风速(m/s)</th></tr>
<tr><td rowspan="2">北京</td><td>C</td><td>NNW</td><td rowspan="2">2.8</td><td rowspan="2">沈阳</td><td colspan="2">N</td><td rowspan="2">3.0</td></tr>
<tr><td>18</td><td>14</td><td colspan="2">13</td></tr>
<tr><td rowspan="2">石家庄</td><td>C</td><td>N</td><td rowspan="2">1.8</td><td rowspan="2">长春</td><td colspan="2">SW</td><td rowspan="2">4.2</td></tr>
<tr><td>31</td><td>10</td><td colspan="2">21</td></tr>
<tr><td rowspan="2">太原</td><td>C</td><td>NNW</td><td rowspan="2">2.6</td><td rowspan="2">哈尔滨</td><td colspan="2">S</td><td rowspan="2">3.6</td></tr>
<tr><td>24</td><td>14</td><td colspan="2">14</td></tr>
<tr><td rowspan="2">济南</td><td>C</td><td>ENE</td><td rowspan="2">3.1</td><td rowspan="2">西安</td><td>C</td><td>NW</td><td rowspan="2">1.7</td></tr>
<tr><td>17</td><td>14</td><td>34</td><td>11</td></tr>
</table>

续表

城市	风向频率(%)		风速(m/s)	城市	风向频率(%)		风速(m/s)
郑州	C	WNW	3.4	兰州	C	NE	0.5
	16	14			71	3	

从节能的需要出发，在规划设计时可采取以下具体措施：

(1) 建筑主要朝向注意避开不利风向。建筑在规划设计时应避开不利风向，减轻寒冷气候产生的建筑失热，同时对朝向冬季寒冷风向的建筑立面应多选择封闭设计。我国北方地区冬季寒流主要来自西伯利亚冷空气的影响，所以冬季寒流风向主要是西北风。故建筑规划中为了节能，应封闭西北向，同时合理选择封闭或半封闭周边式布局的开口方向和位置，使得建筑群的组合可避风节能。

(2) 利用建筑的组团阻隔冷风。通过合理布置建筑物，降低寒冷气流的风速，可以减少建筑物和周围场地外表面的热损失，节约能源。

迎风建筑物的背后会产生一个所谓的背风涡流区，这个区域也称风影区。这部分区域内风力弱，风向也不稳定。实验分析得出：当风向投射角为 30°时建筑之后风影区为 $3H$（H 为建筑高度）；45°投射角时，建筑之后风影区为 $1.5H$。所以，建筑物紧凑布局，使建筑物间距在 $2.0H$ 以内，可以充分发挥风影效果，使后排建筑避开寒冷风的侵袭。此外，还应利用建筑组合，使较高层建筑背向冬季寒流风向，减少寒风对中、低层建筑和庭院的影响。图 4-15 是一些建筑的避风组团方案。

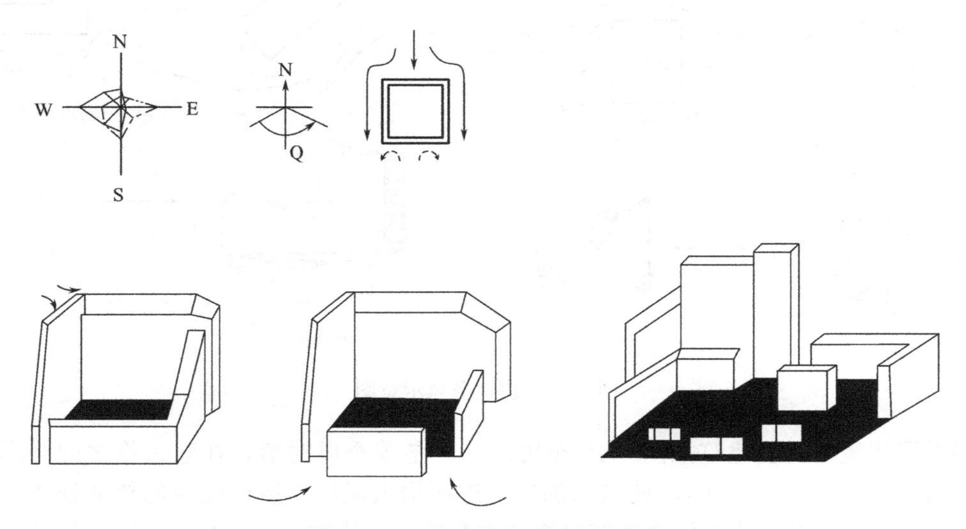

图 4-15　一些建筑的避风组团方案

(3) 设置风障。可以通过设置防风墙、板、防风带之类的挡风措施来阻隔冷风。以实体围墙作为阻风措施时，应注意防止在背风面形成涡流。解决方法是在墙体上作引导气流向上穿透的百叶式孔洞，使小部分风由此流过，大部分的气流在墙顶以上的空间流过。

(4) 减少建筑物冷风渗透能耗。建筑物的门窗缝隙是冬季寒冷气流的主要入侵部位，冷空气渗透量与风压有关。风压的计算公式为：

$$P_w = 0.613v^2\ (\mathrm{Pa}) \tag{4-3}$$

式中　v——风速。

上式表明风压与风速的平方成正比，风压随地面上高度变化的规律如图 4-16 所示。

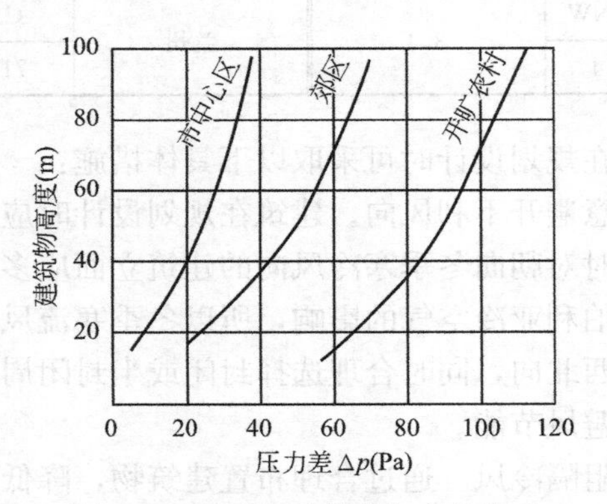

图 4-16　风压与建筑物高度的关系

建筑在受风面上，由于建筑表面阻挡，会产生风的正压区，当气流从建筑上方或两侧绕过建筑时，在建筑之后会产生负压区，如图 4-17 所示。

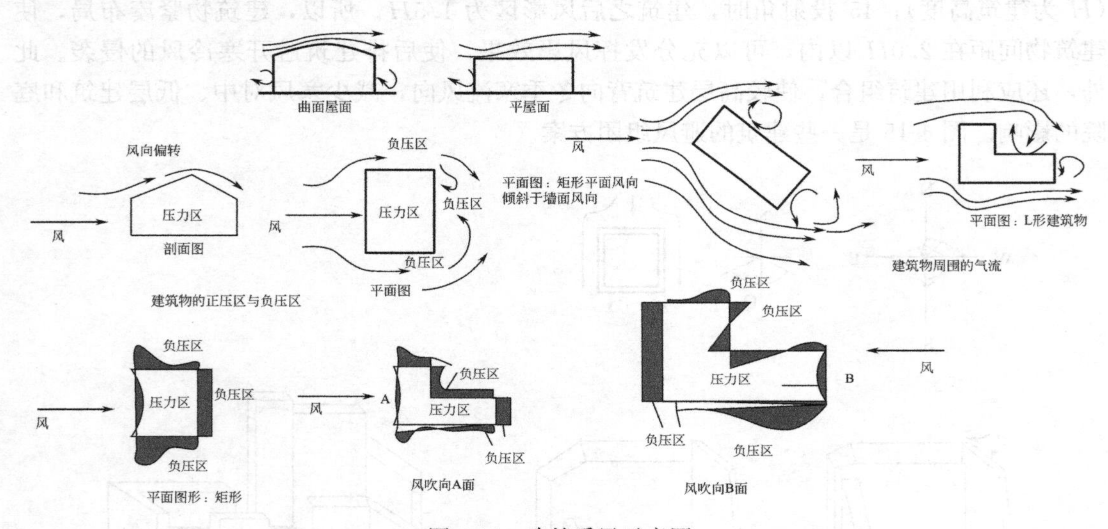

图 4-17　建筑受风示意图

当低层建筑与高层建筑如图 4-18 布置时，在冬季季风时节，在建筑物之间会形成比较大的风旋区（也称涡流区），使风速加快，进而增大风压，造成建筑的热能损失。在这方面，曾有研究表明：当高层建筑迎风面前方有低层建筑物时，在行人高度处风速与在开阔地面上同一高度自由风速相比，其风旋风速增大 1.3 倍；为满足防火或人流疏散要求设计的过街门洞处，建筑下方门洞穿过的气流增大 3 倍。设计中应根据当地风环境、建筑的位置、建筑物的形态，注意避免冷风向建筑物的侵入。

4.5.3　夏季通风的设计方法

在炎热的夏季，不需要设备和能源驱动的被动式通风降温是世界范围内最主要的降温方法之一。在白天和夜晚风直接吹过人体，能加速皮肤水分的蒸发使人感到凉爽，从而增

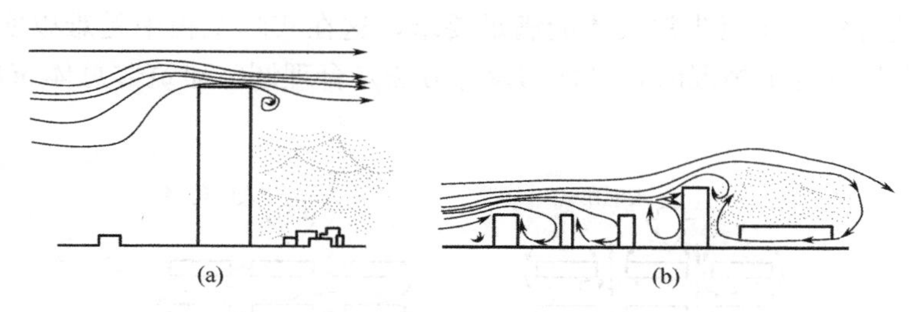

图 4-18　建筑背风处的风旋区

加了人的热舒适感觉。对于建筑物，夜间的通风使房屋预先冷却，为第二天的酷热做好准备。所以，规划中良好的通风设计，对降低建筑物夏季空调能耗是十分重要的。

我国南方特别是夏热冬暖地区地处沿海，4～9 月大多盛行东南风和西南风，建筑物南北向或接近南北向布局，有利于自然通风，增加舒适度。在具有合理朝向的基础上，还必须合理规划整个建筑群的布局和间距，才能获得较好的室内通风。如果另一个建筑物处在前面建筑的涡流区内，是很难利用风压组织起有效通风的。

影响涡流区长度的主要因素是建筑物的尺寸和风向投射角。单个建筑物的三维尺度会对其周围的风环境带来较大的影响。图 4-19、图 4-20 具体描述了这些影响的大小。建筑物越长、越高、进深越小，其背面产生的涡流区越大，流场越紊乱，建筑物的布局和间距应适当避开这些涡流区。

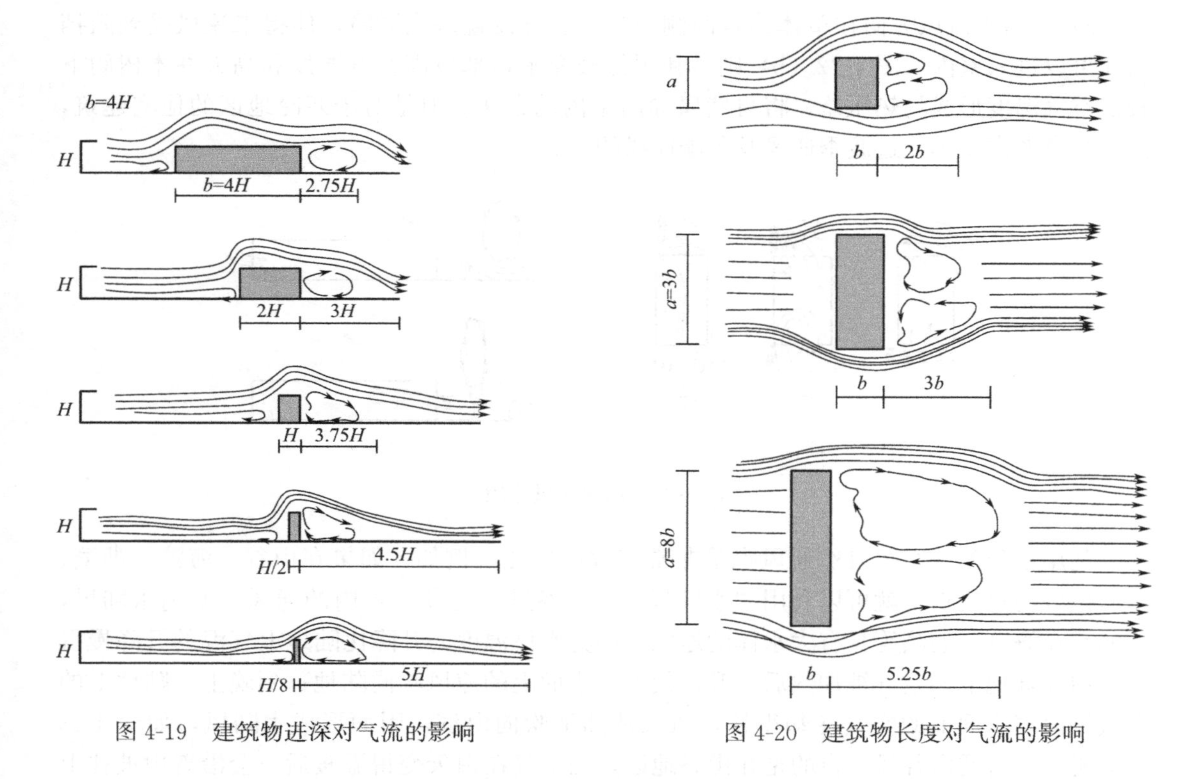

图 4-19　建筑物进深对气流的影响

图 4-20　建筑物长度对气流的影响

居住建筑常因考虑节地等因素而多选择行列式的组团排布方式。这种组团形式应注意控制风向与建筑物长边的入射角，如图 4-21 所示。另外，对于高层建筑，如果只考虑避让涡流区则会使得建筑间距非常大才能满足要求，这在实际工程中是难以实现的。因此，当存在高层与低层并存的情况时，最佳的设计方法是合理调整建筑群总体布局或用风洞实验的方法加以优化。

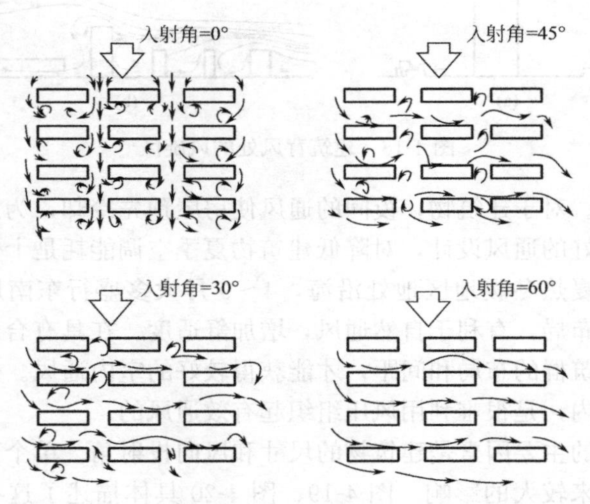

图 4-21　不同气流入射角情况下的气流状况

在规划设计中还可以利用建筑周围绿化进行导风的方法，如图 4-22 所示，其中图 4-22（a）是沿来流风方向在单体建筑两侧的前、后方设置绿化屏障，使得来流风受到阻挡后才可以进入室内。图 4-22（b）则是利用低矮灌木顶部较高空气温度和高大乔木树荫下较低空气温度形成的热压差，将自然风导向室内的方法。但是对于寒冷地区的住宅建筑，需要综合考虑夏季、过渡季通风及冬季通风的矛盾。

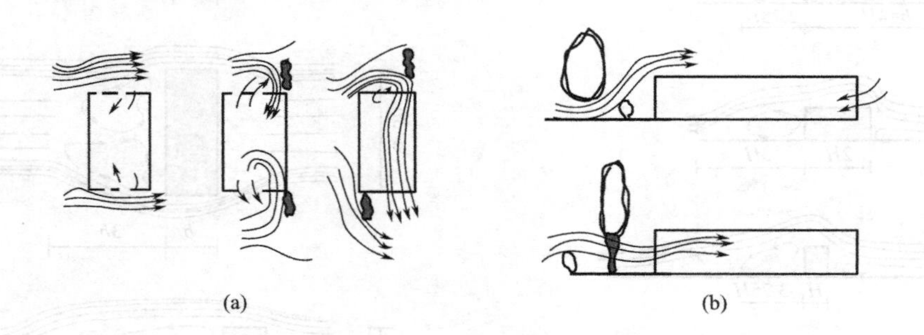

图 4-22　绿化导风作用

利用地理条件组织自然通风也是非常有效的方法。例如，如果在山谷、海滨、湖滨、沿河地区的建筑物，就可以利用“水陆风”“山谷风”提高建筑内的通风。所谓水陆风，指的是在海滨、湖滨等具有大水体的地区，因为水体温度的升降比陆地上气温的升降慢得多，白天陆地上的空气被加热后上升，使海滨水面上的凉风吹向陆地；到晚上，陆地上的空气比海滨水面上的空气冷却得快，风又从陆地吹向海滨，因而形成水陆风，如图 4-23（a）所示。所谓山谷风，指的是在山谷地区，当空气在白天变得温暖后，会沿着山坡往上流动；而在晚上，变凉了的空气又会顺着山坡往下吹，这就形成了山谷风，如图 4-23（b）所示。

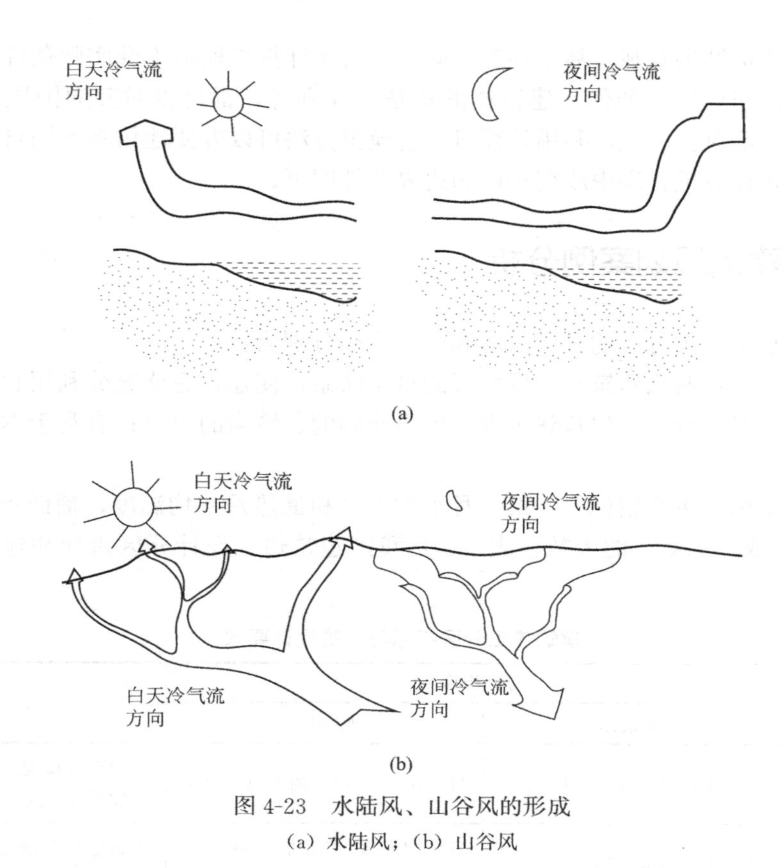

图4-23　水陆风、山谷风的形成

(a) 水陆风；(b) 山谷风

4.5.4　建筑风环境辅助优化设计

在实际的规划设计中，建筑布局往往比较复杂，特别是如果需要兼顾冬夏通风的特点，以及考虑地形的不规整、植物绿化等存在的时候，简单利用传统经验做法，已经很难指导规划设计优化室外风环境。这时需要采取风洞模型实验或者计算机数值模拟实验的方法进行预测。

风洞（Wind Tunnel），是能人工产生和控制气流，以模拟飞行器或物体周围气体的流动，并可量度气流对物体的作用以及观察物理现象的一种管道状实验设备，它是进行空气动力实验最常用、最有效的工具。建筑风洞模型实验是将建筑规划设计方案方法按一定比例制作的缩尺比例模型布置在风洞之中用以分析建筑风环境情况的一种科学研究方法。但是，实际的小区建筑布局形式是多种多样的，而且建筑物形状也较为复杂。风洞实验中调整规划方案较慢，成本比较高，周期也较长（通常为数月甚至一两年），这给实际应用带来了较大的困难，难以直接应用于设计阶段的方案预测和分析。

计算机数值模拟是在计算机上对建筑物周围风流动所遵循的动力学方程进行数值求解（通常称为计算流体力学 CFD：Computational F1uid Dynamics），从而仿真实际的风环境。由于近年来计算机运算速度和存储能力的大大提高，对住区建筑风环境这样的大型、复杂问题可以在较短周期内完成数值模拟，并且可借助计算机图形学技术将模拟结果形象地表

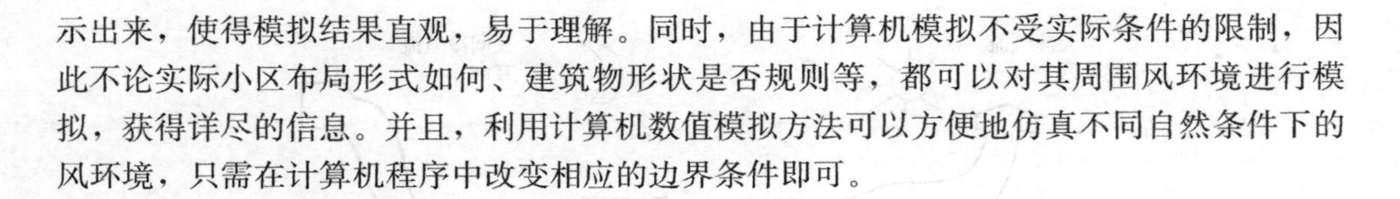

示出来，使得模拟结果直观，易于理解。同时，由于计算机模拟不受实际条件的限制，因此不论实际小区布局形式如何、建筑物形状是否规则等，都可以对其周围风环境进行模拟，获得详尽的信息。并且，利用计算机数值模拟方法可以方便地仿真不同自然条件下的风环境，只需在计算机程序中改变相应的边界条件即可。

4.6 低碳建筑规划案例分析

我国建筑热工气候分区的分区目的和分区指标分别为：

（1）分区目的：明确建筑与气候两者的科学联系，使建筑更能充分利用和适应气候条件；可根据分区对各分区的建筑热工设计提出明确的、恰当的要求；有利于本区示范建筑的推广。

（2）分区指标：主要指标——最冷月平均温度和最热月平均温度，辅助指标——日平均温度≤5℃（或≥25℃）的天数。表 4-3 是我国建筑热工设计分区指标和建筑热工设计要求要点。

建筑热工分区指标与建筑设计要求 **表 4-3**

分区名称	分区指标		设计要求
	主要指标	辅助指标	
严寒地区	最冷月平均温度≤－10℃	日平均温度≤5℃的天数≥145d	必须充分满足冬季保温要求，一般不考虑夏季防热
寒冷地区	最冷月平均温度－10～0℃	日平均温度≤5℃的天数 90～145d	应满足冬季保温要求，部分地区兼顾夏季防热
夏热冬冷地区	最冷月平均温度 0～－10℃；最热月平均温度 25～30℃	日平均温度≤5℃的天数 0～90d；日平均温度≥25℃的天数 40～110d	必须充分满足夏季防热要求，适当兼顾冬季保温
夏热冬暖地区	最冷月平均温度>10℃；最热月平均温度 25～29℃	日平均温度≥25℃的天数 100～200d	必须充分满足夏季防热要求，一般可不考虑冬季保温
温和地区	最冷月平均温度 0～13℃；最热月平均温度 18～25℃	日平均温度≤5℃的天数 0～90d	部分地区考虑冬季保温要求，一般不考虑夏季防热

4.6.1 建筑适应地方气候举例

1. 西藏拉萨建筑

拉萨位于高原温带半干旱季风气候区，年日照时数 3000h，太阳辐射强，降雨稀少。气温偏低，昼夜温差较大，冬春寒冷干燥且多风。

建筑特色：山地建筑，依山而建。高低错落，采光充分。开窗小，窗户上方有遮阳措施。建筑墙体厚实，热惰性好。屋顶为平屋顶，可集雨水（图 4-24）。

2. 湘西建筑

湘西地区为亚热带季风湿润气候，夏季降水充沛，气候温暖湿润，冬季降水较少，气候较寒冷干燥。

图 4-24　西藏拉萨建筑（寒冷地区）

建筑特色：依山靠河建造，下部部分悬空，便于通风干燥。开窗大，屋内通透。坡屋顶，便于排水（图 4-25）。

图 4-25　湘西建筑（温和地区）

3. 广东潮汕建筑

广东潮汕地区为亚热带海洋性季风气候，夏长冬短，夏季热而多雨，多台风，冬季温暖多晴朗天气，降水少。

建筑特色：围合院落式，减小台风影响，避免太阳直射 ，平面布局开敞，室内外相互连通，利于通风，房屋进深相对较大，出檐多，设外廊取得室内阴凉效果。利用天井布置庭院绿化，建筑周边植树木，以通过植物蒸发作用吸收了周围的热量，以达到通风降温的目的（图 4-26）。

图 4-26　广东潮汕建筑（夏热冬暖地区）

4.6.2　不同气候区建筑节能设计案例

1. 严寒地区

严寒地区建筑节能设计原则：严寒地区冬季寒冷，夏季温暖。在我国严寒地区的建筑主要需要保温，最大限度减少住宅与室外环境的热交换，以达到节能的目的。在我国北方，建筑墙体厚重，开窗少、小，并且窗户安装双层玻璃。在主要的门外加上门斗，以避免寒风。

图 4-27　圣彼得堡奥克塔摩天楼（类似我国严寒地区）

圣彼得堡奥克塔摩天大楼（图 4-27），气候因素：圣彼得堡冬季严寒，夏季受来自北大西洋的风的影响，温暖湿润，类似于我国的严寒地区。并且圣彼得堡处在东欧平原地带，阳光与气流畅行无阻。

（1）建筑平面尺寸：根据建筑节能的标准，不同地区有不同的要求。根据测试与计算可以知道：建筑平面形状越规整，越接近正边形，变化越少，则体形系数越小，耗热量越少；而在一定情况下，建筑长度与宽度越长则能耗较少。奥克塔摩天大楼的五角星平面能最大限度地将太阳光引入室内，既能使得办公人员从室内欣赏到美丽的城市景色，又能防止因建筑表皮暴露在室外而产生热损失。

（2）建筑体形系数：对于寒冷地区，节能建筑不仅体形系数要小，而且在冬季得到的太阳辐射要多，还要对避免寒风有利。奥克塔摩天大楼为螺旋形，能够很好地减少风力作用，并且体积大，体积系数小，因此可以避免建筑室内外热量交换过多。

(3) 相对于室外温度低到－30℃的室外环境来说，奥克塔摩天大楼的环境设计基于一种“毛皮大衣的概念”，其外表皮由双层玻璃幕墙组成，而中庭作为缓冲区在一年中的不同时间为建筑提供隔热保温与自然通风。

2. 寒冷地区

窑洞建筑（图 4-28）多数建造于寒冷地区，该气候区冬季寒冷时间长，夏季有干燥炎热。寒冷地区既要达到建筑物的防寒要求，又要有防热措施，以减少炎热夏季的太阳辐射量。

根据我国寒冷地区建筑设计要求，在寒冷地区墙体需要做保温层，南向开窗多，北向窗很少，可设置气候缓冲层。

窑洞分布在西北的寒冷区域，墙体厚重，窗墙比较小，窗户多采用两层玻璃。

图 4-28　窑洞（寒冷地区）

伦敦市政厅（类似我国寒冷地区建筑），建筑平面造型：市政厅是圆形的平面，根据计算圆形平面可以让体形系数达到最小（图 4-29）。

图 4-29　伦敦市政厅（类似我国寒冷地区建筑）

建筑的体形：伦敦市政厅采用比较独特的体形，没有常规意义上的正面或背面。它的造型是一个变形的球体，但这种变形并不是随意得来，而是通过计算和验证来尽量减小建筑暴露在阳光直射下的面积，以获得最优化的能源利用效率。设计过程中采用了实验模型，通过对全年的阳光照射规律的分析得到了建筑表面的热量分布图。

窗（遮阳装置）：伦敦市政厅还采用了一系列主动和被动的遮光装置。建筑物斜着朝向南面，采用这种朝向可以在保证内部空间自然通风和换气的同时，巧妙地使楼板成为重要的遮光装置之一。

其他：伦敦市政厅的冷却系统充分利用了温度较低的地下水，以降低能耗。大楼内设有机房，从地层深处抽取地下水，通过深井输送到冷却系统中，然后再送入底层冷却，循环利用。

3. 夏热冬冷地区

夏热冬冷地区夏季湿热，需要减少太阳辐射，冬季湿冷，需要有适当的保温措施。马尔占公寓（图 4-30）类似我国夏热冬冷地区建筑，其平面设计呈弓形，这样就会使得南面的墙体面积大，有利于采光与通风。这样的平面面积大，在一定的层数时，能耗较小。

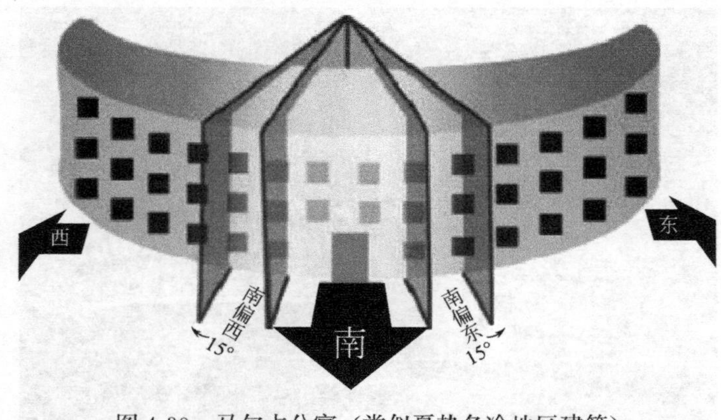

图 4-30　马尔占公寓（类似夏热冬冷地区建筑）

体形设计：建筑体积系数较小，可以防止建筑室内外热量过多的交换。

窗墙比及遮阳：南侧由大量的玻璃墙面组成，最大限度地利用太阳能，所有起居室空间设置在这个位置。在夏日中午，通长的挑廊能起到很好的遮阳作用。围护结构则是用保温性能优良的墙体将北立面几乎完全封闭，其上尽可能少地设置窗户，以减少耗热。南立面、墙表面都是用玻璃制成，以争取日照和太阳能。南立面的外门窗均是落地式的，而且划分方式极为简单以提高效率，所有阳台挑出的尺寸是经过仔细计算的，目的就是在夏日避免室内过热、冬日有很好的采光。该建筑供热和通风系统与计算机设备连在一起，方便节约能源并保证不间断控制。相关节能建筑规范中就反复强调空调房间应集中布置，上下对齐，可见功能分区明确也是节能必备条件之一。

4. 湿热地区

湿热地区全年温度和湿度都保持相对稳定的状态，气温高、湿度大、昼夜温差小。在处理湿热地区建筑的技术上可采取的措施有：利用舒朗的建筑形式和建筑布局；尽可能的制造阴影区；植树木花草这样降温；利用自然空调系统等。

傣族建筑（湿热地区）分布在云南等地，那里湿度和温度都很高，因此如何通风解热是该地区的建筑必须要考虑的问题。

傣族建筑底层架空，大屋檐，有连廊或回廊。墙壁可以打开或封闭，可以在需要的时候有效遮阳。四周树木花草围绕，可有效降低周围温度，并起到遮阳作用（图4-31）。

图4-31 傣族建筑（湿热地区）

4.6.3 英国诺丁汉大学朱比丽分校节能设计

诺丁汉大学朱比丽分校（图4-32）的建筑功能主要体现在信息中心、教学中心、服务中心，建筑由4个部分组成，分别为住宿区、教学区、研究中心（图书馆）和400人餐厅，主要建筑围绕着良好的景观点布置，形成了类似E形的平面布局，占地面积12万m^2，建筑面积4.1万m^2，建筑设计曾获得英国皇家建筑师协会杂志的年度可持续性奖项。

1. 在建筑规划中实现建筑节能

这个带状的校园建筑群组由8座主要建物串联而成，包括研究生宿舍、图书馆、三个系所、教学中心及餐厅、商店等相关附属设施，也包含人工湖、生态池等绿地景观。建筑群位于市区西边，之前是工业区用地，属于英国来礼自行车公司所有。诺丁汉大学投注了约5000万英镑在这个新校区上，并希望借由这群所谓的“永续建筑”来打响该校在这个

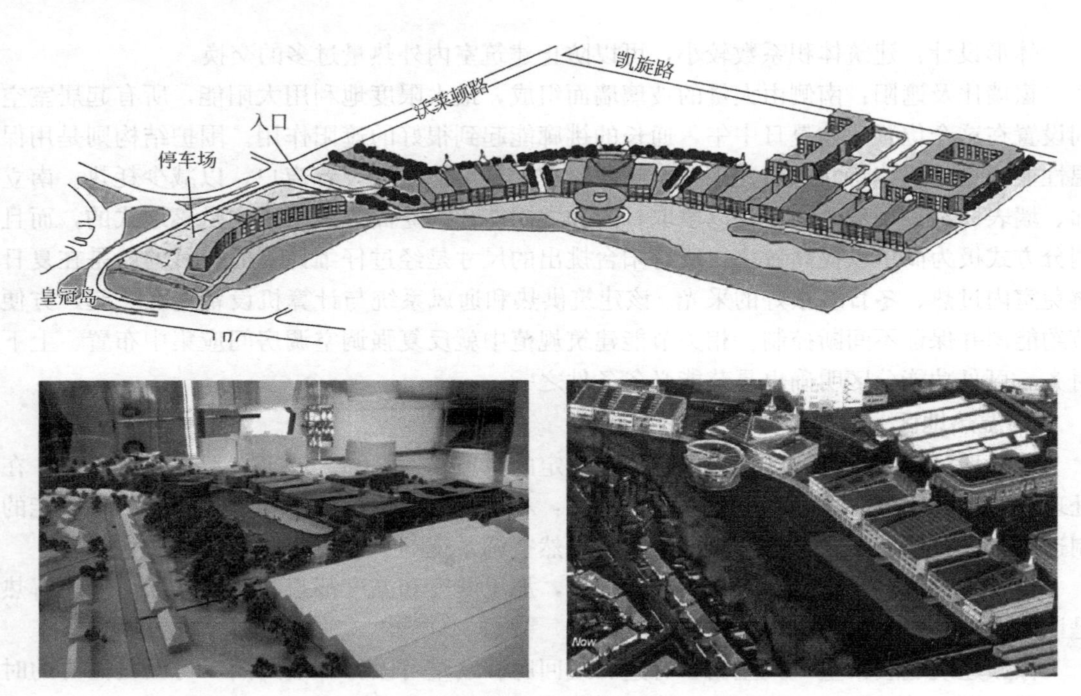

图 4-32　诸丁汉大学朱比丽分校规划透视

研究领域的学术成就。

基地环境的整体组织与利用是这一项目的首要考虑，因其决定着建筑小环境的质量及与其大环境的关系协调。设计重点是 13000m^2 的线性人工湖，使其成为有机的缓冲体，将新建筑与郊区住宅连接起来，对于整个城市则成为一新的“绿肺”（图 4-33）。

图 4-33　诸丁汉大学朱比丽分校水体利用

在水体的设计上，人工化被尽量避免，尝试营造一种人工的自然平衡：通过建筑边缘的水渠对雨水进行自然的回收利用；通过培养水生动植物带动水体的生态循环，从而减少人工保养费用等。另外，通过沿湖廊道的设置，自然地将人工环境与自然环境衔接起来，互相渗透。

2. 在单体建筑设计中实现建筑节能

（1）绿色屋顶

绿色屋顶虽然已经不是一个新鲜的设计概念了，但是这个案例所使用的绿色屋顶是以苔藓类植被为顶层空间的保温隔热之用，与传统的绿色屋顶相比，大大减轻了屋顶结构的荷重，屋顶层厚度由以往的数十厘米减至 5cm，减少材料浪费，且保温隔热效果良好（图 4-34）。

图 4-34　诺丁汉大学朱比丽分校绿化示例

因苔藓植物具有适应性强、介质需求少、重量轻等优点，成为发展生态建筑的理想材料。苔藓立体绿化的主要方法以塑料模具作为载体，在工厂内培养成苔藓垫模块，绿化施工时直接将模块固定在屋顶或墙面上。

（2）外墙材料

整个建筑物外墙使用了大量西洋杉为建材，木材导热系数低，保温性能好，同时给人亲切温润的感觉，而且这些木材都是取自计划栽种的人造“永续森林”，而非热带雨林或原始林。内外墙之间的隔热保温层也都是使用再生纸所制成的隔热材料，而非影响室内健康及制造污染的泡沫材料（图 4-35）。

图 4-35　诺丁汉大学朱比丽分校建筑外围护结构

(3) 遮阳设计

在东、西、南向立面设置了大量的木制可动式水平遮阳板，在不阻挡对外视线的情况下，达到一定的遮阳效果，试图将整年的室内温度在不使用空调的情况下，控制在30℃以下。在太阳日照时间最长的南向立面设置可电动调整的遮阳棚，以避免太阳直射所造成的高温与炫光（图 4-36）。

图 4-36 诺丁汉大学朱比丽分校建筑遮阳

(4) 中庭设计

所有的建筑物皆由具有玻璃顶盖的中庭所串联，整个中庭类似一个玻璃盒子，可以在寒冷的冬天储存适当的太阳热能以达到一定的舒适度，减少供暖气能耗。中庭内种满中型植栽，借由植栽保湿遮荫的特性，自动调节室内温湿度，而且让由靠湖面进气口的冷风在进到室内时有预暖的效果，减少寒冷带来的不适与能源浪费。最值得称赞的就是中庭屋顶玻璃采用面积约 $450m^2$ 的半透明太阳能光伏板，每年所产生的电能约 45000kWh，虽然发电量不足以供应整个建筑使用，但是这个可再生能源却足以供应建筑物整年的机械通风电能需求，让机械通风耗能不用依赖石化能源（图 4-37）。

图 4-37 诺丁汉大学朱比丽分校中庭太阳能光伏板应用

(5) 照明设计

整个建筑群采用大比例的开窗，每个室内空间纵深控制在 5m 左右，让每个房间内没有自然采光的死角，以减少人造光源的使用。外墙除了水平遮阳板外，还设置了可调整的银白色垂直遮阳板，以柔化、反射自然光到室内。屋内没有灯源开关，完全依照室内光度及使用者自动控制灯光的启闭，避免人为的电能浪费（图4-38）。

图4-38　诺丁汉大学朱比丽分校节能自动控制元件

（6）通风设计

通风是整个设计案着力最多的地方，因为一般的大型建筑物需要一定程度风压的机械通风系统才可以达到基本的换气需求，但是风压大表示机械耗能量也大，所产生的噪声更大，如何运用低压通风系统以达到相同的换气效果，并且减少机械的运作，增加听觉的舒适度，着实让设计者挖空心思（图4-39）。

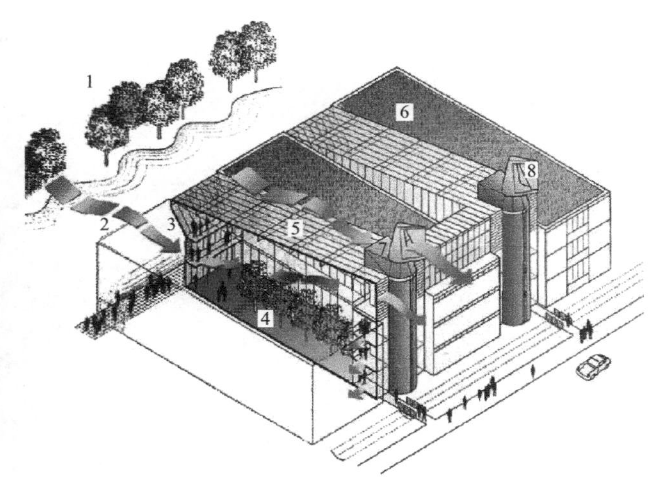

图4-39　诺丁汉大学朱比丽分校竖向通风

最后的结论就是在面湖立面的地面层设计许多通风百叶，因为水面风起到冷却的效应，整个气流穿过中庭空间，最后流到背立面的8个楼梯间，因烟囱效应让使用过的气流上升穿过整个楼梯间，最后经由一个铝制风杓（Windvane）排放出去，完成整个低耗能、被动式的空气循环。

（7）太阳能利用

建筑师考虑了适合的太阳方位角和太阳高度角把太阳能光伏板安置在中庭。中庭作为一个阳光房，进入教室的气流在这里得到加热（图4-40）。

图 4-40　诺丁汉大学朱比丽分校中庭天窗采光

本章小结

通过本章的可以加深对规划设计与建筑节能之间关系的理解。为实现建筑节能，建筑应适应气候，规划节能设计应从分析地区气候条件出发，将设计与建筑技术和能源利用有效结合，通过建筑选址、建筑组团布局以及道路走向、建筑朝向、建筑间距、建筑自然通风等，最大限度利用自然资源或者减少外部环境对建筑的影响。

第 5 章　低碳建筑节能单体设计

引例

建筑体形系数是指建筑物与室外大气接触的外表面积 A（不包括地面和不供暖楼梯间隔墙与户门的面积）与其所包围的建筑空间体积 V 的比值。体形系数越大，说明单位建筑空间所分担的热散失面积越大，能耗越多。在其他条件相同条件下，建筑物能耗指标随体形系数的增长而增长。有研究资料表明，体形系数增大 0.01，能耗指标约增加 2.5%。从有利节能出发，体形系数应尽可能小。

5.1　建筑单体适应气候设计原则

建筑节能设计首先要考虑建筑所在的气候区，适应地区气候的建筑才更具生命力。我国幅员辽阔，地形复杂。由于地理纬度、地势等条件的不同，各地气候相差悬殊。因此对不同的气候条件，各地建筑的节能设计都对应不同的做法。炎热地区的建筑需要遮阳、隔热和通风，以防室内过热；寒冷地区的建筑则要防寒和保温，让更多的阳光进入室内。为了明确建筑和气候之间的科学关系，使各类建筑更充分地利用和适应气候条件，做到因地制宜，《民用建筑设计通则》GB 50352—2005 把我国划分为七个气候区，并对各个气候区的建筑设计提出了不同的要求，如表 5-1 所示。

不同气候分区对建筑的基本要求　　**表 5-1**

	分区名称	热工分区名称	气候主要指标	建筑基本要求
Ⅰ	ⅠA ⅠB ⅠC ⅠD	严寒地区	1 月平均气温≤−10℃ 7 月平均气温≤25℃ 7 月平均相对湿度≥50%	1. 建筑物必须满足冬季保温，防寒，防冻等要求； 2. ⅠA、ⅠB 区应防止冻土、积雪对建筑物的危害； 3. ⅠB、ⅠC、ⅠD 区的西部，建筑物应防冰雹、防风沙
Ⅱ	ⅡA ⅡB	寒冷地区	1 月平均气温−10～0℃ 7 月平均气温 18～28℃	1. 建筑物应满足冬季保温，防寒，防冻等要求，夏季部分地区应兼顾防热； 2. ⅡA 区建筑物应防热，防潮，防暴风雨，沿海地带应防盐雾侵蚀
Ⅲ	ⅢA ⅢB ⅢC	夏热冬冷地区	1 月平均气温 0～10℃ 7 月平均气温 25～30℃	1. 建筑物必须满足夏季防热，遮阳，通风降温要求，冬季应兼顾防寒； 2. 建筑物应防雨，防潮，防洪，防雷电； 3. ⅢA 区应防台风、暴雨袭击及盐雾侵蚀
Ⅳ	ⅣA ⅣB	夏热冬暖地区	1 月平均气温>10℃ 7 月平均气温 25～29℃	1. 建筑物必须满足夏季防热，遮阳，通风，防雨要求； 2. 建筑物应防暴雨，防潮，防洪，防雷电； 3. ⅣA 区应防台风、暴雨袭击及盐雾侵蚀

续表

	分区名称	热工分区名称	气候主要指标	建筑基本要求
Ⅴ	ⅤA ⅤB	温和地区	1月平均气温 0～13℃ 7月平均气温 18～25℃	1. 建筑物应满足防雨和通风要求； 2. ⅤA区建筑物应注意防寒，ⅤB区应特别注意防雷电
Ⅵ	ⅥA ⅥB ⅥC	严寒地区 寒冷地区	1月平均气温－22～0℃ 7月平均气温<18℃	1. 热工应符合严寒和寒冷地区的要求； 2. ⅥA、ⅥB应防冻土对建筑物地基及地下管道的影响，并应特别注意防风沙； 3. ⅥC区的东部，建筑物应防雷电
Ⅶ	ⅦA ⅦB ⅦC ⅦD		1月平均气温－20～－5℃ 7月平均气温≥18℃ 7月平均相对湿度<50%	1. 热工应符合严寒和寒冷地区相关要求； 2. 除ⅦD区外，应防冻土对建筑物地基及地下管道的危害； 3. ⅦB区建筑物应特别注意积雪的危害； 4. ⅦC区建筑物应特别注意防风沙，夏季兼顾防热； 5. ⅦD区建筑物应注意夏季防热，吐鲁番盆地应特别注意隔热、降温

5.1.1 严寒地区的设计原则

我国严寒地区的气候特点是冬季严寒而漫长，夏季短暂而凉爽；最热季节的平均温度也在10℃以下；云量少，晴天多。严寒地区住宅设计的关键问题是充分满足冬季保温要求，最大限度地减少住宅与室外环境之间的热交换；同时尽可能利用太阳辐射热，夏季防热一般可不考虑。因此可采取的技术措施包括：

（1）采用集中的建筑形式和紧凑的建筑布局；

（2）采取防风措施，并避开寒冷气流容易沉积的地方；

（3）采用厚重的外围护结构；

（4）进行外围护结构保温；

（5）适当加大南窗，尽量不开北窗，少开东、西窗，开门部位注意防风；

（6）提高窗的热工性能，进行开口部位保温，使窗成为得热构件；

（7）促进太阳辐射热进入室内；

（8）断绝冷桥；

（9）设置气候缓冲层；

（10）进行冷风控制；

（11）设置太阳能供暖系统；

（12）利用覆土保温。

5.1.2 寒冷地区的设计原则

我国寒冷地区的气候特点是冬季寒冷，时间较长，云量少，晴天多，夏季炎热干燥，一年中的相对湿度变化较大。寒冷地区的住宅设计既要满足冬季保温要求，努力使太阳辐射热进入室内，又要兼顾夏季防热要求，减少夏季的太阳辐射得热。该地区可采取的技术措施包括：

（1）采用较为集中的建筑形式和适度开敞的建筑布局；

(2) 综合考虑冬季防风与夏季导风的措施；
(3) 进行外围护结构保温与隔热；
(4) 多开南窗，开少量北窗以促进自然通风，尽量不开东、西窗，开门部位注意防风；
(5) 开口部位冬季进行保温，夏季进行隔热；
(6) 尽量断绝冷桥；
(7) 在平、剖面中组织自然通风；
(8) 设置气候缓冲层；
(9) 进行冷风控制；
(10) 设置太阳能供暖或制冷系统；
(11) 利用覆土保温及自然空调系统；
(12) 冬季争取日照，获得太阳辐射热，夏季房屋与开口部位进行遮阳处理。

5.1.3　夏热冬冷地区的设计原则

我国夏热冬冷地区的气候特点是夏季闷湿炎热，昼夜温差小，持续时间长。冬季气温虽比寒冷地区高，但日照率低，潮湿阴冷。潮湿是该地区冬夏两季的共同特点。因此，该地区住宅设计的首要问题是夏季应尽可能减少太阳辐射得热，冬季应有适当的保温措施。该地区可以采取的技术措施包括：

(1) 采用疏朗开敞的建筑形式和建筑布局；
(2) 考虑夏季导风的措施，兼顾冬季防风；
(3) 在平、剖面中组织自然通风；
(4) 设置内庭院，形成局部冷源；
(5) 开少量东、西窗，以利于自然通风；
(6) 在夏季，对房屋、窗口进行遮阳；
(7) 对外墙、屋顶进行隔热处理，其中屋顶隔热最为重要，其次是东、西墙，可以采用蓄水屋面、种植屋面等隔热技术；
(8) 提高窗的热工性能；
(9) 开口部位在冬季采取保温措施；
(10) 对地面采取防止泛潮的措施，如采用蓄热系数小或带有微孔的耐磨材料（如防潮砖等）做地面面层、底层及房间设置腰门等；
(11) 采用浅色的建筑立面；
(12) 采用自然空调系统。

在寒冷地区和夏热冬冷地区，由于冬季与夏季的设计手法有时是相互矛盾的，因此在设计中应考虑留有变通的余地。例如遮阳设施可以采用活动式的，冬天需要阳光照射时拆去，夏天装上。空间或构件也可以设计成多功能的，例如用侧窗采光的中庭冬天可以集热，夏天可以形成垂直通风。叶片两面分别镀有深色涂料和反射性材料的百叶窗，冬天时可以利用深色涂料的一面吸收热量提高室温，夏天时可以利用反射一面反射阳光。

5.1.4　湿热地区的设计原则

我国湿热地区的气候特点是全年的温度和湿度都保持相对稳定的状态，气温高，湿度大，昼夜温差小，太阳辐射强烈。湿热地区住宅设计的关键问题是防止太阳辐射热进入室内，保证持续的自然通风，并且使热量易于散发出去，同时创造必要的半室外空间，引导室内活动在稍为凉爽的室外进行。该地区可采取的技术措施包括：

（1）采用疏朗开敞的建筑形式和建筑布局，如可以底层架空，利用地板下层空间通风降温等；

（2）设置回廊、挑台、挑檐等创造阴影下的户外空间；

（3）采用轻质而有良好隔热性能的材料作外围护结构，并保持开敞通透；

（4）利用平、剖面组织自然通风；

（5）各个方向进行遮阳处理；

（6）对外围护结构进行隔热处理，如可以采用蓄水屋面、种植屋面、带有通风间层的外墙、屋面等；

（7）采用自然空调系统。

图 5-1 是湿热气候区建筑示例，建筑布局开敞通透，单体建筑架空、设置回廊、挑台、挑檐等。

图 5-1　湿热地区建筑示例

（a）建筑布局；（b）单体建筑示例

地处夏热冬冷地区的苏州地区，夏季闷湿炎热，昼夜温差小，持续时间长；冬季气温虽比寒冷地区高，但日照率低，潮湿阴冷；且潮湿是该地区冬夏两季所共有等。该地区住宅设计的首要问题是夏季应尽可能减少太阳辐射，冬季应有适当的保温措施。其可以采取的技术措施包括：

（1）采用疏朗开敞的建筑形式和建筑布局；

（2）考虑夏季导风的措施，兼顾冬季防风；

（3）在平、剖面中组织自然通风；

（4）设置内庭院，形成局部冷源；

（5）开少量东、西窗，以利于自然通风；

（6）在夏季，对房屋、窗口进行遮阳；

（7）对外墙、屋顶进行隔热处理；

（8）提高窗的热工性能；

（9）开窗部位在冬季采取保温措施；

（10）对地面采取防止泛潮的措施；

（11）采用自然空调系统。

图 5-2 是苏州朗诗国际社区某建筑通风设计思路，图 5-3 是该建筑外围护结构节能设计要点。

图 5-2　苏州朗诗国际社区某建筑通风设计

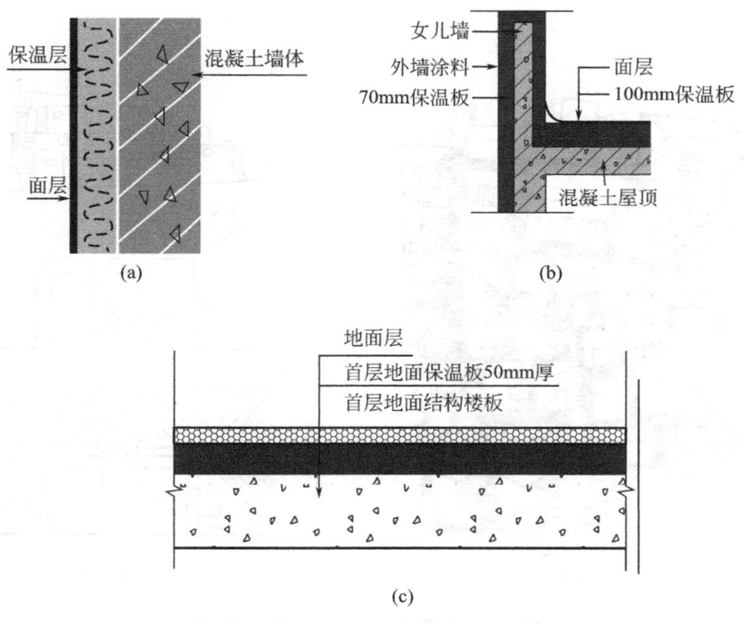

图 5-3　苏州朗诗国际社区外围护结构节能设计

（a）外墙；（b）屋顶；（c）地面

5.1.5 干热地区的设计原则

我国的干热地区主要是指新疆的东部和南部沙漠地区，其气候特点是降水量少，日照强烈，空气干燥，平均风速比较大，气温变化急剧，夏季昼夜温差大。干热地区的住宅设计如果能够满足夏季的热舒适条件，也就能满足冬季的舒适条件。设计的要点是防止室外热量进入室内，同时充分利用风能、水体、植被等进行被动式降温。可采取的技术措施包括：

（1）采用紧凑的建筑形式和建筑布局，创造阴影下的室外空间，减少直接暴露于阳光照射下的外墙面积；

（2）采用厚重材料做外围护结构，抵御昼夜温度波动；

（3）充分利用覆土保温隔热；

（4）尽量减少开口面积，多利用北向开口采光；

（5）设置水院、绿荫院等创造局部冷源；

（6）利用自然空调系统调温调湿；

（7）对外围护结构进行遮阳与隔热处理，最好采用双层屋面和墙体；

（8）在平、剖面中组织自然通风，注意采用间歇通风方式，即白天室外气温高于室内气温时，关闭门窗，夜晚利用通风降温；

（9）采用浅色的建筑立面；

（10）利用棚架、植被等减少房屋周围场地的热反射。

图 5-4 为干热地区建筑布局与形式，采用紧凑的建筑形式和布局，创造阴影下的室外空间，减少直接暴露于阳光照射下的外墙面积，采用厚重材料做外围护结构，抵御昼夜温度波动等。

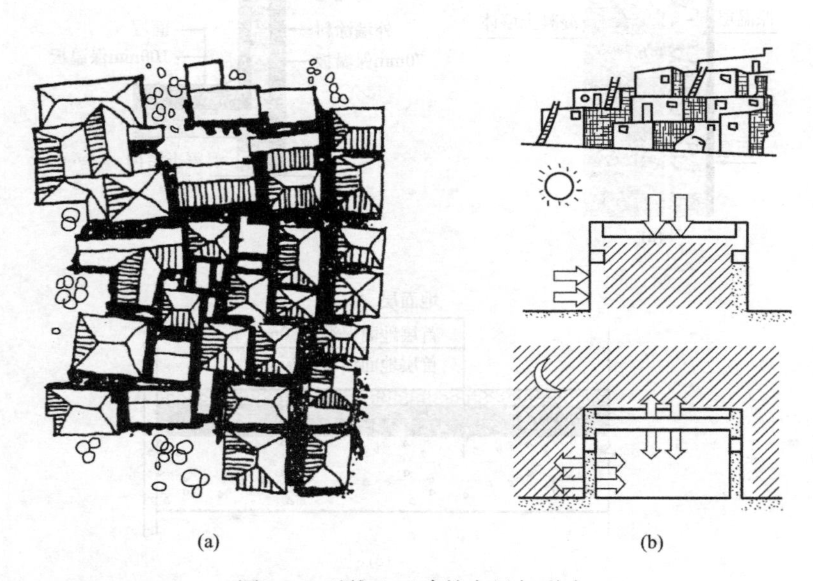

(a) (b)

图 5-4 干热地区建筑布局与形式

(a) 建筑布局；(b) 单体建筑形式

5.2　建筑平面尺寸与节能的关系

5.2.1　节能建筑平面设计

建筑物的平面形状主要取决于建筑物用地形状与建筑的功能，但从建筑热工的角度看，平面形状复杂势必增加建筑物的外表面积，并带来能耗的大幅度增加。从建筑节能的观点出发，在建筑体积 V 相同的条件下，当建筑功能要求得到满足时，平面设计应注意使围护结构表面积 A 与建筑体积 V 之比尽可能地小，以减小表面的散热量。假定某建筑平面为 40m×40m，高为 17m，并定义这时建筑的能耗为 100%。表 5-2 列出相同体积下，常见建筑平面形状与能耗关系。

建筑平面形状与能耗关系　　表 5-2

平面形状	正方形	长方形	细长方形	L 形	回字形	U 形
A/V	0.16	0.17	0.18	0.195	0.21	0.25
能耗(%)	100	106	114	124	136	163

此处可以认为 L 形、回字形、U 形等都是细长方形平面的变形，回字形实施两端重合的细长方形，所以在其他条件相同的情况下，平面越细长，建筑的供暖能耗越高，越不利于节能。

5.2.2　建筑长度与节能的关系

在其他条件相同的情况下，增加建筑的长度对节能有利。长度小于 100m，能耗增加较大。表 5-3 显示了建筑长度与其能耗的关系，建筑长度从 100m 减少到 50m，能耗增加 8%～10%，长度从 100m 减少到 25m，对于 5 层的建筑，能耗增加 25%，对于 9 层的建筑，能耗增加 17%～20%。

建筑长度与能耗的关系　　表 5-3

室外计算温度(℃)	建筑长度(m)				
	25	50	100	150	200
−20	121%	110%	100%	97.9%	96.1%
−30	119%	109%	100%	98.3%	96.5%
−40	117%	108%	100%	98.3%	96.7%

5.2.3　建筑宽度与节能

居住建筑的宽度与能耗的关系如表 5-4 所示。从表中可以看出，对于 9 层的建筑，如宽度从 11m 增加到 14m，能耗可减少 6%～7%，如果增大到 15～16m，则能耗可减少 12%～14%。

建筑宽度与能耗的关系　　表 5-4

室外计算温度(℃)	住宅建筑宽度(m)							
	11	12	13	14	15	16	17	18
−20	100%	95.7%	92%	88.7%	86.2%	83.6%	81.6%	80%
−30	100%	95.2%	93.1%	90.3%	88.3%	86.6%	84.6%	83.1%
−40	100%	96.7%	93.7%	91.9%	89%	87.1%	84.3%	84.2%

5.2.4 建筑平面布局与节能

合理的建筑平面布局为建筑在使用上带来极大的方便，同时也能有效提高室内热舒适度并有利于节能。在建筑热工环境中，主要从热环境的合理分区及温度阻尼区的设置两个方面来考虑建筑平面布局。

1. 热环境的合理分区

由于人们对不同房间的使用要求以及其中的活动状况各异，因而，人们对不同房间室内热环境的需求也各不相同。在设计中，应根据这种对热环境的需求而合理分区，即将热环境质量要求相近的房间相对集中布置。这样做既有利于对不同区域分别控制，又可将热环境要求高的房间布置在温度较高区域，从而最大限度利用太阳辐射满足室内较高温度要求，对热环境质量要求较低的房间集中布置在温度相对较低的区域，以减少供热能耗。

2. 温度阻尼区的设置

为了保证主要使用房间的室内热环境质量，可在该热环境区与温度很低的室外空间之间，结合使用情况，设置各式各样的温度阻尼区。这些阻尼区就像是一道“热闸”，不但可使房间外墙的传热损失减少，而且大大减少了房间的冷风渗透，从而减少了建筑的渗透热损失。布置在南向的日光间、封闭阳台等都具有温度阻尼区作用，是冬季减少能耗的有效措施。

在图 5-5 所示的两种户型平面布局中，一梯两户 A 户型，东西向面宽小，南北进深大，南北通透，每户窗户和阳台面积小，公摊面积多，总体节能稍差。而一梯两户 B 户型，东西向面宽大，南北进深小，南北通透，南向能设置两间主卧，提高了居住的舒适性。住宅内部采光好，公摊面积少，总体节能较好。

图 5-6 所示的一梯四户户型，居住密度高，减少了外表面积，但面积使用率不高，会有“灰色空间”，公摊面积较大，其中 C 户型和 D 户型相比较，C 户型的通风采光优于 D 户型，D 户型日照通风采光缺乏人性化。

5.2.5 建筑朝向对能耗的影响

选择合理的建筑朝向是节能建筑群体布置中首先考虑的问题。建筑物的朝向对太阳辐射得热量和空气渗透耗热量都有影响。在其他条件相同情况下，东西向板式多层建筑的传热耗热量要比南北向的高 5%左右；建筑物主立面朝向冬季主导风向，会使空气渗透量增加。因此建筑物朝向宜采用南北或接近南北向，主要房间宜避开冬季主导风向。

我国大部分地区处于北温带，房屋“坐北朝南”是尽人皆知的良好朝向。这是由于太

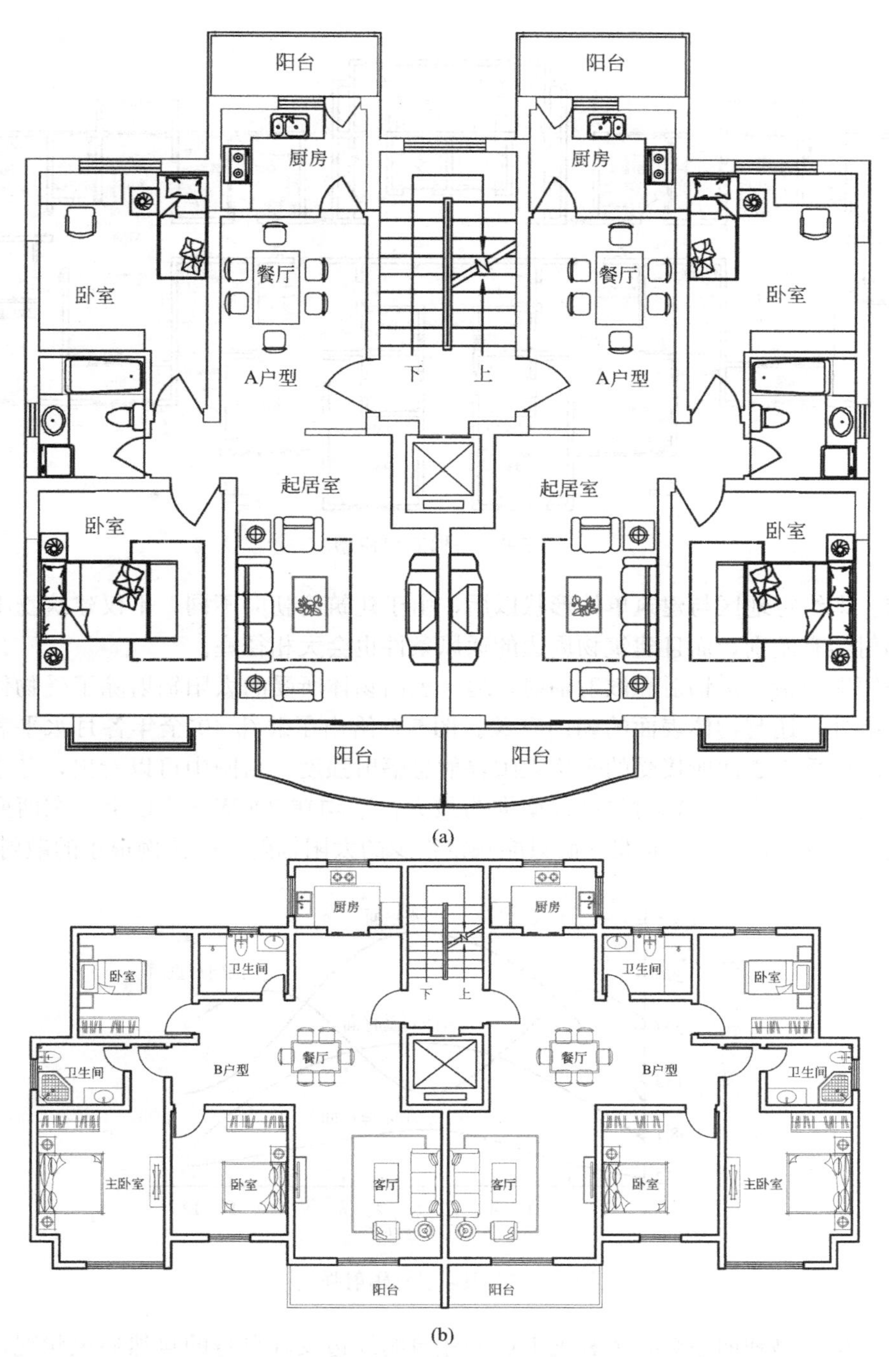

图 5-5　两种户型节能效果对比

(a) A户型；(b) B户型

阳运行规律使得这种朝向的房屋冬季最大限度地获得太阳辐射热，同时南向外墙可以得到最佳的受热条件，而夏季则正好相反。此外，建筑朝向的设置还会直接改变建筑物周边及其本身通风状况，进而影响建筑物的能耗。常常会出现这样的情况：理想的日照方向也许恰恰是最不利的通风方向，或者在局部建筑地段（如道路、特殊地形）难以满足理想日照

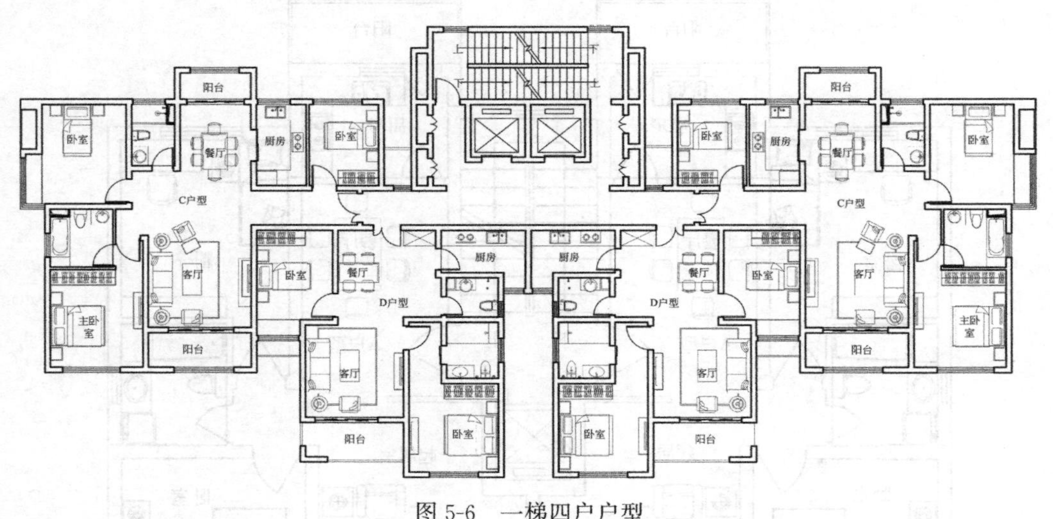

图 5-6　一梯四户户型

方向要求。即给定地区与建筑单体形状以后，由于建筑物朝向不同，不仅建筑物本身获得的太阳辐射会有差别，而且建筑物周边的通风条件也会大相径庭。

太阳辐射包括直接辐射和散射辐射，地球表面物体所受的太阳辐射除了受物体所在地的纬度影响外，还与物体表面的朝向有关。图 5-7 给出了北纬 40°全年各月水平表面、东西、南、北向垂直表面所接受的平均太阳辐射总辐射强度。由图中可以看出，冬季各朝向墙面上接受的平均太阳总辐射强度以南向为最大，平均在 200W/m^2 以上，东西向立面则很小，约为南立面的 1/3，而北立面只能获得很少的太阳辐射——比例很小的散射辐射。

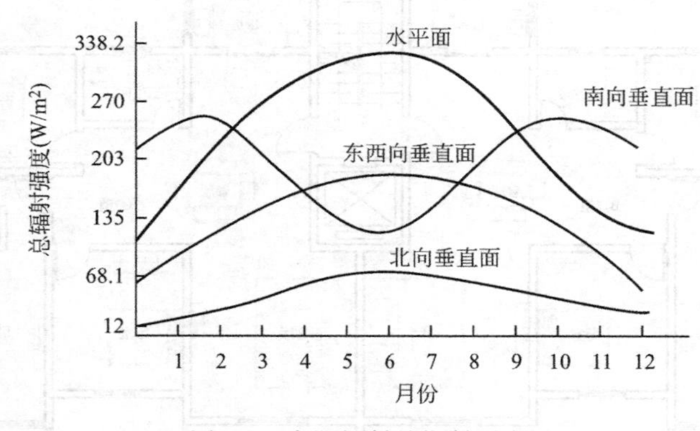

图 5-7　太阳辐射总辐射强度

此外，建筑物朝向还会很大程度上影响建筑物周边及其自身的自然通风状况，而后者则是直接影响建筑物能耗与室内热环境的重要因素。相关的模拟计算发现，对于夏季昼夜温差较大的地区，如北方及长江中下游地区，通过加强建筑物的自然通风，尤其是夜间的自然通风，可以使得建筑物的夏季耗冷量指标降低近一半。从冬季保暖和夏季降温考虑，在选择住宅朝向时，当地的主导风向是不容忽视的主要因素。从建筑群的气流流场可知，建筑长轴垂直于主导风向时，各幢建筑之间易产生涡流，影响自然通风效果。从单幢建筑的通风条件看，建筑物房间与主导风向垂直时效果最好，但是从整个建筑群来看，这种情况并不完全有利，往往是建筑朝向与主导风向形成一定角度，以便后排的建筑也能获得较好的通风条件。

在规划设计中影响建筑朝向的因素很多，如地理纬度、地段环境、局部气候特征及建筑用地条件等。尤其是公共建筑受到社会历史文化、地形、城市规划、道路、环境等条件的制约，要想使建筑物的朝向对夏季防热、冬季保温都很理想是有困难的，如果再考虑小区通风及道路组织等因素，会使得“良好朝向”或“最佳朝向”范围成为一个相对的提法，它是在只考虑地理和气候条件下对朝向的研究结论。设计中应通过多方面的因素分析、优化建筑的规划设计，采用本地区建筑最佳朝向或适宜的朝向，尽量避免东西向日晒。朝向选择需要考虑的因素有以下几个方面：

（1）冬季有适量并具有一定质量的阳光射入室内；

（2）炎热季节尽量减少太阳直射室内和居室外墙面；

（3）夏季有良好的通风，冬季避免冷风吹袭；

（4）充分利用地形并注意节约用地；

（5）照顾建筑组合的需要。

5.3　建筑体形与节能的关系

5.3.1　建筑体形对能耗的影响

对于寒冷地区，节能建筑的形态不仅要求体形系数小，而且需要冬季太阳辐射得热多，还需要对避免寒风有利。但满足这三个要求所需要的体形系数常常不一致，而后者又受到地区、朝向和风环境的极大影响，因此具体选择节能体形受多种因素的制约，包括当地冬季气温和太阳辐射强度、建筑朝向、各面围护结构的保温状况和局部风环境等，需要具体权衡得热和失热的情况，优化组合各种因素才能确定。

体形系数定义为单位体积的建筑外表面积，它直观反映了建筑单体外形的复杂程度，体形系数越大，相同建筑体积的建筑物的外表面积越大，在相同条件下，如室外气象条件、室温设定、围护结构相同的条件下，建筑物向室外散发的热量越多。相关研究表明，体形系数是影响建筑能耗的主要因素之一。

对于非寒冷地区，如夏热冬冷地区、夏热冬暖地区，建筑物全年的能耗有部分或者大部分是来自夏季的空调能耗。因此，建筑单体方案设计时，不仅要求建筑物单体形状有利于防晒，遮阳、减少太阳辐射得热，还需要考虑在室外气温低于室内温度时，如夏季夜间，如何利用自然通风或者是围护结构本身的散热减少空调使用时间，降低空调能耗。在南方地区，适当减少楼间距，可以形成建筑群之间的相互遮挡，起到一定的遮阳效果；采用首层架空的单体建筑设计，单体建筑周边易于形成较好的通风条件。此外，选择合适的建筑进深，有利于室内穿堂风的形成。在夏季，人们更乐于生活在有着较好自然通风的环境，而不是密闭的空调环境里。

应该看到，冬季保暖与夏季遮阳、通风对建筑外形的要求在某些地方是存在矛盾的，如冬季的保温节能设计要求建筑外形尽可能简单、紧凑，而夏季的节能设计则力求通过一些复杂的立面设计、结构设计来满足建筑物遮阳、自然通风的要求。由此，在建筑单体方案设计时，应该通过详细的建筑能耗模拟分析权衡这两种设计所产生的节能效果来确定最终的建筑单体设计方案。

5.3.2 围护结构面积与节能的关系

建筑物围护结构总面积 A 与建筑面积 A_0 之比 A/A_0 与建筑能耗的关系如表 5-5 所示。

围护结构总面积 A 与建筑面积 A_0 之比与能耗的关系　　表 5-5

A/A_0	室外计算温度(℃)					
	5 层住宅			9 层住宅		
	−20	−30	−40	−20	−30	−40
0.24	100%	100%	100%	100%	100%	100%
0.26	102.5%	108%	103.5%	103%	103.5%	104%
0.28	105%	106%	107%	106%	107%	108%
0.30	107.5%	109%	110.5%	109%	110.5%	112%
0.31	110%	112%	114%	112%	114%	116%
0.33	112.5%	115%	117.5%	115%	117.5%	120%
0.35	115%	118%	120%	118%	121%	124%

从表 5-5 中可以看出，随着 A/A_0 的增加，建筑的能耗也相应提高。需要说明的是，考察围护结构对节能的影响时，必须考虑外墙（含外窗）与屋顶保温性能之比。通常的办法是：计算屋顶传热系数与外墙和外窗的加权平均传热系数之比。这是因为对楼层面积相同的建筑而言，随着层数的增加，屋顶面积占全部外围护结构的面积之比逐渐减小。同时，屋顶耗热量占整个建筑外围护结构耗热的比例也在减少。

利用太阳能作为房屋热源之一，从而达到建筑节能的目的已越来越受到人们的重视。如果从利用太阳能的角度出发，建筑的南墙是得热面，通过合理的设计，可以做到南墙收集的热辐射量大于其向外散失的热量。衡量建筑表面散热与建筑利用太阳能得热情况可以从以下几方面入手：

(1) 对于长方形节能建筑，最好的体形是长轴朝向东西的长方形，正方形次之，长轴南北向的长方形最差。以节能住宅为例，板式住宅优于点式住宅。

(2) 增加建筑的长度对节能建筑有利，长度增加到 50m 后，长度的增加给节能建筑带来的好处趋于不明显。所以节能建筑的长度最好在 50m 左右，以不小于 30m 为宜。

(3) 增加建筑的层数对节能建筑有利，层数增加到 8 层以上后，层数的增加给节能建筑带来的好处趋于不明显。

(4) 加大建筑的进深，其单位集热面的贡献不会减小，而且建筑体形系数也会相应减小。所以无论建筑进深大小都可以利用太阳能。综合考虑，大进深对建筑的节能还是有利的。

(5) 体量大的建筑比体量小的建筑在节能上更有利。也就是说发展城市多层节能建筑比农村低层节能建筑效果好，收益大。

5.3.3 建筑体形系数与节能

体形系数是指建筑物与室外大气接触的外表面积（不包括地面）与其所包围的建筑体积的比。体形系数越大，表明单位建筑空间所分担的散热面积越大，能耗就越多。研究资料表明：体形系数每增加 0.01，耗热量指标增加 2.5%。对于居住建筑，体形系数宜控制在 0.30 以下。

建筑物体形系数常受多种因素影响，且设计常常追求建筑形体的变化，而不满足于仅采用简单的几何形体，所以详细地讨论建筑体形系数的控制途径是比较困难的。一般来说，可以采取以下几种方法控制建筑物体形系数：

（1）加大建筑的体量，即加大建筑的基底面积，增加建筑物的长度和进深尺寸；

（2）外形变化尽可能地降至最低限度；

（3）合理提高层数；

（4）对于体形不易控制的点式建筑，可以采用裙楼连接多个点式建筑的组合体形式。

建筑的长宽比对节能亦有很大影响。当建筑为正南朝向时，一般是长宽比越大得热越多。但随着朝向的变化，其得热量会逐渐减少。当偏向角达到 67°左右时，各种长宽比体形建筑的得热基本趋于一致。当偏向角为 90°时，则长宽比越大，得热越少。表 5-6 描述了这一变化情况。

不同长宽比及朝向的建筑外墙获得太阳辐射的比值 表 5-6

长宽比	朝向					
	0°	15°	30°	45°	67.5°	90°
1∶1	1	1.015	1.077	1.127	1.071	1
2∶1	1.27	1.27	1.264	1.215	1.004	0.851
3∶1	1.50	1.487	1.441	1.334	1.021	0.851
4∶1	1.70	1.678	1.603	1.451	1.059	0.81
5∶1	1.87	1.85	1.752	1.562	1.103	0.81

5.4 窗的设计与节能的关系

窗在建筑上的作用至少有两个方面：一方面是阻隔室外大气环境变化对室内的影响；另一方面，通过窗可满足室内采光、得热、获得新鲜空气，观赏室外景物满足人们视觉心理上的要求。这样一来，从热工的角度处理窗就有一定的难度。

我国的《严寒和寒冷地区居住建筑节能设计标准》JGJ 26—2018 规定：北向、东西向和南向的窗墙比分别低于 25%、30%和 35%。如果超出上限，则应当相应降低外墙和屋顶的传热系数。事实上，窗墙比的确定是综合考虑了在某一地区不同朝向墙面冬、夏季日照情况（日照时间、太阳总辐射强度、阳光入射角），冬、夏季风的影响，室外空气温度，室内采光设计标准以及开窗面积，建筑能耗等因素完成的。由于窗户的保温隔热性能相对较差，冬季散热严重，同时如果没有辅助的遮阳设施（尤其是外遮阳），夏季白天太阳辐射将通过窗户直接进入室内，导致建筑空调、供暖能耗急剧增加。图 5-8、图 5-9 是常见遮阳形式与类别。

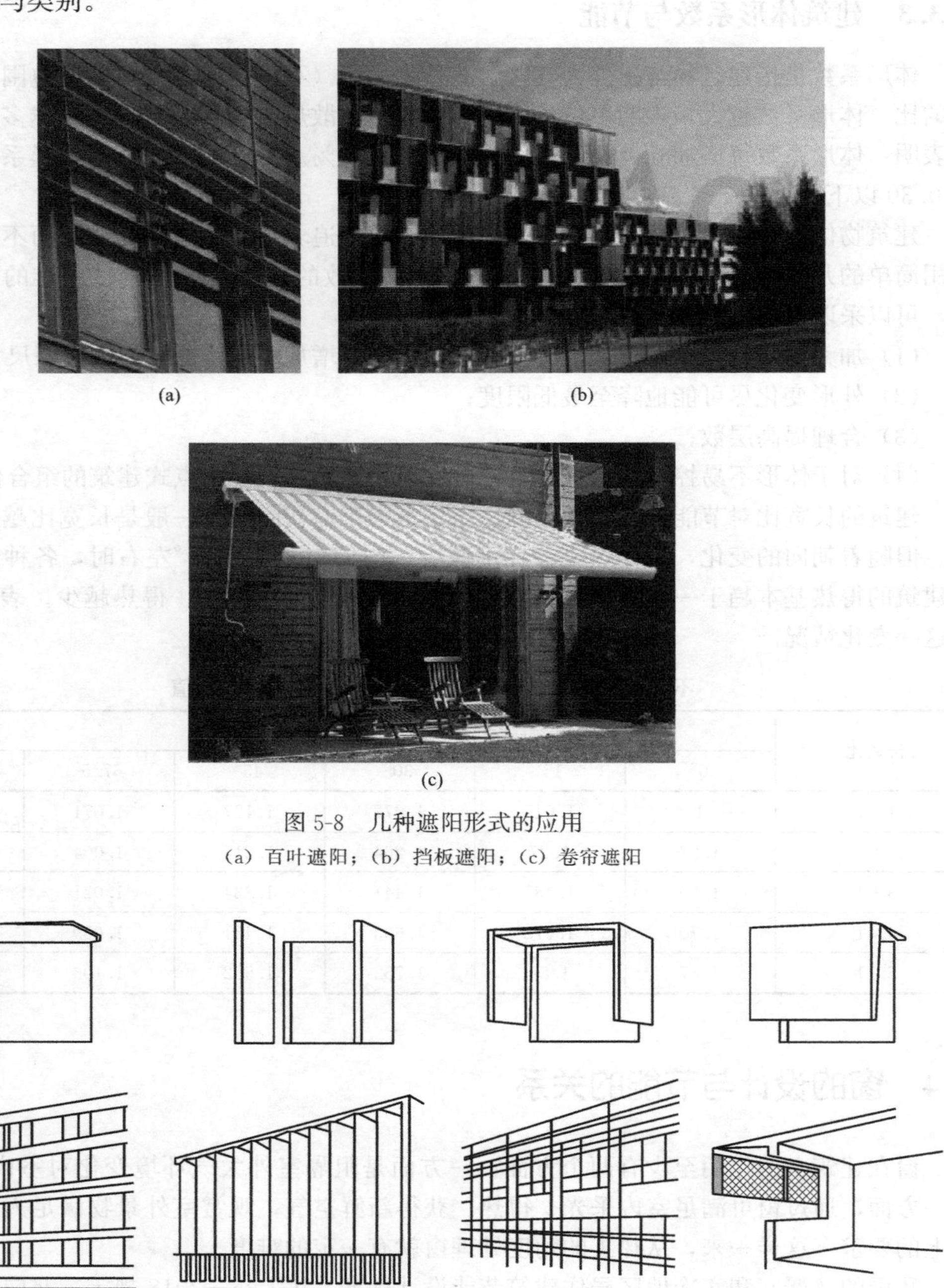

图 5-8 几种遮阳形式的应用

(a) 百叶遮阳；(b) 挡板遮阳；(c) 卷帘遮阳

图 5-9 常见遮阳类型

(a) 水平遮阳；(b) 垂直遮阳；(c) 综合遮阳；(d) 挡板遮阳

需要注意的是，现代住宅建筑的窗墙比有越来越大的趋势，这是因为商品住宅的购买者大都希望自己的住宅更加通透明亮。考虑到临街建筑立面美观需要，窗墙比适当大些是可以的。但当窗墙比超过规定数值时，应首先考虑降低窗户（含阳台透明部分）的传热系数，如采用单框双玻或者中空玻璃（不同地区的要求不一样），并加强夏季活动遮阳，其次可考虑减少外墙的传热系数。大量的调查和测试表明，太阳辐射通过窗户直接进入室内的热量是造成夏季室内过热的主要原因。很多国家都把提高窗的热工性能和遮阳控制作为夏季防热、降低空调负荷的重点，住宅建筑普遍在窗外安装有遮阳设施。因此，应该把窗的遮阳作为夏季节能的一个重点措施来考虑。尽管保温隔热性能较好的双玻、中空玻璃窗得到了普遍应用，但与保温外墙相比，外窗仍然是外围护结构保温隔热措施中的薄弱环节。

在一般情况下分析，窗的耗热在建筑物总耗热量中所占的比重很大，统计分析表明，窗的耗热占建筑总耗热量的50%左右。然而窗并不仅仅是耗热构件，在有阳光照射时，太阳辐射热透过窗进入室内。窗的玻璃对太阳辐射有选择性，它能透过短波辐射而阻止长波辐射。经估算，在京津地区一扇高1.5m、宽1.8m的南向窗口每年在供暖期内可得太阳辐射热量为1134kWh（按当地冬季日照率为0.8计算），亦即每平方米南窗每个供暖期可得480kWh太阳辐射热。考虑窗框的遮挡，单层玻璃透过率为0.82，单层窗户为336kWh/m^2。若住户在晚间采用窗帘保温，则单层窗每年在供暖期可净得热54kWh/m^2，双层窗为75kWh/m^2。可见，通过精心设计的窗户能够成为得热构件。

5.4.1 窗墙比、玻璃层数及朝向对节能的影响

窗的热工状况除了主要与窗的传热系数有关，其面积尺寸、窗的朝向、遮挡状况、夜间保温等对窗的传热效果也有非常大的影响。在进行窗的设计时，应根据地区的不同，选择层数不同的窗户构件，使其在本地区尽可能成为得热构件。在窗墙比的选择上，应区别不同朝向，对南向窗户，在选择合适层数及采取有效措施减少热耗的前提下可适当增加窗户面积，充分利用太阳辐射热；而对其他朝向的窗户，应在满足居室光环境质量要求的条件下适当减少开窗面积，以降低热耗。

5.4.2 附加物对窗节能效果的影响

1. 窗的夜间保温对节能的影响

居室的窗帘通常能起到阻挡视线、保证室内私密性和丰富室内色彩的作用。实际上，保温窗帘和保温板对减少夜晚窗的热耗起着重要作用，因此，窗在夜间应加设保温窗帘或保温板，窗的夜间保温热阻应选择在临界值附近，以取得较好的节能和经济效果。

2. 窗外遮挡对节能的影响

住宅的阳台在冬季会遮挡一部分进入窗的太阳辐射，遮挡的程度取决于遮阳板（构件）的挑出尺寸，且遮挡的情况还与朝向有关。在满足使用功能的前提下，适当减少南向阳台的挑出尺寸对节能有利，对其他方向的阳台则不必过多考虑。

5.5 低碳单体建筑案例分析

5.5.1 传统建筑适应地区气候而建造案例

传统建筑中适应地区气候而建造的案例很多，比如北京四合院、陕西窑洞、中东民

居、北欧住宅等都是建筑形式与地区气候紧密结合实现建筑节能的典型案例。

1. 北京四合院

北京传统建筑四合院很好地适应了我国北方冬季寒冷、风沙大，需要避风建造，而夏季干热需要遮荫、乘凉的需要（图 5-10）。

图 5-10　北京四合院

2. 陕西窑洞

窑洞建筑依山挖洞建造，利用当地地形、地质条件，借助厚重黏土墙体良好的保温隔热性能和极好的蓄热能力，营造冬暖夏凉的室内热环境，很好地适应当地冬季寒冷，夏季干热的气候特点。同时，建筑就地取材，减少建筑材料运输能耗，体现节能思想（图 5-11）。

图 5-11　陕西窑洞

3. 中东民居

中东民居单体建筑外墙厚重、开窗较小，便于防热、防风沙；建筑群体布局较为密集，利于建筑之间遮荫防热（图 5-12）。

4. 北欧住宅

北欧传统住宅建筑利用当地丰富的森林资源，以木材作为建筑的外围护结构，开窗采用双层窗或者多层窗增加保温性能、减少冷风渗透，适应当地严寒气候、提高室内热舒适度（图 5-13）。

图 5-12　中东民居

图 5-13　北欧住宅

5.5.2　深圳万科中心

1. 漂浮的场地

混合框架＋拉索结构体系——在斜拉桥上盖房，像造桥梁一样的造房子，万科中心以独特的结构形式诠释了建筑概念，不仅为使用空间提供了开阔的视野，也最大限度实现“还绿于民”，如果算上屋顶的绿化，整个场地的绿化率大于 100%，并完全向城市界面开放。万科中心设计概念最初被其设计者斯蒂文·霍尔（StevenHoll）解释为“漂浮的地平线”（另一个名字是“水平的摩天楼”），将多个功能体以水平几何形态连接在一起，并将整个建筑抬起一有如海平面升起，将基地最大限度地还原给自然（图 5-14、图 5-15）。

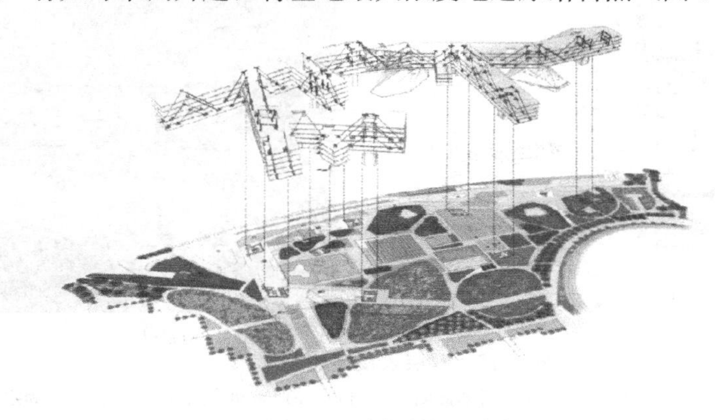

图 5-14　漂浮的地平线

图 5-15　水体与建筑

2. 窗户与遮阳

如图 5-16 所示，从左侧剖面可以看出，上下窗之间间距拉大，利于通风。尤其是对深圳这样的天气而言，与遮阳共同作用，既隔绝了太阳直射，又加速了空气流通。

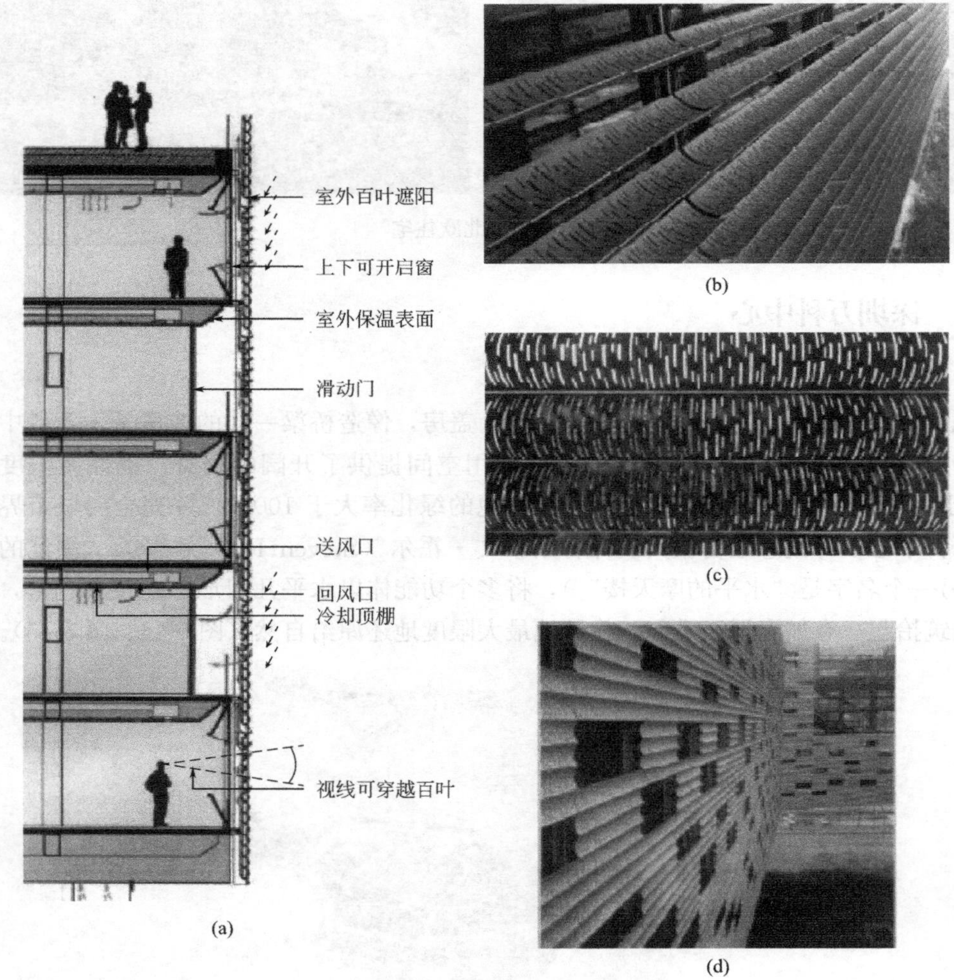

图 5-16　双层表皮结构与遮阳

(a) 双层（多层）表皮结构；(b) 活动遮阳（开启）；(c) 活动遮阳（关闭）；(d) 固定遮阳

3. 水体设计

万科中心采用与景观设计紧密结合，雨水为主的景观水体补水方式，利用水质较好的雨水资源，以中水资源为补充，实现雨水、中水、景观水的优化设计。保证绿化及景观水补水不用自来水作水源。采用先进节水型器具，减少自来水用水量及管材用量。项目的设计目标是改善景观与生态环境，实现水系统投资与运行的合理化和效果的优化；做到屋面雨水全部收集，地面雨水全部渗透处理；通过渗蓄等措施控制雨水径流的排放，实现项目开发后雨水的径流系数不超过开发前；控制雨水径流污染，减少污染物的排放；节约 50% 的自来水，并实现 100% 的污水处理等（图 5-17、图 5-18）。

图 5-17　底层蓄水与水景

在室内设计中，十分重视绿色建材的使用，例如速生材料——竹材作为混凝土模板的应用，使得万科中心可能是国内第一个在室内设计中大规模使用竹材的办公建筑，它引领了行业发展，同时又创造出独特的艺术空间。

图 5-18　底层架空空间透视

5.5.3　上海自然博物馆（新馆）

上海自然博物馆（新馆）是我国最大的综合性自然科学博物馆之一，该博物馆地上、地下建筑总面积约 45086m²，主要用于展出各类动植物标本、化石。

在上海自然博物馆（新馆）的绿色建筑设计中，基于气候设计思路，认为建筑节能应重点考虑如何降低夏季制冷能耗，在博物馆外立面绿化、遮阳、博物馆内自然通风的组织与设计、建筑外围护构建选用等方面采取了相应节能措施。具体体现在：建筑充分利用基地条件，充分利用建筑周边公园、广场、绿地等自然环境条件，最大限度利用户外充足的环境潜能，在考虑建筑平面规划之前，积极着手改善、整理户外环境，把户外作为一个大的天然空调装置来规划，积极进行自然能源调整（图 5-19）。

图 5-19　建筑区位与自然条件利用

1. 立体绿化

室外、屋顶、墙面等立体绿化，改善局部微气候，东北部墙体是活生态墙体，该墙体绿化不仅增加绿化面积，还能够为办公区窗户遮阳（图 5-20）。

图 5-20　环境与立面绿化

2. 自然通风组织

利用建筑附近地铁隧道内温度相对稳定的空气冷却或加热预处理，然后通过中央空气处理系统处理后再送到室内，以达到节能目的。利用天然的冷、热源对新风预处理；通过地道从博物馆临近的公园获取清洁、新鲜的空气，提高室内空气品质，地道风的风管沿着建筑的边界布置，利用屋顶天窗开口和立面侧窗开口实现自然通风（图 5-21、图 5-22）。

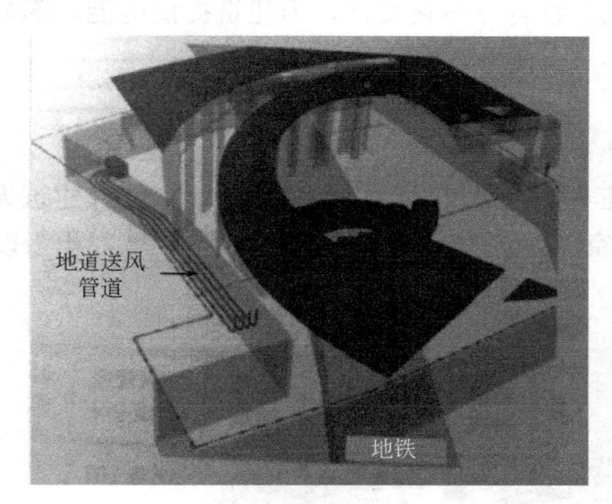

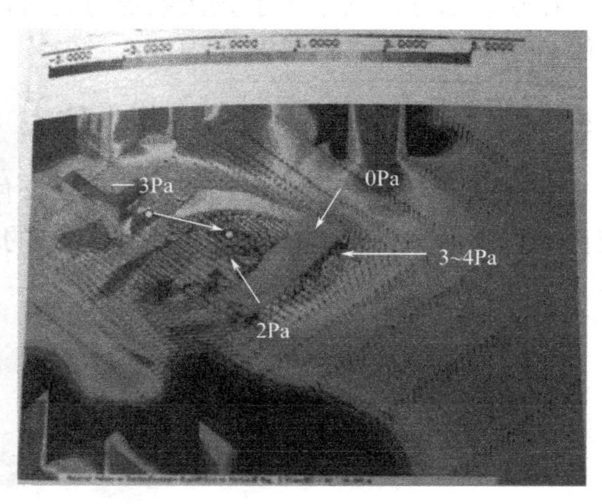

图 5-21　地道风利用

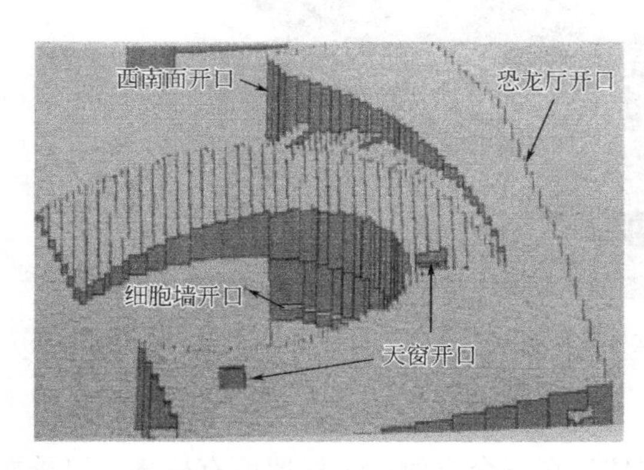

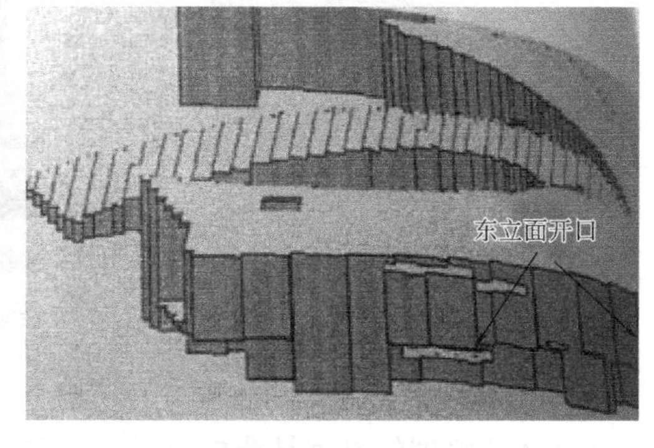

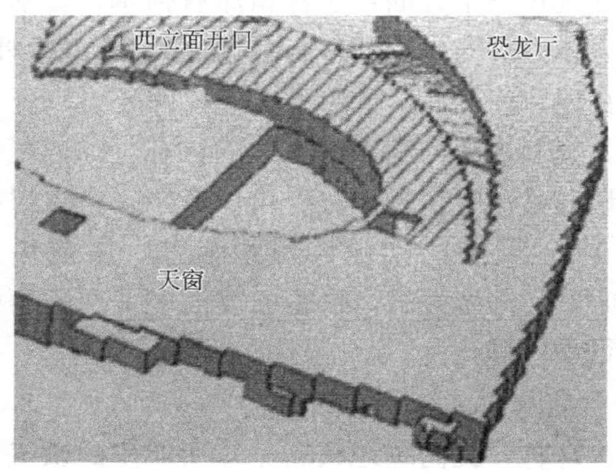

图 5-22　天然采光与自然通风组织

3. 天然采光

在上海自然博物馆（新馆）展览厅，自然光照亮了大部分的空间，其中利用下沉式庭院的开口将自然光引入到建筑的地下部分，利用太阳光导照明系统，为地下展厅活体生物展示提供自然光（图 5-22）。

4. 其他节能措施

在建筑部分屋顶采用了光伏系统与建筑构件结合一体化设计，为建筑提供电能，部分窗体采用了低发射玻璃等节能构件。

5.5.4 日本“经堂杜”环境共生住宅

“经堂杜”是日本的一幢 3 层 12 户集合住宅，该建筑以环境共生为目标，引入建筑无控自然能源设计，即把户外作为一个天然的空调装置来考虑，通过规划和设计，积极改善、整理和利用室外自然资源（图 5-23）。

图 5-23 日本“经堂杜”环境共生住宅

1. 外部环境的整理

外部环境整理的母体是造林与绿化，主要体现在三个方面：①保留原有树木，夏季树木枝叶繁茂，对微气候具有较好的调节作用，人体心理与生理舒适度感觉提高。“经堂杜”拥有 5 棵 120 多年树龄的榉树，这些树木可防止建筑周围白天气温上升，夜间还可以降低室外气温。②种植新的植物，进一步改善环境。规划用地的南方有大片的竹林。绿地规划采用与周围绿化相协调的树种。在建筑南侧空地选种落叶树种，夏季可以遮阳，冬季树叶脱落后让阳光射入窗内。③墙面屋面绿化，将建筑彻底用绿色植物覆盖。屋顶垫土 120cm，营造小森林和菜园，露台做成凉亭，花架上植物为檐，裸露的墙面多采用爬藤植物，并预先在墙面上装置了爬藤用网络架，进行垂直绿化。

2. 自然能源的设计

通过上述绿化规划，形成环抱整个建筑的小森林，提高绿地覆盖率，所产生的微气候环境转为无控能源用于各户，具体采用以下措施：①共用庭院：为接受冬季的阳光，在建筑的南侧布置进深很深的共用庭园。②通风道：东京夏季多刮南风，顺着风向，自然风通过绿地得到净化。为使纯净的空气引进入室内，首先要考虑建筑的形状，将建筑分为两列，并在墙上做成兜风的凹凸形状，以形成通风道。③无控太阳能：夏季树木繁茂，到了冬季树叶脱落，将太阳能引入室内，在建筑规划上考虑让各户尽可能地考虑享受太阳的温暖。设置太阳能发电用于公共空间的照明和雨水循环用水泵电力。④蓄热与保温："经堂杜"采用的是室外保温法让热容量大的 RC 气体来蓄热，并采用双层玻璃提高隔热性能，室内热稳定性提高，人体热感觉舒适度提高。

本章小结

本章内容可以加深对建筑单体设计中节能设计原则的理解，通过我国建筑热工气候分区的概念了解建筑适应气候建造的要求，理解建筑体形、建筑平面形状、建筑长度、建筑平面布局与能耗的关系，熟悉控制建筑体形的方法，了解建筑外围护结构的得热与失热，理解窗墙比、玻璃层数以及附属物对窗户能耗的影响。

第6章 建筑外围护结构节能设计技术

引例

建筑应当适应所在地区的气候条件，建筑保温与节能是设计中必须考虑的问题之一。比如，建筑外围护结构稳定导热量计算公式 $Q=\lambda \frac{T_1-T_2}{d}F$（W）启示我们在建筑设计和使用过程中可能采用哪些建筑节能措施。①采用导热系数较小的保温材料、增大墙体厚度以保证外围护结构具有足够的保温性能。②建筑体形设计时尽量减少外围护结构表面积（减小体形系数）。③减小室内外温差（冬季降低室内供暖温度、夏季提高室内空调温度）。④争取良好的朝向和适当的建筑物间距。⑤增加建筑的密闭性，防止冷风渗透的不利影响。⑥避免潮湿，防止内壁产生冷凝。

6.1 墙体保温隔热技术

6.1.1 概述

墙体保温，通常指墙体在冬季阻止热量由室内向室外传递，使室内保持适当温度的能力；墙体隔热，通常指墙体在夏季隔离太阳辐射热和室外高温的影响，减少热量进入室内的能力。对于夏热冬冷地区，建筑节能既要考虑围护结构的保温，又要注意其隔热，墙体保温隔热技术在夏热冬冷地区的节能建筑中有重要意义。

围护结构墙体节能效率的高低对建筑整体节能效果有着举足轻重的影响，降低建筑耗能，提高外墙保温隔热性能，增大外墙热阻值和热惰性指标，减少建筑物与外部环境的热损失，是实现建筑节能目标的重要措施。

墙体保温隔热是一项系统工程，涉及保温、隔热材料及配套材料的选取、系统性能优化、工程设计、施工技术及验收等诸多方面。其基本要求是在保障墙体结构体系整体性、耐久性、有效性和安全性的基础上，实现保温隔热设计、材料生产和施工一体化，遵循因地制宜、因时制宜的设计理念。近年来，在政府相关节能政策和技术规范的推动下，建筑节能标准不断提高，墙体保温隔热技术迅速发展。在建设节约型社会的要求和环境下，大力推广使用非烧结、非黏土、利废、环保、节省资源材料的围护结构墙体，具有节土、节能、利废、轻质、高强、提高施工效率及改善建筑功能等系列优点。

通过采取提高建筑围护结构热工性能等技术措施，在保证建筑使用功能和室内热环境质量的条件下，减少供暖与空调设备的使用，减少建筑能耗，具有提高人居舒适性和节约能源的双重效能。所以建筑墙材革新与墙体节能技术的发展是建筑节能技术的一个重要环节，发展外墙保温隔热技术是建筑节能的主要实现方式。

6.1.2　墙体保温隔热基本性能指标

1. 住宅建筑墙体热工性能指标

（1）根据《江苏省居住建筑热环境和节能设计标准》DGJ32/J71-2008，江苏地区住宅建筑按节能 50%标准设计时，墙体传热阻等性能指标应符合表 6-1、表 6-2 的要求。

夏热冬冷地区墙体传热阻限值 R_0（单位：$m^2 \cdot K/W$）、热惰性指标 D　　表 6-1

<table>
<tr><th rowspan="2">朝向</th><th rowspan="2">太阳辐射吸收系数</th><th colspan="3">≥6 层</th><th colspan="3">4～5 层</th><th colspan="2">≤3 层</th></tr>
<tr><th>1.6≤D≤2.5</th><th>2.5<D≤4.0</th><th>D>4.0</th><th>1.6≤D≤2.5</th><th>2.5<D≤4.0</th><th>D>4.0</th><th>1.6≤D≤2.5</th><th>D>2.5</th></tr>
<tr><td>南</td><td>≥0.6</td><td rowspan="4">1.00</td><td colspan="2">0.69</td><td rowspan="4">1.00</td><td>0.83</td><td>0.74</td><td rowspan="4">1.25</td><td>1.00</td></tr>
<tr><td rowspan="2">东西</td><td><0.6</td><td>0.80</td><td>0.73</td><td>1.00</td><td>0.83</td><td>1.25</td></tr>
<tr><td>—</td><td colspan="2">0.69</td><td>0.83</td><td>0.74</td><td>1.00</td></tr>
<tr><td>北</td><td></td><td>0.83</td><td>0.74</td><td>1.00</td><td>0.83</td><td>1.00</td></tr>
<tr><td colspan="2">底面接触室外空气的架空板或外挑楼板、与非封闭式楼梯相邻的隔墙</td><td colspan="8">同北墙</td></tr>
<tr><td colspan="2">分隔供暖空调居住与非供暖空调空间的楼板、隔墙</td><td colspan="8">北墙传热阻限值的 60%，且不小于 0.50$m^2 \cdot K/W$</td></tr>
</table>

徐州、连云港地区墙体传热阻限值 R_0（单位：$m^2 \cdot K/W$）、热惰性指标 D　　表 6-2

朝向	≥6 层			4～5 层		≤3 层	
	1.6≤D≤2.5	2.5<D≤4.0	D>4.0	2.5<D≤4.0	D>4.0	2.5<D≤4.0	D>4.0
南	0.80	0.80	0.73	0.96	0.80	1.50	1.25
东西	0.80	0.80	0.73	0.96	0.80	1.50	1.25
北	0.96	0.96	0.88	0.96	0.96	1.50	1.25
底面接触室外空气的架空板或外挑楼板、与非封闭式楼梯相邻的隔墙	同北墙						
分隔供暖空调居住与非供暖空调空间的楼板、隔墙	北墙传热阻限值的 90%						

（2）当住宅建筑按节能 60%标准设计时，墙体传热阻、热惰性指标应符合表 6-3、表 6-4 的规定。

夏热冬冷地区节能65%墙体传热阻限值 R_0（单位：$m^2 \cdot K/W$）、热惰性指标 D　表6-3

<table>
<tr><th rowspan="2">朝向</th><th rowspan="2">太阳辐射吸收系数</th><th colspan="3">≥6层</th><th colspan="3">4～5层</th><th colspan="2">≤3层</th></tr>
<tr><th>1.6≤D≤2.5</th><th>2.5<D≤4.0</th><th>D>4.0</th><th>1.6≤D≤2.5</th><th>2.5<D≤4.0</th><th>D>4.0</th><th>1.6≤D≤2.5</th><th>D>2.5</th></tr>
<tr><td>南</td><td>≥0.6</td><td rowspan="4">1.20</td><td colspan="2">1.00</td><td rowspan="4">1.50</td><td colspan="2">1.25</td><td rowspan="4">1.80</td><td>1.60</td></tr>
<tr><td rowspan="2">东西</td><td><0.6</td><td>1.20</td><td>1.10</td><td>1.50</td><td>1.25</td><td>1.80</td></tr>
<tr><td>—</td><td colspan="2">1.00</td><td>1.25</td><td>0.74</td><td>1.60</td></tr>
<tr><td>北</td><td></td><td>1.10</td><td>1.00</td><td>1.25</td><td>0.83</td><td>1.60</td></tr>
<tr><td colspan="2">底面接触室外空气的架空板或外挑楼板、与非封闭式楼梯相邻的隔墙</td><td colspan="8">同北墙</td></tr>
<tr><td colspan="2">分隔供暖空调居住与非供暖空调空间的楼板、隔墙</td><td colspan="8">北墙传热阻限值的60%，且不小于0.65m²·K/W</td></tr>
</table>

徐州、连云港地区节能65%墙体传热阻限值 R_0（单位：$m^2 \cdot K/W$）、热惰性指标 D　表6-4

<table>
<tr><th>建筑层数</th><th>≥12层</th><th>6～11层</th><th>4～5层</th><th>≤3层</th></tr>
<tr><td>R_0</td><td>1.55</td><td>1.67</td><td>2.00</td><td>2.22</td></tr>
<tr><td>D</td><td colspan="4">≥2.5</td></tr>
<tr><td>底面接触室外空气的架空板或外挑楼板、与非封闭式楼梯相邻的隔墙</td><td colspan="4">同北墙</td></tr>
<tr><td>分隔供暖空调居住与非供暖空调空间的楼板、隔墙</td><td colspan="4">北墙传热阻限值的90%</td></tr>
</table>

2. 公共建筑墙体热工性能指标

根据《公共建筑节能设计标准》GB 50189—2015的要求，围护结构传热系数应符合表6-5的规定。

公共建筑围护结构传热系数限值 K［单位：$W/(m^2 \cdot K)$］　表6-5

	严寒A、B区	严寒C区	寒冷地区	夏热冬冷地区	夏热冬暖地区
屋面	≤0.35	≤0.45	≤0.55	≤0.70	≤0.90
外墙（包括非透明幕墙）	≤0.45	≤0.50	≤0.60	≤1.0	≤1.0

3. 保温隔热墙体配套材料性能要求

墙体保温隔热采用专门的配套材料，以加强各层之间的粘接或连接强度，确保系统的安全性和耐久性。根据建筑物不同部位保温隔热特点，优选外墙的保温隔热材料系统和施工方式，如保温板粘贴、保温板干挂、聚氨酯硬泡喷塑、保温浆料涂抹等，既保证保温隔热效果，又经济实用、减少材料浪费。加强保温隔热系统与围护结构的节点处理，尽量降低热桥效应。

（1）保温隔热墙体配套材料性能指标（表 6-6）

保温隔热墙体配套材料性能指标　　表 6-6

界面层用间面剂	剪切粘结强度、拉伸粘结强度等应符合现行行业标准《混凝土界面处理剂》JC 907 的技术指标要求
抗裂砂浆	拉伸粘结强度、柔韧性(压折比(抗压强度/抗折强度))、可操作时间等应符合现行行业标准《模塑聚苯板薄抹灰外墙外保温系统材料》GB/T 29906—2013 及有关内保温技术指标要求
耐碱网格布	耐碱断裂强度保留率(%)(经、纬向)、耐碱断裂强力(N/50mm)(经、纬向)、单位面积质量(g/m^2)等应符合《模塑聚苯板薄抹灰外墙外保温系统材料》GB/T 29906—2013 技术指标要求
热镀锌钢丝网	锌涂层厚度(um)、焊点拉力等应符合现行行业标准《镀锌电焊网》QB/T 3897 的技术指标要求，单位面积质量(g/m^2)应在 0.6～0.9kg/m^2，参照现行行业标准《外墙外保温工程技术标准》JGJ 144
柔性耐水腻子	容器中状态、施工性、干燥时间(表干)、初期干燥抗裂性(6h)、打磨性、吸水量(g/10min)、耐水性(96h)、耐碱性(48h)、粘结强度、动态抗干裂性、低温储存稳定性等应符合现行行业标准《建筑外墙用腻子》JG/T 157 的技术指标要求
陶瓷粘结剂预勾缝粉	压剪强度、压折比等应符合现行行业标准《陶瓷砖胶粘剂》JC/T 547 的技术指标要求
保温锚拴	单个锚拴抗拉承载力指标值、单个锚拴对系统传热增加值应符合《模塑聚苯板薄抹灰外墙外保温系统材料》JG 149—2003 的技术指标要求

（2）墙体自保温体系各配套材料性能指标

1）加气混凝土墙体自保温体系中所用砌块及砂浆应符合现行国家标准《蒸压加气混凝土砌块》GB/T 11968 和现行行业标准《蒸压加气混凝土墙体专用砂浆》JC/T 890。

2）“冷、热桥”及“借缝”处理层应符合现行国家、行业、地方或企业标准和设计要求。

3）烧结微孔保温砖砌筑、抗裂抹面砂浆层、饰面层、节点细部构造等应符合现行国家、行业、地方或企业标准和设计要求。

4. 围护结构保温隔热墙体基本要求

（1）材料性能

1）选用耐候性及耐久性良好的材料，施工确保密封性、防水性和保温隔热性；

2）采用专用的配套材料，以加强各层次之间的粘结或连接强度，确保系统的安全性和耐久性；

3）优选外墙保温隔热材料和施工方式，例如保温板粘贴、保温板干挂、聚氨酯硬泡喷涂、保温浆料涂抹等，保证保温隔热效果，减少材料浪费；

4）加强保温隔热系统与围护结构的节点处理，尽量降低热桥效应。针对建筑物的不同部位保温隔热特点，选用不同的保温隔热材料。

（2）墙体性能

1）保温隔热墙体应能适应结构层的正常变形，不产生表面裂缝、空鼓和脱落；

2）保温隔热墙体应满足承重要求，不产生不利于继续承担荷载的较大变形；

3）保温隔热墙体应能承受风荷载、地震荷载等突发荷载作用，不发生破坏；

4）保温隔热墙体材料应符合现行建筑消防设计规范要求；

5）保温隔热墙体应具有良好的防水渗透和防潮性能；

6）保温隔热墙体应具有良好的抗腐蚀性能；

7）保温隔热墙体应符合国家及江苏省现行标准的有关规定要求。

6.1.3 墙体保温隔热适宜技术

对墙体保温隔热技术而言，选择何种保温隔热技术取决于该技术能否实现当前节能建筑设计目标以及节能建筑的标准和要求；材料能否因地适宜，能否满足节能、节地、节材、节水、利废、环保和节约资源要求。江苏墙体保温隔热适宜技术指符合国家相关政策，适合江苏地域特征，发挥江苏地方优势，满足江苏地方需求，适应江苏技术经济发展水平，施工技术和工艺先进，从江苏气候、环境条件和工程实践中发展而来，并且具有一定前瞻性的可行技术。

本章墙体保温隔热技术主要针对不透明墙体，少量透明墙体如玻璃幕墙等传热特征与不透明墙体存在本质差别而归为窗户类，外墙保温隔热技术整体划分为单一墙体节能技术和复合墙体节能技术

1. 单一墙体节能技术

单一墙体节能技术多数为自保温技术，墙体结构仅由单一材料制成的具有一定保温隔热能力的块材砌筑而成，并能满足当地地域气候节能要求。通过改善建筑墙材本身的热工性能达到墙体节能效果。即以墙体材料自身良好热工性能和良好力学性能为基础，构筑形成构造简单、施工便捷的节能环保型墙体。

通常，热阻大传热系数小，或孔洞率高的多孔砖或空心砌块可用作单一节能墙体。目前建筑节能常用单一墙体技术中的墙体材料主要有：普通多排孔混凝土砌块，蒸压、加气混凝土砌块，陶粒混凝土砌块，轻质砂加气混凝土砌块，蒸压（烧结）粉煤灰矸石，模数空心砖，泥质尾矿砖，江（河）淤泥烧结砖等。

2. 复合墙体节能技术

复合墙体节能技术指在墙体结构内、外表面或中间附有或镶嵌多种保温材料构成的墙体节能技术。当对外墙体保温隔热要求提高或利用墙体材料本身保温隔热性能的单一墙体难以实现围护墙体保温隔热功能时，建筑节能的措施是采用复合墙体。复合墙体节能，一般通过在基层墙体上加一层或数层复合保温隔热材料来改善整个墙体的热工性能热。常采用导热系数小的高效保温绝热材料，如：聚苯板、玻璃棉、岩棉板、矿棉板等粘附于主体结构；也可以采用增加主体结构材料层与空气间层复合构成，多用于外墙保温性能要求较高、单一墙体材料难以达到保温隔热要求时。复合墙体节能技术按照保温材料与主体结构位置的不同，大致分为内保温（保温层在外墙室内面内）、外保温法（保温层做在外墙室外面）复合自保温以及夹心保温法或外墙内保温的形式。复合墙体保温构造类型如图 6-1 所示。

本节主要介绍外墙外保温、外墙内保温和夹心保温技术，而自保温技术将在下一节重点介绍。

1. 外墙内保温技术

墙体内保温技术是由两种或两种以上建筑材料构成，将高性能保温隔热材料置于外墙内侧的复合墙体节能技术。与外墙外保温技术相比，墙体内保温在节能建筑中曾经表现出

(a)

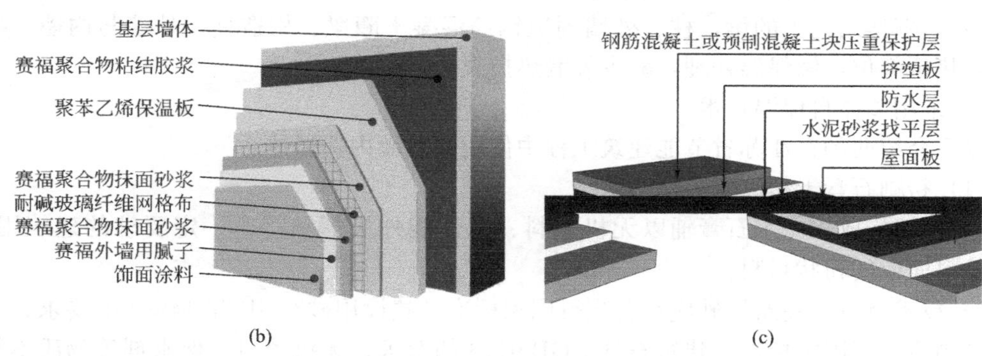

(b)　　(c)

图 6-1　复合墙体保温构造类型

(a) 内保温构造；(b) 外保温构造；(c) 夹心保温板构造

一些优势，但也存在较明显的缺点。

（1）内保温墙体的几种类型

1）抹保温砂浆型：在基层墙体的内侧抹适当厚度的保温砂浆等。常用保温砂浆有膨胀珍珠岩保温砂浆、聚苯颗粒保温砂浆等，施工时要求确保保温层厚度和质量。

2）粘贴型：在基层墙体内墙面粘贴保温材料，粘贴的材料有阻燃型聚苯板、水泥面石膏聚苯复合板、纸面石膏岩棉复合板、纸面石膏玻璃棉复合板、饰面石膏聚苯板等。

3）龙骨内填型：对一些保温要求高的建筑，为达到更好的热工性能，在外墙的内侧设置木龙骨或轻钢龙骨骨架，再在其中嵌入玻璃棉、岩棉等，表面封盖石膏板，板缝处粘贴密封胶带，再外刷涂料。

（2）外墙内保温主要优点

1）绝热材料复合在承重墙内侧，技术不复杂，施工简便易行；

2）不用担心保温材料寿命，墙体外贴面砖不影响墙体内侧保温构造；

3）可有效避免和抵御大风多雨天气对墙体保温隔热材料的破坏作用；

4）造价相对低廉。

（3）外墙内保温主要缺点

1）保温层不连续，难以避免冷（热）桥的产生，冷（热）桥往往存在于内外墙的交界处、构造柱、框架梁、门窗洞等部位，这些部位一般都含有一些金属结构，金属是热的优良导体，因此加剧了传热，降低了保温效果。

2）冬季室内的水蒸气比较容易通过保温材料层渗透，致使保温材料与实体墙界面处结露、结霜，而且由于热桥部位内表面温度较低，寒冬期间，该处温度低于室内空气的露点温度时，水蒸气就会凝结在表面，形成结露，这样的潮湿表面很容易发霉。热桥严重的部位，在寒冬时甚至会滴水。

3）防水和气密性较差。

4）内保温板材出现裂缝的现象较普遍。

5）室内防火存在安全隐患问题。

（4）外墙内保温技术完善措施

1）设置隔汽层，以防止墙体产生冷凝现象；

2）表面封盖石膏板，并在板缝处粘贴密封胶带；

3）对框架结构中的梁，柱、外墙周边钢筋混凝土圈梁、构造柱，外墙与内墙、楼板连接等热桥部位，做保温处理，减少外墙热损失；

4）采用墙体自保温技术。

以下介绍两种在江苏省节能建筑工程中使用的外墙内保温体系。

（1）粉刷石膏干粉砂浆内保温系统

1）系统构成：半水石膏辅以无机填料、高性能外加剂和符合一定要求的建筑用砂、保温填料而成的粉状材料。

2）技术特点：建筑用砂应符合现行国家标准《建设用砂》GB/T 14684 的要求；半水石膏应满足现行国家标准《建筑石膏》GB 9776 的要求；无机填料、保水剂等物质不得对环境有污染和对人体有害，相关指标应符合现行国家标准《机械密封的型式、主要尺寸、材料和识别标志》GB/T 6556 中的规定，细度应与半水石膏相当，水溶性好。并且能增加粉刷石膏的白度，提高它的保水性能和强度。

3）适用范围：作为外墙外保温或自保温的补充，适用于外墙内侧和内隔墙的保温系统。

（2）无机矿物轻集料内保温系统

1）系统构成：由普通硅酸盐水泥胶凝材料、外加剂和具有一定粒径、级配的无机矿物轻集料在工厂复合而成的干拌保温砂浆。使用时只需加入一定比例的水，搅拌成黏稠膏体，粉刷到工作面上，硬化后形成砂浆保温层。

2）适用范围：作为外墙外保温或自保温的补充，适用于外墙内侧和内隔墙的保温系统。

实际上，墙体内保温技术在建筑节能初期提出，由于工程应用中外墙内保温体系存在难以解决墙体的冷热桥和二次装修等问题，尽管其费用相对低廉、安全可靠，但作为单一的节能措施难以推广，仅作为工程应用中的辅助补充措施。墙体保温隔热技术更多转向发展墙体外保温和自保温等其他技术。

2. 外墙外保温技术

外墙外保温技术是由两种或两种以上建筑材料构成，将高性能保温绝热材料置于墙体外侧的复合墙体节能技术。外墙外保温体系由于很好地解决了外墙体的冷热桥问题、有效降低墙体外部热能损失并可根据节能设计目标调整保温层厚度等优点得到广泛应用，目前使用的外保温技术有多种，应用较多的外保温技术有：

（1）在施工完成后的墙面上粘贴聚苯乙烯泡沫塑料板，然后再做保护和装饰面层；

（2）施工过程中将聚苯乙烯泡沫塑料板放于模板内侧，待浇注完混凝土拆模之后，再做保护和装饰面层；

（3）将聚苯乙烯泡沫塑料颗粒搅拌于特殊砂浆，涂抹在外墙面上。

外墙外保温技术的主要优点：

（1）适用范围广，保护主体结构，延长建筑物寿命，由于保温层置于建筑物围护结构外侧，缓冲了因温度变化导致结构变形产生的应力，避免了雨、雪、冻、融、干、湿循环造成的结构破坏，减少了空气中有害气体和紫外线对围护结构的侵蚀；

（2）消除热（冷）桥的影响，有利于提高墙体的防水性和气密性，使墙体潮湿情况得到改善；有利于保持室内温度稳定，改善室内热环境质量；

（3）便于对既有建筑物进行节能改造，并可在一定程度上增加建筑物的使用面积，同时避免室内装修对保温层的破坏。

外墙外保温技术的主要缺点：

（1）表面裂缝、空鼓和脱落；

（2）墙体外侧防护能力差，不能适应建筑外立面变化多样的外装饰需要。

以下介绍几种江苏省节能建筑工程中推广应用的外墙外保温体系。

（1）隔热涂料外墙外保温体系

1）技术特点：该产品对太阳辐射具有较强的反射能力，对天空具有较强的散热能力，并具有无毒、环保、耐沾污、施工方便以及较好的防火性能等优点。产品干燥时间（表干）≤2h，耐水性：96h 无异常，耐碱性：48h 无异常，耐洗刷性：≥500 次。

2）适用范围：适用于新建建筑、旧房改造以及既有保温材料的外墙饰面工程。

3）保温构造：如图 6-2 所示。

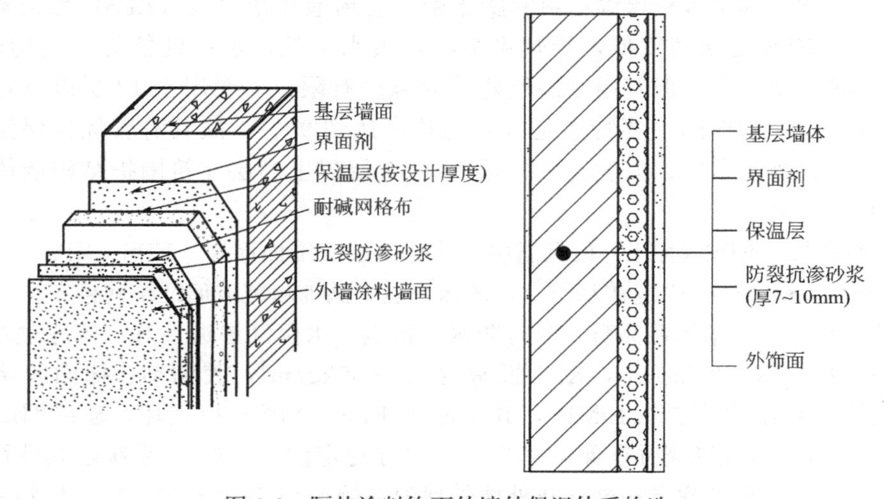

图 6-2　隔热涂料饰面外墙外保温体系构造

4）施工工艺：门窗框四周堵缝→墙面清理→吊垂直、套方、抹灰饼、充筋→弹灰层控制线→浇水顶湿→涂界面处理剂→抹第一遍保温材料→浇水养护→抹第二遍保温材料→检验平整度、垂直度、厚度→安装分格条→浇水湿润→抹防裂砂浆→浇水养护→验收→饰面层施工。

5）施工要点：

① 基层处理：基层为空心砖或多孔砖墙时，将墙面上残余砂浆、污垢、灰尘清理干净，抹灰前1d浇水润湿，抹灰前提前1h再浇水一次；基层为混凝土墙时，用10%火碱除去表面油污，再用清水将碱液冲洗干净后晾干，进行界面处理前将墙面浇水润湿；基层为加气混凝土墙时，应提前2d浇水，每天不少于两遍，渗水深度达到8～10mm为宜，抹灰前提前1h浇水一次，用界面处理剂抹涂1～3mm，在界面处理剂未干燥时随时抹保温材料。

② 保温层施工：可采用手工抹灰或机械喷涂抹灰分遍进行施工，每遍厚度不超过10mm，涂抹时应抹平压实，待保温材料初凝后浇水缀实，以备下一遍抹灰。分层抹灰间隔时间24h以上。

③ 保温层养护：待保温层初凝后再浇水养护，浇水养护不得少于7d，间隔时间根据环境干燥情况确定。

④ 分隔缝施工：采用厚度不大于抹面层厚度的塑料或其他材料制成的分割条，用界面处理剂粘贴在保温层表面，现场安装后形成分隔缝。

⑤ 防裂砂浆抹面层施工：防裂砂浆面层抹灰，必须在保护层充分凝固后进行，一般在7d后。施工前1d浇水湿润，抹灰前1h再浇水一遍。防裂砂浆应随伴随用，停放时间不宜超过3h，落地灰不得回收使用。

⑥ 防裂砂浆抹面层养护：材料初凝后应浇水养护，且养护不得少于7d，间隔时间根据环境干燥情况确定。

（2）聚苯板（EPS、XPS）薄抹灰外墙外保温体系

聚苯板（EPS、XPS）薄抹灰外墙外保温体系是集墙体保温和装饰功能于一体的新型构造系统。常用的聚苯板保温材料有膨胀聚苯乙烯泡沫塑料板（EPS）和聚苯乙烯挤塑板（XPS）。EPS表面密度低，导热系数小，吸水率低，隔声性能好，结构较均匀，价格适中，被广泛应用，但其用于高层建筑时强度有限，一般用于12层以下建筑围护结构墙体外保温；XPS的主要特点是因其闭孔率达到99%，故其有着优异保温隔热性能，抗渗性好，吸水率低，强度高，一般用于17层以上高层建筑围护结构墙体保温隔热，但其价格偏高。

1）系统构成：EPS（XPS）板保温层＋薄抹面层＋饰面涂层。EPS（XPS）板用胶粘剂（如聚合物）粘结砂浆固定在基层上，薄抹面层中满铺耐碱玻璃纤维网格布。

2）技术特点：技术体系完整，具有防水、抗裂、水蒸气渗透性好，抗冻融性好等特点。EPS板密度18～22kg/m^3，XPS板密度25～35kg/m^3，胶粘剂、抹面胶浆与EPS（XPS）板拉伸粘结强度≥0.10MPa，并且应为EPS（XPS）板破坏。玻纤网断裂强度≥1500N/50mm，耐碱断裂强度保留率50%，尺寸稳定性≤0.3%。系统耐候性符合标准规定。执行标准：《膨胀聚苯板薄抹灰外墙外保温系统》（JG149－2003）；《模塑聚苯板薄抹灰外墙外保温系统材料》GB/T 29906—2013。

3）适用范围：各类气候区混凝土砌体结构外墙。

4）保温构造：如图 6-3 所示。

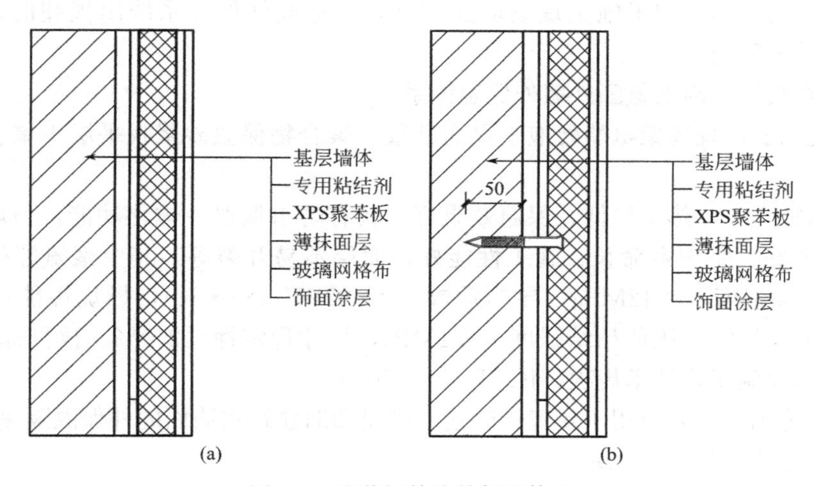

图 6-3　聚苯板外墙外保温体系

（a）EPS 外保温构造；（b）XPS 外保温构造

5）施工要点：

① 将基层墙体清理干净，无油污、灰尘、涂料、污垢、泥土等，凿除墙体表面的凸出物，清除松动和风化部分，用水清洗干净，不平整时用水泥砂浆修补平整。

② 胶结材料配制按要求进行，应根据气候情况掌握胶浆的黏稠度，严格控制加水量。

③ 尽量使用标准尺寸的聚苯板，非标准尺寸聚苯板应采用热丝切割器进行切割加工。

④ 应根据要求裁剪网格布，标准网格不应留出搭接长度最少 65mm。

⑤ 选用材料时应注意，聚苯板厚度不小于 25mm，聚苯保温板须选用阻燃型。EPS 板不能使用 18kg 以下级的，最好选用 20kg 以上级的；XPS 板不能选用全部使用回收塑料加工的（因板质刚度大）；丙烯酸胶要求使用配套的专用胶，严格按应用技术规程施工。也可选择聚苯保温装饰板作为建筑外墙外贴外保温技术措施，通常板厚达到 25mm，传热系数能满足节能墙体设计要求，施工时注意选用配套的专用嵌缝胶。

6）存在的问题：

聚苯板（EPS 和 XPS）薄抹灰外墙外保温体系在江苏省建筑节能中发挥了重要作用，但其存在的缺陷也会制约其在建筑节能领域的进一步发展，主要问题如下。

① 系统防潮和防水性能缺陷。系统对保温组成材料质量要求高，若表面聚合物抗裂砂浆和耐碱玻璃纤维网格布性能达不到检测参数要求，恶劣天气之后，系统表面会开裂，水汽易进入保温层，不仅降低保温效果，也会加剧保温层老化，冻融干湿循环易使整个系统局部破坏，影响耐久性。

② 聚苯板化学稳定性较差。聚苯板具有一定的阻燃性，其防火能力可以达到 B2 级，但当温度达到 80℃以上时会严重收缩变形，遇上明火时便会融化流淌，造成整个保温系统

崩溃。

③ 保温系统出现翘曲、变形。若聚苯板出厂前未满足陈化 42d 的要求，板材内温不能降低，这样的聚苯板用于施工现场墙面粘贴，易造成外保温系统出现翘曲、变形、开裂、渗水等质量问题。

（3）现场喷涂硬泡聚氨酯外墙外保温体系

1）系统构成：现场聚氨酯硬泡＋界面砂浆＋聚合物保温砂浆找平层＋聚合物抗裂砂浆保护层。

2）技术特点：导热系数低，保温效果好，具有防水保温一体化功能，与墙体粘结牢固、耐候性能好、使用寿命长、施工性能好、面层不易开裂等。其中聚氨酯硬泡密度≥$30kg/m^3$，压缩强度≥0.12MPa，导热系数≤0.022W/（m·K），燃烧性能等级 B2 级，抗拉强度≥0.10MPa，压剪粘结强度≥0.1MPa，尺寸稳定性≤2.0%。执行标准：《聚氨酯硬泡体防水保温工程技术规程》JG/T 001—2005。

3）适用范围：主要应用于新建、改建、扩建和旧建筑物墙面的外保温隔热工程。

4）保温构造：如图 6-4 所示。

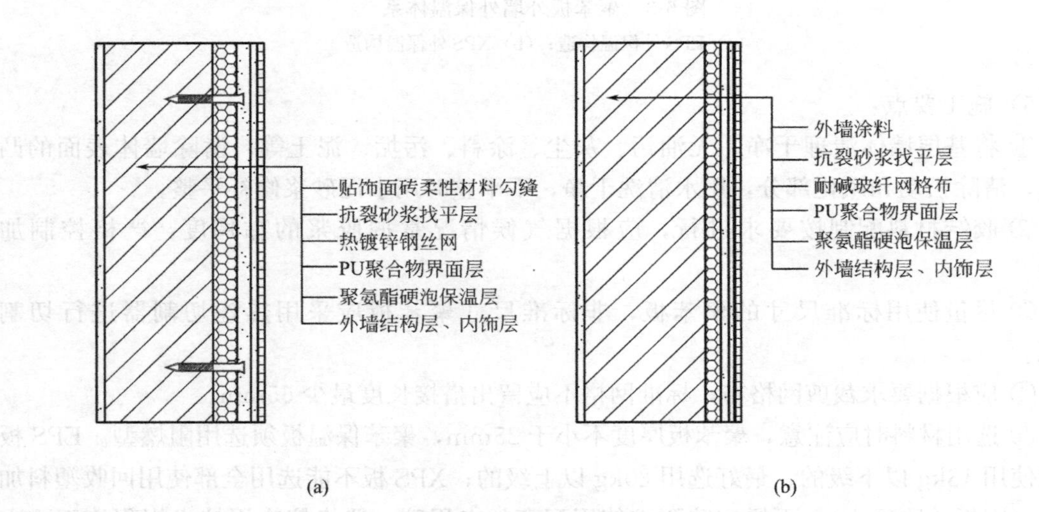

图 6-4　聚氨酯硬泡外保温体系构造

（a）面砖饰面；（b）涂料饰面

5）施工工艺：

① 清扫干净基层，不得有油污、灰尘等，并保持干燥。

② 计算各物料比例，试配后确定。

③ 施工环境温度宜为 10～40℃，风速不大于 5m/s，相对湿度小于 80%。

④ 现场存放物料应防雨、防晒。

⑤ 喷涂作业时，应先通压缩空气，再启动物料泵，将开始的料液放弃，待比例正常后开始喷涂作业。喷枪头距作业面的距离不宜大于 500mm，均匀移动喷枪。第一层喷涂厚度不超过 10mm，以后每层喷涂厚度不超过 15mm。每次喷涂须待前次喷涂面不粘手后再喷涂下一层。

⑥ 当暂停作业时，应先停物料泵，待管路中物料吹净后才停压缩空气。

⑦ 喷涂作业中，应随时检查发泡质量，发现问题立即停机，查明原因后方能重新作业。

⑧ 喷涂作业中途应喷涂一块 500mm×500mm 同厚度试块，备检测用。

⑨ 喷涂作业后的 30min 内，聚氨酯硬泡体上严禁上人行走或受压。

6）存在的问题：

现场喷涂聚氨酯硬泡外墙外保温系统比 EPS、XPS 外保温系统具有明显的优势。随着国家对建筑节能全面实行 65%标准，喷涂聚氨酯硬泡外保温系统的推广应用前景广阔，但仍然存在下列问题。

① 价格明显高于苯板薄抹灰外墙外保温系统。

② 对施工期间的环境温度和湿度、风速要求高，雨雪天气或基层潮湿不能施工，使多雨潮湿的江苏地区施工受限制。

③ 系统目标使用寿命为 25 年，不能和建筑同寿命，25 年后老化了，使系统性能降低。

将聚氨酯硬泡在工厂里制成聚氨酯硬泡保温板和聚氨酯硬泡复合保温板成品，前者施工工艺基本同聚苯板薄抹灰外墙外保温系统，后者直接粘贴或钉挂于墙体面上。

（4）硬泡聚氨酯板（PUR）板薄抹灰外墙外保温系统

1）系统构成：PUR（硬泡聚氨酯板）保温层＋薄抹面层和饰面涂层构成。PUR 板用胶粘剂固定在基层上，薄抹面层中满铺玻璃纤维网格布。

2）技术特点：PUR 板密度＞35kg/m^3。胶粘剂、抹面胶浆与 PUR 板拉伸粘结强度≥0.10MPa，并且应为 PUR 板破坏。玻纤网断裂强度≥1500N/50mm，耐碱断裂强度保留率 50%，导热系数≤0.024W/（m·K）。系统耐候性符合标准规定。执行标准：《硬泡聚氨酯保温防水工程技术规程》GB 50404—2017。

3）适用范围：各类气候区混凝土和砌体结构外墙

（5）保温复合装饰板外保温体系

1）系统构成：保温装饰板专用胶粘剂粘贴并用膨胀锚栓辅助锚固，设置于建筑物外表面，再用专用嵌缝条和硅酸嵌补缝口，对建筑物起隔热保温和装饰作用的体系。

2）技术特点：保温装饰板（EPS、XPS 板）的表观密度为≤20kg/m^3，尺寸稳定性≤0.3%，燃烧性能 B2 级。导热系数热阻满足设计要求。

3）适用范围：各类地区新建或既有建筑外墙保温和装饰

（6）装饰板干挂外墙保温、隔热构造技术

1）系统构成：建筑外表面上固定龙骨，保温材料覆在龙骨间的墙面上，保温材料通常采用 40mm 以上厚（根据节能设计标准取值）的矿棉、玻璃棉等，对建筑外墙体起到保温作用；然后在龙骨上外挂装饰板或转，上下板与板或砖与砖之间叠合或采取胶泥嵌缝。

2）技术特点：装饰板与保温材料之间留有 10mm 间隙，不仅能阻断太阳对墙体的直接辐射，而且保护了保温材料，墙体透气性好，并起到防雨作用。这种构造技术将保温、隔热措施分别设计。

3）适用范围：江苏省各地区节能建筑。

(7) 墙体外保温隔热技术工程应用

1) 江苏银城西堤国际住宅

江苏银城西堤国际住宅外墙采用加气混凝土砌块外贴聚苯保温板，达到节能65%标准，如图6-5所示。

(a)

(b)

图6-5 江苏银城西堤国际住宅节能外墙的施工

(a) 加气混凝土砌块施工现场；(b) 外墙保温隔热系统施工现场

2) 南京聚福园国家建筑节能示范工程

南京聚福园小区建于2001年3月，2002年9月竣工并交付使用，其结构形式分别有钢筋混凝土剪力墙、钢筋混凝土异型框架以及采用KP多孔砖和页岩模数砖外墙砌体的结构体系，住宅外墙采用江苏地方墙改材料，并采用挤塑聚苯板外墙外保温技术，并和承重墙体一体化施工，施工简便，造价不高，建筑外墙传热阻值超出国家规范76%，如图6-6所示。

图6-6 南京聚福园小区挤塑聚苯板外墙施工现场

3) 南京天泓山庄住宅小区节能示范工程

天泓山庄住宅小区是由南京栖霞建设股份有限公司采用新产品、新技术、新材料和新工艺建造，墙体承重结构采用推广的混凝土小型空心砌块和非黏土砖砌体结构住宅体系。围护结构大量采用外保温和内保温的复合外墙做法，较大幅度降低了外墙的传热系数，图6-7为该小区所采用的高效外保温复合外墙。

(a)

(b)

图6-7 天泓山庄住宅小区挤塑聚苯板外墙施工现场

(a) 混凝土小型空心砌块墙体；(b) 聚苯板外保温体系

4）南京锋尚节能技术体系

南京锋尚为降低建筑的能耗，外墙采用干挂饰面砖复合外保温隔热技术（图6-8）。该保温系统有三部分构成。

① 保温层为100mm厚自熄型模压聚苯板（EPS），板与结构墙体进行粘结加钉结。

② 50mm厚流动空气层，其作用主要是隔热并蒸发保温材料上的水分和湿气，保证保温材料的干燥并延长保温材料使用寿命。

③ 开放式瓷板干挂幕墙，直接通过龙骨和预埋件与主体结构联系。既抗风压、抗震、抗冻融，又对结构起到保护作用，使保温层不受外界太阳辐射和雨水的影响。

5）常州市天安新城市花园

常州市天安新城市花园建筑为框架结构，2004年竣工，建筑外墙采用聚苯颗粒复合保温材料外保温，涂料饰面。外围护墙体传热阻达0.82（$m^2 \cdot K/W$），满足《夏热冬冷地区居住建筑节能设计标准》JGJ 134—2010对外墙热工指标要求，如图6-9所示。

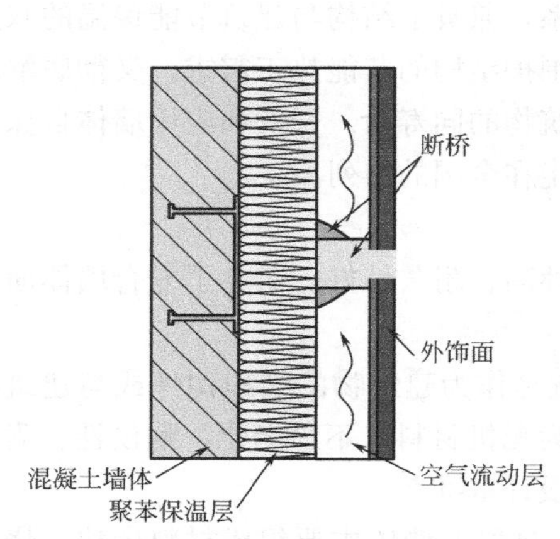

图6-8 南京锋尚外保温构造

图6-9 常州市天安新城市花园外墙采用聚苯颗粒复合保温砂浆

6）苏州都市花园节能墙体技术应用

苏州都市花园建筑外墙采用 EPS 薄抹灰外墙外保温技术，内隔墙采用 ALC 砌块材料，建筑墙体整体达到节能要求，如图 6-10 所示。

(a)

(b)

图 6-10　苏州都市花园节能墙体技术应用

（a）内隔墙 ALC 板材料样块；（b）EPS 薄抹灰保温墙体外粉涂料

3. 外墙自保温技术

目前常用的外墙外保温体系存在各种缺陷，制约了外保温体系在建筑节能的应用，开发研制和推广应用更加适合外墙保温体系，显得十分重要和迫切。外墙自保温体系即具有良好保温隔热性能的墙体材料和成套应用技术，既可以解决外保温系统的安全性问题，也可以解决耐久性问题，保持与建筑物同使用寿命。为实现节能 65%的目标，采用自保温体系与内保温或者自保温体系与外保温的有机结合，是技术与经济兼并考虑的有效方法。

自保温系统是指建筑物外围护墙体采用具有较大热阻的墙体材料（如复合保温砌块、蒸压加气混凝土砌块、蒸压加气混凝土板、页岩模数多孔砖等），使用配套的专用材料进行砌筑或安装，配套合理的“冷桥”及“接缝”处理措施构成的外墙保温系统。

自保温墙材是节能与结构一体化的新型墙材体系，兼具了结构与建筑节能保温的双重性能。外墙自保温体系既可以解决或基本解决外墙围护结构的节能热工需求，又彻底解决了外墙外保温体系的安全隐患，实现保温体系与建筑物的同寿命。开发和应用墙体自保温技术是江苏近几年建筑节能的主要方向，并且一直走在全国的前列。

（1）自保温技术的主要优点

墙体自保温技术构造简单、施工速度快、可靠性高、耐久性好，避免了复合墙体面临的主要技术问题，具体表现如下：

1）良好的耐候性、耐久性。白保温墙体本身就是作为建筑物的结构构件或与建筑物主体结构连成主体的填充墙体，各组成材料大部分为无机材料，不易老化，耐候性、耐久性好，与建筑物同寿命，设计寿命可以是建筑物的设计基准期。

2）防火性能、抗冲击性佳，系统安全、可靠。自保温墙体主要组成材料砌块、烧结砖、砌筑砂浆等大部分由无机不燃材料构成，防火性能佳。自保温墙体既是基层墙体，又是保温构件，抗冲击性能佳；外贴饰面砖、挂石材和传统的做法一样，不受建筑物高度等限制，安全可靠。

3）良好的隔热性能。自保温墙体热惰性指标一般都较大，墙体具有较大的衰减值和延迟时间，具有较好的隔热性能，特别适用于夏热冬冷地区和夏热冬暖地区。

4）绿色环保特性。自保温墙体的主要无机材料在生产、运输和使用过程中不产生任何污染，生产能耗和使用能耗都很低，产品不含有害、放射性物质；绿色、环保，混凝土砌块、江湖淤泥烧结砖等还可以大量采用粉煤灰等废渣、江湖淤泥、污泥等原料，充分利废，节能、节地、环保、实现可持续发展。

5）施工便捷性。自保温墙体中，砖、砌块类墙体主要施工工艺为砌筑工艺，板材类主要施工工艺为安装工艺，不存在粘贴、喷涂等工艺，施工工艺简单，施工方便、快捷，易于掌握。

6）综合经济性较好。自保温墙体虽然比普通的砌筑墙体成本要高一些，但省去了外墙外保温系统的成本费用，综合成本比外墙外保温系统更有优势。砌块类的自保温墙体可以有效减轻建筑物的自重，减少基础和结构投入，降低施工时的劳动强度，减少建筑物综合造价。另外，自保温墙体与建筑物同寿命，在建筑物全寿命周期内无需再增加费用进行维修、改造，可最大限度地节约资源、费用。

7）建筑质量通病少。外墙外保温系统施工质量较难控制，保护层开裂、空鼓、渗水、保温层脱落、面砖脱落等质量通病时有发生，贴板类的保温系统在施工中很容易引起火灾，严重者威胁人的安全和工程的安全。自保温墙体则不存在这些质量通病。

（2）自保温墙体材料

自保温体系有单一墙材和复合墙材的结构体系，页岩模数多孔砖、江湖淤泥烧结砖、蒸压加气混凝土砌块、陶粒等轻集料砌块以及各种节能砖和 NALC 板属于自保温单一墙材；轻集料砌块指采用浮石、火山渣、煤渣、煤矸石、陶粒等轻集料制成的砌块（砖）。页岩模数多孔砖以页岩为主要材料，经高真空度挤出成型和高温焙烧而成的高孔洞率的节能型烧结砖。而在墙材（板或砌块）内镶嵌高效保温材料的各种复合砌块及墙板，则属于自保温复合墙体结构体系。复合墙体自保温结构体系具有抗震、保温、缩短工期、控制成本等突出优势。

（3）墙体自保温体系施工工艺

1）砌块自保温系统施工工艺流程：测量放线→铺底找平→砌筑→顶皮砖砌筑→顶缝处理→门、窗过梁→冷桥处理→贴耐碱玻纤网格布→开槽、补缝→乳胶漆墙面装修（油漆或涂料）及瓷砖装修。

2）施工要点：

① 测量放线：按设计图纸，将所砌墙体位置中线和边线用墨线弹于地上和梁板上，侧面墙柱上弹出皮数线。

② 铺底找平：砌砌块前用 1：3 水泥砂浆铺底找平。

③ 砌筑：砌筑前应按排块对异形块用锯进行切割配块，砌筑砌块需用专用胶粘剂。砌筑时要带上通线，抹胶粘剂时用专用带齿小铲，将水平缝和砌块侧缝一次刮抹，然后摆上砌块，用橡皮锤及水平尺调正，如此一层层砌筑，在墙端部和混凝土墙柱相接面每隔二皮设置“L”形连接件。砌筑应采用专用铺浆工具和其他辅助砌筑工具，确保灰缝厚度，并随时校正垂直度和平整度。

④ 顶皮砖砌筑：首先吊线，根据排块要求安装专用角铁，根据顶皮砌块的尺寸配块，抹胶粘剂后放置砌块，用橡皮锤和水平尺找平、校正，将专用角铁与砌块连结，用铁钉固定。

⑤ 顶缝处理：砌好的墙与混凝土梁底部应留 10～20mm 间隙，将直径 20mm 的 PE 棒平直地塞进缝内，打发泡剂，用裁纸刀将固化后多余的发泡剂平齐墙面削掉。

⑥ 门、窗过梁：为了固定门窗框，可在砌块中砌筑混凝土砖，也可用尼龙锚栓安装。门窗洞口上可用槽钢嵌入过梁。

⑦ 梁柱等混凝土冷桥部位：可以采用改性聚氨酯发泡处理，聚氨酯厚度须达到冷桥聚氨酯的设计厚度。

⑧ 贴耐碱玻纤网格布：保温层与墙体间须采用耐碱网格布加强。为了防止门窗角及管线槽处开裂，需在门窗角及管线槽处贴耐碱玻纤网格布。

⑨ 开槽、补缝：首先在需开槽位置弹线、用手提切割机切两条缝，沿缝用凿子剔槽，管线安装固定后，刷一道专用液态界面剂，用聚合物砂浆修补，凹入平面 8～10mm，干燥后用修补粉补平。

⑩ 内外墙表面可做砂浆粉刷或面砖贴面，但须先抹 1～3mm 厚界面剂；也可不作砂浆粉刷，直接抹腻子作涂料。

（4）自保温墙体技术完善措施

针对自保温墙体系统存在的不足，在设计、施工等环节上需要采取以下相关措施：

1）墙体保温相关技术措施

① 保温系统工程设计方案，应根据各类建筑隔热保温项目的技术要求、区域自然条件、建筑结构特点、工程耐用年限、维修管理等因素，经技术经济综合比较后确定。

② 自保温墙体砌筑砂浆须采用导热系数小的配套专用砌筑砂浆。

2）热桥处理

热桥在建筑物外围护结构墙体面积中占有一定的比例，墙体自保温系统与外保温系统相比热桥较多，在夏热冬冷地区对暖通空调能耗有一定的影响，在较冷的天气还容易结露。采取的处理措施有：采用聚苯乙烯泡沫塑料板粘贴、聚氨酯喷涂、保温砂浆粉刷等方法对热桥进行保温加强。为保证自保温墙体外立面效果，设计热桥混凝土梁、柱往里缩 20～30mm，留作自保温墙体热桥保温处理。

3）质量通病防止措施

① 不得使用龄期不足、破裂、不规整、浸水或表面被污染的砌块。砌筑时应控制砌块的含水率。

② 砌块类砌体砌筑砂浆须有良好的保水性、和易性和流动性。

③ 自保温外墙必须采取有效的防水措施和抗裂措施。砌块类墙体应采用收缩较小的砌块和砌筑材料，墙体与不同材料（如混凝土墙、梁、柱、板）的交接处应采用加强网加强，砌块墙体门窗洞应采取实心砖砌筑，门窗洞口四角应采用加强网加强，窗台应加设现浇或预制钢筋混凝土压顶；砌块墙体应与钢筋混凝土梁、柱或剪力墙拉结；外墙部位的砌块墙体与不同材质的构件连接处设置控制缝，采用加强网加强。

④ 外粉刷层中应设计分格缝，分格缝应根据建筑物立面分层设置，采用密封材料嵌缝。

4）配套材料

自保温墙体主要由保温砖、砌块砌筑而成，或由加气混凝土板等自保温材料拼装而成，相关重要的配套材料有专用砌筑砂浆、连接件等。对砌筑类的自保温墙体，普通的砌筑砂浆导热系数大，用于砌筑自保温墙体易在灰缝处形成大量的热桥，从而降低了自保温墙体的保温隔热效果，必须采用导热系数小的配套专用砌筑砂浆。选用的配套材料须符合国家及地方现行建筑节能标准的规定。

5）裂缝防止

砌筑类的自保温墙体主要采用轻集料砌块、复合保温砌块、轻质砂加气混凝土砌块、页岩模数多孔砖、江湖淤泥烧结砖等新型墙材，砌块类的墙体很容易发生开裂、渗水等质量通病；安装类的自保温墙体主要采用加气混凝土板拼装，板缝处很容易开裂、渗水。因此，必须采取有效的措施进行处理。

（5）墙体自保温应用推广技术

1）淤泥烧结节能砖

淤泥烧结节能砖具有节土、节能、利废、隔热保温等优点，分为外围护结构承重墙用砖和外围护结构非承重墙用砖两种。规格同 KP1 和 KM1 空心砖，有 240mm×115mm×90mm 及 190mm×190mm×90mm 两种。主要用于建筑节能 50%目标的承重和非承重的外围护结构墙体。

① 系统构成：淤泥烧结砖以江河、湖泊和污水处理厂等淤泥作为主要原料，采用专用的激发剂进行淤泥脱水，掺入粉煤灰等有机废料烧结而成，经科学配制，通过专用成型设备制成砖坯，再经过高温焙烧。

② 技术指标：体积密度：承重型 1300～1400kg/m^3；非承重型 1100～1300kg/m^3；导热系数：承重型为 50.34W/(m·K)，非承重型 50.32W/(m·K)；外围护结构墙体传热阻 $R \geqslant 0.74m^2 \cdot K/W$；混凝土冷桥部位传热阻 $R \geqslant 0.52m^2 \cdot K/W$；孔洞率：承重型>25%，非承重型>35%；强度等级分别为 Mu15.0、Mu10.0、Mu7.5、Mu5.0；抗冻性、质量损失率≤2%。

当淤泥烧结节能砖建造墙厚 200mm 时，外墙传热阻为 0.83m^2·K/W，热惰性指标 D 为 5.3；墙厚 240mm 时，外墙传热阻为 0.95m^2·K/W，热惰性指标 D 为 6.2。

③ 主要缺点：墙体内水分不易散发出来，保温效果在竣工后 2 年内受影响。

④ 处理措施：热桥部位常辅以轻质砌筑砂浆措施，形成新型的外墙自保温节能体系。采用轻质砌筑砂浆的干密度为 900～1200kg/m^3，抗压强度大于 7.5MPa，导热系数小于 0.32W/(m·K)。

淤泥节能砖自保温墙体技术工程应用实例：南通市建设新技术开发推广中心研究开发和应用由江河淤泥与粉煤灰（或炉渣等）烧结而成的微孔节能砖（S 系列节能砖）和 JMS 轻质砌筑保温砂浆构成的外墙自保温节能技术，使建筑结构外围护墙体传热热阻 $R \geqslant 0.74m^2 \cdot K/W$。该技术具有就地取材、变废为宝、节土节能等特点；能采用传统的操作方法，规程、规范、图集、工法等配套齐全；耐久性、耐火性能好；能较彻底地消除混凝土冷桥的不利影响；节约投资。S 系列节能砖如图 6-11 所示。

图 6-12、图 6-13 所示为南通采用江河淤泥节能砖及配套节能技术建造的天安花园。

图 6-11　江河淤泥 S 系列节能砖

图 6-12　南通天安花园

图 6-13　自保温节能砖施工现场

2）陶粒加气混凝土砌块

陶粒加气混凝土砌块可有效减轻墙体施工劳动强度，减小建筑物自重，简化地基处理，降低造价；强度高，可直接用于建筑外围护墙体结构；原材料为无机不燃物，不产生有害气体。以高温烧结陶粒为骨料的水泥基材料，可以与建筑物同寿命使用，几乎不需要维护费用，而现有外墙外保温系统一般只有 25 年的使用寿命，在整个建筑物的寿命周期内，需要巨大的维护和更新费用；墙体不易开裂；陶粒增强加气砌块墙面抹灰作业更加容易，质量更能保证；与水泥基材料相容性好等；具有极强的抗渗性。适合夏热冬冷地区 240mm 厚墙体节能 50％的目标，通过调整墙体厚度或与其他措施配套，能实现外墙节能 65％的目标。适用于多层砌体结构承重墙体以及其他结构的填充墙体砌筑工程。

① 系统构成：以粉煤灰、水泥、石膏为主要原料，添加以江湖、河道淤泥等为原料制备的轻质陶粒，经引气、混合、浇模、静养、自动切割、高压蒸气养护等工艺制备而成。

② 技术特点：干体积密度 450～750kg/m^3；抗压强度大于 3.5MP；导热系数 0.11～0.18W/(m·K)；体积饱和吸水率为 15％～20％；收缩率很小。

③ 主要缺点：梁、柱及剪力墙部位存在冷热桥。

④ 处理措施：一般的框架结构，240mm 墙已满足节能 50％要求，对于框剪结构或特

殊建筑体形系数及较大窗墙比的建筑和要求建筑节能 65%的建筑，对梁、柱、剪力墙的外部，采取 40mm 厚陶粒加气混凝土板贴面即可。贴面的方法：在浇筑前，将薄板用胶水固定在模板上再浇筑，使薄板与梁、柱、板自然联成一体。特殊工程不能满足设计要求时，对梁、柱、板及剪力墙部位也可用陶粒混凝土现浇。

3）页岩模数空心砖

页岩模数空心砖为非黏土烧结类新型墙体材料，具有多排条孔错位排列、孔洞率高、容量轻、强度高的特点，具有良好的热工性能，能满足节能 50%的要求。尺寸规格有 190mm×240mm×90mm（主砖）及 140mm×240mm×90mm（配砖）、90mm×240mm×90mm（配砖）、40mm×240mm×90mm（配砖，为实心砖）。与普通烧结多孔砖比，具有隔热保温、高强、有利于抗震、施工高效、轻质、减少砂浆用量等优点。适用于多层砌体结构承重墙体以及其他结构的填充墙体砌筑工程，主要用于建筑节能 50%目标的承重和非承重外围护结构墙体。

① 系统构成：以页岩为主要原料，经高真空挤出成型和高温焙烧而成的高孔洞率的节能型承重砖，当掺入不小于 30%的铁矿尾矿时，形成页岩尾矿模数砖，其热工性能显著提高。

② 技术指标：孔洞率≥35%；体积密度 1150～1350kg/m^3；吸水率≤16.5%；240mm 厚墙体热阻值≥0.540m^2·K/W；抗压强度≥Mu10，砌筑砂浆强度等级 M7.5；导热系数约 0.44W/(m·K)，产品型号不同时略有区别；使用该产品墙厚 200mm 时，外墙传热阻为 0.64m^2·K/W，热惰性指标 D 为 3.8；墙厚 240mm 时，外墙传热阻为 0.80m^2·K/W，热惰性指标 D 为 4.7。

③ 主要缺点：砌体强度较低，外墙易开裂。

页岩模数多孔砖工程应用实例：图 6-14 和图 6-15 所示为南京武夷绿洲和山水方舟雅苑，建筑外墙均采用页岩模数多孔砖。武夷绿洲建筑面积 70 万 m^2，分四期建设，目前已完成一、二期项目的建设。其中一期共计 17 幢多层住宅（6+1 层），建筑面积 5.5 万 m^2，砖混结构，外墙均采用 JYM 页岩模数多孔砖。二期共计 14 幢多层住宅（6+1 层），建筑面积 5.0 万 m^2，砖混结构，外墙均采用 JYM 页岩模数多孔砖。南京山水方舟雅苑，外墙采用 240 厚页岩尾矿模数多孔砖。

图 6-14 南京武夷绿洲雅苑

图 6-15 山水方舟雅苑

4）加气混凝土砌块（板）

加气混凝土砌块（板）是节能建筑中的一种新型轻质墙体材料，具有质轻、防火、隔声、抗渗、变形小、保温效果好以及易加工等优点。分为蒸压加气混凝土砌块（板）和砂加气混凝土砌块（板）。广泛应用于住宅、办公、商业、厂房等各类工业和民用建筑物的内外墙体和屋面结构中，也用于围护结构、保温及装饰工程中，并可作为特殊材料运用于其他领域（如减震材料，高速公路两侧的隔声、吸声材料、雕塑材料等）。

① 系统构成：轻质砂加气混凝土砌块是以石英砂、水泥、石灰和石膏为主要原料，经科学配料、搅拌、预养、切割，在高温高压下养护而制成的细密多孔状轻质加气砌块。蒸压加气混凝土砌块则以粉煤灰、水泥、石灰、石膏为主要原材料，通过配料、浇注成型、预养、切割、高压蒸养形成。

② 技术指标：干体积密度≤$550kg/m^3$，抗压强度≥2.5MPa，导热系数（干态）≤0.14W/(m·K)。

③ 主要缺点：砌体强度较低，外墙易开裂。

④ 处理措施：梁、柱等混凝土冷桥部位可以采用改性聚氨酯发泡处理，保温层与墙体间采用耐碱网格布加强。冷热桥部位处理如图 6-16 所示。

图 6-16　轻质砂加气混凝土砌块墙体冷热桥处理

5）W.R. 高性能加气混凝土砌块

由于加气混凝土本身材料性能的不足，加之应用技术未完全配套，如建筑构造和施工技术，还有配套材料等问题，所以用加气混凝土砌筑的墙体存在易干裂，经粉刷后易产生裂纹、起鼓等质量通病，造成加气混凝土主要用作内墙材料，极少用作建筑外围护墙的局面，导致加气混凝土隔热保温等优点得不到充分发挥，影响了加气混凝土的声誉，限制了在市场中的推广应用。W.R. 高性能加气混凝土自保温墙体还具有节土、节能、利废的优点，有利于提高社会效益、经济效益、环境效益，具有很好的推广应用前景。W.R. 高性能加气混凝土作为单一材料的自保温节能建筑墙体，施工方便，造价低，而且没有改变普通蒸压加气混凝土砌块的特性和外形尺寸，对产品检验、设计、施工及工程验收等均和普通蒸压加气混凝土砌块相同，具备可用性、可操作性强等特点，甚至达到建筑节能65%以上的设计标准，能广泛用于建筑物的外墙、内墙及非承重墙、承重墙。

① 系统构成：W.R. 高性能加气混凝土是由优质砂等多种原材料配制的轻质、高强的

多功能墙体材料。

② 技术指标：干密度 605～710kg/m^3；导热系数 0.14～0.17W/(m·K)；抗压强度 4.2～5.6MPa；干燥收缩值 0.51～0.53mm/m；抗冻性 3.8～4.9MPa。

W. R. 高性能加气混凝土砌块工程应用实例：W. R. 高性能加气混凝土砌块具有较小的导热系数和相对于保温材料有较大的蓄热系数，达到一定厚度后，其单一材料外墙的平均传热系数和热惰性指标可以满足相关节能设计标准对外墙节能的规定指标，不需要再在其墙体的外侧或内侧进行复合保温层，加之具有比其他保温材料有相对高的强度，可以满足一般框架结构围护墙体要求。W. R. 高性能加气混凝土砌块已在南通市外滩小区商办楼、南通市港闸区人民法院等工程的建筑外墙体保温体系中进行了应用（图 6-17、图 6-18）。外墙采用 W. R. 高性能加气混凝土自保温技术，既降低了工程造价、方便了施工，又达到保温体系与结构同寿命的目的，实现了建筑节能 65%以上的设计标准。

图 6-17　南通市外滩小区商办楼

图 6-18　南通市港闸区人民法院

6）复合保温混凝土砌块

一种新型节能砌块，针对新孔型设计的普通混凝土小型空心砌块中填充发泡保温材料。具有自重较轻、强度高、抗渗性能好、施工周期短等特点。产品主块构造尺寸与标准尺寸相同（390mm×190mm×190mm、390mm×240mm×190mm）。保温层可为聚苯乙烯泡沫塑料板等其他发泡材料。耐久性好、综合造价低。适用于多层砌体结构承重墙体以及其他结构的填充墙体砌筑工程。强度高、重量轻、结构荷载小、建厂投资少、有多种强度等级和配块、砌筑方便灵活、施工速度快、综合成本低、利废等优点。一般采用双排孔或三排孔的空心砌块，孔洞率≥40%。

① 系统构成：复合保温砌块是以轻集料混凝土或普通混凝土空心砌块为基材，通过采用高效保温材料（如聚苯乙烯材料、炉渣、稻壳、膨胀珍珠岩、发泡保温材料等）填充空心砌块孔洞等方法复合而成的保温砌块。

② 技术指标：承重型复合混凝土空心砌块强度等级不小于 Mu7.5，导热系数≤0.40W/(m·K)，240mm 厚墙体传热阻≥0.75m^2·K/W。填充型复合混凝土空心砌块强

度等级不小于 Mu5.0，导热系数≤0.35W/(m·K)，190mm 厚墙体传热阻>0.69m²·K/W，240mm 厚墙体传热阻≥0.83m²·K/W。

③ 主要缺点：易产生混凝土空心砌块砌体常见的开裂、渗水等质量通病。

自保温承重复合砌块建造住宅工程应用实例：图 6-19 和图 6-20 所示为自保温承重复合砌块及应用承重保温砌块的示范工程。

图 6-19 复合保温砌块

图 6-20 自保温承重复合砌块住宅

7）HHC 自保温混凝土砌块

HHC 自保温混凝土砌块具有保温节能、防止外墙面空鼓开裂、防火隔声等优点。规格 190mm×240mm（或 220mm）×90mm，及另外三种配砖；适用于建筑节能 50%目标的非承重的外围护结构墙体。

① 系统构成：HHC 自保温混凝土砌块是以水泥为胶结料，以砂、石粉、聚苯保温颗粒、粉煤灰为主要集料，加入保匀剂、增强剂，加水搅拌、成型、养护制成的一种多排孔的混凝土砌块，是生产过程节能的非烧结性块材。

② 技术指标：砖的强度等级为 MU3.5，砂浆强度等级为 M10、M75、M50，导热系数约 0.41W/(m·K)；该产品墙厚 240mm 时，外墙传热阻为 0.79m²·K/W 热惰性指标 D 为 7.4。

8）自保温混凝土房屋结构体系

墙体包括预制板（槽形板、L 形板）和现浇隐形框架，预制板通过外伸胡子筋与现浇隐形框架结合成一体。施工过程中，预制板充当现浇混凝土构件的永久性模板，施工完毕后无须拆除，减少了施工工序、缩短了工期；有利于一体化集成设计、模数化生产、安装；有利于提高房屋的质量，使混凝土建筑房屋实现工厂化建造；避免了外保温中安装麻烦、易脱落、寿命短等问题；更容易达到节能标准，改善隔声、隔热、保温性能；可使建筑结构与保温措施有机结合起来，达到结构和保温措施同寿命的要求。适用于用于抗震设防烈度≤8 度地区的多层、高层建筑的围护结构和剪力墙结构体系。

① 系统构成：竖向分结构和水平分结构全部采用或部分采用带有复合层的可工厂化生产的自保温混凝土结构构件，自保温混凝土结构构件在现场与混凝土竖肋叠合整浇成混凝土叠合承重墙或叠合剪力墙。

② 处理措施：隔热保温材料置于复合层内部，基本阻断冷桥，辅以梁柱处的冷桥处理。

自保温混凝土房屋结构体系工程应用实例：自保温混凝土房屋结构体系是指竖向分结构和水平分结构全部采用或部分（至少是房屋周边的竖向分结构）采用自保温混凝土结构构件的房屋结构体系。南京华韵建筑发展有限公司研发的自保温混凝土房屋结构体系是一种节能与结构一体化的新型建筑结构体系，兼具结构承重与建筑节能保温双重功能。该结构体系不仅在抗震、保温、缩短工期、控制成本等方面有突出优势，而且较好地解决了保温体系与建筑的同寿命问题。该自保温混凝土房屋结构体系包括墙体、楼板、连梁等，其特征在于：墙体中包括预制保温混凝土墙体和现浇混凝土墙体，两者叠合浇筑为一体，预制保温混凝土墙体为一面覆有保温材料层的混凝土板。

自保温混凝土房屋结构构造适用于多层和高层建筑：叠合承重墙高度达到 50m、叠合剪力墙高度达到 120m，7 度抗震的结构要求，整体性好；满足各地区主体结构建筑节能设计规定要求，达到 65％节能标准；预制构件，方便施工，宜于实现机械化和工厂化；安全可靠，构件（包括隔热保温措施）使用年限不少于 50 年；具有良好的适应性，能够适应内部空间和立面造型设计的需要。图 6-21 所示为自保温混凝土房屋体系节能墙体施工过程。

图 6-21　自保温混凝土房屋体系节能墙体施工过程

自 2006 年起，自保温混凝土房屋结构体系已陆续在江苏省内多个工程中得到应用，图 6-22 所示为南京龙池翠洲项目，一幢 2 层的 E 形独立别墅，建筑面积 300 多平方米，外墙为有复合保温层的叠合承重墙。图 6-23 所示为淮安市长西社区服务中心，于 2007 年 6 月开工，2008 年 9 月竣工，并通过江苏省建设厅组织的示范项目验收暨科研项目鉴定以及《自保温混凝土房屋结构体系技术规程》评审，同时获得淮安市科技局颁发的科学技术成果鉴定证书。

4. 外墙夹心保温隔热技术

（1）墙体夹心保温隔热

夹心保温墙体，一种是在两层墙体中设置空气间层的复合墙体，如图 6-24 所示；另一种则是由两层保温能力稍差的墙体，将高性能保温绝热材料夹于其内组成的复合墙体，如图 6-25 所示。当前，后者的应用多于前者。常见的填充在墙体中间层的保温绝热材料种类有：岩棉、矿棉、玻璃棉、聚苯乙烯泡沫板材等。

图 6-22　龙池翠洲别墅

图 6-23　淮安市长西社区服务中心综合楼

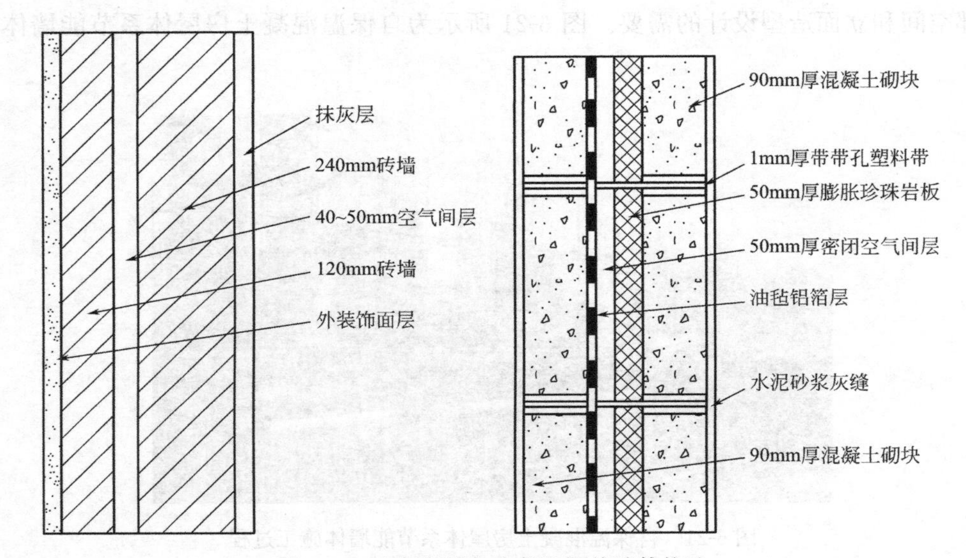

图 6-24　空气间层加心保温隔热墙体构造

1）夹心保温墙体的主要优点

① 墙体结构外部防护能力好，有利于较好地发挥墙体本身对外环境的防护作用；

② 将绝热材料设置在外墙中间，保温材料得到较好的保护；

③ 建筑外表仍可保留砌块建筑特有的风格，尤其是劈裂砌块的仿石表面效果可应用于高档的建筑；

④ 对保温材料的耐候性要求不高；

⑤ 造价相对低廉。

2）夹心保温墙体的主要缺点

① 内外两片墙夹空气间层的复合墙体，由于钢筋网片或金属拉接件连接，易于形成（冷）热桥，造成内表面局部结露；

② 墙体内部易形成空气对流，且通过墙体由室内向室外的湿气不易散出；

③ 施工相对困难；

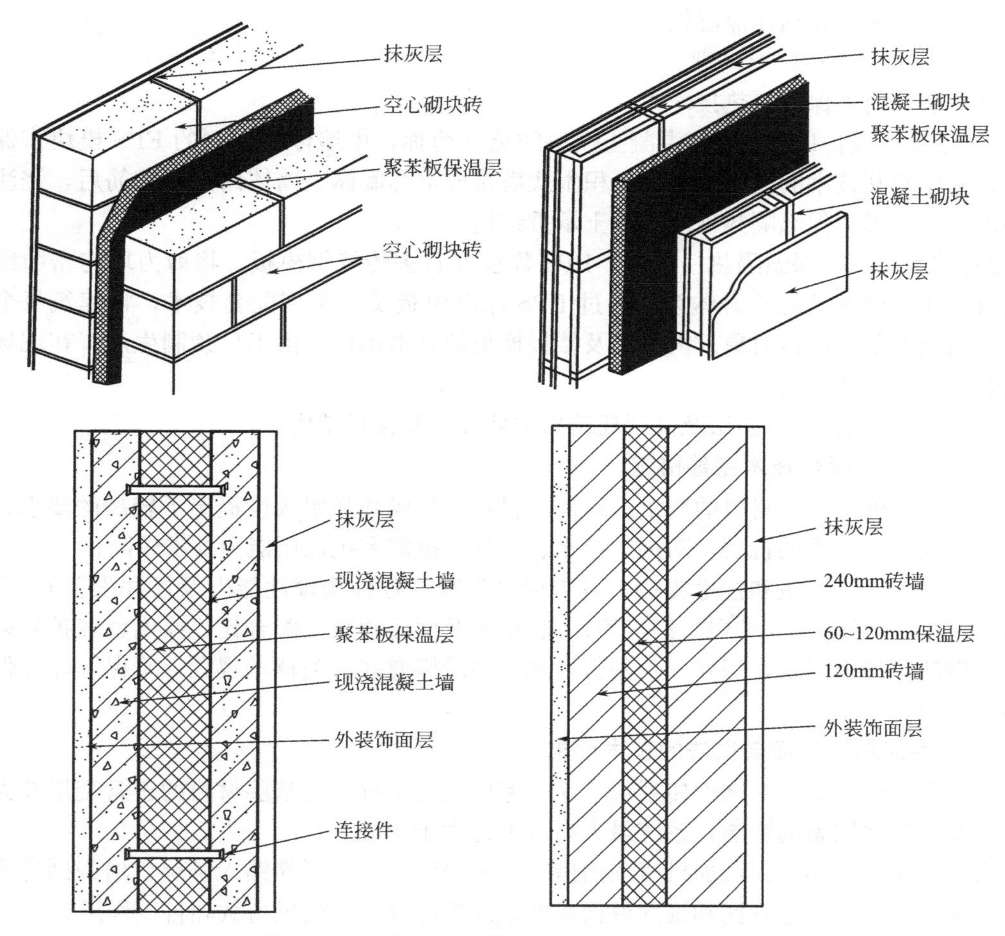

图 6-25　保温绝热材料夹心保温隔热墙体构造

④ 内外墙保温两侧不同温度差导致室外墙结构寿命缩短；

⑤ 墙面裂缝不易控制；

⑥ 抗震性能差。

3）施工要点

夹心保温隔热复合墙体有两种施工方法：

① 内墙—保温层—外墙—拉结筋

a. 砌筑内层墙前，先在保温板上放置保护木板，防止砌墙时砂浆或碎砖掉在保温板上；

b. 内层墙砌至一定高度后，取走保护木板，安放保温板；

c. 砌外层墙与内层墙同高；

d. 按设计要求放置拉结筋，依此类推。

② 外墙—保温层—内墙—拉结筋

a，b，c 点同上；

d. 当保温材料为聚苯板时，用锯条把聚苯板两边切取 25mm×25mm，形成 L 形，以便错口搭接，并防止损坏保温板；

e. 拉结筋应进行防腐处理。

（2）墙体内外保温隔热技术

1）系统构成：ICF是绝热混凝土模块的英文简称，由墙体内外侧的EPS模块作保温模板，采用专利技术的内连接系统，积木式塔接成空芯墙体，墙体内安装钢筋后，浇注免振捣混凝土，形成保温隔热现浇混凝土承重结构。

2）技术特点：保温隔热一体化，EPS代替并省去传统钢模板，将剪力墙与密肋梁楼板结合，作为建筑结构受力体系，通过EPS保温模板及一系列配套技术，将建筑每个楼层作为高精度整体浇筑对象。内外墙及楼板模板的基本构件均由工厂预制生产，在现场完成安装，逐层整体浇筑。

3）适用范围：用于多层及高层建筑剪力墙和密肋楼板结构。

5. 外墙保温隔热技术完善措施

严格要求保温体系材料的质量；对保温材料的耐候性和耐久性提出了较高的要求；材料要求配套，对体系的抗裂、防火、拒水、透气、抗震和抗风压能力要求较高；

有严格的施工队伍和技术支持。对于保温材料（各种物理性能以及尺寸误差）、网布（孔眼、强度、重量、保护层、搭接等）、胶粘剂及面层砂浆（配合比、厚度、养护）以及其构造做法等诸多因素，都要一一妥善处理，要严格遵守有关技术规程，确保墙体外保温的施工质量。

1. 外保温粘贴饰面砖做法的技术要求

（1）外墙外保温粘贴饰面砖系统应充分考虑抗震、抗风时基层材料的正常变形及大气物理化学作用等因素的影响，系统最大高度不得大于40m。

（2）系统应采用增强网加机械锚固措施，锚固件应保证可靠锚入基层，增强网应采用热镀锌电焊钢丝网，增强网和锚固件构成的系统应能独立承受风荷载和自重作用。

（3）外墙外保温粘贴饰面砖系统的材料，包括保温材料、锚固件、抗裂砂浆、胶粘剂、界面砂浆、增强网、饰面砖、填缝材料等的各项性能指标都应符合国家和地方有关标准的规定。面砖质量不应大于20kg/m^2，单块面砖面积不宜大于0.01m^2。

（4）外墙外保温粘贴饰面砖系统应经过包括耐候性试验的形式检验，当系统材料有任一变更时应重新进行检验。

（5）当系统经过严格的型式检验并有成熟的施工工艺时，可采用耐碱玻纤网格布增强薄抹灰外保温系统粘贴饰面砖。

（6）系统各组成材料除了应符合国家和地方有关标准规定外，系统抗拉强度不应小于0.2MPa，保温板的表观密度应在25～35kg/m^3，压缩强度应在150～250kPa，吸水率（浸水96h）应小于1.5%，耐碱玻纤网格布的ZrO_2含量不应小于14.5%，且表面须经涂塑处理。

（7）外墙外保温粘贴饰面砖系统应结合立面设计合理设置分格缝，分格缝间距：竖向不宜大于12m，横向不宜大于6m。面砖间应留缝，缝宽不小于6mm，并应采取柔性防水材料勾缝处理，确保面层不渗水。

2. 外墙保温隔热材料要求

优选外墙的保温隔热材料系统和施工方式，例如保温板粘贴、保温板干挂、硬泡聚氨

酯喷涂、保温浆料涂抹等，以保证保温隔热效果，并减少材料浪费。

3. 保温砂浆技术管理的规定

保温砂浆一般抹在内墙表面，具有较好的保温效果，曾经是一种投资少、见效快的节能措施。但由于生产门槛较低，大量生产企业一哄而上，低价竞争，导致产品质量良莠不齐。同时，由于应用过程中质量控制不严，出现了空鼓、开裂、热工性能不达标等问题。为确保复合保温砂浆建筑保温系统的工程质量，以下措施和规定将有助于技术的实施：

（1）采用增加网格布纤维，防止保温砂浆面积大后容易产生龟裂问题。

（2）控制砂浆吸水率：W 型水泥基聚苯颗粒保温砂浆体积吸水率≤8%，L 形水泥基聚苯颗粒保温砂浆体积吸水率≤10%，抗裂砂浆线性收缩率≤0.2%。

（3）保温系统材料及配套材料，应确保稳定性和相容性。系统施工时，除正常掺水拌和外，现场不得掺加水泥、砂等其他材料。

（4）聚苯颗粒复合保温砂浆只适用于建筑外墙外保温，无机矿物轻集料保温砂浆可作为外墙外保温系统的补充措施，适于外墙内保温。

（5）控制外墙外保温砂浆粉刷厚度不超过 30mm。

（6）外墙内保温宜选用石膏基类保温砂浆。

实际工程表明，由于保温砂浆的保温隔热效果有限，施工也相对困难，耐久性较差，仅仅是实施外保温技术的过渡措施。

6.2　建筑门窗、幕墙、遮阳节能技术

6.2.1　概述

建筑门窗、幕墙、遮阳是建筑外围护结构的重要组成部分。门窗是建筑物的重要构件，亦是节能减排的重要着力点。它一方面可以满足人们采光、通风、视野等基本要求，另一方面它是建筑物热交换、热传导较活跃、较敏感的部位，因而也是建筑物保温隔热最薄弱的部位。现在建筑外用门窗的面积占建筑面积的 25%～30%，占外围护结构面积的 1/6。因此，门窗节能是各项节能减排措施中的重要环节。

玻璃幕墙是现代建筑采用较多的外围护结构。玻璃幕墙虽然美观，但夏季通过玻璃的太阳辐射传热量大，导致室内环境温度高，空调能耗显著高于非透明围护结构。故幕墙的节能具有极其重要的意义。

采取建筑外遮阳措施的益处是显而易见的：它能阻断直射阳光透过玻璃进入室内，防止阳光过分照射和加热建筑围护结构，为室内营造舒适的热环境，降低室温和空调能耗。国内外的研究表明，窗口遮阳所获得的节能收益为 10%～24%，而用于遮阳的建设投资则不足 2%。为此，采用外遮阳技术是一项投入小、收益大的节能措施。

江苏省地跨寒冷地区和夏热冬冷地区，大部分地区属于典型的夏热冬冷地区，夏季太阳照射高度角大。常年相对湿度在 60%以上。建筑热工设计多以遮阳隔热、通风、降温等手段为主。为减小东西向外墙太阳直射影响，江苏省对窗的传热系数和窗墙面积比提出了相应的控制指标，目的在于夏季减少阳光通过窗户向室内辐射传导热和冬季向外传递热，同时便于在夏季晚上开窗向外散热和保证冬季阳光。

6.2.2 门窗节能技术

1. 我国门窗发展历程回顾

我国门窗发展以窗框材料变革为依据，主要分为以下四个阶段。

(1) 木门窗

在我国的传统木结构建筑中，木门窗伴随着建筑历史从未消失。我国古代的木结构建筑木材强度高，保温隔热性能优良，容易制成复杂断面，其窗框的传热系数可以降至 2.0W/(m^2·K) 以下。尽管由于新材料的发展，世界上木窗采用的比例已大幅降低，但在注重节能、环保的欧洲国家，木窗仍占有较大的使用比例（约1/3)。我国则由于森林缺乏，为了保护森林，严格限制木材采伐，木窗使用比例很小。

在近二十年，生态环境保护意识和可持续发展的观念逐渐成为主流共识，采用木材制作的建筑制品趋于以“良好的森林管理或通过可靠的、独立的专家机构认证的森林中购买木材”的方式进行。新型的木窗主要有纯木窗和“铝包木”木窗两种类型。木窗最大的优点就是木纹质感强，天然木材独具的温馨感觉和出色的耐用程度都成为人们喜爱它的原因，通常可作内窗，刷漆后也可作外窗。

(2) 钢门窗

我国现代建筑门窗是在20世纪发展起来的，以钢门窗为代表的金属门窗在我国已经有百年的历史。1911年钢门窗传入中国，中华人民共和国成立后，上海、北京、西安等地钢门窗企业建起了较大的钢门窗生产基地，在工业建筑和部分民用工程中得到了广泛应用。20世纪70年代后期，国家大力实施“以钢代木”的资源配置政策，全国掀起了推广钢门窗、钢脚手、钢模板（简称“三钢代木”）的高潮，大大推进了钢门窗的发展。20世纪80年代是传统钢门窗的全盛时期，市场占有率一度达到70%（1989年)。

钢门窗分普通钢门窗和涂色镀锌钢板门窗两大类。普通钢门窗，简称“钢门窗”，又分为实腹钢门窗和空腹钢门窗两种。普通钢门窗的缺点之一就是耐腐蚀性能较差，近年来粉末静电喷塑工艺技术的推广应用，为钢门窗防锈、防腐问题的解决开辟了一条有效途径。另外还应当指出，虽然钢门窗的气密性、水密性较差，导热系数也较大，使用过程中的热损耗较多，但因其价格较为经济，故普通钢门窗在一般建筑物上仍具有较大市场，而很少用于较高级的建筑物上，特别是有空调设备的建筑物。涂色镀锌钢板门窗，又称“彩板钢门窗”，是一种新型的金属门窗。涂色镀锌钢板门窗具有质量轻，强度高，采光面积大，防尘、防水、隔声、保温、密封性能好，造型美观，色彩鲜艳，质感均匀柔和，装饰性好，耐腐蚀等特点。使用过程中不需任何保养，解决了普通钢门窗耗料多，易腐蚀，隔声、密封、保温性能差等缺陷。涂色镀锌钢板门窗适用于商店、超级市场、试验室、教学楼、高级宾馆旅社、各种剧场影院及民用住宅高级建筑的门窗工程。

(3) 铝合金门窗

第二次世界大战以后，铝窗就在世界上得到了发展应用。我国从20世纪70年代末从欧、美、日等国引进技术，于20世纪80年代发展起来的。这种窗户重量轻，强度、刚度较高，抗风压性能佳，较易形成复杂断面，耐燃烧、耐潮湿性能良好，装饰性强。

但铝合金窗保温隔热性能差，无断热措施的铝合金窗框的传热系数约为4.5W/(m^2·K)，远高于其他非金属窗框。经过断热处理后，窗框的保温性能可提高30%～50%，一些断热处理好的铝框的传热系数甚至要优于一些塑钢窗框。

（4）PVC塑料门窗

1980年以后，塑料窗在世界上得到了迅速的发展。它是一种具有良好隔热性能的通用塑料。这种材料做窗框时，为了改善其自身的结构强度，往往在型材的空腔内添加钢衬。就热工性能来说，PVC塑料窗可与木窗媲美，而且PVC窗框无需上漆，没有表面涂层会被破坏或是随着时间而消退，颜色可以保持至终，因此表面无需养护。它也可以进行表面处理，如外压薄板或覆涂层，增加颜色和外观的选择。

然而，塑料窗存在采光性、抗风压性、水密性差，不耐燃烧，光、热老化，受热变形、遇冷变脆等问题。

（5）节能铝合金、纯木铝包木、高档塑料窗等各特色门窗

伴随着塑料门窗暴露出的一些问题和铝合金节能技术的发展，特别是人们对居住品质要求的提高和个性时尚的追求，倾注了现代工艺和技术特色的各种纯木铝包木门窗、节能铝合金和优质的塑料门窗纷纷涌现。这个阶段的门窗，不但有了更多材质的选择，还有了更多风格的选择。门窗在外观、热工性质、密封性及耐久性等方面的性能均有显著提高。

与此同时，我国建筑门窗在构造形式上也进行了升级换代。20世纪80年代后期，出现了中空玻璃的过渡形式——单框双玻窗，但是该窗型的传热阻提高不多，还存在玻璃间的空气对流传热现象，玻璃与窗框、窗框与墙体的密闭性能还不理想。20世纪90年代后期进入市场的中空玻璃使外窗的性能产生了质的飞跃，热反射玻璃、低辐射玻璃改变了玻璃本身的热物理性能，从提高窗户物理性能（如保温性、气密性等）入手控制外窗能耗，成为外窗的发展方向。热反射镀膜玻璃、中空（一层或两层内允惰性气体）玻璃、低辐射（Low-E）中空玻璃、可呼吸式玻璃幕墙均用于外窗（透明围护结构），塑钢中空玻璃窗提高了窗框与窗扇缝间的密闭性能，密封材料和手段也在更新，使外窗由高耗能部品成为透明的保温体与外窗传热系数达到2.0～2.7W/(m^2·K)之间。

总之，门窗发展是一个从简陋到坚固又到完善和适度，从经济考虑到审美追求的过程。门窗正朝着系列化、多样化、高档化、自动化、人文化的方向发展，而且精品化、个性化意识越来越强。

2. 门窗的分类及其相关指标

建筑门窗按其窗框材料分类，主要有木材、钢材、铝合金、PVC、松木、玻璃钢等类型；按玻璃的种类可分为吸热玻璃、镀膜玻璃、双层（或三层）玻璃、中空玻璃、真空玻璃等。江苏省大部分地区属于夏热冬冷地区，根据我国夏热冬冷地区建筑节能对窗户的要求，建议可采用的建筑外窗种类有：铝合金窗、PVC塑料窗、彩色塑钢窗、不锈钢窗和铝木复合窗等。通过合理选用玻璃（中空玻璃、镀Low-E膜、填充惰性气体和使用保温效果好的中空玻璃间隔条等），均能够满足节能的相关要求。

门窗的热传导性能主要与窗框材料、玻璃类型及空气层厚度和窗框洞口面积有关。《民用建筑热工设计规范》GB 50176—2016列出了门窗的传热系数，如表6-7所示。

由于外门窗是由门窗框和玻璃组成的，因此门窗框的传热系数对外门窗的保温性能影响较大，其参数见表6-8。

此外，玻璃的传热性能对外窗保温性能也有重要影响，表6-9是外窗的传热系数和表面反射率。

窗户的传热系数 **表 6-7**

窗框材料	窗户类型	空气层厚度(mm)	窗框洞口面积比(%)	传热系数 K[W/(m²·K)]
钢、铝	单层窗	—	20～30	604
	单框双玻或中空玻璃窗	12	20～30	309
		16	20～30	307
		20～30	20～30	306
	双层窗	100～140	20～30	3.0
	单层+单框双玻或中空玻璃窗	100～140	20～30	2.5
木、塑料	单层窗	—	20～40	4.7
	单框双玻或中空玻璃窗	12	20～40	2.7
		16	20～40	2.6
		20～30	20～40	2.5
	双层窗	100～140	20～40	2.3
	单层+单框双玻或中空玻璃窗	100～140	20～40	2.0

门窗框部分的传热系数［单位：W/(m²·K)］ **表 6-8**

普通铝合金框	断热型铝合金框	PVC 塑料框	木框
6.21	3.72	1.91	2.37

外窗的传热系数和表面反射率 **表 6-9**

玻璃类别		传热系数 K[W/(m²·K)]	表面反射率(%)	玻璃构造
单层玻璃	白玻、吸热	6.17	0.84	3mm
		6.03	0.84	6mm
	SS 反射	5.01	0.5	5mm 内侧镀膜
	Low-E 膜玻璃	3.48	0.10	3+12+3
		3.30	0.05	3+9+3
中空玻璃	白玻、吸热	3.14	0.84	5+12+3
		3.29	0.84	5+9+3
	SS 反射	2.17	0.5	5+12+3
		2.89	0.5	5+9+3
	Low-E 膜玻璃	1.88	0.10	5+12+3
		2.19	0.10	5+9+3
		1.73	0.05	5+12+3
		2.07	0.05	5+9+3
		1.30	0.05 氩气	5+12+3
		1.55		5+9+3

续表

玻璃类别		传热系数 $K[W/(m^2 \cdot K)]$	表面反射率(%)	玻璃构造
真空玻璃	普通玻璃	2.80		3+0.2+3
	标准真空玻璃	1.40		4+0.2+3

外窗的传热系数可近似按下式计算：

$$K = K_F \cdot \eta + K_G \cdot (1-\eta) \tag{6-1}$$

K_F，K_G——分别为窗框和玻璃的传热系数，$W/(m^2 \cdot K)$；

η——窗框洞口面积比。

按式（6-1）计算几种外窗的传热系数如表 6-10 所示。

几种外窗传热系数［单位：$W/(m^2 \cdot K)$］　　表 6-10

窗框材料			普通铝合金窗		断热铝合金窗		PVC 塑料窗		木窗	
窗框传热系数			窗框洞口面积比							
玻璃部分构造及传热系数			20	30	25	40	30	40	30	45
单层玻璃	3mm	6.17	6.18	6.18	5.56	5.19	4.89	4.47	5.03	4.46
中空玻璃	3+12+3	3.14	3.75	4.06	3.29	3.37	2.77	2.65	2.91	2.79
中空玻璃	3+9+3	3.30	3.88	4.17	3.41	3.47	2.88	2.74	3.02	2.88
Low-E 中空玻璃	5+12+3	1.88	2.75	3.18	2.34	2.62	1.88	1.89	2.03	2.10
Low-E 中空玻璃	5+9+3	2.19	2.99	3.40	2.57	2.80	2.11	2.08	2.24	2.27
普通中空玻璃		2.80	3.48	3.82	3.03	3.16	2.72	2.44	2.67	2.61
普通真空玻璃		1.40	2.36	2.84	1.98	2.33	1.55	1.60	2.69	1.96

3. 节能门窗的相关控制性指标

根据《公共建筑节能设计标准》GB 50189—2005，江苏省除连云港、徐州的建筑热工设计分区被划分为寒冷地区以外，其余均归为夏热冬冷地区。可参照的指标有：

（1）江苏省居住建筑节能门窗相关设计标准

参照《江苏省居住建筑热环境和节能设计标准》DGJ32/J71—2008，江苏省居住建筑节能门窗主要有以下控制性指标：

1）外门窗（包括阳台门的透明部分）的传热系数和遮阳系数应符合下列规定：

① 当建筑层数≥6 时，不应大于表 6-11、表 6-12 规定的限值。外窗为凸窗时，传热系数应小于表 6-11、表 6-12 规定限值的 90%。若外门窗（包括阳台的透明部分）的传热系数和遮阳系数不满足表 6-11、表 6-12 的规定，则应按照建筑节能标准进行建筑物的节能综合指标判断。

② 当建筑层数≤5 时，不应大于表 6-13、表 6-14 规定的限值。外窗为凸窗时，传热系数应小于表 6-13、表 6-14 规定限值的 90%。若外门窗（包括阳台的透明部分）的传热系数和遮阳系数不满足表 6-13、表 6-14 的规定，则应按照建筑节能标准进行建筑物的节能综合指标判断。

夏热冬冷地区外窗传热系数、遮阳系数限值　　表 6-11

朝向	指标	窗墙面积比				
		≤0.25	>0.25 且≤0.30	>0.30 且≤0.35	>0.35 且≤0.40	>0.40 且≤0.45
北	传热系数[W/(m² · K)]	3.0	2.7	2.5	2.4	2.2
	遮阳系数					
东西	传热系数[W/(m² · K)]	3.6	3.2	2.8	2.5	2.2
	遮阳系数					
南	传热系数[W/(m² · K)]		3.9	3.6	3.3	3.0
					3.6(活动外遮阳)	
	遮阳系数		0.70	0.60	0.50	0.45
阳台门下部门芯板传热系数[W/(m² · K)]		1.7				
户门传热系数[W/(m² · K)]		3.0(封闭式楼梯间)/1.7(非封闭式楼梯间)				

寒冷地区外窗传热系数、遮阳系数限值　　表 6-12

朝向	指标	窗墙面积比				
		≤0.20	>0.20 且≤0.25	>0.25 且≤0.30	>0.30 且≤0.35	>0.35 且≤0.45
北	传热系数[W/(m² · K)]	3.0	2.6	2.3	2.0	
	遮阳系数	—				
东西	传热系数[W/(m² · K)]	3.0	2.6	2.3	2.0	
	遮阳系数	0.60	0.60	0.50	0.45	
南	传热系数[W/(m² · K)]	—	—	3.7	3.08	2.6
	遮阳系数	0.70				
阳台门下部门芯板传热系数[W/(m² · K)]		1.56				
户门传热系数[W/(m² · K)]		2.0(封闭式楼梯间)/1.56(非封闭式楼梯间)				

夏热冬冷地区外窗传热系数、遮阳系数限值　　表 6-13

朝向	指标	窗墙面积比				
		≤0.25	>0.25 且≤0.30	>0.30 且≤0.35	>0.35 且≤0.40	>0.40 且≤0.45
北	传热系数[W/(m² · K)]	3.0	2.7	2.5	2.4	2.2
	遮阳系数	—				
东西	传热系数[W/(m² · K)]	3.2	3.2	2.8	2.5	2.2
			3.2(活动外遮阳)			
	遮阳系数	0.50	0.45	0.40	0.30	0.30

续表

朝向	指标	窗墙面积比				
		≤0.25	>0.25 且 ≤0.30	>0.30 且 ≤0.35	>0.35 且 ≤0.40	>0.40 且 ≤0.45
南	传热系数[W/(m² · K)]	3.2	3.2	2.8	2.8	2.0
					3.2(活动外遮阳)	
	遮阳系数		0.60	0.50	0.45	0.40
阳台门下部门芯板传热系数[W/(m² · K)]		1.7				
户门传热系数[W/(m² · K)]		3.0(封闭式楼梯间)/1.7(非封闭式楼梯间)				

寒冷地区外窗传热系数、遮阳系数限值　　表 6-14

朝向	指标	窗墙面积比				
		≤0.20	>0.20 且 ≤0.25	>0.25 且 ≤0.30	>0.30 且 ≤0.35	>0.35 且 ≤0.45
北	传热系数[W/(m² · K)]	3.0	2.6	2.3	2.0	
	遮阳系数	—				
东西	传热系数[W/(m² · K)]	3.0	2.6	2.3	2.0	
	遮阳系数	0.60	0.50	0.45	0.40	
南	传热系数[W/(m² · K)]	—	—	3.0	2.8	2.0
	遮阳系数	—		0.60	0.50	0.45
阳台门下部门芯板传热系数[W/(m² · K)]		1.56				
户门传热系数[W/(m² · K)]		2.0(封闭式楼梯间)、1.56(非封闭式楼梯间)				

2）南向外窗应设置外遮阳设施，宜设置为活动式。东西向外窗宜设置外遮阳设施，设置时应为活动式外遮阳。

3）凸窗的上顶板，下底板及侧向不透明部分应进行保温处理，传热阻不低于冷桥要求。

4）夏热冬冷地区建筑物 1～6 层的外窗及阳台门的气密性等级，不应低于《建筑外窗气密性能分级及检测方法》GB/T 7107—2002 规定的 3 级；夏热冬冷地区 7 层及 7 层以上及寒冷地区建筑物的外窗及阳台门的气密性等级，不应低于上述标准规定的 4 级。

5）建筑按节能 65%标准设计时，外门窗（包括阳台门的透明部分）的传热系数和遮阳系数应符合下列规定：

① 当建筑层数大于 6 时，外门窗（包括阳台门的透明部分）的传热系数和遮阳系数应不高于表 6-15、表 6-16 的规定的限值。外窗为凸窗时，传热系数应低于表 6-15、表 6-16 的规定限值的 90%。

夏热冬冷地区节能 65%外窗传热系数、遮阳系数 **表 6-15**

朝向	指标	窗墙面积比				
		≤0.25	>0.25 且≤0.30	>0.30 且≤0.35	>0.35 且≤0.40	>0.40 且≤0.45
北	传热系数[W/(m² · K)]	3.0	2.7	2.5	2.4	2.2
	遮阳系数	0.5				
东西	传热系数[W/(m² · K)]	3.0	2.8	2.8	2.8	2.8
	遮阳系数	0.40	0.30	0.25	0.20	0.20
南	传热系数[W/(m² · K)]	3.0	3.0	2.8	2.8	2.8
	遮阳系数		0.40	0.30	0.25	0.20
阳台门下部门芯板传热系数[W/(m² · K)]		1.4				
户门传热系数[W/(m² · K)]		2.4(封闭式楼梯间)/1.4(非封闭式楼梯间)				

寒冷地区外窗传热系数、遮阳系数限值 **表 6-16**

朝向	指标	窗墙面积比				
		≤0.20	>0.20 且≤0.25	>0.25 且≤0.30	>0.30 且≤0.35	>0.35 且≤0.45
北	传热系数[W/(m² · K)]	2.8	2.5	2.2	2.0	—
	遮阳系数	—				
东西	传热系数[W/(m² · K)]	2.8	2.5	2.2	2.0	1.8
	遮阳系数	0.50	0.45	0.40	0.30	0.30
南	传热系数[W/(m² · K)]	—	—	3.0	2.8	2.4
	遮阳系数	0.50				
阳台门下部门芯板传热系数[W/(m² · K)]		1.0				
户门传热系数[W/(m² · K)]		1.6				

② 当建筑层数小于 5 时，外门窗（包括阳台门的透明部分）的传热系数和遮阳系数应不高于表 6-17、表 6-18 规定的限值。外窗为凸窗时，传热系数应低于表 6-17、表 6-18 规定限值的 90%。

夏热冬冷地区外窗传热系数、遮阳系数限值 **表 6-17**

朝向	指标	窗墙面积比				
		≤0.25	>0.25 且≤0.30	>0.30 且≤0.35	>0.35 且≤0.40	>0.40 且≤0.45
北	传热系数[W/(m² · K)]	2.8	2.3	2.0	1.8	—
	遮阳系数	0.5				

续表

朝向	指标	窗墙面积比				
		≤0.25	>0.25 且 ≤0.30	>0.30 且 ≤0.35	>0.35 且 ≤0.40	>0.40 且 ≤0.45
东西	传热系数[W/(m²·K)]	2.8	2.8	2.5	2.5	2.5
	遮阳系数	0.3	0.25	0.25	0.20	0.20
南	传热系数[W/(m²·K)]	2.8	2.8	2.8	2.5	2.5
	遮阳系数		0.30	0.25	0.20	0.20
阳台门下部门芯板传热系数[W/(m²·K)]		1.4				
户门传热系数[W/(m²·K)]		2.4(封闭式楼梯间)/1.4(非封闭式楼梯间)				

寒冷地区外窗传热系数、遮阳系数限值　　表 6-18

朝向	指标	窗墙面积比				
		≤0.20	>0.20 且 ≤0.25	>0.25 且 ≤0.30	>0.30 且 ≤0.35	>0.35 且 ≤0.45
北	传热系数[W/(m²·K)]	2.8	2.5	2.2	2.0	—
	遮阳系数	—				
东西	传热系数[W/(m²·K)]	2.8	2.5	2.2	2.0	1.8
	遮阳系数	0.50	0.45	0.40	0.30	0.30
南	传热系数[W/(m²·K)]	2.8	2.8	2.5	2.3	2.3
	遮阳系数	0.45				
阳台门下部门芯板传热系数[W/(m²·K)]		1.0				
户门传热系数[W/(m²·K)]		1.6				

(2) 江苏省公共建筑节能门窗相关设计标准

参照《公共建筑节能设计标准》GB 50189—2005，江苏省公共建筑节能门窗主要有以下控制性指标：

1) 建筑每个朝向的窗（包括透明幕墙）墙面积比均不应大于 0.70。当窗（包括透明幕墙）墙面积比小于 0.40 时，玻璃（或其他透明材料）的可见光透射比不应小于 0.4。

2) 外窗的可开启面积不应小于窗面积的 30%；透明幕墙应具有可开启部分或设有通风换气装置。

3) 夏热冬冷和寒冷地区外窗传热系数和遮阳系数限值要求如表 6-19、表 6-20 所示。

夏热冬冷地区外窗传热系数和遮阳系数限值　　表 6-19

围护结构部位	传热系数[W/(m²·K)]	
外墙(包括非透明外墙)	≤1.0	
外窗(包括透明幕墙)	传热系数[W/(m²·K)]	遮阳系数 SC(东、南、西向/北向)

续表

围护结构部位		传热系数[W/(m²·K)]	
单一朝向外窗（包括透明幕墙）	窗墙面积比≤0.2	≤4.7	
	0.2<窗墙面积比≤0.3	≤3.5	≤0.55
	0.3<窗墙面积比≤0.4	≤3.0	≤0.50/0.60
	0.4<窗墙面积比≤0.5	≤2.8	≤0.45/0.65
	0.5<窗墙面积比≤0.7	≤2.5	≤0.40/0.50

注：有外遮阳时，遮阳系数＝玻璃的遮阳系数×外遮阳的遮阳系数。

无外遮阳时，遮阳系数＝玻璃的遮阳系数。

寒冷地区外窗传热系数和遮阳系数限值 **表 6-20**

围护结构部位		体形系数≤0.3 传热系数[W/(m²·K)]		0.3<体形系数≤0.4 传热系数[W/(m²·K)]	
外墙（包括非透明外墙）		≤0.55		≤0.45	
外窗（包括透明幕墙）		传热系数[W/(m²·K)]	遮阳系数 SC（东、南、西向/北向）	传热系数[W/(m²·K)]	遮阳系数 SC（东、南、西向/北向）
单一朝向外窗（包括透明幕墙）	窗墙面积比≤0.2	≤3.5		≤3.0	
	0.2<窗墙面积比≤0.3	≤3.0		≤2.5	
	0.3<窗墙面积比≤0.4	≤2.7	≤0.7	≤2.3	≤0.7
	0.4<窗墙面积比≤0.5	≤2.3	≤0.6	≤2.0	≤0.6
	0.5<窗墙面积比≤0.7	≤2.0	≤0.5	≤1.8	≤0.5

注：有外遮阳时，遮阳系数＝玻璃的遮阳系数×外遮阳的遮阳系数。

无外遮阳时，遮阳系数＝玻璃的遮阳系数。

4. 门窗的节能技术与措施

门窗的节能技术与措施主要包含保温及密封两方面，具体措施参见表 6-21。

几种常用的节能玻璃有普通中空玻璃、Low-E 中空玻璃和贴膜中空玻璃，其热工参数参见表 6-22。

5. 节能门窗应用实例

（1）南京既有居住建筑旧窗节能改造工程实践

为推进既有建筑节能改造，南京市对既有建筑节能最薄弱的环节——窗户进行改造。从 2006 年起，既有居住建筑旧钢窗节能改造已全面启动，已在全市 10 个区分别开展，改造涉及近 9000 户城市居民，改造旧窗约 7.2 万 m²。取得了良好的效果。

窗改的技术模式：从技术实用先进、经济适用可靠的角度，通过市场调研选择了 PVC 塑钢中空玻璃窗和塑钢包敷复合节能窗作为改造的主要窗型；主要采取“换窗”和“改窗”两种改造形式。

1）南京武学园高层

采用“改窗”形式：保留钢框、外包塑，将旧钢扇拆换为塑包铝窗扇，中空玻璃。特点：保留了原钢窗平开的优点，不破坏结构和装修，施工方便。

门窗常用节能技术　　**表 6-21**

门窗常用节能技术			推荐理由	技术或产品推荐
保温技术	①	控制窗墙面积比在 0.3 左右	由于建筑外门窗传热系数比墙体的大得多，因此外门窗的面积不应该过大	1. 目前我国应用较广泛的节能玻璃有：普通中空玻璃、镀膜中空玻璃和贴膜玻璃。 2. 铝木复合型材中空玻璃平开窗（图 6-26）：它应用等压原理，采用空心结构密封，提高了气密性和水密性，有效阻止了热量的传递。铝木复合型材窗保温、隔热性能优异，窗型整体轻度高。 3. 中空玻璃隔热铝型材平开窗：其原理是利用塑料型材将室内外两层铝合金既隔开又紧密连接成一个整体，构成一种新的隔热型的铝型材。该产品两面为铝材，中间用塑料型材腔体做断热材料。这种创新结构设计，兼顾了塑料和铝合金两种材料的优势，同时满足装饰效果和门窗强度及耐老性能的多种要求。超级断桥铝塑型材可实现门窗的三道密封结构，合理分离水气腔，成功实现气水等压平衡，显著提高门窗的水密性和气密性
	②	窗户设计要尽可能地布置在南向、东南向与北向	由于江苏省各地区的夏季主要是南风和东南风，所以窗户的布置要面向夏季主导风，以便于室内形成穿堂风，带走热量	
	③	开启方式：可依据使用要求，多选择固定窗、平开窗，少选择推拉窗	固定窗窗体气密性好，节能效果佳；平开窗窗户闭合后密封效果好，节能效果较好；推拉窗气密性最差，节能效果差	
	④	窗框材料：建议选用塑料、断热金属框材、玻璃钢，以及铝塑、木塑复合等	窗框材料的导热系数小，从而降低窗户的导热系数	
	⑤	热桥阻断技术	经过断热处理后，窗框的保温性能可提高 30%～50%，一些断热处理好的铝框其传热系数甚至要优于一些塑钢窗框	
	⑥	采用中空玻璃	利用空气间层热阻大的原理，可以降低窗户的传热系数	
	⑦	采用各种特殊的热反射玻璃、贴热反射薄膜以及 Low—E 玻璃、中空玻璃等	选用对太阳光中红外线反射能力强的热反射材料，有效阻挡太阳辐射热进入室内的能力，同时也不影响采光	
	⑧	采用合理的遮阳措施，主要是对西向、南向的门窗要重视遮阳的设计	减少太阳光通过照射玻璃面进入室内的热量	
密封技术	①	选择制作精良的门窗及材质好的五金配件	有利于提高门窗的气密、水密、抗风压性能以及安全性能	
	②	门窗安装工艺精细，尤其是对密封条的处理	减少因安装过程产生的缝隙，提高窗户得气密性	
	③	选择高效保温的密封材料，如用聚氨酯发泡材料进行密封	不仅填充缝隙，而且还有很好的密封保温和隔热性能	
	④	窗户之间设置启口	减少窗扇之间的空隙，提高密封性能	

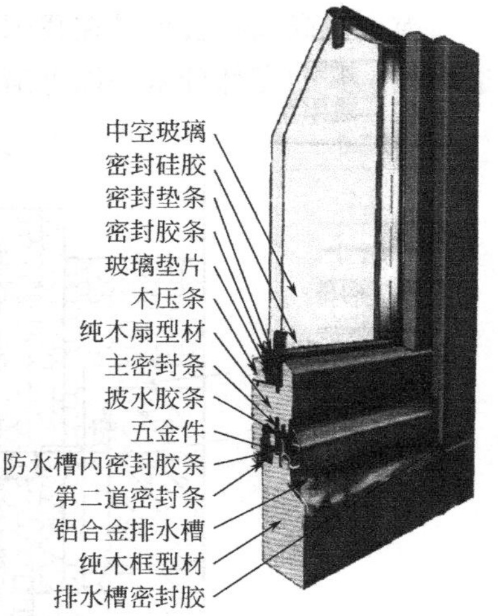

图 6-26　铝木复合型材中空玻璃平开窗

几种常用玻璃的详细热工参数　表 6-22

玻璃类型	可见光透过率	太阳能透过率	传热系数 K [W/(m²·K)]	太阳能的热系数 $SHGC$	遮阳系数 SC
普通中空玻璃	63%	51%	3.1	0.58	0.67
Low-E 中空玻璃(低透型)	51%	33%	2.1	0.43	0.49
Low-E 中空玻璃(高透型)	58%	38%	2.4	0.49	0.56
PET Low-E 贴膜中空玻璃	59%	40%	1.8	0.52	0.60

注：1. Low-E 中空玻璃的组成：6mmLow-E 膜玻璃＋9mm 空气＋6mmLow-E 膜玻璃。
2. PET Low-E 贴膜玻璃的组成：6mm 玻璃＋6mm 空气＋PET 薄膜＋6mm 空气＋6mm 玻璃。

2）石头城多层住宅

采用“换窗”形式：采用未增塑塑钢窗整体拆换旧钢门窗，5＋9A＋9 中空玻璃，60、88 系列型材。

改造后门窗的密封性和房间的保温性能大大提高，居民反映房间更加“聚气”。2007 年冬季现场实测结果表明：改造与未改造家庭室内温度相差 2～3℃，气密性提高的贡献也在 10%以上。由于保温性能提高，冬夏天可延缓空调的开停、缩短空调的运行时间，最少可节电 20%。此外，新窗美观透亮，隔声性能大大提高。

节能效益核算：以建筑面积为 60m² 的房子为例，其窗户面积大约在 8.5m² 左右，改造总共需花费在 2800 元左右，与一台空调挂机的价格相当，其中政府贴补接近 1/3。每年可节电 10%～20%，10 年即可收回居民投资。以塑钢窗寿命 30 年计，至少还可净收益 20 年。

（2）南京新建节能居住建筑实践

南京锋尚国际公寓是在我国实现低能耗的代表性住宅，创造了室内恒温恒湿恒氧的舒适环境。其门窗部分采用以下措施，达到了较好的节能效果（图 6-27）。

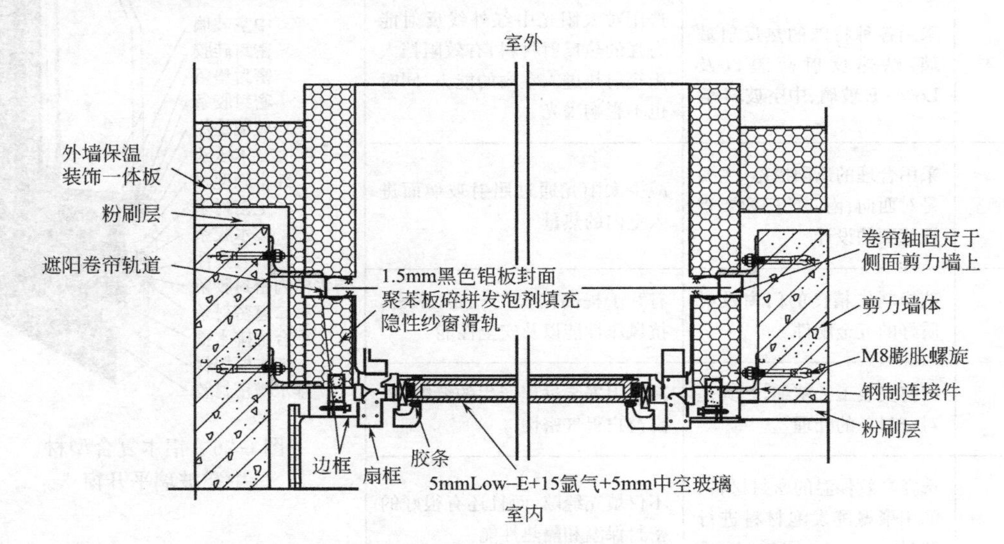

图 6-27　外保温、遮阳卷帘和断桥铝合金窗剖面示意图

1）断热铝合金窗框：在铝合金窗框型材之间装有阻热的尼龙 66 隔热条，来阻断热桥，从而将铝合金的高强度和耐久性与良好的保温隔热性能有机结合起来。该系统要求传

热系数不大于2.2W/(m²·K)，气密性超过五级。同时具备内平开和上悬开两种开启方式，开启时有利于自然通风，关闭时能够创造良好的室内温度环境和新风气流条件。

2）低辐射（Low-E）中空玻璃：所有窗户均采用高透型中空充氩气（6＋12Ar＋6）的低辐射（Low-E）玻璃，玻璃上面镀有一层氧化银膜，可以双向阻止长波红外线的传导，玻璃传热系数不大于1.6W/(m²·K)。

6.2.3　幕墙节能技术

1. 幕墙分类

幕墙按照平面部分材质的透明性可划分为透明幕墙和不透明幕墙。

（1）透明幕墙

透明幕墙的面板材料为玻璃或其他透光材料，对建筑能耗的影响主要有两个方面：一是通过透明材质的太阳辐射对建筑空调和供暖的能耗；另一方面是透明材料内外空气温差对空调和供暖的能耗。透明幕墙中最常见的就是玻璃幕墙。

玻璃幕墙按照面板材料的构成方法可分为两大类：单层幕墙和呼吸式玻璃幕墙；按照承重结构体系可分为框格体系和碳板体系；按照安装方式可分为压块式、悬挂式和镶嵌式；按照立面形式可分为明框玻璃幕墙、半隐形（横明竖隐，竖明横隐）、全隐形玻璃幕墙、吊挂式全玻璃幕墙、点支式全玻璃幕墙等。

玻璃幕墙按照施工方法分为现场组装（元件式幕墙）和预制装配（单元式幕墙）两种。有框玻璃幕墙可现场组装，也可预制装配，无框玻璃幕墙则只能现场组装。

（2）不透明幕墙

不透明幕墙是指表面材质为石材、陶瓷砖、铝制面板以及其他复合板面材的幕墙。从面材上分类，可以分为砖石类和板材类；其中砖石类有湿贴和干挂两种施工工艺。此外值得一提的还有光伏幕墙。

2. 幕墙的节能技术与措施

幕墙一般用于公共建筑中，其相关控制性指标参见表6-19、表6-20。

本节幕墙节能技术与措施主要从幕墙材料和构造两方面进行介绍，具体参见表6-23。

幕墙常用节能技术　　**表6-23**

幕墙类别	分类	常用节能技术		原理	评价
透明幕墙	单层透明幕墙	隔热技术	采用百叶、格栅、遮阳板等遮阳设施	最大限度减少阳光的直接照射	保留玻璃幕墙美观新颖、宏伟华丽特点的同时，提高保温隔热性能，解决其自身存在的光污染、能耗较大等问题
		保温技术	尽量采用镀膜玻璃	膜层能有效阻碍太阳能向室内辐射	
			采用热反射Low-E玻璃、中空玻璃等	降低玻璃的辐射热和传导热能力	
			玻璃幕墙开启窗的周边缝隙、明框幕墙玻璃与型材间隙最好采用硅橡胶密封	耐候性好、永久变形小	

续表

<table>
<tr><th>幕墙类别</th><th>分类</th><th colspan="2">常用节能技术</th><th>原理</th><th>评价</th></tr>
<tr><td rowspan="4">非透明幕墙</td><td rowspan="2">砖石</td><td>隔热技术</td><td>将保温层复合在主体结构的外表面上</td><td>类同于普通外墙外保温的做法,保温材料可采用挤塑聚苯板、膨胀聚苯板、半硬质矿棉板等</td><td rowspan="4">通过特定的构造手段,采用合理的保温材料,提高墙体热阻,改善保温隔热。同时保留非透明幕墙自身防水、防污、防腐蚀、使用寿命长的优良性能,保证了建筑外表面持久长新</td></tr>
<tr><td>保温技术</td><td>在幕墙板和主体结构之间的空气间层中设置保温层</td><td>可使外墙中增加一个空气间层,提高墙体热阻,保温材料多为玻璃棉板</td></tr>
<tr><td rowspan="2">板材</td><td>隔热技术</td><td>幕墙板内侧复合保温材料</td><td>幕墙的保温材料可与金属板、面板结合在一起,但应与主体结构外表面有 50mm 以上的空气层。保温材料可选用挤塑聚苯板或膨胀聚苯板或无机保温板</td></tr>
<tr><td>保温技术</td><td>幕墙板内侧复合保温材料</td><td>在金属面板内部夹入保温芯材,从而获得相应的热阻。保温芯材可采用聚苯板、矿(岩)棉制品或玻璃棉制品</td></tr>
<tr><td rowspan="2">光电幕墙</td><td colspan="5">原理及其优点</td></tr>
<tr><td colspan="5">光电幕墙的基本单元为光伏板,光伏板是由若干个光伏电池进行串、并联组合而成的电池阵列,将电池阵列放入两层玻璃中(上层为透明玻璃,下层颜色任意)用铸膜树脂热固而成,在光电板背面接线盒和导线。
优点:节省传统的建筑材料、减轻环境负担、不需燃料,不产生废气、无余热、无废渣、无噪声污染</td></tr>
</table>

3. 节能幕墙应用实例——江苏南京银城大厦

图 6-28　南京银城大厦

南京是典型的夏热冬冷地区，夏季需通风降温，冬季需保温供暖，其中夏季降温是建筑节能考虑的主要问题。南京银城大厦在设计方与开发方的共同努力下，在幕墙节能方面做了非常有益的尝试，大厦部分外墙面采用“呼吸式”双层幕墙系统（图 6-28），其做法有以下三个特别之处：

（1）幕墙外层材料用 12mm 钢化透明玻璃，内层采用阻断型材和 6＋12A＋6 钢化中空 Low-E 玻璃；

（2）内外层幕墙之间设置了电动幕墙百叶；

（3）进出风口面积 0.39m×1.4m，有效通风面积比达 12.6％。

为保证保温节能效果，防止出现冷桥的现象，在石材幕墙的方案中增加了 3cm 的欧文斯克宁挤塑保温板。因此，南京银城大厦幕墙方案的节能效益将远远超过其他项目。使用类推法估计，在南京气候条件下，使用 7～8 年就能收回该类型幕墙的成本差额。

6.2.4 建筑遮阳

1. 建筑遮阳的形式

根据《江苏省工程建设标准设计图集》，建筑外遮阳分为六大类：水平式、垂直式、面板式、格栅式、综合式和自然绿化（图 6-29），具体参见表 6-24。

图 6-29　外遮阳的六种形式

(a) 水平式；(b) 垂直式；(c) 面板式；(d) 格栅式；(e) 综合式；(f) 自然绿化

建筑外遮阳六种形式及各自材料、特点、适用范围　　表 6-24

形式			材料	特点	适用范围
水平式	水平整板式		钢筋混凝土薄板、轻质板材	遮阳效果好，但影响采光，会影响冬季日照	南立面
	水平拉棚式	折臂式	高强复合布料	遮阳效果好，对通风不力，需定期维修	南立面，东、西立面
		斜臂式			
	水平固定百叶		轻质板材、PVC 塑料、竹片、吸热玻璃	遮阳同时可导风或排走室内热量，较少影响室内采光	南立面
	水平可调节百叶板		轻质板材、PVC 塑料、吸热玻璃	遮阳效果好，不影响采光，利于导风，适用范围广，是一种易于推广的遮阳形式	任何立面
垂直式	垂直整板式		钢筋混凝土薄板、轻质板材	遮阳效果好，但影响采光，会影响冬季日照	东、西立面
	垂直可调节式	机翼型	铝合金型材、轻质板材、吸热玻璃	遮阳效果好，利于导风，不影响视线与采光，是一种易于推广的遮阳形式	东、西立面
		挡板型			
面板式	面板整板式	多孔板、遮阳玻璃	钢筋混凝土薄板、轻质板材	遮阳效果好，影响视线	任何立面
		U 形玻璃			
	面板可调节式		铝合金型材、轻质板材	遮阳效果好，利于导风	任何立面
	面板织物卷帘	导轨导向式	高强复合布料、透景布纤、遮阳织物	遮阳效果好，需定期维修，耐久性较差	任何立面
		导索导向式			
	面板百叶帘	导轨导向式	铝合金百叶	遮阳效果好，适用范围广，是一种易于推广的遮阳形式	任何立面
		导索导向式			
	面板复合卷帘			遮阳效果好，适用范围广，是一种易于推广的遮阳形式	任何立面
	面板双层幕墙		钢筋混凝土薄板、轻质板、穿孔金属板	遮阳效果好，对采光不利，影响通风效果	东、西立面
综合式			钢筋混凝土薄板、轻质板、穿孔金属板	遮阳效果好，对采光不利	东、西立面
格栅式	格栅预制花格		各种材料预制成的花格	遮阳效果好，影响视线及采光，通风效果较好	东、西立面
	格栅金属丝网		铝合金或不锈钢金属丝	遮阳效果好，利于导风，不影响视线与采光	任何立面
	格栅		陶土板、轻质板材	遮阳效果好，利于导风，不影响视线与采光	任何立面
自然绿化			水平绿化、垂直绿化	遮阳效果好、利于生态平衡	南立面，东、西立面

2. 建筑遮阳的相关控制性指标

（1）江苏省《居住建筑热环境和节能设计标准》DGJ32/J71—2008 对江苏省居住建筑外遮阳有如下规定：南向外窗应设置外遮阳设施，宜设置为活动式。东西向外窗宜设置外遮阳设施，设置时应为活动式外遮阳。

（2）《公共建筑节能设计标准》GB 50189—2005 对公共建筑外遮阳有如下规定：夏热冬暖地区、夏热冬冷地区的建筑以及寒冷地区中制冷负荷大的建筑，外窗（包括透明幕墙）宜设置外部遮阳。遮阳系数具体要求参见表 6-16～表 6-20。

3. 建筑遮阳的节能技术与措施

窗户的外遮阳是建筑节能的有效措施之一。夏热冬冷地区窗户节能的关键是控制辐射得热，提高窗户的遮阳效果。针对不同朝向或具体情况采取适宜的遮阳措施，减少由窗户进入室内的辐射能，对保持室内良好热环境、降低空调能耗具有重要意义。初步研究表明：夏热冬冷地区外窗遮阳的节能贡献率多达 15%左右，建筑外遮阳的降温效果要优于内部遮阳。实践表明，住宅采用西向阳台窗口的活动百叶遮阳方法可使室温降低 2℃以上，大大缩短了室内开空调的时间，节能效果显著。

目前有部分新建住宅建筑，如南京锋尚国际公寓（图 6-30）、南京郎诗国际街区（图 6-31），全部外窗采用铝合金遮阳卷帘，遮挡了 80%以上的太阳辐射，不仅解决了太阳辐射带来的制冷能耗加大的问题，同时可以调节过强的太阳光线，使室内采光更舒适，而且还对住宅的安全带来好处。

(a)

(b)

图 6-30　南京锋尚国际公寓

（a）外立面；（b）可移动天窗

在满足阻挡直线阳光的前提下，可以有不同板面组合的形式，应该选择对通风、采光、视野和立面处理等要求更为有利的形式。为了便于热空气的排除，并减少对通风、

(a)　(b)

图 6-31　南京朗诗国际街区

(a) 外立面；(b) 内部遮阳卷帘

采光的影响，常将板面做成百叶的或部分做成百叶的，或中间层做成百叶的（图 6-32、图 6-33）。

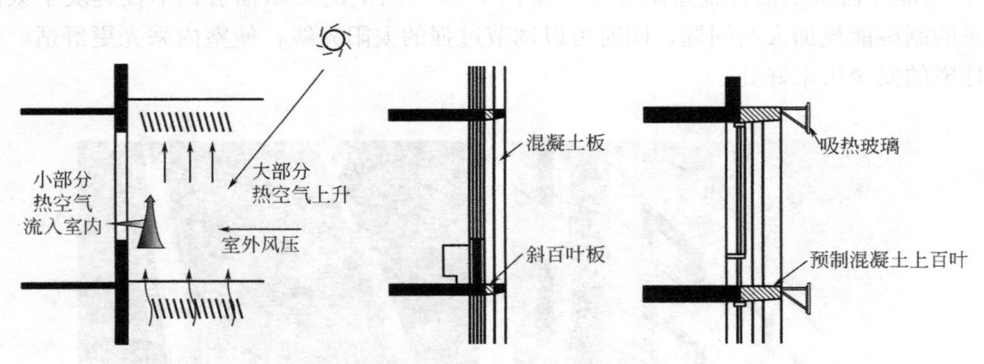

图 6-32　遮阳板面构造形式

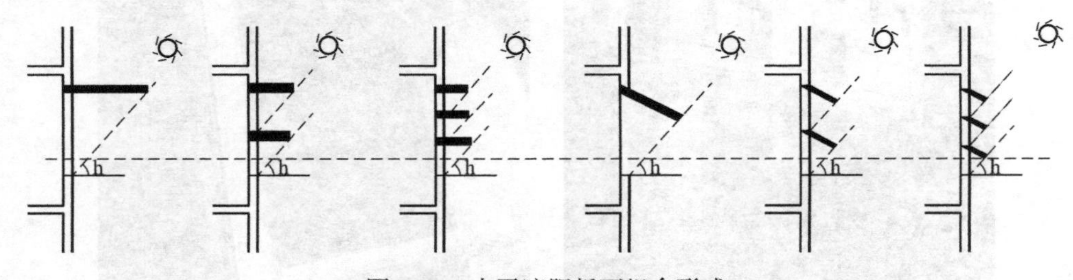

图 6-33　水平遮阳板面组合形式

（1）遮阳板的安装位置（图 6-34）

遮阳板的安装位置对防热和通风的影响很大。将板面紧靠墙面布置时，受热表面加热而上升的热空气将受室外风压作用导入室内，这种情况对综合式遮阳尤为严重，为了克服这个缺点，板面应该离开玻璃墙面一定的距离，以使大部分热空气沿着墙面排走，且应使遮阳板尽可能减少挡风，最好还能兼具导风入室的作用。

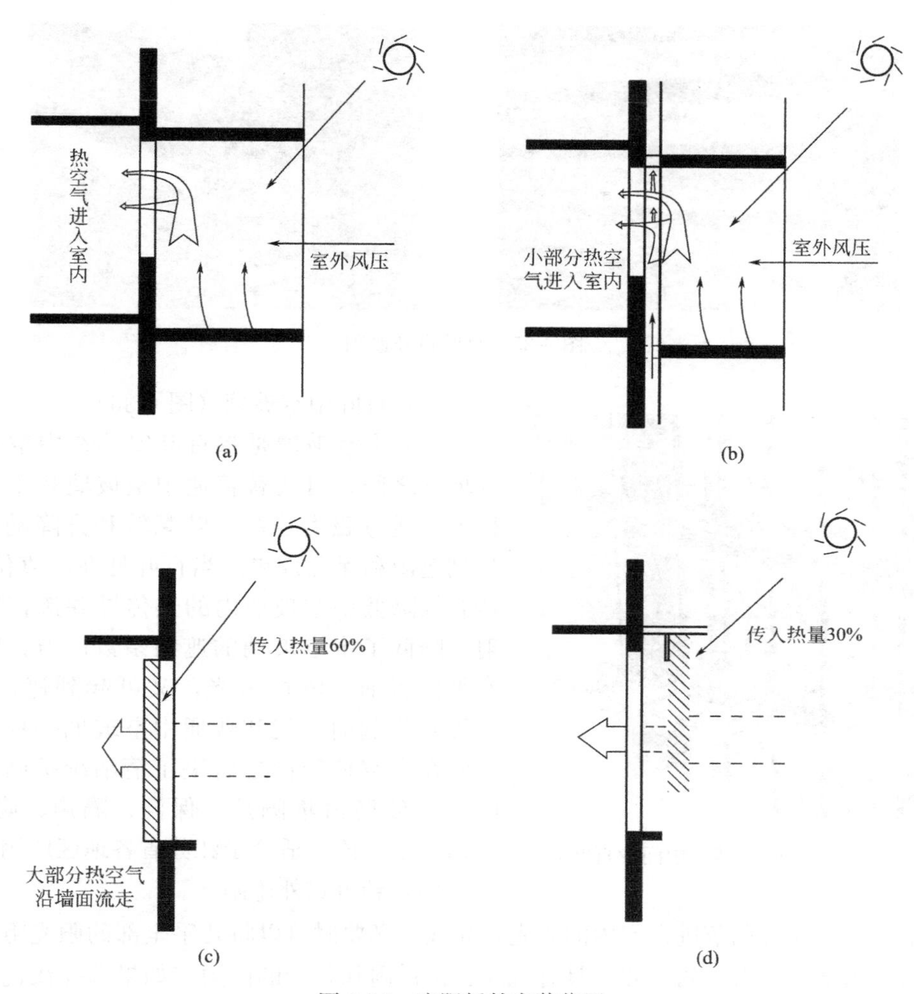

图 6-34　遮阳板的安装位置

(a) 与墙体实体连接；(b) 与墙体镂空连接；(c) 室内安装；(d) 室外安装

(2) 材料与颜色

遮阳设施多悬挑于室外，因此多采用坚固耐久的轻质材料。如果遮阳是活动式的，要求轻便灵活，以便调节或拆除。构件外表颜色宜浅，以减少对太阳辐射的吸收，内表面颜色则应稍暗，以避免产生眩光，并希望材料的辐射系数较小。

4. 江苏省应用推广遮阳技术的形式构造

目前江苏省建筑节能与可再生能源建筑应用推广的节能技术中，关于遮阳技术的主要有百叶式遮阳、百叶中空玻璃和卷帘式遮阳三种。

(1) 百叶帘外遮阳（图 6-35）

百叶帘外遮阳通过电动或手动控制百叶帘叶片升降或转动，夏季降下百叶可阻挡炽烈的阳光及辐射热进入室内，转动叶片可保持室内通风良好；冬季升起百叶帘使阳光透过窗户进入室内，可大大减少供暖负荷，保持光照均匀，提高建筑居住舒适度。外遮阳系统的遮阳效率介于 0～1 之间，可减少空调能耗，节能效果显著。

图 6-35　百叶帘外遮阳

图 6-36　双层呼吸幕墙（中间设百叶）

（2）百叶中空玻璃（图 6-36）

百叶中空玻璃是将百叶安装在中空玻璃两片玻璃之间，可代替普通中空玻璃装于各种窗框上，通过磁力控制百叶翻转和升降动作，以达到遮阳和保温效果。当百叶处在垂直位置时，能有效降低中空玻璃内的热传导并遮挡阳光直射，降低了中空玻璃的遮阳系数；当百叶处在水平位置时，既可采光，又可起到遮阳作用；当百叶收起时，就和普通中空玻璃一样。同时百叶在中空玻璃内也解决了清洁维护问题。百叶中空玻璃窗集隔热、保温、隔声、隐私性、装饰性于一体，适合于江苏省各地区应用。

（3）卷帘式外遮阳

卷帘窗可以任意调节进入室内的阳光和光线，必要时可以将几乎全部的阳光阻挡在室外，它的使用基本不占空间，并且具有抗风、抗雷雨和防沙的能力。如果选择浅色的卷帘型材，将能更好地提高对阳光的反射效果。关闭的卷帘窗可以替代窗帘用于遮挡来自室外的视线。

5. 建筑遮阳工程实例

（1）江苏省建筑科学研究院工艺楼

江苏省建筑科学研究院工艺楼建于 1976 年，为 6 层办公楼。改造前建筑外围护结构无节能措施，热工性能差，空调耗电量大。后应用领先水平的科技成果对工艺楼进行节能改造（图 6-37）。

原窗外无遮阳措施，现南立面加挂活动外遮阳百叶窗，夏天将太阳热辐射挡在室外，使空调负荷下降近 50%；冬天让太阳光进入室内，且不影响自然采光、通风。

（2）南京大学图书馆扩建工程

南京图书馆西楼建筑的西立面原来的处理是在向外悬挑的框架上做竖向的混凝土遮阳板，但遮挡西晒的效果并不十分理想。此外，由于图书馆没有采用中央空调，空调室外机外挂也影响了建筑外立面的效果。改造所采取的办法非常直接，即在每个有窗户的框架上加上了铝合金百叶，不仅有效地防止了西晒，也遮挡了外挂在窗户和百叶之间的空调室外机。在视觉上，百叶的处理使得墙面的光影得到了组织，虚实、光影的节奏强化了原外挑框架作为遮阳“表皮”的视觉效果，更为清晰地将原遮阳框架从建筑外表分离出来成为功能性构件，并由此获得建筑内在的形式生成的表现力（图 6-38）。

图 6-37　江苏省建科院工艺楼百叶窗

图 6-38　南京大学图书馆

6.3　屋面保温隔热技术

6.3.1　概述

屋面保温隔热工程是建筑节能工程重要的组成部分，建筑屋面与墙体同属于建筑围护结构，建筑围护结构的总体热工性能必须符合节能 65%的设计要求。

目前，保温隔热屋面除了采用传统保温隔热屋面外，绿化式屋面和太阳能屋面等新型保温隔热屋面类型也在一些地区得到了一定的应用与推广，并取得了良好的应用效果。另一方面，部分地区的“平改坡”工程也得到大力发展，改善了老式顶层房屋的保温隔热和防水功能。

6.3.2　主要屋面保温隔热技术

现阶段我国屋面保温隔热技术发展很快，是节能工作的重点。屋面建筑节能技术主要有：结合进行屋面防水处理的 XPS 的倒置屋面保温隔热技术、PU 屋面防水保温隔热技术、干铺加气混凝土块屋面保温隔热技术，以及若干既有建筑屋面节能改造的技术。由于这些技术产品比较适合屋面部位的受力状态，技术相对成熟，应用后保温隔热效果比较好。目前，保温隔热屋面的其他形式（包括种植屋面、蓄水屋面等）也大量出现。

6.3.3　平屋面的保温隔热技术

1. 平屋面的主要结构形式及其优势

平屋面现多采用现浇或预制装配式混凝土构件作结构层。与坡屋面相比，平屋面能降低房屋的高度，减少房屋的体积，节约建筑材料；同时，还能提高建造房屋的工厂化水平和预制装配的机械化程度，节约劳力。

2. 平屋面的保温隔热技术

目前常用的平屋面保温隔热技术如表 6-25 所示。

平屋面保温隔热技术 **表 6-25**

	种类	技术描述
1	技术名称	传统保温技术
	性质	保温技术
	施工工艺	在屋顶的结构层上，先铺保温隔热层，如加气混凝土、膨胀珍珠岩、矿棉等保温隔热材料，再铺防水层及保温层
	技术要点	为了保证屋面的防水性能，其结构层是现浇。但由于其中的保温材料大多数为非憎水性的材料，这类保温材料如果吸湿后，其导热系数将陡增。所以在保温层还要做隔汽层，又由于防水材料暴露于最上层，加速其老化，缩短了防水层的使用寿命，故一般在防水层上还要加作保护层
	评价	构造较复杂，造价较高
2	技术名称	倒置式保温技术
	性质	保温技术
	施工工艺	将传统屋面构造中的保温层与防水层颠倒，把保温层放在防水层的上面
	技术要点	在倒置式屋面保温材料的使用中，新的研究表明，泡沫塑料保温板具有质轻、高强、隔热、吸声、隔声、防震、电绝缘、耐热、耐寒、耐溶剂等物理性能，且成本低，施工方便，有很好的应用前景。泡沫塑料保温板屋面以树脂为基料，加入一定剂量的发泡剂、催化剂、稳定剂等辅助材料，经加热发泡而成。泡沫塑料在一定负荷作用下，不发生明显变形。其产品主要有聚苯乙烯、聚氨酯聚苯乙烯、聚乙烯、酚醛等。其构造做法是在防水层上铺设泡沫塑料保温板
	评价	造价较低，防水效果好且方便维修
3	技术名称	蓄水屋面技术
	性质	隔热技术
	施工工艺	在刚性防水屋面上蓄一层水，其目的是利用水蒸发时带走大量水层中的热量，大量消耗屋面的太阳辐射热，从而有效减弱了屋面的传热量和降低屋面温度
	技术要点	蓄水屋面有普通的蓄水屋面和深蓄水屋面之分。普通蓄水屋面需定期向屋顶供水，以维持一定的水面高度。深蓄水屋面则可利用降雨量来补偿水面的蒸发，基本上不需要人为供水。一般说来水深不超过 400mm，150～200mm 较适宜，否则将增加屋面静荷载使结构设计的难度加大
	评价	一种较好的隔热措施，是改善屋面热工性能的有效途径
4	技术名称	蓄水屋面种植技术
	性质	保温隔热技术
	施工工艺	将一般种植屋面与蓄水屋面结合起来，防水层采用设置涂膜防水层和配筋细石混凝土防水层的复合防水设施做法。一般应先做涂膜防水层，再做刚性防水层
	技术要点	屋面蓄水和种植的水源，主要是利用雨水，为了尽量减少人工补水和便于综合利用，要做到建筑小区的水循环。这种水循环可以在高低错落的屋面之间，或在蓄水屋面与地面水池或地下室水池之间，通过水泵来实现
	评价	丰富了屋面的多功能利用，并方便管理和维护，在基本上不增加造价的前提下，自然形成花园屋顶格局

续表

	种类	技术描述
5	技术名称	绿化屋面技术
	性质	保温隔热技术
	施工工艺	利用绿色植物具有的光合作用能力，针对太阳辐射的情况，在屋面种植合适的植物。种植绿色植物不仅可以避免太阳光直接照射屋面，而且起到隔热作用。由于植物本身对太阳光的吸收利用、转化和蒸腾作用，大大降低了屋顶的室外综合温度。利用植物培植基质材料的热阻与热惰性，还可以降低内表面温度，从而减轻对顶楼的热传导，起到保温作用
	技术要点	一般屋面绿化宜采用轻质材料作为种植土。目前，一般采用草炭腐殖土、珍珠岩、蛭石等。覆土层厚度必须严格按照设计执行，种植层容器材料也可采用竹、木、工程塑料、PVC 等，以减轻荷重。植物的配植要求以耐热、抗风、耐旱、耐贫瘠且浅根系的多年生草本、匍匐类、矮生灌木植物为宜，江苏南京地区可使用佛甲草、垂盆草等
	评价	造价与普通隔热屋面相似。采用绿化屋面可以增加城市绿地面积、美化城市、改善城市气候环境
6	技术名称	太阳能屋面技术（太阳能集热器）
	性质	保温隔热技术
	施工工艺	太阳能热水系统由集热系统和热水供应系统组成。主要包括太阳能集热器、贮热水箱、管路、控制系统和辅助能源等。合理完善的太阳能热水系统，是太阳能集热系统和热水供应系统有机的集成
	技术要点	在平屋面上设置集热器，集热器可与女儿墙、楼梯间、构架等元素组合，创造出多样的造型：①集热器在平屋面应整齐有序排列，前后两排之间应留有足够的间距，以满足当地 4h 的集热器日照要求；②集热器支架应通过预留的基座与屋面连接牢固
	评价	节约能源、安装快捷、使用方便

6.3.4　坡屋面的保温隔热技术

1. 坡屋面的主要结构形式和优势

一般坡度大于 10% 的屋顶称为坡屋顶或斜屋顶。坡屋顶的结构形式为现浇钢筋混凝土结构，整体性增强，在立面造型上也更加灵活，建筑师在进行建筑外形设计时有了更大的自由发挥空间，形成造型各异、错落有致的屋面形式。

坡屋面不仅能起到为城市景观增光添彩的作用，而且从防水和保温隔热性能方面来说也较平屋顶有一定优势：由于坡屋顶屋面的四周没有了女儿墙，空气可以自由流动，建筑物的屋面不会积聚更多的热量，挑出的檐口更有利于将风导入室内，室内空气的流动性增强，这些都会有效降低建筑物顶层的室内温度。近年来建筑材料也有了很大发展，彩色钢板及彩色缸瓦的出现，不仅使建筑物的外观更加美观，而且使建筑物的防水性能有了革命性的改变，避免了刚性屋面防水层龟裂、嵌缝油膏老化及柔性屋面防水卷材老化的缺点。

坡屋面较平屋面造价有所提高，如果从建筑物的全寿命费用角度考虑，坡屋面虽然使建设阶段的费用有所增加，但是在使用阶段的维修费用较平屋面却有大幅降低，并且避免了由于漏水给用户带来的经济损失。

2. 坡屋面的保温隔热技术

目前常见的坡屋面保温隔热技术如表 6-26 所示。

坡屋面的保温隔热技术　　表 6-26

序号	技术名称	性质	施工工艺	技术要点	评价
1	坡屋面的常规技术	保温隔热技术	施工步骤一般是:浇制混凝土屋面,并找平;防水砂浆并找平;在屋面接点处贴防水卷材;屋面制作挂瓦条;嵌保温板;挂瓦	1. 坡屋面不得有渗漏现象。坡屋面工程所用的材料必须符合质量标准和设计要求。坡屋面的坡度必须准确,排水系统必须畅通。 2. 节点做法应符合设计要求,封固严密,卷材不得开裂、翘边。水落口及突出屋面设施与屋面连接处,应固定牢靠,密封严实	良好的隔热、防晒,不易积水的性能;排水快、有效防止渗漏和不易损坏的特点
2	平改坡	保温隔热技术	施工步骤:现浇混凝土檐沟和卧梁;制作、安装钢柱和钢梁、檩条和老虎窗;钢梁上、老虎窗顶及侧墙铺设20mm厚实木板或18mm厚木夹板;板面上干铺一层油毡;屋面上铺设保温瓦;老虎窗安装外墙保温挂板和GRC装饰封口;安装塑钢百叶窗;墙体刷涂料或外保温系统;整修、油漆窗;安装避雷带	坡屋顶结构与原结构的连接主要采用在原屋面圈梁或砖承重墙内植筋的方法。植筋前需将原屋面防水层及保温层局部铲除,露出原屋面结构,植筋后浇筑作为新增钢屋架支座的钢筋混凝土支墩或连续梁,并埋设支座埋件,不能将钢屋架支座直接落于原屋面板上	有效提高屋顶的保温、隔热功效;提高旧房的热工标准,节约能源,改善居住条件
3	冷屋面技术	保温隔热技术	为反射率大于0.65和热辐射系数大于0.75的屋面。“冷”屋面受到太阳照射时有相对比较低的表面温度。涂料涂层反射阳光辐照热而“冷”化的屋面	使屋面变“冷”,主要有两种途径:一是涂刷反射性的白色涂料如丙烯酸涂料或用反射的矿物粒料罩面;二是采用白色或浅色单层屋面系统。单层屋面系统包括PVC、TPO、EPDM和改性沥青卷材,但以PVC和TPO最普及,长期性能也较好	用“冷”颜料制造的屋面材料费用大体与传统的材料相当或稍高,然而节能的效果可以抵消较高的材料费用
4	绿化屋面技术	保温隔热技术	种植绿色植物不仅可以避免太阳光直接照射屋面,起到隔热作用,而且由于植物本身对太阳光的吸收利用、转化和蒸腾作用,大大降低了屋顶的室外综合温度。利用植物培植基质材料的热阻与热惰性,还可以降低内表面温度,从而减轻对顶楼的热传导,起到保温作用。	将栽培介质置于屋面防水层上,采用松散质轻、热阻较大的锯木屑、膨胀蛭石、谷壳等。介质层具有良好的蓄热和隔热能力,能保持水分,改善生态环境,还能保护防水层,绿化屋顶直接利用太阳能转化为生物能,通过厚的种植介质和植被来实现屋面的保温隔热	造价与普通隔热屋面相似。采用绿化屋面可以增加城市绿地面积、美化城市、改善城市气候环境。在江苏地区应大力推广
5	太阳能屋面技术(太阳能集热器)	保温隔热技术	太阳能热水系统由集热系统和热水供应系统组成。主要包括太阳能集热器、贮热水箱、管路、控制系统和辅助能源等。合理完善的太阳能热水系统,是太阳能集热系统和热水供应系统有机的集成	在坡屋面上设置集热器,主要是利用建筑物的南向坡面,根据集热器接受阳光的最佳倾角,即当地纬度±10°来确定坡屋面的坡度,如建筑设计对坡屋面的造型或空间有特殊要求,亦可根据坡屋面的坡度调整集热器角度。坡屋面上设置的集热器可采用屋面一体型、叠合型、支架型等设置方式	节约能源,安装快捷,使用方便

6.3.5　保温隔热材料及其技术特点

1. 保温隔热材料及技术的发展综述

（1）发展概况

改革开放以来，尤其是 20 世纪 90 年代中后期，我国屋面保温隔热材料有了长足的发展。产品品种、产品质量、产品数量均有了较大提高，基本满足了国家建设对隔热保温材料的需要。优质屋面隔热保温材料，如矿物棉、玻璃棉、泡沫塑料等制品的生产能力有了很大提高。应用的数量和范围以及在节能工程中产生的社会效益和经济效益逐步为人们所认识。

目前应用较为广泛的屋面保温隔热材料主要是加气混凝土、聚苯乙烯泡沫塑料和聚氨酯泡沫塑料。

（2）发展特点

1）板材（型材、块材）保温材料得到更为广泛的应用。由于聚苯乙烯泡沫塑料板材（XPS）导热系数小、强度高、重量轻等优越性能，在节能建筑屋面、墙体得到广泛应用。

2）聚氨酯喷塑发泡应用技术日趋成熟。近年来，用改性聚氨酯硬泡体作为屋面及墙体的保温隔热材料技术及施工技术有较大提高。例如，在江苏省地方标准的指导下，2003 年推广应用面积已达 5 万 m^2。由于改性发泡聚氨酯具有防水和保温的双重功能，与其他保温防水措施相比，综合造价低，用于节能建筑屋面效果良好，性能可靠。其喷塑后形成的一层或多层无接缝的连续壳体，适用于防水等级为Ⅰ～Ⅳ级的工业与民用建筑的平屋面、斜屋面、异型屋面和墙体的防水、保温，可有效解决一些材料存在的“热、裂、漏”等质量通病，同时也特别适用于旧建筑屋面和墙体的防水维修及节能改造。

（3）发展趋势

1）轻质化。轻质材料不会造成建筑结构的额外负担，减少了因结构变形造成渗漏的可能性。随着轻型房屋体系的发展，近年来国外开发研制了多种轻型多功能组合结构材料，如以压型钢板、铝板、玻璃纤维增强塑料等为面板，泡沫塑料、矿物棉为芯材的轻型复合保温板、钢丝网水泥泡沫塑料板等。

2）节能利废与产品绿色化。近几年粉煤灰、废旧泡沫塑料、玻璃废弃品等固体废弃物得到了很好的开发应用，如已大面积应用的水泥聚苯板的主要成分就是废旧泡沫塑料。建筑保温材料从原料来源、生产加工制造过程、使用过程和产品的使用功能失效、废弃后，对环境的影响及再生、循环、利用四个方面满足绿色建材的要求是必然趋势。例如，开发利用各类废塑料为主要原料的建筑保温隔热制品；液态渣的矿棉生产技术；发展无石棉硅酸钙保温隔热制品等。

3）多功能。各种材料各有优缺点，如有机类保温材料保温性能好，但是耐温低、强度低、易老化、防火性能差；无机类保温材料耐高温、无热老化、强度高，但吸水率高或机械加工性能差。为了克服单一保温材料的不足，则要求使用多功能复合型的建筑保温材料。

2. 常用保温隔热材料及技术特点

常用保温隔热材料及技术特点如表 6-27 所示。

常用保温隔热材料及技术特点 表 6-27

名称	性质	使用范围	材料特性与特征	技术要点	评价
聚苯乙烯泡沫塑料	保温隔热性	平屋面和坡屋面	聚苯乙烯泡沫塑料表皮层无气孔,而中心层含大量微细封闭气孔,通常其孔隙率可达90%以上。密度在20kg/m³以下,导热系数为0.044W/(m·K)左右	膨胀聚苯乙烯泡沫板(EPS板),具有非常优越的防潮性能,可以用于直接接触潮气或水,在节能屋面上具有很高的应用价值。同时与EPS相比较,挤塑型聚苯乙烯泡沫板(XPS板)具有强度高、导热系数小、隔汽性能好、吸水率低、稳定性高、可粘性好等优点,在建筑节能中逐步占据主导地位。作为保温材料使用,考虑到屋面维修上人抗压缩的能力要强,因此,保温材料主要以XPS板为主进行复合,采用屋面倒置方式进行屋面保温处理,目前应用比较普遍	具有质轻、保温隔热性能良好、吸声性能好、价格便宜、易加工、施工操作简便等优点
聚氨酯泡沫塑料	保温隔热性	平屋面和坡屋面	硬质聚氨酯(PUR)泡沫塑料是由二元或多元有机异氰酸酯与多元醇化合物和其他助剂相互发生反应而成的高分子聚合物,分为软质、半硬质和硬质几种,用于绝热材料主要是硬质PUR泡沫塑料	硬质PUR泡沫塑料的热导率有50%~70%取决于泡沫内充填气体的热导率,因硬质PUR泡沫塑料在制造过程中以氟利昂为发泡剂,在形成均匀致密的封闭孔中充满了氟利昂气体,而氟利昂的热导率为0.0077W/(m·K),是常见气体中热导率最低的,因此热导率很低。 硬质PUR泡沫塑料的闭孔率可达92%以上,是结构致密的微孔泡沫体。 由于材质自身的物理力学强度较高,又具有均匀致密的闭孔结构,即使长期使用也不会发生变形和强度变化。一般来说聚氨酯泡沫塑料的使用温度为-100~100℃。一般在现场直接喷涂发泡成型,可在任何复杂结构的屋面上作业	优良的隔热保温性能;独特的抗水渗透性能;密度小,力学性能好;抗侵蚀、耐老化,使用年限可达50年以上;施工操作方便

3. 屋面保温隔热材料的相关技术指标

(1) 屋面保温隔热材料性能指标及热工计算

1) 墙体、屋面的保温性能用传热系数 K 值来衡量,它的含义是围护结构两侧空气温度差为10℃,单位时间内通过单位面积传递的热量,K 值越小,保温性能越好。

2) 隔热性能可以用热惰性指标 D 值表示,它是表征围护结构对温度波衰减快慢程度的指标。D 值越大,说明对周期性温度波的衰减能力大,墙体和屋面内表面的温度波动小,即在夏季的隔热性能好,空调房间的室温波动也可相应减小。

不同屋面保温隔热材料及屋面构造热工指标如表 6-28 所示。

不同保温隔热材料及屋面构造热工指标　　**表6-28**

屋面构造简图	各层构造厚度及名称	传热系数[W/(m²·K)]	室内温度(℃)		内表面温度(℃)	
			平均值	最高值	平均值	最高值
6 5 4 3 2 1	6. 预制30mm厚混凝土隔热板； 5. 架空层(200mm通风层)； 4. 10mm厚1∶3水泥砂浆找平； 3. 防水卷材或涂料； 2. 100mm厚钢筋混凝土结构层； 1. 25mm厚板底抹灰	2.9	33.7	36.0	35.7	40.4
6 5 4 3 2 1	6. 20mm厚钢筋网细石混凝土； 5. 防水卷材； 4. 60mm厚高憎水珍珠岩； 3. 20mm厚1∶3水泥砂浆找平； 2. 100厚钢筋混凝土结构层； 1. 25mm厚板底抹灰	0.96	32.8	34.3	34.1	37.3
5 4 3 2 1	5. 20mm厚钢筋网细石混凝土； 4. 细砂层； 3. 20mm聚氨酯泡沫； 2. 100mm厚钢筋混凝土结构层； 1. 25mm厚板底抹灰	0.98	32.1	33.6	33.0	35.8
6 5 4 3 2 1	6. 40mm厚钢筋网细石混凝土； 5. 25mm厚剂塑型聚氯乙烯板； 4. 10mm厚1∶3水泥砂浆找平； 3. 防水卷材； 2. 100mm厚钢筋混凝土结构层； 1. 25mm厚板底抹灰	1.0	31.6	33.1	31.9	34.3

(2) 夏热冬冷地区挤塑聚苯板屋面保温层厚度选用(表6-29)

夏热冬冷地区屋面保温层厚度选用表 表 6-29

体形系数	指标值			现浇混凝土平屋面 H=120mm			现浇混凝土平屋面 H=120mm		
	太阳辐射吸收系数 ρ	热惰性指标 D	围护结构传热阻 R(m²·K/W)	保温厚度 (mm)	围护结构传热阻 R(m²·K/W)	热惰性指标 D	保温厚度 (mm)	围护结构传热阻 R(m²·K/W)	热惰性指标 D
>0.35	<0.70	4.1～6.0	1.26	25	1.26	3.86	30	1.43	3.09
		1.6～4	1.26	25	1.26	3.86	30	1.43	3.09
	0.70～0.85	>3.0	1.26	25	1.26	3.86	30	1.43	3.09
		≤3	1.42	25	1.26	3.86	30	1.43	3.09
0.32～0.35	<0.70	4.1～6.0	0.97	25	1.26	3.86	21	1.43	3.09
		1.6～4.0	1.09	25	1.26	3.86	21	1.43	3.09
	0.70～0.85	>3.0	1.26	25	1.26	3.86	26	1.43	3.09
		≤3	1.42	25	1.26	3.86	26	1.43	3.09

6.3.6 屋面保温隔热技术选用实例

1. 蓄水屋面技术——苏州大学炳麟图书馆

炳麟图书馆是苏州大学新校区标志性建筑，于 2006 年 5 月落成。主体建筑的莲花造型与裙房屋面的跌瀑景观构成了苏州大学新校区一道独特而亮丽的风景。至今，炳麟图书馆工程已获多项荣誉，如苏州市优质结构工程、国家级文明工地、国家第五批建筑业十项新技术应用示范工程等。该建筑的屋面主要采用蓄水保温隔热技术。

（1）图书馆蓄水屋面构造设计

根据设计要求，图书馆裙房屋面采用柔性防水与刚性防水相结合的复合防水层，即在现浇钢筋混凝土屋面板上做 20mm 厚 1∶3 水泥砂浆找平层，铺贴 1.5mm 厚三元乙丙高分子防水卷材，刷 3mm 厚纸筋灰隔离层，再做 40mm 厚 C20 细石混凝土整浇层（内配 4Φ200 双向钢筋网），6m 设分仓缝，然后整个屋面再整浇 80mm 厚水池内壁（内配 8Φ200 双向钢筋网）。蓄水池深约 0.7m，属深蓄水屋面（≥0.5m）（图 6-39）。增加 0.08m 厚整浇层，虽然屋面每平方米增加荷载 2kN，但对屋面结构的抗裂防渗效果更佳。投入使用以来，室内没有出现任何渗漏现象。优良的屋面防水性能是屋面蓄水得以实现的根本保证（图 6-40）。

（2）图书馆蓄水屋面温度观测及试验研究

2007 年夏季对蓄水屋面建筑室内外的温度进行了测试。盛夏 7 月，蓄水屋面下的报告厅和图书室不开空调测得的室内温度为 30℃（比相同温度条件下普通混凝土平屋顶的室内温度低 4～5℃）；夜间气温降为 29℃时，观测到蓄水屋面下室内温度 29℃。9 月初，当白天最高气温为 31℃时，普通混凝土平屋顶的室内温度为 28℃，蓄水屋面报告厅室内温度为 25℃；当夜间气温降为 23℃时，观测到蓄水屋面下室内温度仍然维持在 25℃左右，即当昼夜气温温差 8℃左右时蓄水屋面的室内温度基本平稳，并未明显下降。

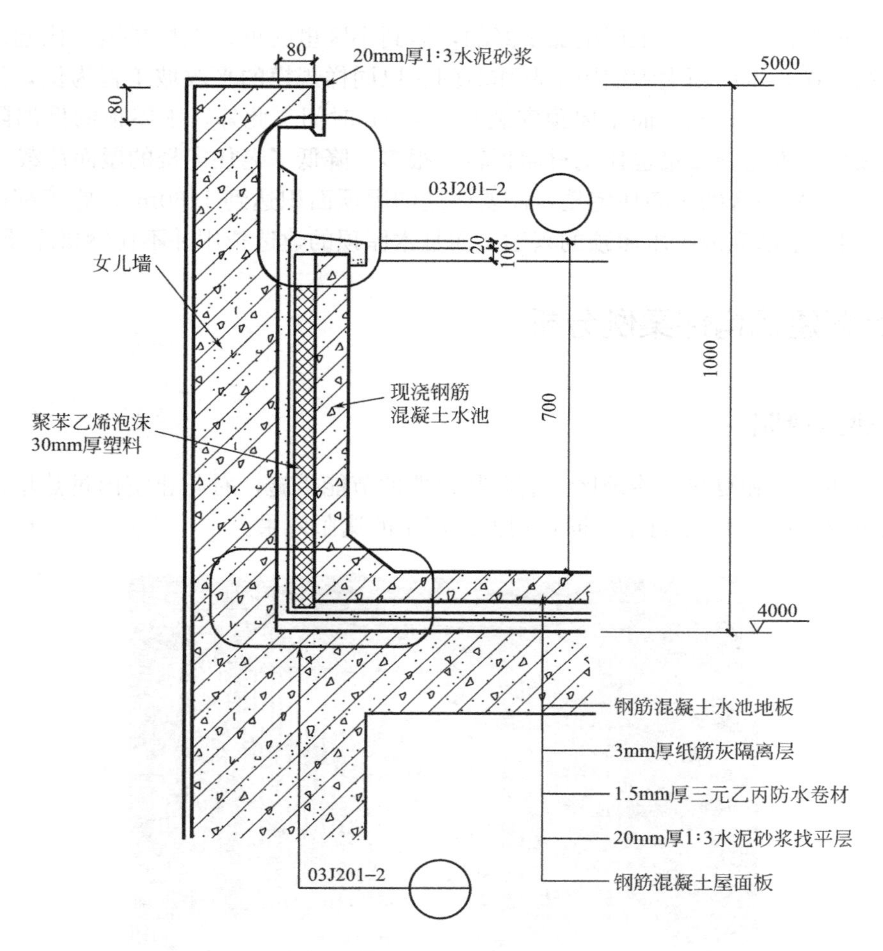

图 6-39　蓄水屋面构造

由此可以看出，不论是高温时白天最高气温与夜间最低气温的温差较大，还是同一天不同时段的气温存在一定差异，蓄水屋面室内温度波幅都较小，基本保持稳定，即受温差影响小。而且均低于相同条件下普通混凝土平屋顶室内温度 4～5℃。可见蓄水屋面能够隔热降温降低顶层室内温度，从而减少夏季室内空调能耗。

图 6-40　报告厅蓄水屋面

2. 南京“平改坡”——木屋顶

2009 年起南京增加一大批木屋顶的住宅楼，南京大光路 44 号小区里的 8 幢住宅楼，全部安装了新型的木屋顶。这种木屋顶是由南京市和加拿大共同合作研究的，屋顶的龙骨全部由木结构组成，木结构上再铺设屋面板，然后在屋面板上铺设陶瓦。这改变了过去用钢材和混凝土修建屋顶的传统工艺，将铁屋顶变成了木屋顶。

这种木屋顶的龙骨是在工厂里加工好的，运到小区里就可以直接拼装。比起之前的钢材龙骨现场焊接，木屋顶大大缩短了制作时间。以同样规模的平改坡工程为例，传统钢材屋顶安装需要 20d 的时间，而木屋顶安装只需要 8d 时间。此外，木屋顶的保温隔热性能比钢材屋顶好，木屋顶重量也比钢材屋顶轻了很多，降低了老住宅楼的屋面荷载。

大光路 44 号小区的 8 幢住宅楼，需要改造的屋顶面积达到 1460m^2，施工部门仅仅用了 8d 的时间就全部完成了木屋顶的兴建。而且木屋顶的建造费用并不比钢材屋顶高。

6.4 低碳建筑构件案例分析

6.4.1 建筑遮阳

对于炎热地区和夏热冬冷地区，遮阳是重要的节能措施，对防止室内过热增加室内热舒适至关重要。图 6-41 是竹子不同排列方式产生的遮阳效果。

图 6-41 竹子遮阳效果

遮阳作为建筑的重要组成之一，它对节约能源、营造高质量的光环境和开阔建筑艺术形式上的表现都有很重要的作用。随着科学技术的发展，遮阳技术也取得了长足的进步。

（1）挑檐与天井遮阳。云南西双版纳的傣族竹楼，大多为竹木结构，挑檐深远，造成大片的阴影，从而使下面的房间阴凉［图 6-42（a）］。由于天井的空间较小，建筑的阴影投射到天井中，形成阴凉的场所。同时，还可以在天井中布置适当的绿植，调节环境、温度等［图 6-42（b）］。

（2）檐廊与竹帘遮阳。檐廊既是室外活动的理想遮荫场所，也是室内外的过渡区域，还能组织通风［图 6-43（a）］。竹片、芦苇、麦秸等编织成门帘、窗帘等可以遮挡夏日强烈的太阳光照［图 6-43（b）］。

（3）洞口与格栅遮阳。炎热地区采用厚实墙体，深凹的小窗，利用建筑产生的阴影来遮阳［图 6-44（a）］。阿拉伯世界研究中心通过可调节的遮阳装置，有效减少太阳眩光和热辐射［图 6-44（b）］。

(a)

(b)

图 6-42　挑檐与天井遮阳

(a) 挑檐遮阳；(b) 天井遮阳

(a)

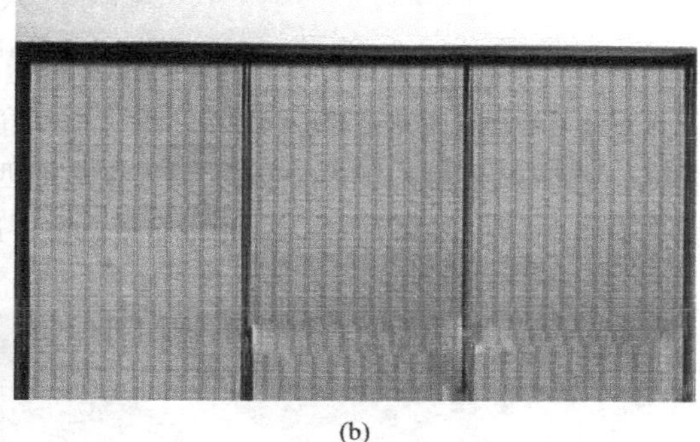

(b)

图 6-43　檐廊与竹帘遮阳

(a) 檐廊遮阳；(b) 竹帘遮阳

(a)

(b)

图 6-44　洞口与格栅遮阳

(a) 洞口遮阳；(b) 格栅遮阳

现代建筑遮阳：

(1) 水平与垂直遮阳。水平遮阳能有效遮挡高度角较小、从窗口侧斜射入的阳光，主要适用于东北、北、西北向附近朝向窗口的遮阳 [图 6-45 (a)]。垂直遮阳能有效遮挡太阳高度角较大、从窗口上方投射的阳光，适用于南向窗口或北回归线以南低纬度地区北向附近窗口遮阳［图 6-45（b）］。

(a)

(b)

图 6-45　水平与垂直遮阳

（a）水平遮阳；（b）垂直遮阳

（2）综合遮阳与挡板式遮阳。综合遮阳能有效遮挡高度角中等、从窗口前方斜射下来的阳光，遮阳效果更均匀，主要适用于东南或西南向窗口遮阳［图 6-46（a）］。挡板遮阳能有效遮挡高度角较小、垂直窗口射入的阳光，主要适用于东西向附近的窗口遮阳［图 6-46（b）］。

(a)

(b)

图 6-46　综合遮阳与挡板式遮阳

（a）综合遮阳；（b）挡板遮阳

6.4.2　新加坡索拉利斯大楼

索拉利斯（SOLARIS）大楼是一座 15 层的办公楼，获新加坡可持续建筑基准 BCA 绿色标志授予的最高级别认证。建筑所在区域主要致力于技术、媒体、物理科学和工程行业研发。该遗址原本是一个军事基地，这意味着大部分原生态系统已经被破坏。建筑师通过在对生态破坏最小的区域上建造建筑来保护那里少有的绿色植物；通过建筑的定位来帮助改善场地的生物多样性。

索拉利斯大楼作为一个建筑群由两个塔楼组成，塔楼与一个被动通风的中央中庭相连。办公楼层由一系列的天台连接，天台横跨上层的中庭。建筑师通过生态建筑、可持续的设计特点和创新的垂直绿色理念，致力于增强现有的生态系统，而不是取代它们。

除了绿墙策略，索拉利斯大楼还采用了雨水收集和回收、气候响应的外墙、自然通风和采光的大中庭以及广泛的遮阳百叶窗。立面研究证明，遮阳策略减少了建筑低辐射双层玻璃外围立面的热传递。该建筑的整体能耗降低了 36%以上，高性能外墙的外部热传递值为 $39W/m^2$。凭借超过 $8000m^2$ 的景观美化，大楼还引入了超过建筑原址面积的植被。遮阳百叶窗与螺旋形景观坡道、空中花园和深邃的悬垂物相结合，也有助于在建筑物遮阳百叶窗超过 10km 的可居住空间建立舒适的微气候。

大楼生动地展示了建筑设计的生态方法所固有的可能性。该建筑通过引入开放式互动空间、创造性地使用天窗和庭院以获得自然光和通风，以及连续螺旋形景观坡道，这形成了一种生态联系，将不断升级的屋顶花园与贯穿建筑立面的空中露台连接在一起。允许日光深入建筑物内部（图 6-47）。

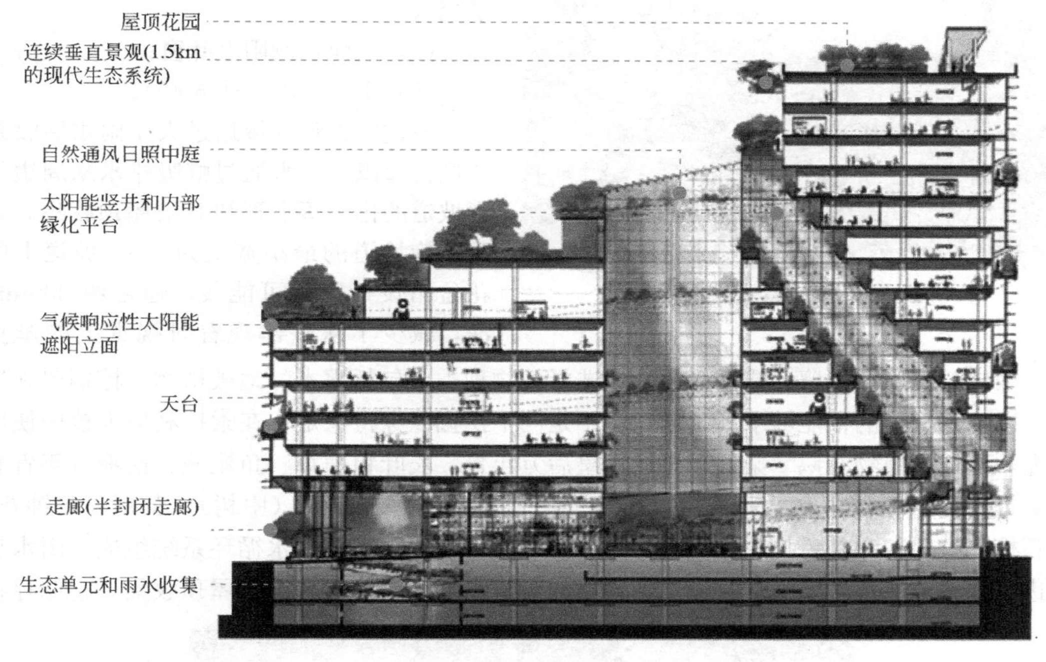

图 6-47　阶梯式露台花园剖面图

索拉利斯大楼的绿墙策略以一个外部种植的斜坡的形式独特地表达出来，这个斜坡围绕着建筑的周长盘旋上升，连接着梯田式的绿色屋顶。因此，索拉利斯大楼的“绿色坡道”是连续的，其建造目的是将地面与建筑的上层连接起来，将地下室“生态单元”与最高层的屋顶花园串联起来。坡道上层地板有很深的悬挑，有大量的遮荫植物作为建筑物外立面环境冷却的综合策略。地下室“生态单元”位于建筑的东北角，允许通风、采光和自然通风延伸到下面的停车场。生态单元的最底层包含雨水收集系统的储罐和泵房。景观的连续性是项目生态设计理念的一个关键组成部分，因为它允许生物体和植物物种在建筑内所有植被区域之间流动，增强生物多样性，有助于这些生态系统的整体健康。

坡道和露台景观作为一个热缓冲区，并为休闲和活动空间创造区域。这些广阔的花园允许建筑使用者与自然互动，并提供机会体验外部环境，欣赏邻近的一个北方公园的树

图 6-48 景观坡道

梢。当它到达建筑的每个角落时，两层楼向后退一步，创造出宽敞的双高外部空中露台。

该建筑区域的绿色设计策略如下：

(1) 周边连续的景观坡道（图 6-48）；

(2) 雨水收集、回收（循环水灌溉）；

(3) 屋顶花园和建筑角落的空中露台；

(4) 响应气候的立面设计；

(5) 自然通风和日间式的大中庭；

(6) 袖珍公园、广场；

(7) 太阳能竖井（日光进入且有传感系统）；

(8) 大面积遮阳百叶窗；

(9) 生态发电（图 6-49）。

该建筑景观区域通过大型雨水回收系统进行灌溉。雨水通过虹吸排水从周边景观坡道的排水落水管和 B 塔屋顶收集。景观螺旋坡道的最小宽度为 3m。坡道上的花盆箱设计得尽可能浅，通常约 800mm 深，减少了从外部观看时视觉上的笨重感。因缺乏深厚的土壤意味着必须仔细选择植物种类，包括灌木、地被植物、棕榈树和树木，以确保它们的根能够水平延伸，而不是向下挖掘以保持稳定。在索拉利斯大楼中使用的灌木和地被植物有鹅掌柴、卷柏、银皇后万年青、长叶粗肋草、鱼尾蕨、箭羽万年青和绿萝等。著名的棕榈和乔木有圆叶轴榈、可食埃塔棕、五桠果（中树）、黄荆、黄钟花、番石榴（大树）和红粉扑花（小树）等。灌溉系统由一个大型雨水循环系统组成。雨水从周边景观坡道的排水下降管收集，并通过虹吸排水从两座塔楼的高层屋顶收集。它储存在

图 6-49 生态电池

屋顶的水箱里，总存储容量超过 700m³，使建筑物的植被区几乎完全可通过收集的雨水进行灌溉。综合施肥系统通过提供肥料和土壤改良剂，帮助维持整个灌溉周期的有机养分水平。此外，精心设计的排水沟和地下管道网络可确保有效排水，即使在暴雨最严重的情况下也是如此。这一点很重要，因景观坡道是陡坡，雨水如不及时被土壤吸收，就会从地面快速流下。绿色坡道的宽度和缓坡使得维修通道相对容易。坡道可从平行通道进入，该通道为维修人员提供通道，而无需穿过租用空间。

太阳能竖井——穿过 A 塔上层的斜竖井，让白天的光线深入建筑内部。内部照明在传感器系统上运行，当有充足的日间照明可用时，该系统通过自动关闭灯来减少能源消耗。太阳能竖井内的景观露台为相邻空间带来了更高的质量，并增强了从下方街道进入建筑的视野。

6.4.3　南京工程学院图书馆

南京工程学院图书馆（图书信息中心）位于南京市江宁区大学城南京工程学院新校区内，采用先进的保温隔热技术、外遮阳节能技术及闭式地表水地源热泵空调技术等，使其综合节能率达到 65%以上，是江苏建筑节能新技术的综合应用与展示的标志性场所。

1. 建筑选址与造型

建筑用地大致为圆形，半径约 130m，位于校园中心位置，在几条轴线的交汇点上，靠近天印湖，方便利用地表水热源，建筑外围边长均超过 110m，在平面设计上采用"回"字形（图 6-50）。通过在中间设庭园，可以形成良好的自然通风采光条件，该建筑造型采用规则的方形体块设计，体形系数小，有利于节能（图 6-51、图 6-52）。

图 6-50　南京工程学院图书馆建筑选址与造型

图 6-51　图书馆立面遮阳

图 6-52　图书馆楼梯间自然采光

2. 外围护结构保温隔热

建筑外围护结构采用高效保温隔热材料、外遮阳技术、低发射玻璃材料等，建筑总传热系数低，保证了建筑节能效果（表 6-30）。

南京工程学院图书馆外围护结构节能构造与指标　　表 6-30

部位	节能技术与指标
屋面	倒置式屋面保温：120mm 厚钢筋混凝土板＋50mm 厚挤塑聚苯板＋40mm 厚细石混凝土，$K=0.58\text{W}/(\text{m}^2\cdot\text{K})$
外墙	25 厚石灰砂浆＋200mm 厚页岩砖＋35mm 厚挤塑聚苯板＋25mm 厚水泥砂浆，$K=0.68\text{W}/(\text{m}^2\cdot\text{K})$
外窗	断热铝合金窗＋Low-E 中空玻璃，$S_e=0.32$，$K=2.1\text{W}/(\text{m}^2\cdot\text{K})$，采用水平、垂直挡板式遮阳设施对玻璃幕墙遮阳
地面	100mm 厚 C20 混凝土＋60mm 厚细石混凝土＋35mm 厚挤塑聚苯板＋160mm 厚钢筋混凝土
内墙	200mm ALC 板

3. 地表淡水源热泵技术

南京工程学院图书馆利用天印湖淡水资源，采用闭式地表水地源热泵空调系统，该系统利用埋地封闭管路中的循环水从湖水中提取冷热量供空调系统使用，因此自身没有燃烧和排放过程，既不破坏水资源，也不像冷却塔那样需要大量补水。另外，经计算论证，地表水换热器取热和释放热量对湖水影响很小，周累计温降（升）均小于 0.2℃，明显低于国家相关标准。空调系统按使用功能及防火分区划分为若干系统，各系统分区控制便于节能。

空调冷热源在空调系统总造价中占有 30％左右的比重，在运行费用方面占有 80％左右的比例。建筑空调冷热源有多种形式可供选择，不同的冷热源形式，其造价、对建筑空间的要求、能源消耗质与量、对环境的影响、运行管理方式与费用都不同。本工程结合可再生能源资源环境条件，充分利用天印湖自然资源，采用了封闭盘管式湖水源热泵空调系统，冷暖兼备，工作稳定、可靠、可调性强，利用可再生能源，节能、节水、环保。

6.4.4　立体绿化

立体绿化包括建筑墙壁、阳台、窗台以及屋顶的绿化，能有效缓解太阳曝晒建筑外立面，降低室外综合温度，阻止大部分太阳辐射热进入建筑外围护结构向室内传递，从而改善室外微气候和室内环境。图 6-53、图 6-54 是部分空间绿化示例，现代建筑设计中这样的案例有很多。

图 6-53　空间绿化示例

图 6-54　深圳建科大楼空中绿化

东京帕索纳总部办公楼通过垂直农业生产农业作物具有巨大的优势。这种方法在高密度城市中心尤其有用，因为高土地价格阻碍了传统开放土地环境中的农业活动。位于东京市中心的帕索纳总部是一座 9 层高的办公楼，也是一个改造项目，包括双层绿色立面、办公室、礼堂、自助餐厅、屋顶花园。最值得注意的是该建筑内集成的城市农业设施，即大面积的绿地；上百种水果、蔬菜和大米等在大楼内的自助餐厅收获、准备和供应。这是日本办公楼内有史以来规模最大、最直接的"从农场到餐桌"；使用水培和土壤农业，农作物和上班族共享一个公共空间。这些作物配备了金属卤化物、荧光灯和 LED 灯以及自动灌溉系统等。其目的是教育参与者农业的重要性，绿色空间还为有幸在农场中工作的上班族提供了精神寄托。尽管这对商业办公室的可出租面积来说是损失，然而帕索纳总部相信城市农场和绿色空间的好处是吸引公众并为员工提供更好的工作空间。阳台还有助于遮荫和隔热，同时通过可操作的窗户提供新鲜空气。此外，整个立面被深鳍片网格包裹，为有机绿墙创造进一步的深度、体积和秩序（图 6-55、图 6-56）。

图 6-55　帕索纳总部办公楼外表皮

图 6-56　帕索纳总部办公楼垂直农场

6.4.5　清华大学设计院办公楼

清华大学设计院办公楼采用的生态技术包括南向中庭（边庭）缓冲层策略（图 6-57）、温室效应（图 6-58）、西向遮热墙作用（图 6-59），中间光廊作用，遮阳构造等。

建筑采用缓冲层的概念，即在西向设计一面大尺度的防晒墙，这面由混凝土制成的防晒墙完全与建筑脱开，在夏季与过渡季节，可以完全遮挡西晒的直射阳光。同时，防晒墙与建筑主体之间的空隙（4.5m 宽）还有利于室内空气的流通（拔风作用），并可保证主体建筑室内的均匀天然光照明。在冬季，防晒墙能有效遮挡西北风，在阳光照度大的天气甚至还能积蓄热量而成为一个蓄热体，在建筑西侧形成一个热保护层，从而有效缓解外部气温对建筑内部的影响。该建筑缓冲层概念的另一个重要体现是架空"顶棚"的设计，如图 6-60，图 6-61 所示。

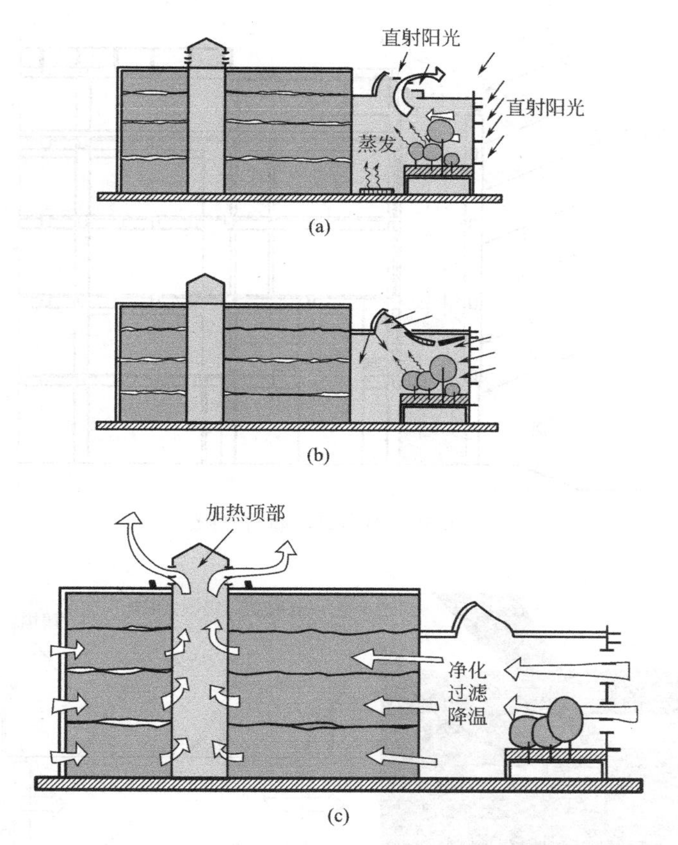

图 6-57　清华大学设计院办公楼缓冲层

(a) 夏季-凉棚；(b) 冬季-温室；(c) 过渡季-过滤器

图 6-58　中庭温室效应

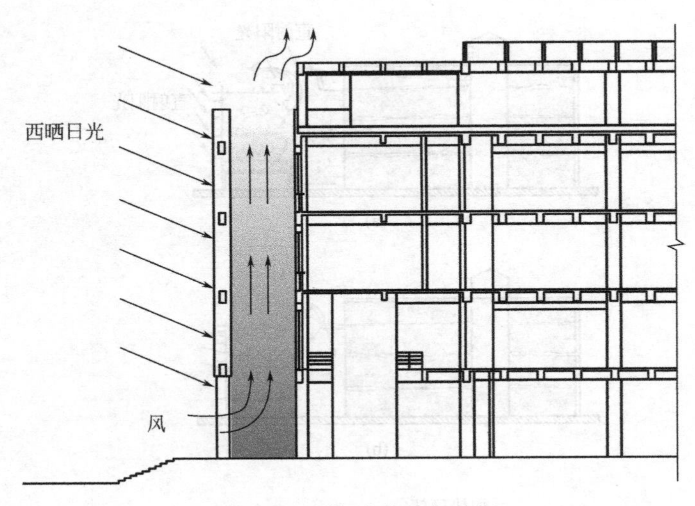

图 6-59　西向遮热墙与遮阳

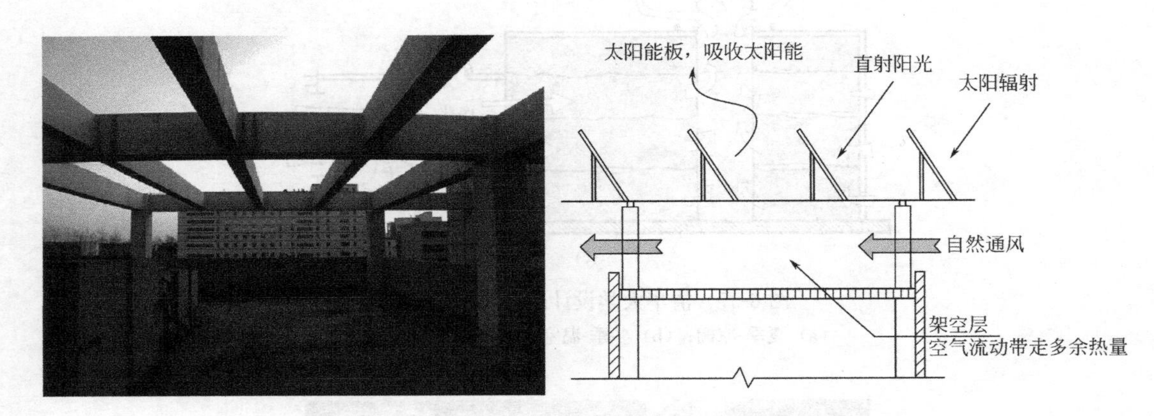

图 6-60　架空“顶棚”设计与气候缓冲原理示意图

图 6-61　立体绿化

6.4.6　绿地集团总部大楼

绿地集团总部大楼位于上海卢湾区南端黄浦江畔，占地面积 $8681m^2$，地上共 5 层，地下共 3 层（图 6-62）。总建筑面积约 4 万 m^2，地上建筑面积约 2 万 m^2。一～三层是百货，四～五层是集团总部办公区域。项目定位为绿地集团的“企业馆”、临近世博会的滨江建筑艺术精品和环境友好型建筑，体现绿色建筑理念。其节能技术包括：采用中空玻璃、中庭天窗遮阳、室外透水铺装、上人屋顶花园防热、蓄热（冷）技术应用、自然通风技术、温湿度及风速调节能耗指标等。

图 6-62　绿地集团总部大楼

建筑采用了断热铝合金低辐射中空玻璃和综合建筑遮阳系统（图 6-63），低辐射中空镀膜玻璃具有保温、避免反射光污染诸多优点，夏季阻止室外地面、建筑物散发的热辐射进入室内，节约空调制冷费用，传热系数可达 $2.0W/(m^2 \cdot K)$。建筑立面采用玻璃遮阳系统，玻璃材料透射率低，遮阳系数可达到 0.3。中庭天窗采用活动外遮阳，西侧立面采用铝合金垂直外遮阳，根据太阳辐射调节百叶倾角，可大大降低太阳辐射的热。

通风采光设计：在建筑平面设计时，利用 CFD 模拟通风洞口及位置，合理组织自然通风，采用自然通风和机械通风的形式，通风时间在晚上或夜间（图 6-64）。夜间通风的应用一般必须与蓄冷结构结合，因此希望建筑的围护结构具有比较大的蓄冷能力。在夜间组织大量通风换气，利用温度较低的室外空气充分冷却室内空气以及相应的围护结构等蓄冷结构，并将冷量蓄存于该结构中；到了白天，室外空气温度比室内高时，关闭通风系统，尽量减少建筑通过围护结构的得热，依靠晚上蓄存的冷量抵消建筑白天的空调负荷。

大楼内设立空气污染监测器，可以随时保证室内空气的清新，自动将室外新鲜空气引入室内，排出室内陈旧空气的同时回收热能，以节省能源。采用个性化送风系统，节能舒适。屋顶设置了室外绿化花园，美化环境，提供休闲活动和观赏浦江美景的场所（图 6-65）。

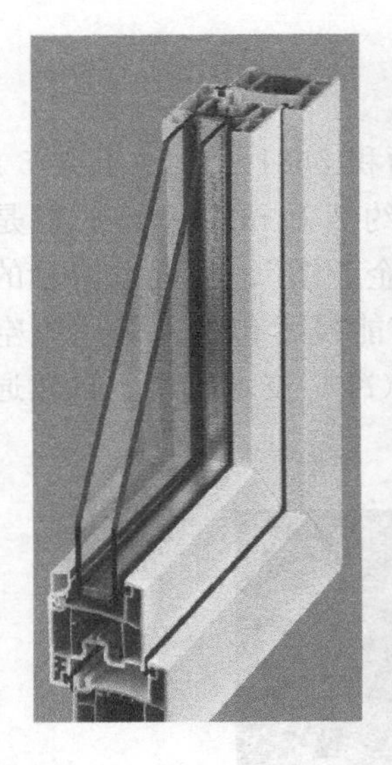

图 6-63　断热铝合金低辐射中空玻璃

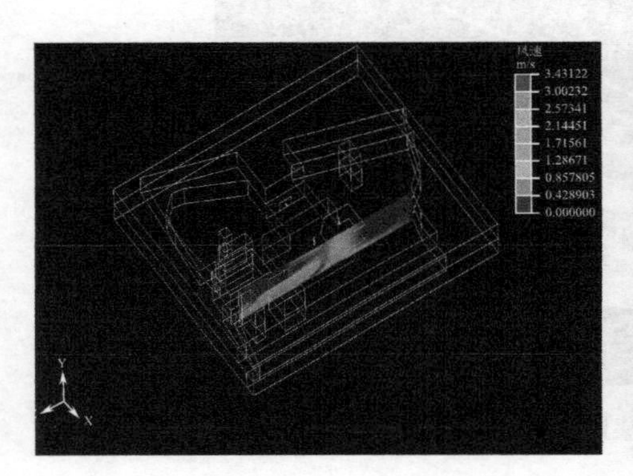
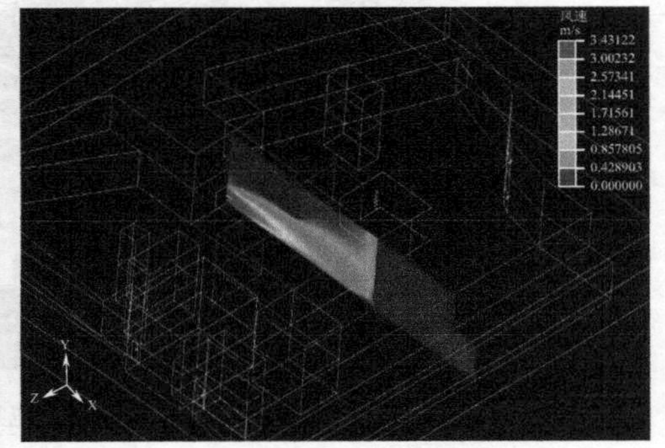

图 6-64　通风采光设计 CFD 模拟

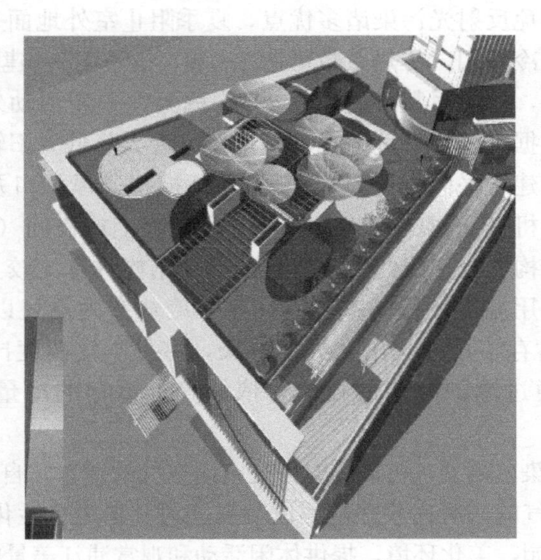

图 6-65　节能分区控制和屋顶绿化花园

行为节能系统：宣传节能理念，对建筑使用者的行为进行引导和提示，包括室内遮阳、空调通风、照明启闭的提示。

实时监测系统：完成建筑实时监测显示系统方案设计，包括室外气象数据采集装置配置、采集参数、数据传输系统、数据显示系统，在楼内显示室内外的温度、湿度、风速和能耗等指标。

本章小结

通过本章可以加深对墙体保温隔热基本性能指标的认识，熟悉墙体保温隔热适宜技术，掌握常用外墙保温体系构造做法。认识门窗保温隔热的特点和相关控制指标，通过门窗的节能技术措施提高其保温隔热性能。熟悉倒置屋面、蓄水屋面、绿化屋面等屋面保温隔热技术。

第 7 章　建筑创作中的低碳通风设计

引例

随着城市化进程的快速发展，建筑能耗迅速增长。清华大学建筑节能研究中心发布的《中国建筑节能年度发展研究报告 2020》显示，从 2001 年到 2018 年，建筑能耗总量及其中电力消耗量均大幅增长。2018 年，建筑运行的总商品能耗为 10 亿 tce，约占全国能源消费总量的 22%，建筑商品能耗和生物质能共计 10.9 亿 tce（其中生物质能耗约 0.9 亿 tce）。因此，以节能为导向的建筑是实现建筑可持续的必要条件。而建筑节能技术则是实现建筑节能的必要手段，如在建筑单体节能设计中，主要的技术措施包括自然通风、建筑遮阳及可再生能源利用等。通过节能技术手段可节省 2/3～3/4 的建筑能耗，其中自然通风技术便是一项成熟而低廉的技术措施，在建筑设计中应充分、合理地加以使用。

利用自然风是体现可持续性与生态设计的另一重要方面。自然通风是具有很大节能潜力的一种通风方式，是居民赖以调节室内环境的原始手段。空调的产生，使得人们不像以往那样被动地适应自然，而是主动地控制居住环境；空调的大量使用，使人们渐渐淡化了对自然通风的应用。而在空调技术得以普及的今天，迫于节约能源、保持良好的室内空气品质的双重压力，全球的科学家不得不重新审视自然通风这一传统技术。在这样的背景下，把自然通风这一传统建筑生态技术重新引回现代建筑中，有着比以往更为重要的意义：自然通风不仅能够有效地实现室内环境的降温，还能够节约常规能源、减少环境污染，同时还能够极大地改善室内环境品质。

7.1　气候与自然通风

7.1.1　自然风的基础知识

在建筑设计中，自然风属于自然元素之一，有着自身存在的形式和规律，它在改善建筑室内热环境中起着加强人与自然联系的重要作用，也是建筑生态设计策略之一。自然风的作用不容忽视，不但能够疏通空气气流、传递热量，为室内提供新鲜空气，创造舒适、健康的室内环境，而且风还能够转化为其他能量形式，为人们所使用，从而达到节能目的。所以，建筑中合理组织、充分利用自然风，特别是“穿堂风”，是改善炎热地区建筑室内过热状况的重要节能策略之一。

自然风的物理属性主要有三个，即风速、风向、风力。不同地域、不同气候背景下，自然风影响程度往往各不一样。受特定地形影响，场地的风环境也不一样，如山谷风、海陆风等（图 7-1）。因此，在选择建筑应该关注何种自然风的时候，要以气候影响下的风为前提，综合基地环境、建筑规模等因素，选择组织和诱导自然风的最佳途径。

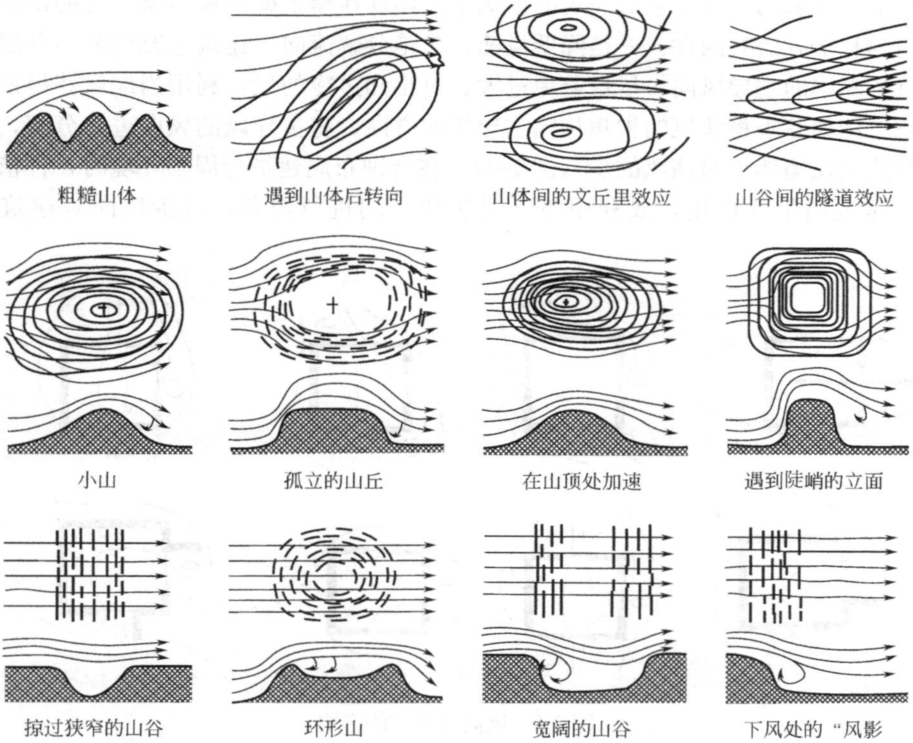

粗糙山体
遇到山体后转向
山体间的文丘里效应
山谷间的隧道效应
小山
孤立的山丘
在山顶处加速
遇到陡峭的立面
掠过狭窄的山谷
环形山
宽阔的山谷
下风处的“风影

图 7-1　地形对风的影响

1. 风速

风速是衡量地区风场强弱的基本因素，它随离地高度的增加而呈现梯度变化（图 7-2），同时风速也受下垫面的摩擦力的影响。较大风速可带走建筑部分热量，因此建筑设计有必要控制建筑地段空气的流动，可以采用种植灌木丛、植林或构筑物等方法设置屏障，以降低风速。

600
500
400
300
200
100
高度(m)
梯度风速(%)
518m
100
90
70
52
40
396m
100
95
92
56
274m
100
98
86
78
密集的城市
林地
旷野

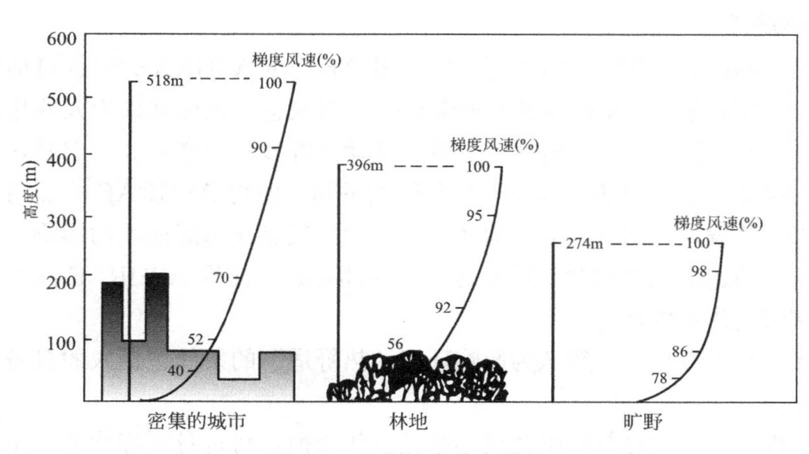

图 7-2　风的垂直分布特性

2. 风向

风向指风吹来的方向。它对建筑的影响主要体现在建筑朝向和门窗位置的设定。建筑控制风向的基本方法有两种：一是降低流速，二是分解流向。建筑应充分利用自然地形条件，分析冬夏季的主导风向，尽量避免过大、过小和过冷的风，利用当地风获得最佳环境气候效益。例如冬季将建筑的尖角指向主导风向方向，将主导风的风向进行分解，使得建筑散失的热量比墙体正对挡风的少（图 7-3)。在合理布局建筑与周围环境时，种植灌木能起到保护建筑热量的作用，或利用覆土对主要空间进行覆盖，减少风向对建筑的直接影响。

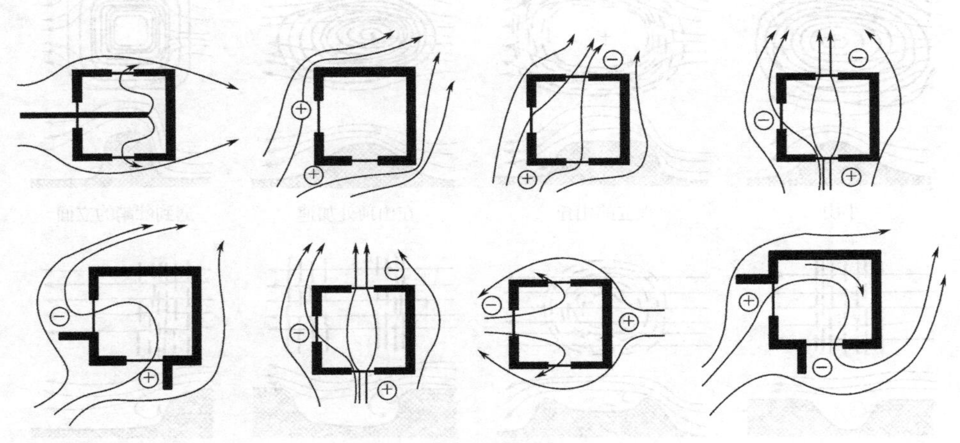

图 7-3　风向对建筑的影响

3. 风力

风力指风吹到物体上所表现出的力量大小，主要取决于气流运动的方向、速度、温度以及高度的变化。根据地理地貌、地物的不同而产生不同风，如水陆风、高层风等。风力还是能源获取和利用的重要途径，像风力发电、风力提水等技术正在被广泛应用。

7.1.2　自然通风的影响因素

1. 人体热舒适

美国供热、制冷和空调工程师协会（ASHRAE）在 ASHRAE STANDARD 55-1992 标准中规定："热舒适"是人对环境表示满意的意识状态。该标准认为人的热舒适满意程度和空气温度、辐射温度、空气流速、衣着、活动量等多种因素有关。但是，由于非空调房间人们的可接受舒适区域和空调房间存在很大不同，使得 ASHRAE 标准用于评价非空调房间会带来一些偏差。同时，湿热地区的湿度和空气流速对舒适度的影响，以及由于该地区人们对气候的适应能力和对高风速的忍耐性都要高，使得 ASHRAE 标准不能直接用来评价非空调房间的室内环境。

根据人体热平衡方程，一般认为影响环境"热舒适"的条件包括人的自身因素和客观环境因素两方面。

在正常条件下，人通过与周围环境不断进行热交换，将自身新陈代谢产生的热量以对流、辐射、蒸发的方式散发出去，使身体保持恒定温度。可用下式来表示人体热平衡：

$$\Delta q = q_m \pm q_c \pm q_r - q_w \tag{7-1}$$

式中　Δq——人体热负荷，即产热率与散热率之差，W/m^2；

q_m——人体新陈代谢产热率，W/m^2；

q_c——人体与周围环境的对流换热率，W/m^2；

q_r——与环境的辐射换热率，W/m^2；

q_w——人体蒸发散热率，W/m^2。

$\Delta q > 0$ 时，体温上升；$\Delta q < 0$ 时，体温下降；$\Delta q = 0$ 时，体温保持恒定。

各种环境因素会随环境的变化而调整，形成不同热平衡的组合，所以，当 $\Delta q = 0$ 时，并不一定表示人体处于热舒适状态，只有各环境因素控制在一定比例范围内散热的热平衡才是舒适的，表 7-1 为人体散热时各散热方式所占比例。

人体散热平衡比例　　　　**表 7-1**

散热方式	对流换热	辐射散热	蒸发散热
所占比例	25%～30%	45%～50%	25%～30%

人体散热会随环境变化而发生自调节，形成新的平衡模式。图 7-4 表示了人体体温调节机制在不同环境下所能达到的不同效果。曲线 1 是环境温度改变时人处于静态时产生的热量。曲线 2 表示通过传导、对流以及辐射引起的热量散失。由于这些热量散失是由温差控制的，因此当环境温度提高时，散失的热量也随之减少。当环境温度达到了人体体温（37℃）时，就没有任何通过传导、对流以及辐射的热量散失。曲线 3 表示当相对湿度为 45%时环境温度变化下人体蒸发散热情况。

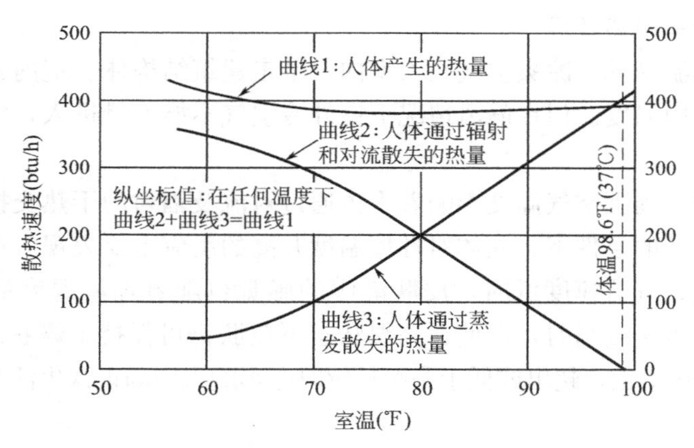

图 7-4　人体散热方式与环境温度关系图

注：1btu≈1.055kW，1℉≈−17.22℃。

由于人的主观感觉不同，则对热舒适的判断也会产生差异，热舒适范围是体温处于一个很窄的适宜性范围。为了将这一范围表示出来，利用气温、相对湿度、气流和平均辐射温度的某些特定组合形成大部分人所认可的热舒适性。将这些组合表示在温湿图上，就形成了一个舒适性区域（图 7-5）。舒适性区域范围受个人健康状况、胖瘦、着装量以及活动状态等因素影响。当处于舒适性区域之外时，人将感觉种种不适。从图 7-6 可以看出，通过加大风速，使得舒适区域增大，可以补偿空气温度升高所带来的不舒适，如通过开风扇或开窗等措施。

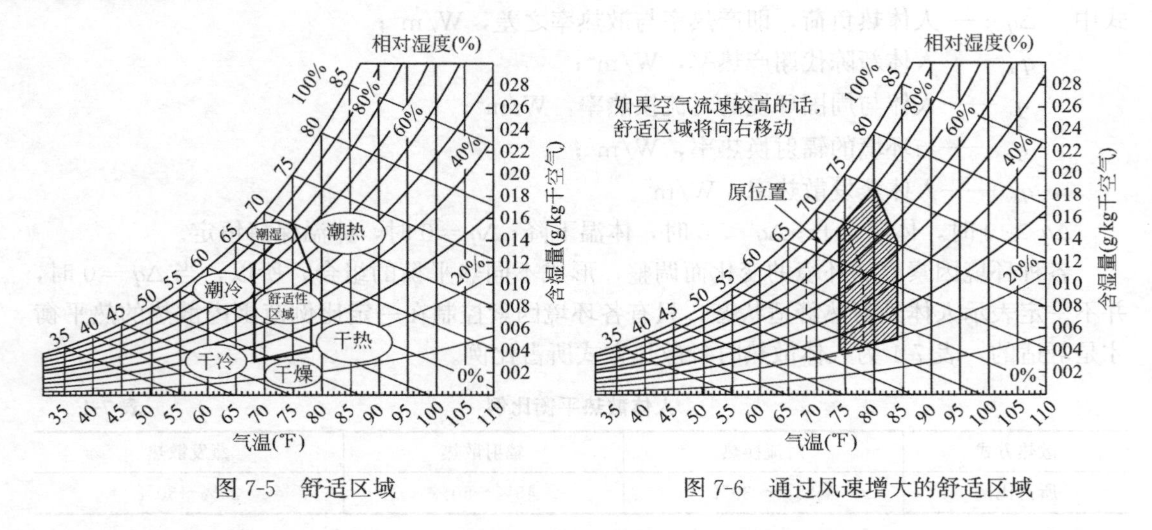

图 7-5　舒适区域　　　　图 7-6　通过风速增大的舒适区域

2. 气候因素

人体热舒适受多种气候因素的影响，主要包括空气温度、相对湿度和风速。

（1）空气温度

夏季，受室外热空气影响，白天大量的热风进入室内，一方面使室内气温迅速上升；另一方面，室内墙体、楼板、顶棚、家具等物体大量吸收和蓄积热量，形成热源。夏季白天应避免直接通风，或利用建筑遮阳、立体绿化等措施，对室外空气进行冷却处理后再引入室内，以便改善室内热环境。

夜晚，室外气温降低，凉爽空气吹入室内，带走建筑结构体、室内家具白天蓄积的热量，从而降低了室内温度。但在静风情况下室外冷空气不能大量进入，应结合机械设备进行强迫通风。

在均匀环境中，周围空气温度影响着人体通过对流及辐射的干热交换。在水蒸气压力及气流速度恒定不变的条件下，人体对环境温度升高的反应主要表现为皮肤温度与排汗率的增加。当湿度高、气流速度低时，皮肤潮湿的感觉也随着环境温度的升高而增加，反之，当湿度低而气流速度高时，即使在高温状态下皮肤仍可保持干燥状态。周围温度的变化也改变着主观的热感觉，超出或低于一般热感时会影响人们的正常生活与工作（图 7-7）。

（2）相对湿度

空气的湿度大小决定着空气的蒸发能力，从而决定着人体排汗的散热效率。在极端炎热的条件下，湿度水平限制着总蒸发力，从而决定着机体的耐久边界（图 7-8）。

如果皮肤干燥，汗分泌率及蒸发率就仅取决于新陈代谢产热及干热交换；汗液分泌全部从皮肤毛孔内蒸发掉，而空气湿度的变化就完全不会影响人体。当排汗率与空气蒸发力之比达到某一值时，由皮肤毛孔冒出的汗液不能全部蒸发，在毛孔周围形成一流体层而皮肤的潮湿面积即增加。因此，虽然水蒸气压力差降低了，也可得到需要的蒸发量。直到湿度达到某一水平，整个蒸发发生在皮肤表面上，且散热效率几乎仍保持 100%。在此极限水平下，蒸发率一直等于汗分泌率，但潮湿的皮肤可引起人的主观不适应。

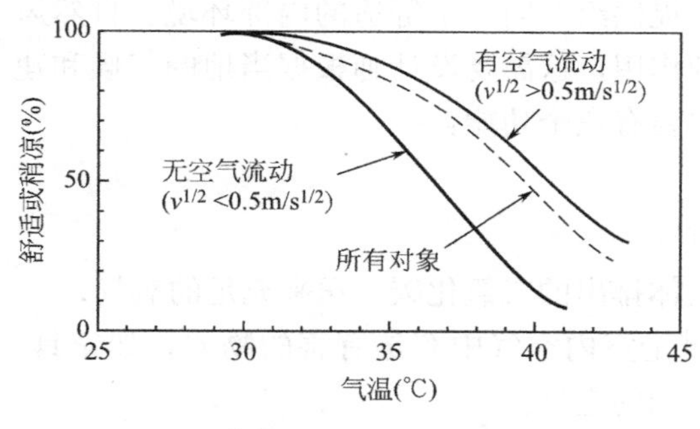

图 7-7　人体舒适温度与空气流动的关系

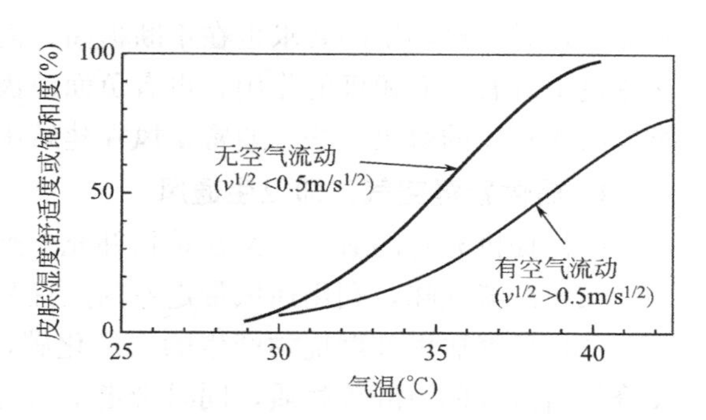

图 7-8　人体舒适湿度与空气流动关系

湿度较高时，大片皮肤表面布满汗液，流体层的厚度增加；部分汗液转移至汗毛上并被衣着吸收。即使在此阶段，全部汗分泌也都蒸发掉了，但部分的汗是在离皮肤一定距离的地方蒸发的。这就意味着一部分用于蒸发过程的热能是从周围空气而不是从皮肤攫取的，因此蒸发散热效率降低了。由此，人体必须分泌出并蒸发掉的汗液要比与所需的蒸发散热相当的汗液更多些。在酷热环境条件下，湿度水平决定着是否可能达到热平衡，如不可能达到时，则决定着人所能忍受的时间。

（3）风速

环境风速（气流速度）从两个不同的方面对人体产生影响：第一，它决定着人体的对流换热；第二，它影响着空气的蒸发力，从而影响排汗的散热效率。不同风速对室内环境产生不同作用，对人体产生的影响也不尽相同（表 7-2）。室内风速≤1.0m/s，通风只起到换气作用，且人体感觉不明显；风速≥1.0m/s，人体明显感受到通风效果。

不同风速对室内环境产生不同作用　　　　表 7-2

风速(m/s)	≤0.25	0.25～0.5	0.5～1.0	1.0～1.5	≥1.5
静态人的感觉	无意识	舒适	有意识	明显通风	
适用范围	通风换气			通风降温	

当气温低于皮肤温度时，若皮肤潮湿而排汗的散热效率低于 100%，增加气流速度对排汗效率的影响大于对对流加热的影响。因此，气流速度的增加总是产生散热效果。同时，较高的气流速度可减少由于皮肤发湿而产生的主观不适感。当气温高于皮肤温度时，一方面气流速度的增加造成较高的对流换热会加热人体，另一方面气流速度的增加又加大了空气的蒸发力从而提高了散热效率。所以，在高温时，气流速度有一最佳值，达到此值，空气的运动产生最高的散热力；低于此值，就由于排汗效率的降低而产生不舒适及造成增热；超过此值，即造成对流加热。

7.2　自然通风的功能与方式

7.2.1　自然通风的功能

建筑最早的功能要求是为人类提供一个“遮风避雨”的环境，随着人类建筑技术的不断提高，对建筑环境的要求也在不断提高，需要提供给人们一个舒适的内部环境。自然风在建筑中既有正面积极的作用，也有负面消极的作用，这需要设计师根据当地的气候和建筑提出相对应的解决方法。通常，风在建筑中主要有三个功能：

1. 提供新鲜空气，即卫生通风

（1）提供充足的氧气，给建筑物补充新鲜空气。

（2）冲淡气味，利用通风带走室内烹饪和人体排出的二氧化碳，送来充足的氧气；

（3）稀释居民和燃烧物产生的二氧化碳，带走室内空气中有毒有害的物质，如家具、装修材料排放的甲醛等物质，同时带走室内有异味的空气。

所有有人居住的房屋的室内通风都需要满足最低健康要求，并应保证在所有不同的气候条件下也能满足此要求。保持室内空气质量的功能直接取决于室内空间中的空气体积变化率。最低通风率保证了不同居住空间的室内空气含量比例在健康范围。

2. 生理降温，即舒适通风

当风吹过人体时，能蒸发掉人皮肤表面的湿气，使人产生凉爽感。因此，舒适通风作为一种被动式降温方法，为炎热潮湿环境下的建筑住户提供或改善了室内舒适度。通过较高的风速，加速人体的对流换热速率，实现人体体表快速散热。通风并不直接依赖室内空间空气的体积变化率，却更多地依赖于住户居住区域内的气流速度。

3. 夜间通风降温

利用夜间凉爽空气把建筑结构中储存的热量释放。在夜间通过自然途径释放建筑结构中储存的热量，以减少白天的冷负荷。当室内温度高于室外温度时，冷却建筑物结构，这也可称为结构性冷却通风。当室外空气温度低于室内空气时，室内外温差越大，冷却效果越显著。但当室内外温差小于2℃时，室内自然通风的功能效果不显著。这一降温方法特别适用于炎热干燥地区，因为这些地区昼夜温差大，潮湿地区采用夜间通风也能产生良好效果。

这三个功能主要取决于不同季节和地域的气候特点，每个功能所要求的风速大小不同。这些功能不仅要满足居住者要求，而且在建筑设计细节上也要有所不同。B·Givoni认为湿热气候区人体舒适“湿度较高的地区，相应地需要提高气流速度以增加汗蒸发的效率，并尽可能避免由于皮肤及衣服潮湿所带来的不舒适。所以，持续通风是首要的舒适要求……”湿热地区民居多采用开敞建筑形式，或采用一个大屋顶构成（有顶没墙），同时为了最大限度地利用自然通风，建筑外围护结构一般设置为多孔、透气和通风。例如，我国西双版纳的傣族竹楼，建筑采用了开敞形式，其外墙和屋顶的连接处、外墙木板之间、地板之间都留有很大的缝隙，可以接受任何方向的来风通过这些空隙进入竹楼，从而达到降低周围空气温度，提高人体热舒适的目的（图7-9）。

7.2.2 自然通风的方式

1. 舒适通风

即全天进行室内外通风，开窗将室外的风引入室内，尤其在白天空气温度达到最高值时，促进风流经人体表面来提高人体水分蒸发速度，增加人体因自身水分蒸发所消耗的热量，从而加大了人体散热，达到降低人体温度提高舒适感觉。

图 7-9 傣族竹楼

从建筑使用者获得舒适室内环境的角度出发，与人体热舒适相关的参数为流经人体周围的风速。只有当室外温度低于室内温度或采用有效措施防止室内温度上升到与室外温度一致时，自然通风才具有较高利用率。

式（7-2）为人体与环境之间热交换的基本公式，可以看出，要使人体积热量 Q 降低，在人体代谢产热量 M 不变的前提下，应当使辐射换热量 R、对流换热量 C 都为失热，并且增大蒸发换热 E。

$$M \pm R \pm C - E = Q \tag{7-2}$$

按照 Belding 的研究，对于半裸的人，其辐射换热量可由式（7-3）确定：

$$R = 11(t_w - 35) \tag{7-3}$$

其中，$t_w = t_g + 0.24v^{0.5}(t_g - t_a)$

式中 t_g ——黑球温度计的温度，℃；

t_a ——空气温度，℃；

v ——空气气流速度，m/s；

R ——辐射换热量，kcal/（h·人）。

对流换热的计算由式（7-3）确定：

$$C = 1.0v^{0.6}(t_a - 35) \tag{7-4}$$

式中 t_a ——空气温度，℃；

v—— 风速， m/s；

C ——对流换热量，kcal/h。

Givoni 和 Berner-Nir 提出在均匀环境中计算对流及辐射的综合传热交换的方法，其计算公式如下：

$$D = \alpha v^{0.3}(t_a - 35) \tag{7-5}$$

式中 α ——系数，其值衣着条件而定，半裸：$\alpha = 15.8$，夏季薄衫：$\alpha = 13.0$，工作服或

军服：$\alpha=11.6$；

t_a——空气温度，℃；

v——空气气流速度，m/s；

D——综合干热换热量，kcal/（h·人）。

蒸发量的大小决定着人体散热量的多少。具体关系为每蒸发 1g 水消耗的汽化潜热约为 0.58kcal。根据 Belding 的研究可以确定空气最大蒸发量：

$$E_{max}=2.0v^{0.6}(42-P_a)\quad（半裸状态）\tag{7-6}$$

$$E_{max}=1.33v^{0.6}(42-P_a)\quad（薄衫）\tag{7-7}$$

式中 P_a——水蒸气压力，mmHg；

v——气流速度，m/s；

E_{max}——空气最大蒸发量，kcal/（h·人）。

Givoni 和 Berner-Nir 提出的空气的最大蒸发力计算公式为：

$$E_{max}=pv^{0.6}(42-P_a)\tag{7-8}$$

式中 p——系数，其数值根据服装条件而定，半裸：$p=31.6$；夏季薄衫：$p=20.5$；工作服或军服：$p=13.0$；

P_a——水蒸气压力，mmHg；

v——气流速度，m/s；

E_{max}——空气最大蒸发量，kcal/（h·人）。

上式计算得到的空气最大蒸发力是指人体由蒸发可能得到的最大散热量，并不是根据蒸发汗量得到的人体散热量。由于汽化热一部分来自周围空气，而不是从人体内部获得，所以因汗量蒸发使人体得到的实际冷却量与汗量蒸发潜热并不相等，此值比实测总蒸发量所得到的散热量低。

从对流及辐射换热量的计算公式可以看出，辐射与对流换热量的大小与气流速度和环境温度有关。气流速度越大、环境温度越低，则对流和辐射散热越多。在 25～35℃，对流降温主要依靠人体进行自我调节。当皮肤平均温度的上限接近 35℃时，空气温度高于皮肤温度时，热量将从较热的空气传到较冷的皮肤上，这时蒸发冷却降温是人体最主要的散热方式。对于长期生活在炎热地区的居民来说，由于适应了当地气候特点，高温环境（如温度达到 38℃）也能使他们感到舒适。但对于自然通风效率来说，空气温度为 37℃可能是人体利用自然通风获得热舒适的最高舒适温度上限。因此，在进行自然通风时，针对不同气候区的气候特点选择不同的降温和供暖需求，充分利用通风和蒸发降温的潜力。

2. 夜间通风

夜间通风降温的原理与舒适通风不同。夜间通风降温就是夜间利用自然途径将热量从建筑物中释放出去，以降低白天的冷负荷。由于白天几乎不让室外的空气流入室内，要使白天储存在建筑中的热量在夜间散发出去，自然通风是较好的途径。

夜间通风是指利用室内外的昼夜温差，白天关闭门窗阻挡室外高温空气进入室内避免加热室温，同时依靠围护结构自身热惰性将室温维持在较低水平，而夜间开窗通风引导室外低温空气进入室内降低室温，同时在通风作用下使围护结构加速冷却，为下一个白天储存冷量。

夜间通风降温是否适用主要受室外温度最低值、室外温度波动范围和水蒸气压力水平三个因素影响。其中，室外温度最低值是最主要影响因素，对围护结构可能降到的最低温度起着决定作用。当然围护结构所能降到的最低温度会比室外温度的最低值高一些。从人体热舒适的角度看，为了使围护结构下降足够多的温度，室外温度最低值宜小于 20℃。在这种情况下，夜间温度才能使围护结构在白天保持室内空气温度和辐射温度低于热舒适区的上限温度。第二个因素为室外温度波动范围，它决定着围护结构在夜间通风时所储存冷量的大小，从而使室内的最高温度低于室外最高温度成为可能，具体计算公式如下：

$$Q_{store}=M\rho c(T_m^{max}-T_m^{min}) \tag{7-9}$$

式中　M——介质的可用体积，m^3；

ρ——介质的密度，kg/m^3；

c——介质的比热，Wh/（kg·℃）；

T_m^{max}——介质最高温度的平均值，℃；

T_m^{min}——介质最低温度的平均值，℃；

Q_{store}——介质所能储存的冷量，Wh。

水蒸气压力决定着白天不进行通风时室内热舒适的上限温度。Givoni 对夜间对流降温进行了全面实验，假设围护结构传入的热量适中，且热容量很高，则室内的最高温度将低于室外白天最高温度的一半。对于重质结构，白天温度波动大的地区比温度波动小的地区储存热量或冷量的潜力更大。

Givoni 的实验研究还表明，当地平均水蒸气压力影响着室外温度波动的大小：

$$\Delta T=26-0.83P_a \tag{7-10}$$

式中　ΔT——室外平均温度波动，℃；

P_a——平均水蒸气压力，mmHg。

当建筑有通风时，室外空气随风进入室内，并在流动过程中与室内空气混合，利用室内外的温差与室内各表面进行热交换，其与室内空间的换热量可按下式计算：

$$Q=0.28V(t_i-t_o) \tag{7-11}$$

式中　t_i——室内空气温度，℃；

t_o——室外空气温度，℃；

V——通风率，m^3/h；

Q——与室内空间的换热量，kcal/h。

从式（7-11）可以看出，室外空气与室内空气的热交换量与通风率和室内外温差成正比。通风率的大小受空气流动速度的影响，较高的空气流动速度可以显著提高围护结构与夜间低温空气的热交换量。而室内外温差决定了是否通过增加温度或降低温度来进行通风。当室内温度高于室外温度时，室内进行通风可以降低室内温度。由于全天的室外气温呈周期性变化，建筑围护结构的温度受室外环境的影响也呈现周期性变化，而受围护结构热惰性的影响，其变化滞后于室外气温的变化。通常状况下，傍晚及夜间的室温一般常高于室外温度，在此期间进行通风能收到良好的降温效果。

一般来说，夜间通风主要有两个步骤：一是夜晚利用自然通风或借助风速将室内结构降温冷却；二是白天关闭门窗，阻止室外热量进入室内（图 7-10、图 7-11）。

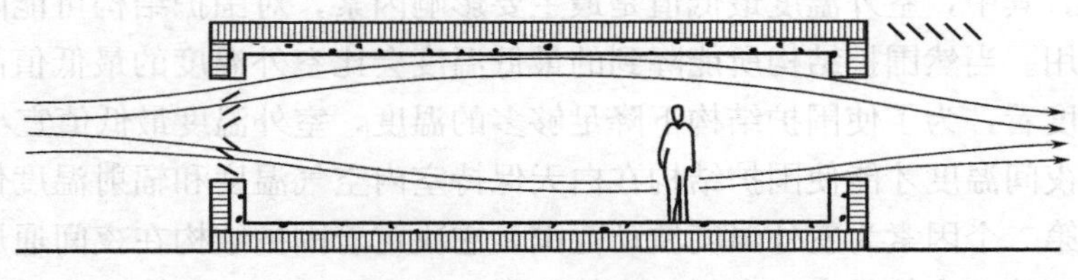

图 7-10 采用夜间通风降温

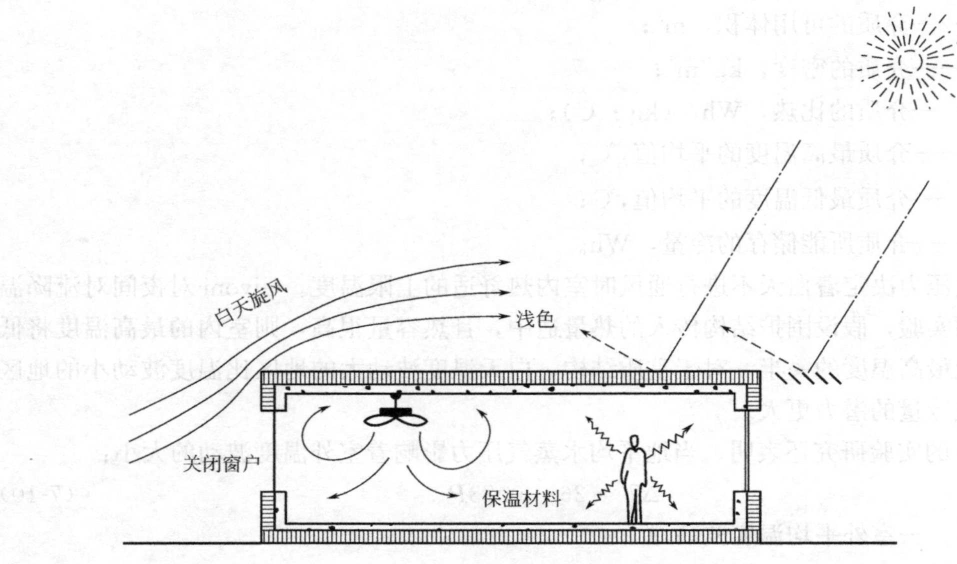

图 7-11 夜间通风后白天关闭窗户

7.3 建筑自然通风的降温原理

本节主要介绍通过建筑物自身的自然通风的降温原理。

7.3.1 风压通风

风压通风是指当风吹向建筑时，由于受建筑阻碍，使得空气流动围绕建筑向上方及建筑两侧转移，造成建筑迎风面的气压（正压区）高于其背风面的气压（负压区），使整个建筑产生了风压差，从而实现风压通风（图 7-12）。

因此，风压大小与风速存在强烈关系，其风压计算公式为：

$$p=K\frac{v^{2}\rho_{e}}{2g} \tag{7-12}$$

式中 p ——风压，Pa；

v ——风速，m/s；

ρ_{e} ——室外空气密度，kg/m^3；

g ——重力加速度，m/s^2；

K ——空气动力系数。

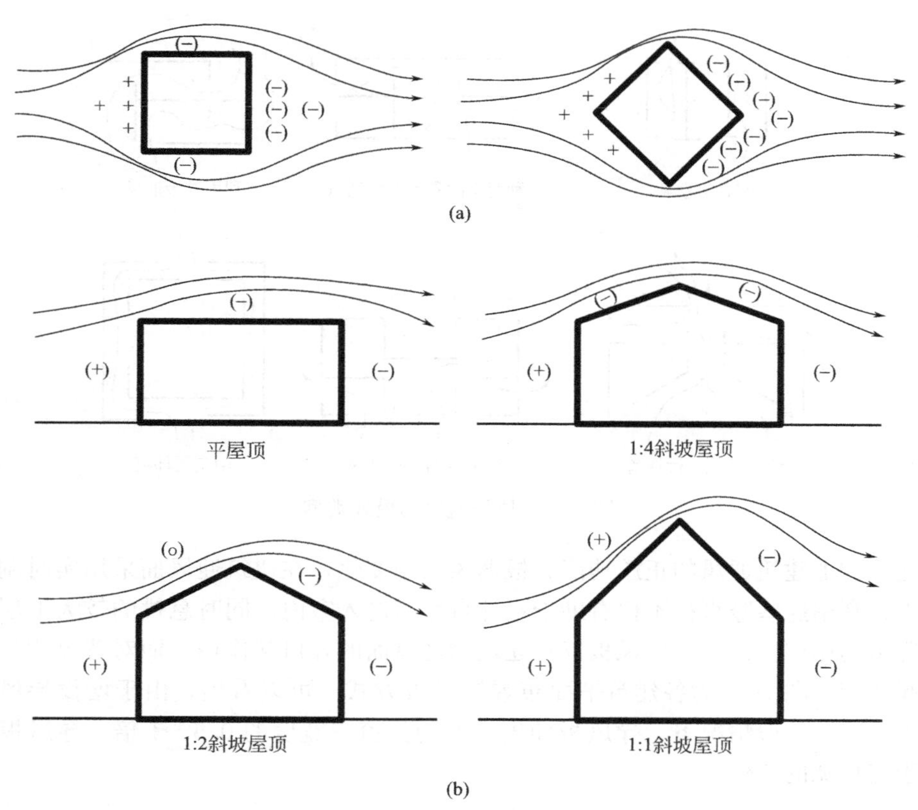

图 7-12　气流流经建筑时形成的正压和负压

(a) 气流流经建筑引起的正压区和负压区；(b) 不同斜度屋顶的正压区和负压区

从式（7-12）可以看出，如果建筑利用风压进行自然通风，需要有较大风压、较大的风速和室外空气密度，而室外空气密度与室外环境的温度和相对湿度密切相关。因此，影响风压通风的气候因素主要有气温、相对湿度和风速。

气流流经房间会带走热量，其流速大小与进、出风口的面积、室外风速、风相对于开口的方向都存在关系。当空气流速不变时，带走热量的大小取决于建筑物室内外的温度差。由图 7-12 可知，当空气从建筑物周围流过时，在迎风面形成了高压区，在建筑背风面形成低压区。从降温角度来说，最有效的风压通风是将进风口设置在高压区，出风口在低压区。气流速度大小取决于进风口与出风口之间的压力差。当进出口的面积较大而风向与窗户垂直时，气流的速度很大。

一般来说，风压随着离地面的高度的增加而递增，风压越大，风速也越大。因此，对于低层建筑来说，如果建筑内外风压达不到所需数值，就很难形成穿堂风。根据有关实验结果，房间进深小于 2.5 倍的房间净高、开口面积大于外墙面积的 5%时，有利于形成穿堂风。而对于高层建筑，其建筑上部风压过大，所产生的风速相对较大，为了解决这一问题，可通过改变建筑物的形体、设置导风构件、改变迎风面开口大小和开窗方式等，调节进入室内的气流速度和流量。图 7-13 为室内风压通风的几种方式。

导风板是建筑中常采用的导风构件。在建筑中设置导风板，使室外风流经导风板进入

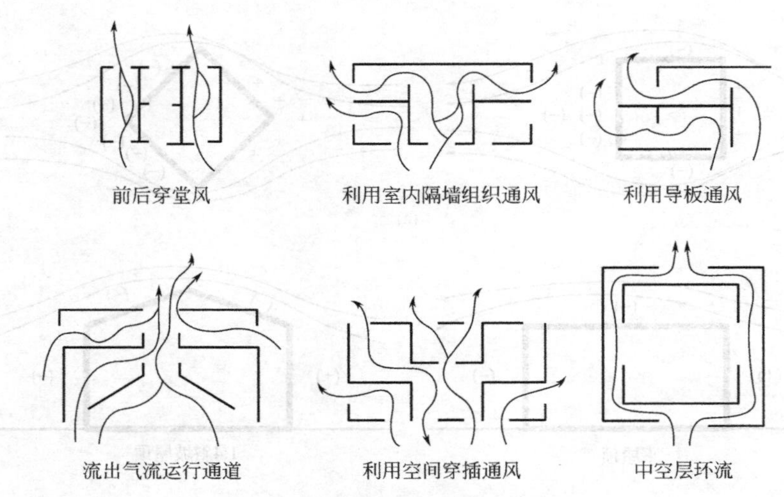

图 7-13　风压通风的模式类型

室内，能够增加建筑通风的正压功能。根据风向的变化，在建筑迎风面采用实时调节的较宽竖直板，利用这些竖直板不仅有助于室外自然风进入室内，同时悬挑的较大上层楼板起到遮阳避雨的作用。但是，导风板仅对建筑物迎风面的开口起作用，而对背风侧的通风开口并不起作用。图 7-14 为各建筑平面布置导风板方式。可以看出，由于增设导风板，增大了室内风速。一般情况下，导风板伸出长度约为窗户宽度的 0.5～1 倍。导风板之间的距离大于窗户宽的 2 倍。

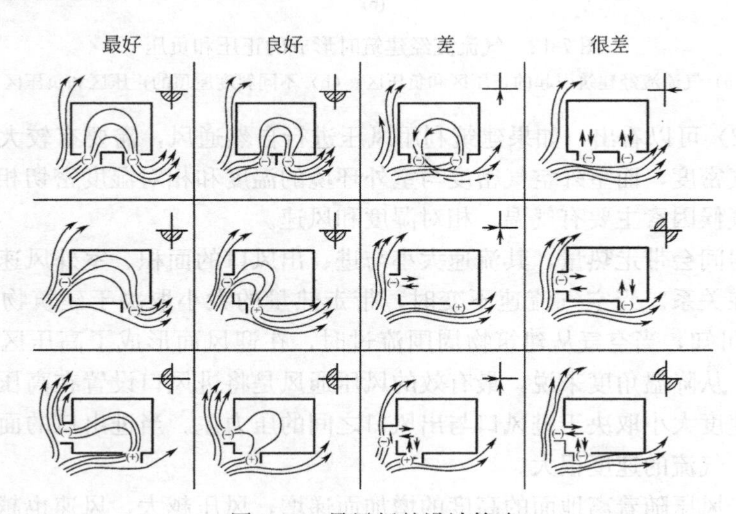

图 7-14　导风板的设计策略

建筑师克里斯琴·豪维特（Christiane Hauvette）设计的安迪列斯群岛及圭亚那主教学院（图 7-15），是将整个建筑作为一个空间来处理，在开敞建筑的长边安装活动百叶，并装设具有保护作用、颜色较深的百叶遮阳装置，从而减弱因太阳得热而引起的降温负荷。当开口不能朝向主导风向以及房间只能有一面墙可开窗时，或当风的方向不与窗户垂直时，可以利用导风墙来改变建筑物周围的正压区和负压区（图 7-16），从而引导风沿着与主导风平行的方向流经窗户。

图 7-15 安地列斯群岛及圭亚那教主长学院

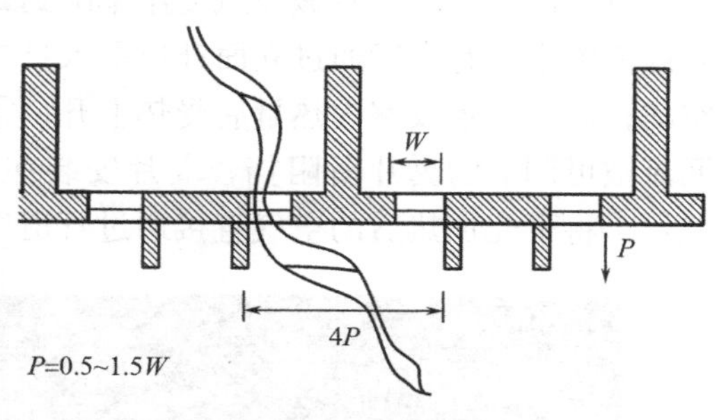

图 7-16 导风板的推荐尺寸

杨经文设计的马来西亚 Menara Umno 大厦，在两侧阳台开口处设置了两片呈喇叭状的挡风墙，利用挡风墙将开口处的气流引入特定的平台区（图 7-17），以实现自然通风。这一建筑设计原理依据文丘里现象，即当流动的空气暂时遇到压缩时，受压缩的气流速度加快，气压降低。因此设有导风板在平面上看作一个漏斗，门窗被视为进风口。这一设置方式为许多建筑师提供了设计思路，同时实践证明这种“导风板”设置方式效果非常好。

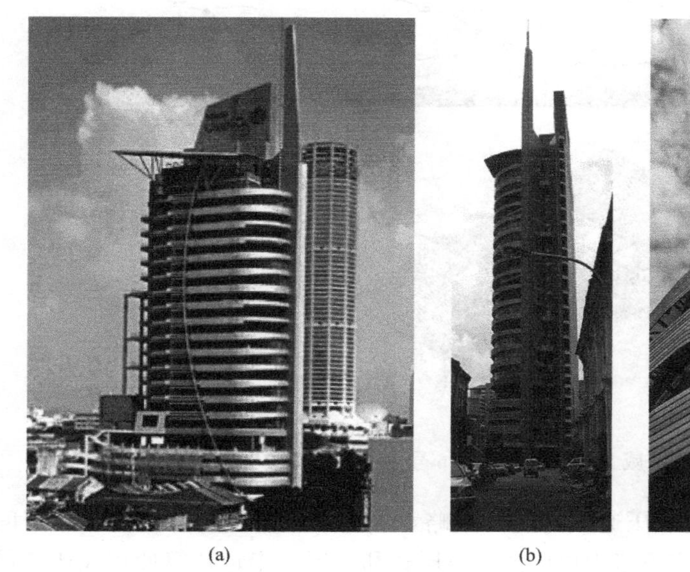

(a) (b) (c)

图 7-17 马来西亚 Menara Umno 大厦

（a）Menara Umno 大厦；（b）导风板；（c）Menara Umno 大厦细部

利用风压通风的建筑开口与风向的有效夹角在 40°范围内。当夹角大于 40°时，可以利用导风板建立正负压区来引导通风。

文丘里效应：文丘里效应是指当风吹过建筑物时，在建筑物的背风面上方端口的气压相对较低，从而产生吸附作用，使得空气流动。文丘里效应需要当地有足够稳定的主导风。

德国著名建筑师赫尔佐格设计的汉诺威2000年世博会26号馆充分运用了文丘里效应创造自然通风。该展厅采用了自然通风与机械通风相结合的形式，最大限度利用自然通风，将室内大空间的机械通风使用率降到最低，使得在空调运行成本降低了50%。其夏季降温措施主要有：①通过立面开口引入自然风；②利用玻璃通风管道将冷空气运送到展厅空间；③空气吸收室内热量后受热上升；④热空气从锯齿形屋顶的开口自然排出。空气的回流被可调节的翼片所阻挡，翼片安装在屋脊上，可根据外界风向调整。其冬季供暖措施：①将事先加热后的空气直接通过管道送入室内；②热空气上升排出（图7-18）。

图7-18　汉诺威2000年世博会26号馆通风设计

图7-19为走道式建筑中各种风压通风的组织策略，当建筑设有走道、两侧布置房间时，应该加强自然通风，这些组织策略为单层式、双层式和分层式走道建筑使用风压通风提供了许多方法。当气流被房间或走道阻挡时，有三个基本的解决方式：①使用顶部气窗或通风孔；②通过在小空间处降低顶棚来形成增压通风；③将地板或顶棚结构作为热坑板使用，每两层或每三层设一条走道，使得一些房屋有可能获得风压通风。

查尔斯·柯里亚在印度设计的干城章嘉公寓就是充分利用了走道式建筑中的垂直空间作为“交通核”，从而避免了走廊挡风的问题。交通核每层两户共用，这有利于空气围绕交通核从建筑的一侧流到另一侧。为了将气流引向更多房间，该公寓的平面和剖面设计为松散、开放的形式。错层布置充分利用了热压通风（图7-20）。

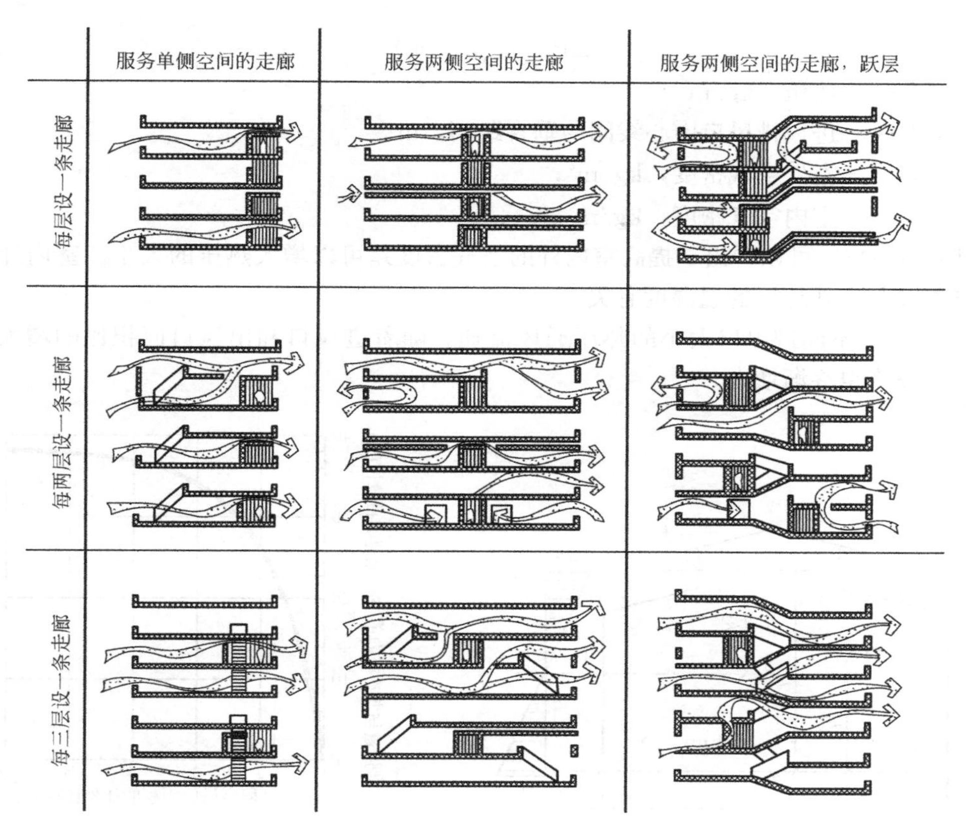

图 7-19 走道式建筑中风压通风的组织策略

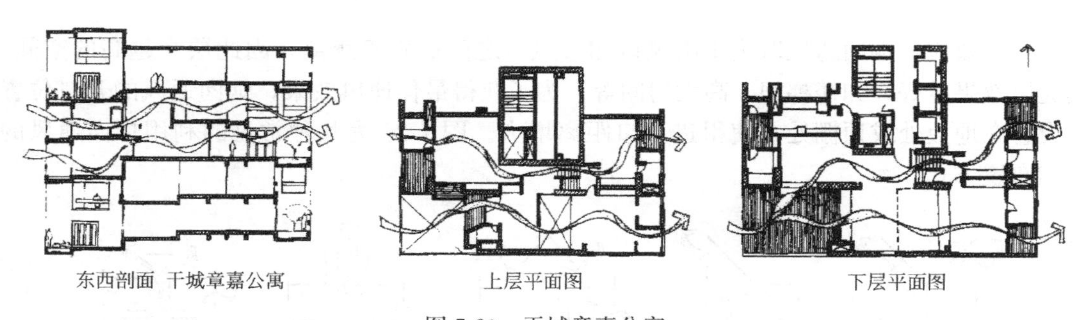

图 7-20 干城章嘉公寓

7.3.2 热压通风

当室外温度低于室内温度时，并且有风压存在，则穿堂风是最有效的室内降温方法。但是在许多情况下由于室外自然风不稳定或受周围建筑、植被遮挡，建筑周围并不能形成足够的风压，难以形成穿堂风，此时可以利用热压来加强通风，并且该通风方式不受朝向限制。热压通风就是利用室内外空气温度差所导致的空气密度差和进出气口的高度差实现。当室内气温高于室外气温时，因室外空气密度较大而通过建筑物下部的门窗进入室内，并将室内密度较小的空气从上部窗户排出。如此气流循环，形成自下而上的流动气流。热压取决于空气密度差和进出气口的高度差（图 7-21），其计算公式为：

$$\Delta P = h(\rho_e - \rho_i) \tag{7-13}$$

式中 ΔP——热压，kg/m^2；

h——进、排风口中心线间的垂直距离，m；

ρ_e——室外空气密度，kg/m^3；

ρ_i——室内空气密度，kg/m^3。

从式（7-13）可以看出，提高室内外的空气密度差可以增大热压的大小。室内外的空气密度差又与室外环境的温湿度有关。

图 7-22 为不同进出口大小的热压通风流速。随着进风口和出风口面积比的增大，空气的得热速率也逐渐增大。

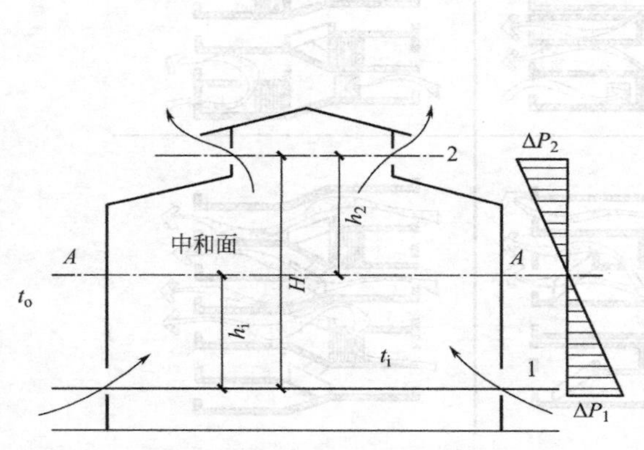

图 7-21 热压作用下的自然通风

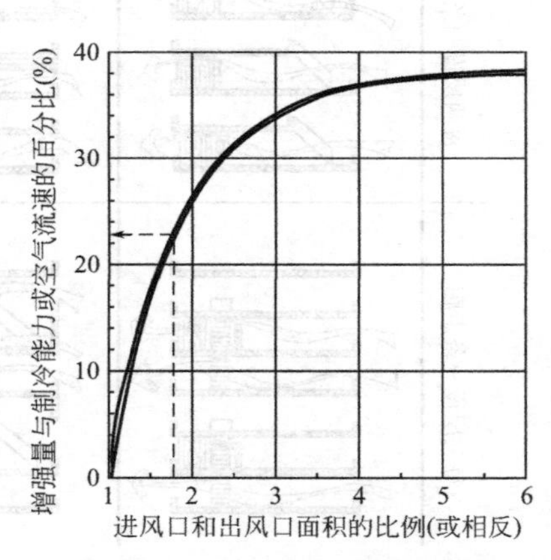

图 7-22 不同的开口大小引起的热压通风流速

烟囱效应：烟囱通风取决于出风口和进风口之间的垂直距离，因此层高越高的空间，其通风效果越好，如楼梯间、高大房间等。为了获得最佳通风效果，烟囱通风的开口位置应设置在地板处或顶棚处，使得进出口距离增大。图 7-23 为几种常见的利用烟囱通风的房间布置方式。

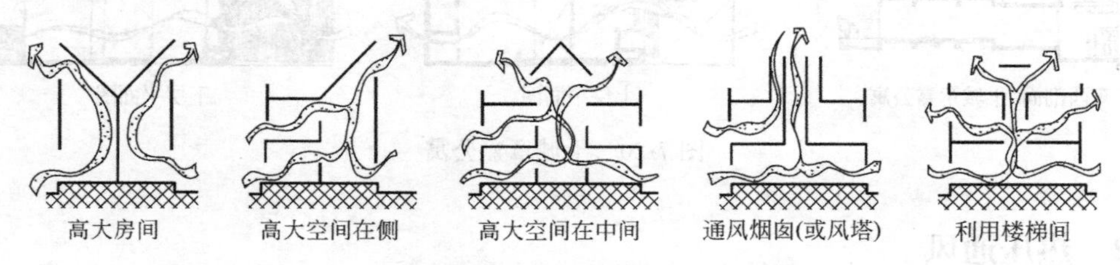

图 7-23 利用烟囱通风的几种房间布局方式

同时，利用烟囱效应进行通风，其效果还受到进风口与出风口处空气温度差的影响。因此，进风口处尽量有冷空气进入，利用太阳辐射热加热烟囱内的空气，使之在出风口处的空气温度上升，增大了进风口和出风口的空气温度差，从而形成热虹吸，将热空气排出室外，增强了通风效果。这种利用太阳能辐射热的烟囱称为“太阳能烟囱”。其最大的特点是在不升高室内温度的情况下可以增大进风口与出风口的温差（图 7-24）。

从上述分析可知，为了获得有效的热压通风，可采取以下两种措施：

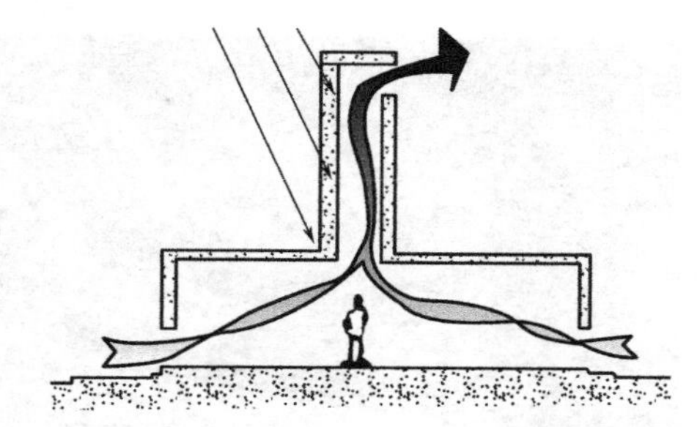
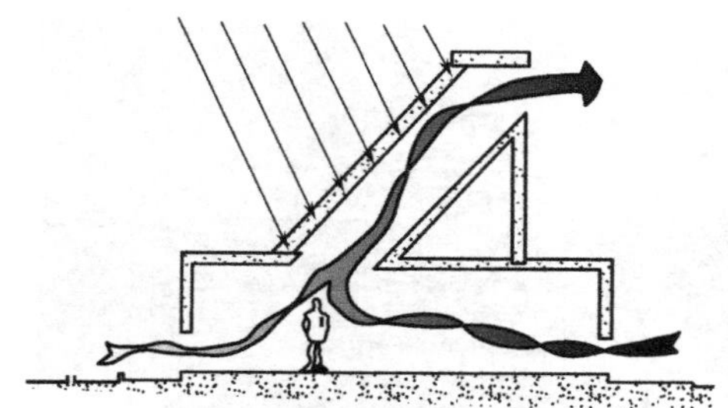

图 7-24　利用太阳辐射热的烟囱通风

1. 设置庭院或中庭

在房屋周围或内部设置庭院，将其作为冷源或热源来加强通风，南侧庭院中的空气因受太阳辐射而向上流动，北侧庭院的冷空气通过南北窗户进入南院，从而形成空气自下而上的流动，促进了自然通风（图 7-25）。

在剖面设计中，在楼梯、共享空间等部位设置上下贯通的空间，利用烟囱效应进行“拔风”。由于热空气上升聚集在顶部，可将拔风井设置在顶层，使热气流远离人体活动的区域（图 7-26）。

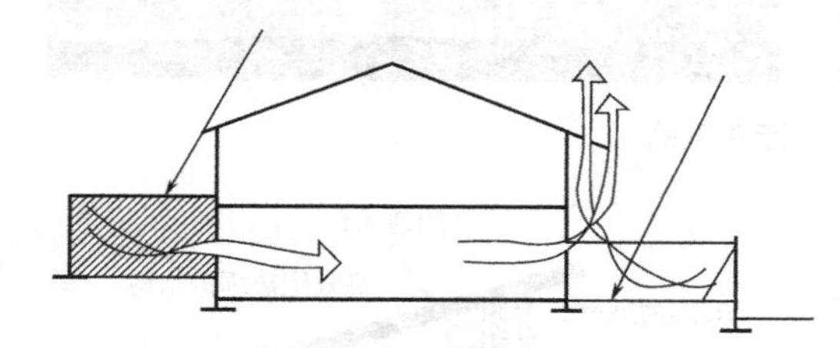

图 7-25　利用南北庭院温差进行房间通风

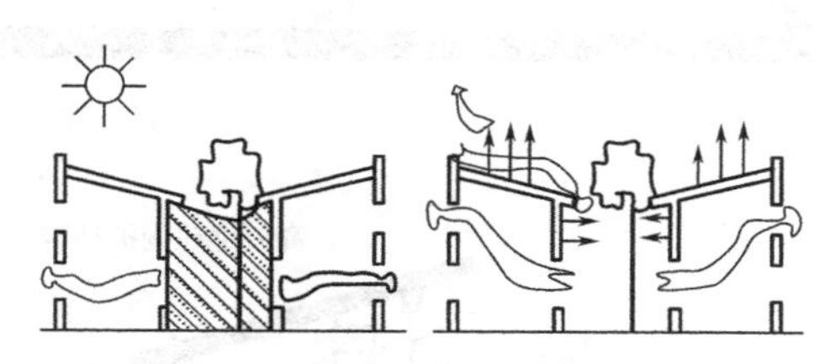

图 7-26　设置中庭进行通风

采用烟囱效应拔风的建筑案例有很多，传统建筑如蒙古包的“天窗”拔风，现代建筑如德国国会大厦、英国德蒙福特大学 Queen's Building 等。其中德国国会大厦的自然通风系统设计得十分巧妙（图 7-27）。大厅是通风系统的进风口，设置在西门廊的廊檐部位。倒椎体起到了拔风的功能，整个通风系统的相互协调形成了极为合理的气流循环通路：室外新鲜空气被引入到室内，经过大厅地板下的风道及座位下的风口结构低速而均匀地散发到大厅内，然后从穹顶内倒椎体的中空部分排出室外。大厦的侧窗均为双层窗设计，外层为防卫性的层压玻璃，内层为隔热玻璃，两层之间还设有遮阳装置。双层窗的外窗可以满足安保要求，而内层窗则可以随时打开。大厦的大部分房间可以获得自然通风，新鲜空气的换气频率可以根据需要进行调整，每小时可以达到 1～5 次（图 7-28）。

2. 设置通风构造设施

常见的通风构造设施包括双层围护结构、通风烟囱、通风屋顶等。双层围护结构包括特朗伯墙、TIM 墙和双层玻璃幕墙。特朗伯墙是一种无机械动力消耗和传统能源消耗，仅依靠墙体的独特构造设计为建筑供暖的集热墙体。在夏季，打开外墙上部开口和内墙下部开口以及阴面外墙上的开口，缝隙内空气受热后从上部开口排出，同时将较为凉爽的室外空气引入室内（图 7-29）。TIM 墙在特朗伯墙的基础上又增加了一层透明隔热层（TIM）。

图 7-27　德国柏林国会大厦

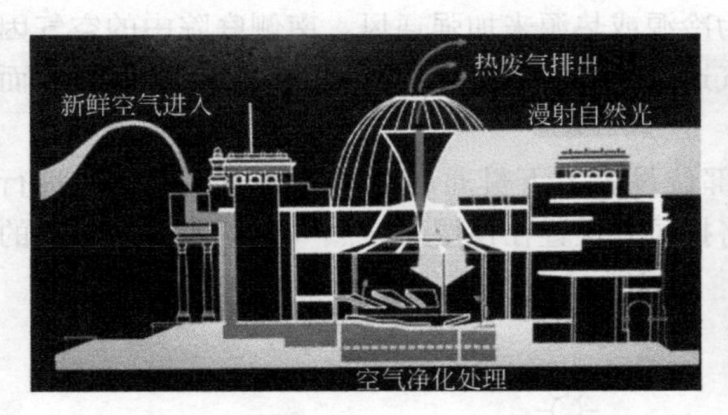

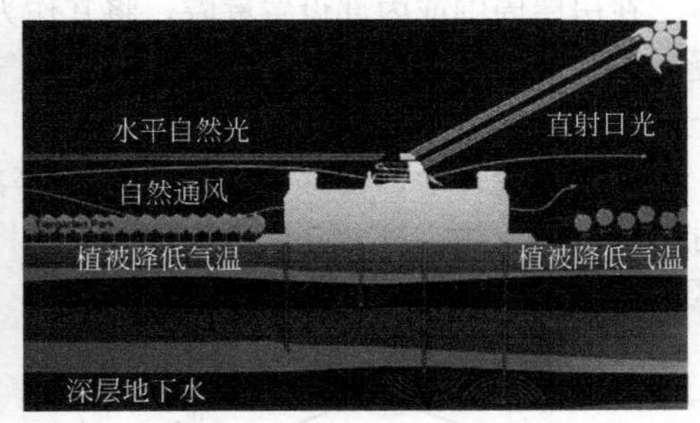

图 7-28　使用的能源策略

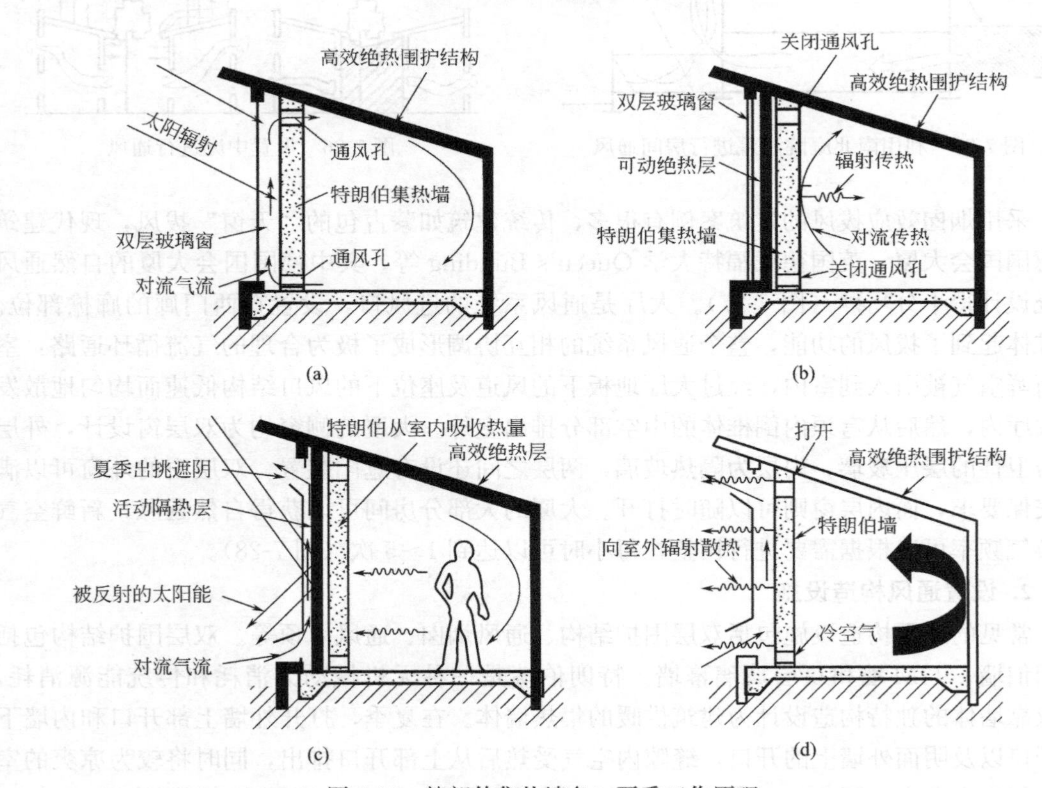

图 7-29　特朗伯集热墙冬、夏季工作原理

(a) 冬季白天工作状况；(b) 冬季夜间工作状况；(c) 夏季白天工作状况；(d) 夏季夜间工作状况

双层玻璃幕墙的通风机理与特朗伯墙相似，玻璃之间留有一定宽度的通风道，并配有可调节的遮阳百叶。

在实际工程设计中，如何在建筑中选择上述提到的烟囱效应和文丘里效应？一般来说，烟囱效应的产生条件较容易实现，而文丘里效应则要求当地有足够稳定的主导风。这两种手法具体在设计中如何取舍，则需要根据当地气候条件来判断，如果条件适合，两者可以结合使用。

7.3.3　热压通风与风压通风相结合

热压通风和风压通风各有优点。与风压通风相比，热压通风的最大优点是不依靠室外风速的大小而进行通风。因此将两种通风方式进行结合应用在同一建筑中，可以大大提高自然通风效果。比如，可在建筑迎风面及上层房间使用压通风，而热压通风可在背风面和无风的下层房间中使用。图 7-30 为建筑采用风压通风和热压通风常见的几种平面和剖面组合方式。

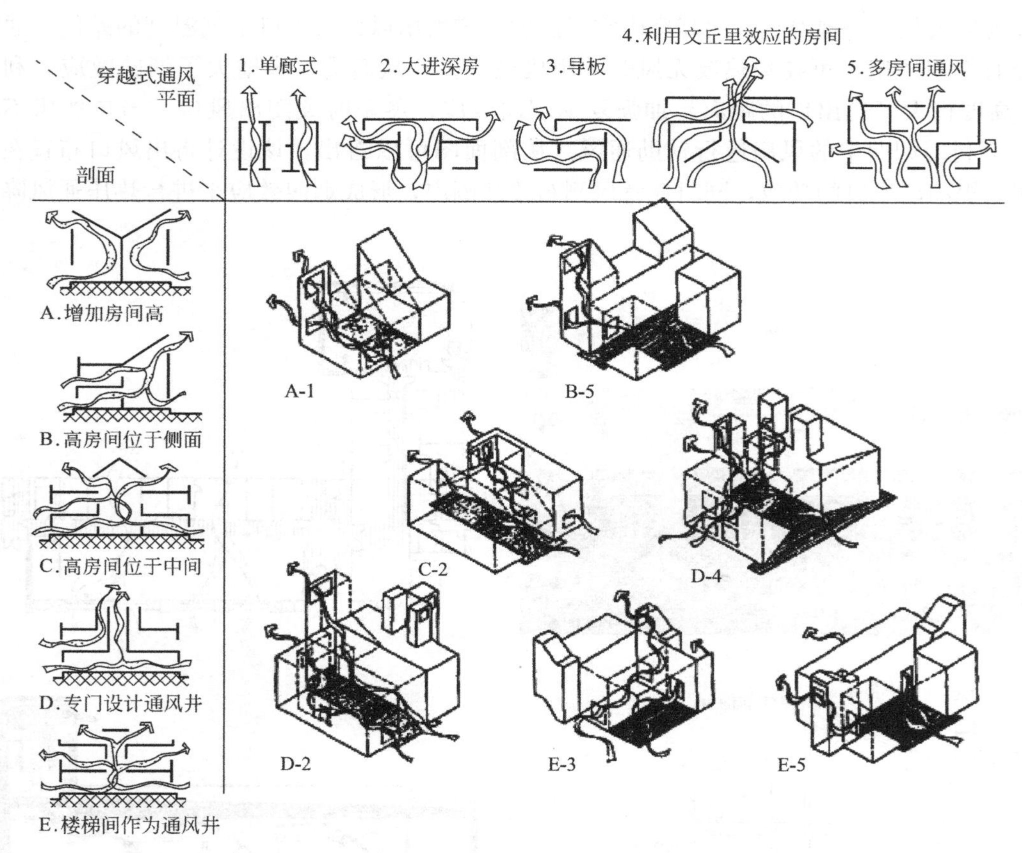

图 7-30　利用风压通风和热压通风的房间组织策略

罗根住宅（罗・霍姆斯事务所设计）就是风压通风和热压通风相结合的典型案例。在该建筑中部设置了热压通风烟囱，使建筑上、中、下三个中部空间相互串通，而在建筑外侧形成了风压通风通道，使得建筑室内外得到了良好的通风（图 7-31）。

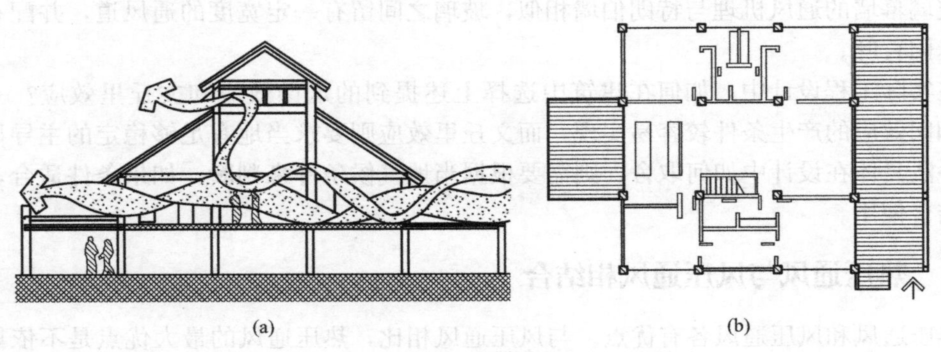

图 7-31　罗根住宅

(a) 剖面图；(b) 平面图

1996 年建造的 BRE 办公楼也是采用热压通风和风压通风相结合的典型案例。整栋建筑南侧立面上采用了 5 个通风烟囱，并装有玻璃窗便于采光，大楼南侧装有玻璃窗，可最大限度地吸收太阳辐射热，提高塔内空气温度，增大出风口与入口空气温度的差值。通风口设有低速风扇，可在炎热或无风时采用机械通风，从而进一步增大了烟囱效应。利用 2 层高度扩大了进出口的距离，加强夏季烟囱效应，冬季时关闭出风口。当自然风不足时，可利用烟囱中的风扇进行辅助通风。从剖面图可以看出，该设计将出风口布置在负压区，提高出风口的功效，同时在背风侧布置高侧窗，形成烟囱效应来进行热压通风降温(图 7-32)。

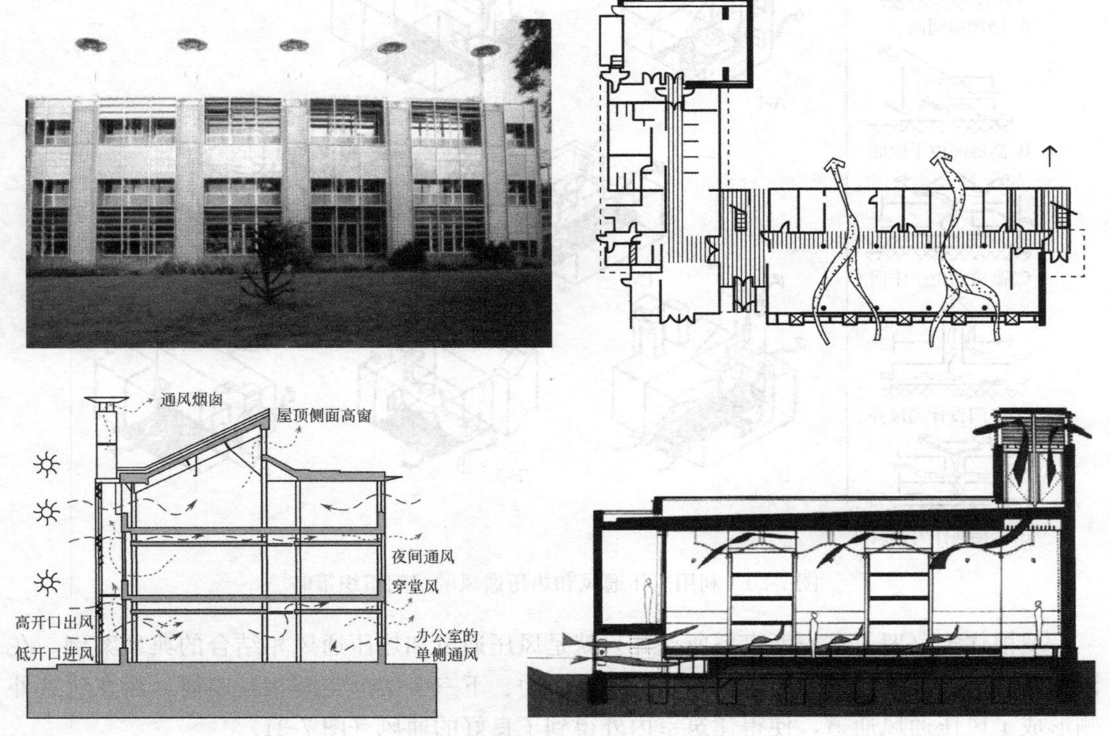

图 7-32　英国 BRE 办公楼

7.4　自然通风的实现方法

从上文可以看出，建筑物中的自然通风在实现原理上主要依靠“风压”和“热压”引起的空气流动。由于建筑受各方面条件限制，单独采用风压或热压可能并不能满足通风需要，可以结合风压和热压，同时辅助采用机械通风。因此，应根据当地气候特点，选择适合的自然通风设计方法，达到舒适节能的目的。

现代建筑需要综合利用室内外条件，在建筑设计阶段，可以根据建筑周围环境、建筑布局、建筑构造、太阳辐射、地域气候等，来组织和诱导自然通风；在建筑构件上，对通风门窗、中庭、双层幕墙、风塔、屋顶等构件进行优化设计，来实现良好的自然通风效果。

7.4.1　建筑选址与规划

建筑选址是决定建筑其他设计的基础。必须避免因地形、周围环境等条件造成的空气滞留或风速过大。应尽量选择对区域生态环境影响最小的地区，同时充分利用区域内的道路、绿化、湖水等空间将风引入，并使其与夏季主导风向一致。

图 7-33（a）为某城市规划设计时将东南向设计为一风道，将风引入居住区内。图 7-33（b）是将居住区划分成若干建筑群，在建筑组群之间布置绿化和低层公寓，通过建筑群体之间将风引入。

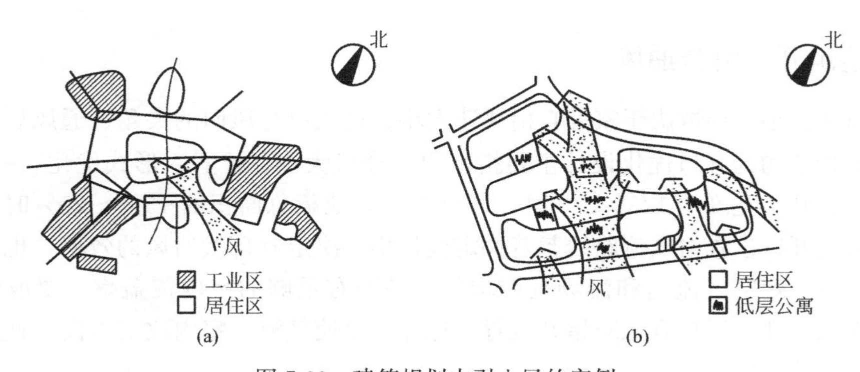

图 7-33　建筑规划中引入风的实例

（a）绿化形成风道；（b）绿化和低层建筑组成风道

7.4.2　建筑平面布局

建筑群在进行平面布局时，一般根据当地气候进行布局，主要有行列式（包括并列式、错列式、斜列式）、周边式、自由式等（图 7-34）。对炎热地区，建筑布局采用行列式或自由式进行通风效果较好。行列式中又以错列和斜列更好一些，房子互相挡风较少，错列式因增大了前、后建筑之间的距离，有利于通风。自由式布局时根据地形灵活布置。周边式布局的建筑，因部分建筑的前后处在负压区，不利于通风，同时有部分建筑处于东西朝向，所以不适于炎热地区。

从自然通风的角度来说，建筑总体布局对自然通风的效果影响较大。对单体建筑，应使其法线方向与夏季主导风一致；对建筑群体，前排建筑会对后排建筑的通风造成一定影响。因此，在进行群体布局时需要对建筑的整体布局、体形、楼间距进行优化设计，使建筑法线与风向形成一定的角度，可以缩小背后的漩涡区。

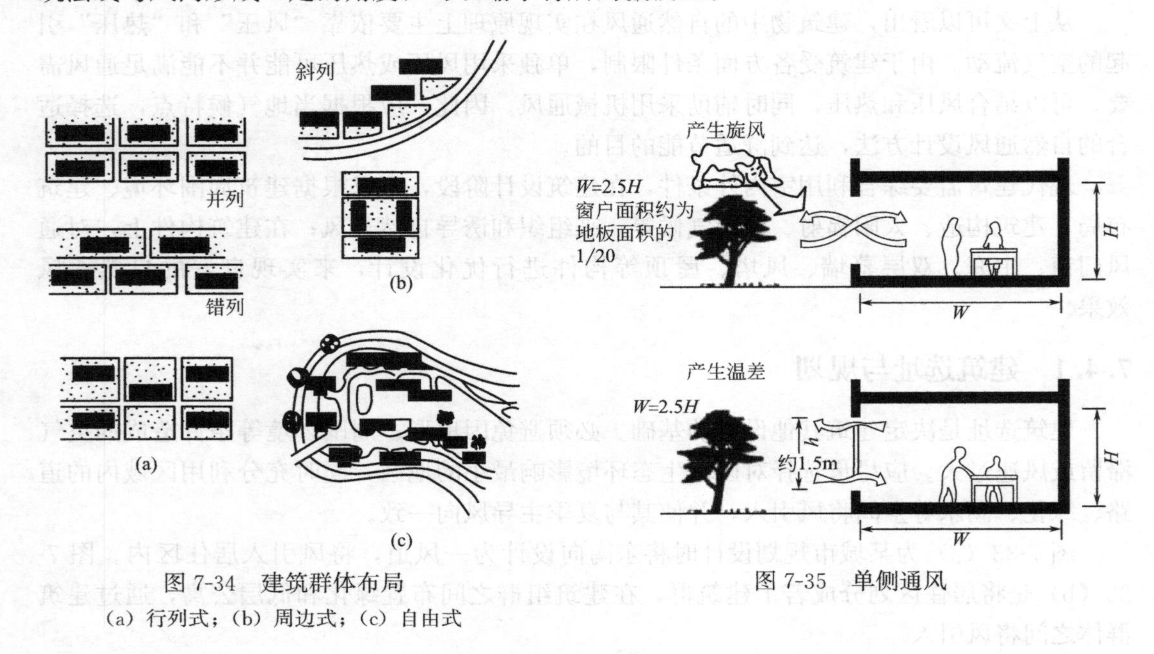

图 7-34 建筑群体布局

(a) 行列式；(b) 周边式；(c) 自由式

图 7-35 单侧通风

7.4.3 建筑开口组合通风

室内风速大小主要取决于室外自由风速大小、进风口与风向的夹角、通风口位置及尺寸。建筑围护结构的开口优化设计主要指窗户的开口大小、位置、形式优化。一般来说，当开口宽度为开间宽度的 1/3～2/3 时，开口大小为地板总面积的 15%～25%时，通风效果最佳。房间开口位置对气流路线起着决定性作用，决定着自然通风的效率，也是决定着室内能否获得一定空气流速和流场是否均匀、是否有足够的室内覆盖率。要取得自然通风，房间进风口和出风口宜相对错开位置，这样可以使气流在室内改变方向，使室内气流更均匀，通风效果更好。

1. 单侧通风

单侧通风指只有一侧设有窗户的房间。在这种通风模式中，空气从窗户较低的部位进入室内，室内空气加热后从同一窗户的顶部排出。这种通风是在风的紊流和浮力作用产生的空气流动，而不是因风力作用使建筑内外产生气压差。单侧通风的通风效果取决于窗户底部与顶部之间的高差。为了提高单侧通风的通风效果，在同一墙面的不同高度设置窗户，使得冷空气从低窗流入，热空气从高窗排出，房间实现有效通风的进深为室内层高的 2.5 倍左右（图 7-35）。

2. 对流通风

对流通风是指在室内多个墙面设有开口时产生的空气对流，其通风效果比单侧通风更有效。对流通风的建筑的进深可以达到层高 5 倍，在这个范围内进行对流通风都是有效的。

在利用建筑物内对流通风时，宜将风向和出风口设计在不同方向上，这样会产生较好的气流循环。如果风向与进出风口的方向成一直线，那么气流仅仅穿过房间（图 7-36）。

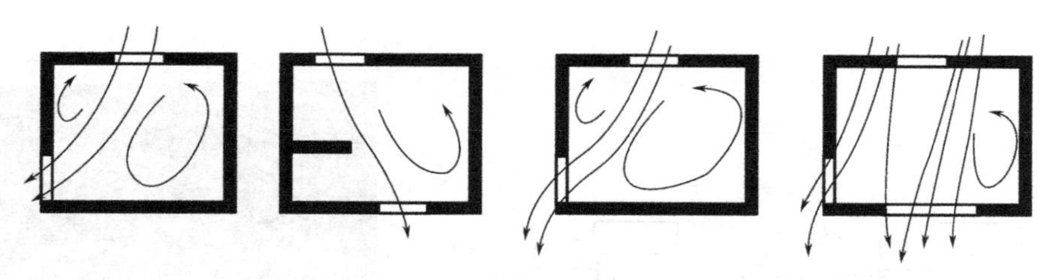

图 7-36　对流通风方式示意

3. 开口方位、高度和大小

开口的合理设计应成为良好的建筑装置，开口方位决定房间中可获取太阳能量的多少和热量的损失。冬季南向、东南向和西南向需要开大窗以获取太阳热量；北面开小窗以防止热量散失。夏季要取得自然通风，房间内至少要求有两个方向的开口，并且开口以不相邻为宜。可以看出，开口方位不同，室内自然通风流经室内的覆盖率也不一样。一般来说，出风口设在侧墙上，可以产生气流导向现象。（图 7-37）

在剖面中，开口高低与气流路线有密切关系，这是因为温差导致空气上升流动，从而影响了室内通风效果。当进风口位置相同而出风口位置不同时，室内气流流经路线发生变化［图 7-38（a）］。当出风口位置较高时，室内风速要比出风口在底部时要小些，但流经的区域风速要大些［图 7-38（b）］。

方位 窗户位置	变化(%)	
	0°风	46°风
	0	0
	−10	+40
	−10	−15
	−15	0
	−15	0
	0	0
	−10	−10
	0	−60
	−20	−10
	−20	−60

图 7-37　方位对自然风的影响示意

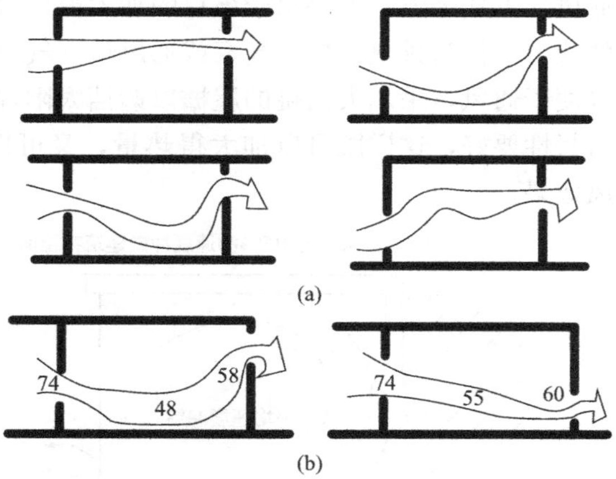

(a)

74　58　48

74　55　60

(b)

图 7-38　开口的高度与自然通风流线示意

（a）开口高低对气流线路的影响；（b）开口高低对气流速度的影响

瑞士比尔公寓住宅是利用不同高度窗和东南朝向、有陡坡的建筑基地来促进室内通风的典型实例（图 7-39）。夏天，当室内需要通风时，随时开启建筑两侧外窗，形成“烟囱”，吸收来自建筑背面并穿过整栋楼的冷空气；冬天关闭建筑背部的窗户，开启建筑南向和室内内部开口，加热房间空气，使内部升温。采用这种方式可使供暖和制冷所需的能耗减少 20%～30%。

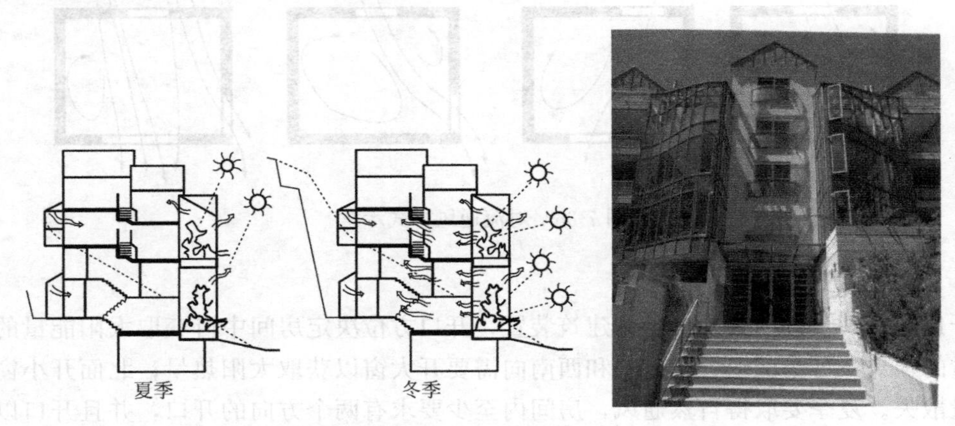

图 7-39　瑞士比尔公寓住宅窗的通风设计实例

建筑的自然通风过程主要是通过单侧通风或对流通风完成的。一般情况下，通过窗户的气流量大小主要取决于窗户面积及自然风在立面竖向分布的情况。开口设计主要包括开启大小、形状、高度、方位等，这些都会影响室内气流状况。

窗户的开口大小不仅要满足日照、通风、视野等要求，还要在冬季大量透射太阳辐射，夏季遮蔽太阳辐射。对于不同的气候区，开口大小的要求也是不一样的。干热地区，一般采用面积小的窗户，并且要有合适的遮挡，由于位于光照充分，较小的窗户即可获得充分的采光。白天空气很热，可以避免让热空气进入室内；夜间温度较低，可以采用自然通风的方式降温。如果出于该目的加大窗户尺寸，窗户必须具有有效的遮阳、防辐射得热的能力。作为排热出口，高窗或通风口（气窗）会很有效。湿热地区，采用大面积的窗户以便于通风，采用大出挑的屋檐以遮挡太阳辐热。寒冷地区，窗户宜大且无遮挡，但保温密封性要好，这样既可以加大得热量，又可以防止冷风渗透。图 7-40 为不同窗大小的通风效果。

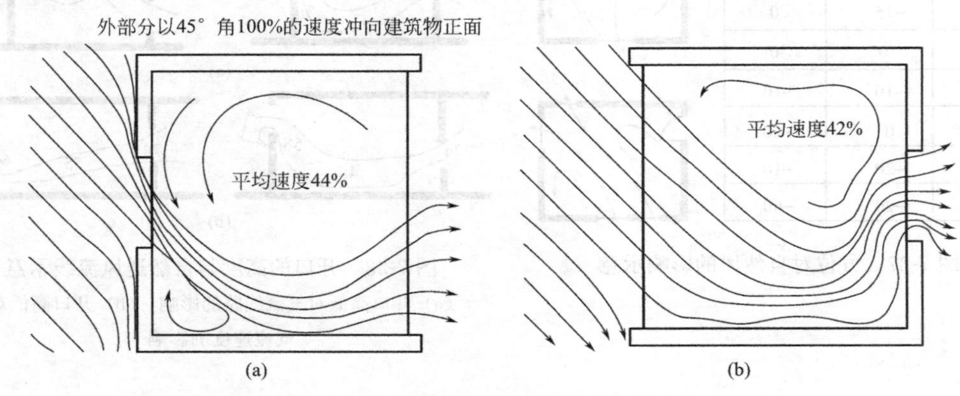

图 7-40　窗的大小对自然风的影响示意

（a）最大速度 152%；（b）最大速度 67%

7.4.4　屋顶通风

屋顶不仅利用天窗、烟囱、风斗等构造为气流提供进出口，使其成为整个建筑自然通风系统的一个组成部分，而且其本身也可以成为一个独立的通风系统。尤其对于炎热地区的建筑，其屋顶得热量是非常多的，因此需要对屋顶进行通风排热。屋顶通风结构一般有一个空气间层，利用热压通风的原理使气流在空气间层中流动，以提高或降低屋顶内表面的温度，从而降低或提高室内空气温度。

1. 利用通风结构进行自然通风的屋顶

当室内有贯穿整幢建筑的“竖井”空间时，就可以利用屋顶上下两端的温差来加速气流，以带动室内通风，其原理就是“温差—热压—通风”的过程。中庭就是利用了这一原理提供了合理的“竖井”职能。一般来说，中庭所占空间比例以超过整幢建筑的 1/3 为宜。设有中庭的屋顶一般都具备两种功能：①将阳光射入中庭，加热中庭内空气，产生上下温差；②屋顶设为全开启或局部开启。

屋顶通风结构一般包括中庭、风帽和风塔等形式。德国建筑师赫尔佐格设计的 HOLZ 大街住宅区，在每幢住宅楼上都设计有带玻璃顶的共享中庭。中庭贯穿整栋建筑并稍微高出两侧房间的屋面。冬天白天，中庭屋顶的侧窗关闭，阳光透过玻璃屋顶进入室内，加热中庭；夜晚，白天中庭储存的热量向两侧房间辐射；夏天，开启中庭屋顶侧窗，将室内自然风的热量一并排出，降低建筑表面和室内温度。当建筑体量较小，内部的“竖井”空间高度不足以形成有效温差时，可以将其设计为高于屋面。

除了中庭作为“竖井”外，还可以做成风塔、风帽的形式。英国贝丁顿住宅就是采用了突出屋面的“太阳能烟囱”（风帽）来满足办公空间的照明与通风，“太阳能烟囱”的北面为玻璃天窗，利用玻璃天窗进行采光（图 7-41）。天窗对面为自动控制的活动板，打开活动板，气流在热压作用下由外墙的窗户引入，太阳光从“烟囱”南侧进入室内，加热顶部空气进行交换，上升后由“烟囱”排出。从图 7-42 看出，风帽能够随风向变化而转动（通过一个辅助的风翼来实现），使进风口永远朝向迎风面，捕捉新风，利用风压为建筑内部提高新鲜空气，而反向的排风口则保证了负压，减小废气排出的阻力，从而提高了热压通风的效率。此外，其内部设有热交换器，在室外冷空气进入和室内热空气排出时，会进行热交换，通过回收废气中 50%～70%的热量来预热室外冷空气，因此可以节约供暖能耗。

2. 利用机械辅助自然通风的屋顶

当某些建筑受季节或特定条件限制时，需借助辅助机械装置进行通风。建筑可以根据不同时段、不同季节进行完全自然通风和机械通风的轮换。英国诺丁汉大学朱比丽分校的主体建筑采用了热回收低压机械式自然通风，它是一种混合系统，即在充分利用自然通风的基础上辅以有效的机械通风装置。在室外天气温和的时候，依靠完全自然通风模式，即气流在凹进的中庭入口的引导下，经过上部开启的百叶窗进入中庭内，再由中庭另一端屋顶上的玻璃百叶排出；严寒季节采用机械辅助的自然通风模式。在中厅屋顶的吸热强化玻璃中设置太阳能集热片（25mm×125mm×6mm），其吸收的太阳热能用于驱动机械通风扇的能源，同时起到遮阳作用；其主体为楼梯间，顶部设置集成的机械抽风和热回收装置，将建筑开口关闭，利用屋顶上风塔的机械抽风和热回收装置将新鲜空气引入风道，进

图 7-41　英国贝丁顿住宅屋顶上的风帽

入各层空间，在楼板低压发散装置的辅助下进入室内，通过走道和楼梯间的抽风作用将废气从风塔上部排出，然后经过蒸发冷却装置，最终从风斗排出（图 7-42）。据观测，通过使用这一装置所节省的能耗仅占风扇耗能的 1%，有着更高的生态建筑价值。2001 年，该项目获得了英国皇家建筑师协会杂志的年度可持续性奖。

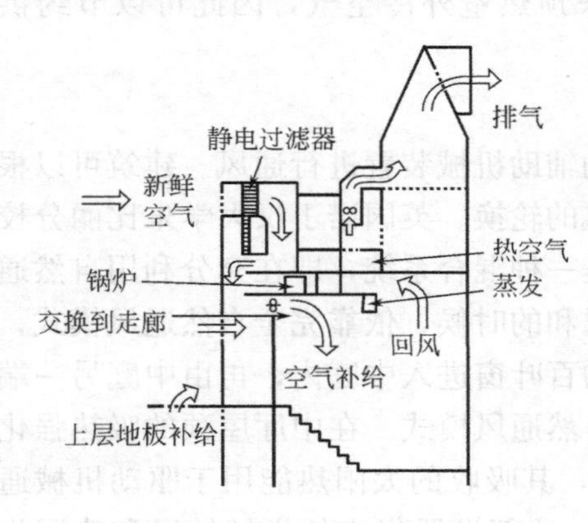

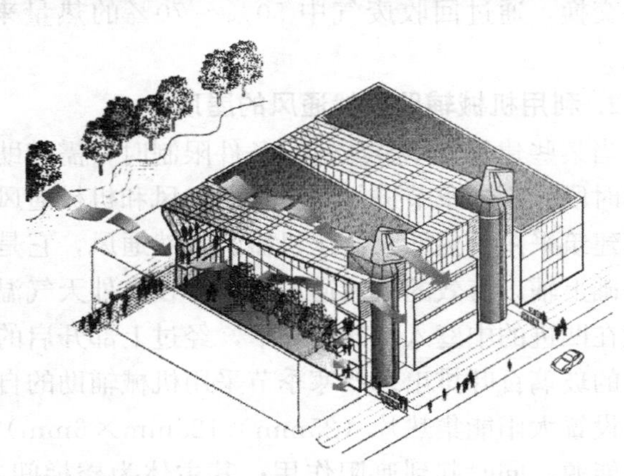

图 7-42　英国诺丁汉大学朱比丽分校中庭设计

7.4.5　中庭、通风墙体通风

利用中庭、排风烟囱和通风墙体进行通风的原理都是利用“烟囱效应”，将其按照一定的路径组织气流流动。烟囱效应主要取决于建筑内部温度梯度的大小，因此利用中庭等进行通风时可以利用太阳能强化自然通风，设置太阳能集热器加热采热构件，形成热压，促进空气流动。太阳能实现自然通风主要有三种方式：太阳能空气集热器、屋面太阳能烟囱和特朗伯墙。

图 7-43　亚特兰大海特·摄政旅馆中庭通风

1967 年，建筑中庭首次出现在约翰·波特曼设计的亚特兰大海特·摄政旅馆（图 7-43），标志着现代主义的中庭诞生。随后世界范围内掀起了中庭热潮，商业、办公、科教、医疗、娱乐等各类公共建筑中均有广泛应用。中庭设计存在一些问题：一是因体量巨大和使用大面积玻璃屋顶、玻璃外墙引起的能耗问题；二是如何维持中庭良好物理环境。

德国盖尔森基尔兴科技园的主要构思来源于当地传统的城市“拱廊”，即在建筑临湖一面设置了巨大的玻璃幕墙，幕墙后就是科学园区的“拱廊”——一个贯通 3 层、宽约 10m 的中庭，其通风策略需要进行季节性控制。一是冬季温室效应，侧重于得热；二是夏季烟囱效应，侧重于通风。冬季，阳光透过中庭的大面积玻璃，有效防止了室内热量的外溢，形成温室效应，提高冬季建筑室内温度，降低供暖费用；夏季，中庭内外空气压力差引起室内外空气流动，形成烟囱效应，使得自然通风引入室外新鲜空气，同时加快了室内过多热量向外释放，从而降低了室内温度，节省了夏季空调费用（图 7-44）。

综上所述，根据气候特点，中庭分为三种类型：

（1）冬季供暖型中庭——利用温室效应，大量接收阳光，寒冷地区平面形式采用核心式和嵌入式（温度波动小）。

（2）夏季降温型中庭——利用烟囱效应，对中庭产生拔风降温作用，使中庭周围的空间产生穿堂风，起到对周边建筑空间的通风和降温作用，这种形式适合高温、高湿和日照强烈的地区，平面形式采用内廊式、外廊式和外包式（加强通风）。

（3）可调温型中庭——既保温隔热，又通风散热，多出现在夏热冬冷地区，利用中庭可调节式顶盖进行调节。夏季，当中庭顶盖开启程度较大或完全开启时，利用烟囱效应引导热压通风，中庭内的通风降温作用强于升温作用；冬季，中庭顶盖开启程度较小或完全封闭时，充分利用温室效应，中庭内的升温作用强于通风降温作用，能较好地解决冬季供暖和夏季降温问题。一般来说，办公教育类建筑的中庭常常选用内廊式或嵌入式，商业建筑适合选用核心式中庭。

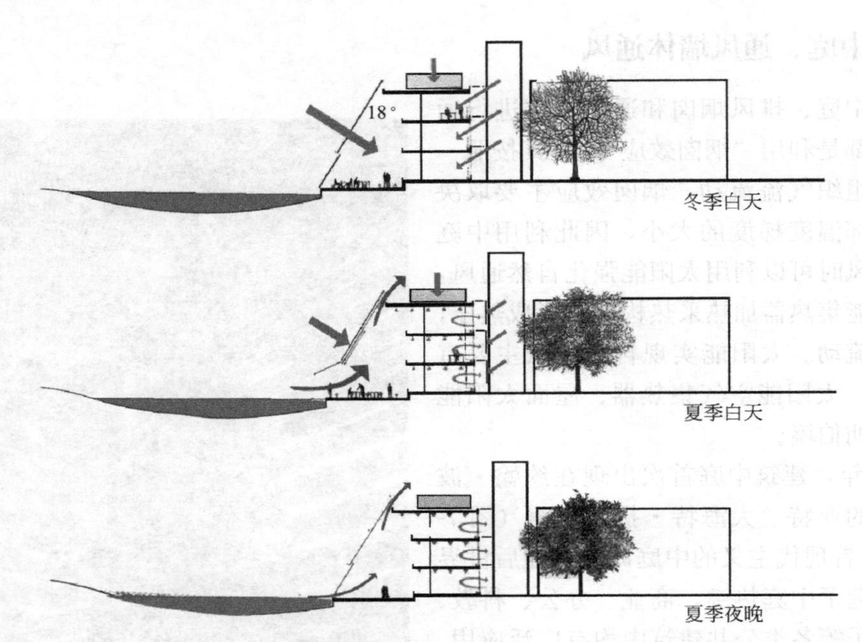

图 7-44　盖尔森基尔兴科技园中庭的季节通风调控示意图

巴克莱卡公司总部是英国低能耗、混合模式写字楼的建筑节能典范（图 7-45）。它采用了一种生态中庭的设计方法：将中庭顶部突出屋面，不仅有利于加强烟囱效应，而且便于天窗侧面开窗，同时引入自然光，使得中庭设计与节能措施相结合，达到节能目的。

7.4.6　双层外围护结构通风

1. 双层外围护结构

双层外围护结构是当今建筑中普遍采用的建筑节能技术，是一个减少制冷负荷的策略，具有明显的节能效果，普遍应用于高层办公建筑中。双层玻璃幕墙又称“会呼吸的皮肤”，它由内外两道幕墙组成，两层玻璃幕墙之间留一个空腔，空腔的两端设有可控的进风口和出风口（图 7-46）。冬季，关闭进出风口，利用“温室效应”提高围护结构表面温度。夏季，打开进出风口，利用“烟囱效应”带走通道中的热空气实现自然通风，达到降低房间内温度的目的，为了更好地实现隔热，空腔内设有百叶等遮阳装置。双层通风幕墙具有换气作用，比单层幕墙更为节能，节约供暖能耗 42%～52%，制冷能耗 38%～60%，尤其对于高层建筑来说，采用双层玻璃幕墙能够解决对外开窗容易造成紊流这一问题，是建筑节能的一个新方向。

双层玻璃幕墙也存在缺点：夏天，受强烈的太阳辐射影响，幕墙夹层空气温度过高，无法实现开窗通风，这对于夏季炎热地区来说是最大不利点。同时，建筑立面清洁及维护费用比较高，与普通建筑相比，其表皮造价增加 1.5～2 倍。

2. 双层玻璃幕墙类型

（1）外挂式双层玻璃幕墙

这是双层玻璃幕墙最简单的类型，建筑真正的外墙位于“外皮”之内 300mm 处，其间距根据建筑的平面形式、两层“皮”的构造连接方式及建筑外墙的方式而定。中间空间

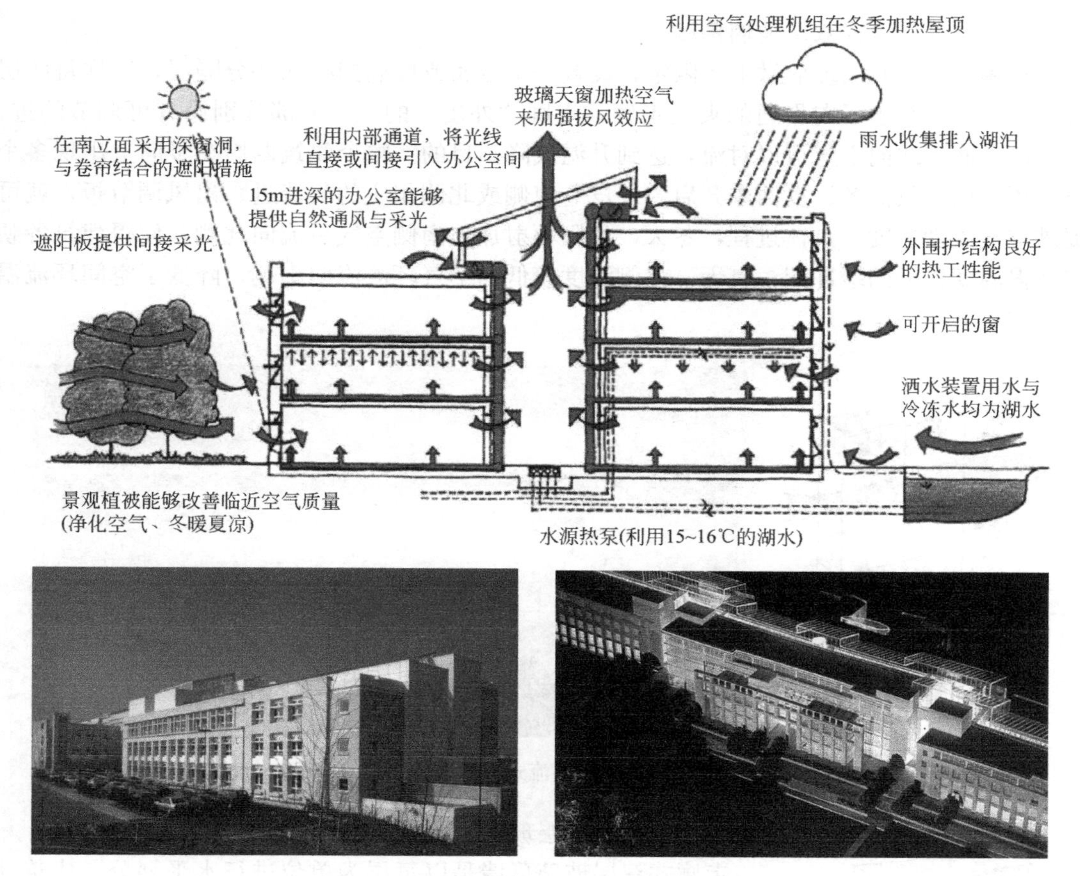

图7-45 巴克莱卡公司总部中庭通风设计

不进行水平和竖向分隔。有关测试结果表明：这种幕墙对隔绝噪声具有明显效果，但很难组织双层玻璃之间的气流，对改善室内热环境作用较小。为了提高其节能效果，意大利著名建筑师伦佐·皮亚诺设计的位于柏林波茨坦中心的Debis办公楼将“外皮”设计为可转动的单反玻璃叶片，将幕墙两侧及上下作竖向封闭，同时在其上檐及下部增设进、出风调节盖板，成为可调节的遮阳及自然通风系统（图7-46）。

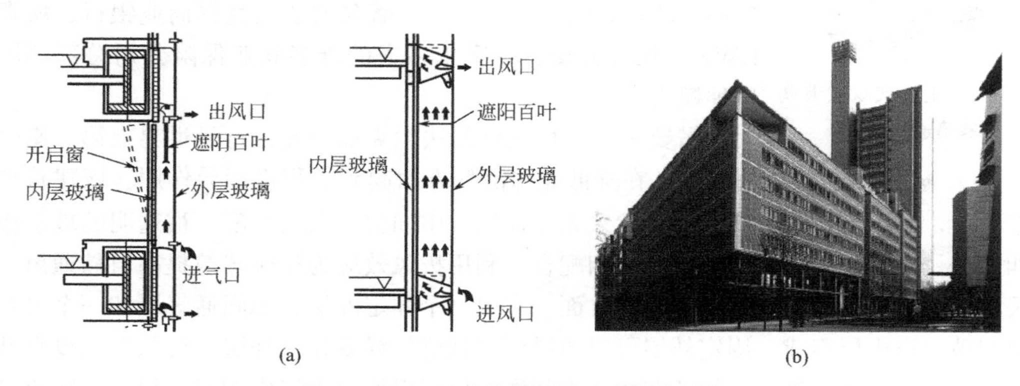

图7-46 Debis办公楼双层玻璃幕墙示意
（a）示意图；（b）外景

（2）空气环流式双层玻璃幕墙

每隔两层将双层玻璃做上下限定，设置一个金属或玻璃挡板水平分隔层，这样每两层玻璃间形成一个水平向贯通的夹层走廊，走廊“外皮”的上、下部分别设有可调节的进、出风口，使南北向空气可以对流，达到升温或降温目的。整个建筑四周在竖向上出现多个空气环流层，只需冬、夏两季开启“外皮”南侧或北侧相应的气流进、出风调节板，就可促进空气流动速度。具体过程：冬天，太阳辐射加热南侧空气后流向北侧，使得建筑各朝向获得温度接近的缓冲圈；夏天，北侧温度较低的空气环流流向南侧，降低了空间环流温度（图 7-47）。

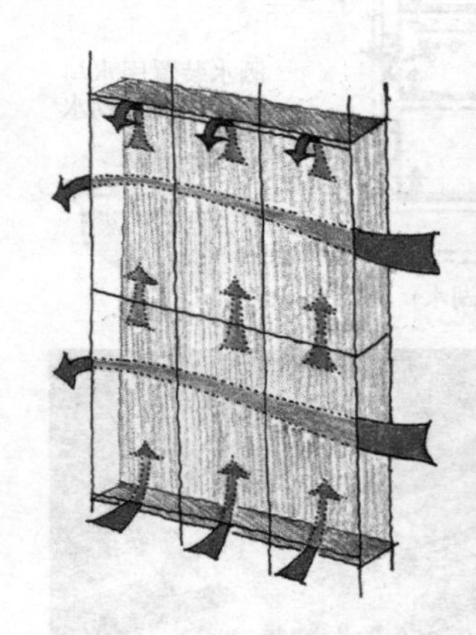

图 7-47　空气环流式双层玻璃幕墙

（3）走廊式双层玻璃幕墙

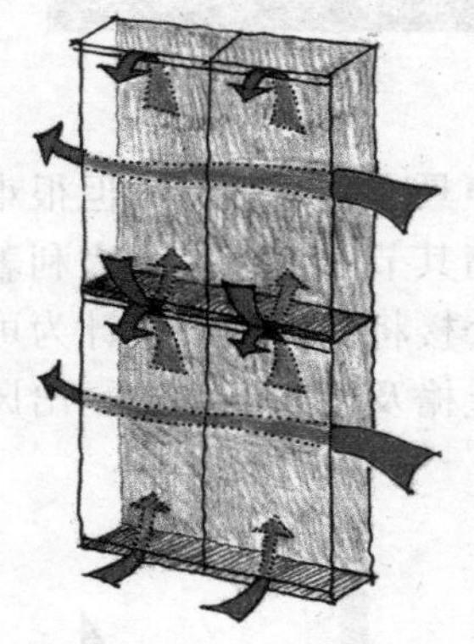

图 7-48　走廊式双层玻璃幕墙通风原理

走廊式双层玻璃幕墙是以每层为单位进行水平划分，建筑外侧每层均形成外挂式走廊，在每层楼板和顶棚处分别设有进、出风调节盖板（图 7-48）。为了避免下层走廊的部分排气变成上层走廊的进气，防止产生温度缓冲，对走廊式双层玻璃幕墙进行了改造，即在进、出风口的水平方向错开一块玻璃的距离，避免了进、排气的短路。目前最常用的走廊式模式是水平方向以两块玻璃为一个单元，分别在其两边做竖向分隔，形成一层楼高、两块玻璃宽的箱式玻璃夹层单元。著名的法兰克福商业银行、埃森的 RWE 高层办公楼、杜塞尔多夫的维多利亚保险公司总部都用了这种模式。

诺曼·福斯特设计的法兰克福商业银行是世界上第一座生态摩天楼，在降低能源消耗方面起到了积极指导作用。该建筑平面呈三角形，每个办公室都能获得自然采光和通风。中间为一高大中庭，被透明的玻璃板分为四部分，与每个办公村的空中花园相配合，利用拔风效应为整座建筑提高自然通风。建筑采用了一个随气候变化调节的双层立面，它由一个固定外层、中间通气层和一个可开启的双层玻璃窗内层组成。固定外层可以防风雨和抵御气候变化，外层“皮肤”上设有开口供新鲜空气进入两层外墙之间的空腔；中间通气层可以调节夹层内的空气温度，防止冷热空气凝聚；可开启的窗户设置在内层，可从室外获得新鲜空气，起到换气和排烟的作用，降低空调能耗（图 7-49）。在极端气候条件下，自动控制装置关闭所有窗户并开启机械通风系统。

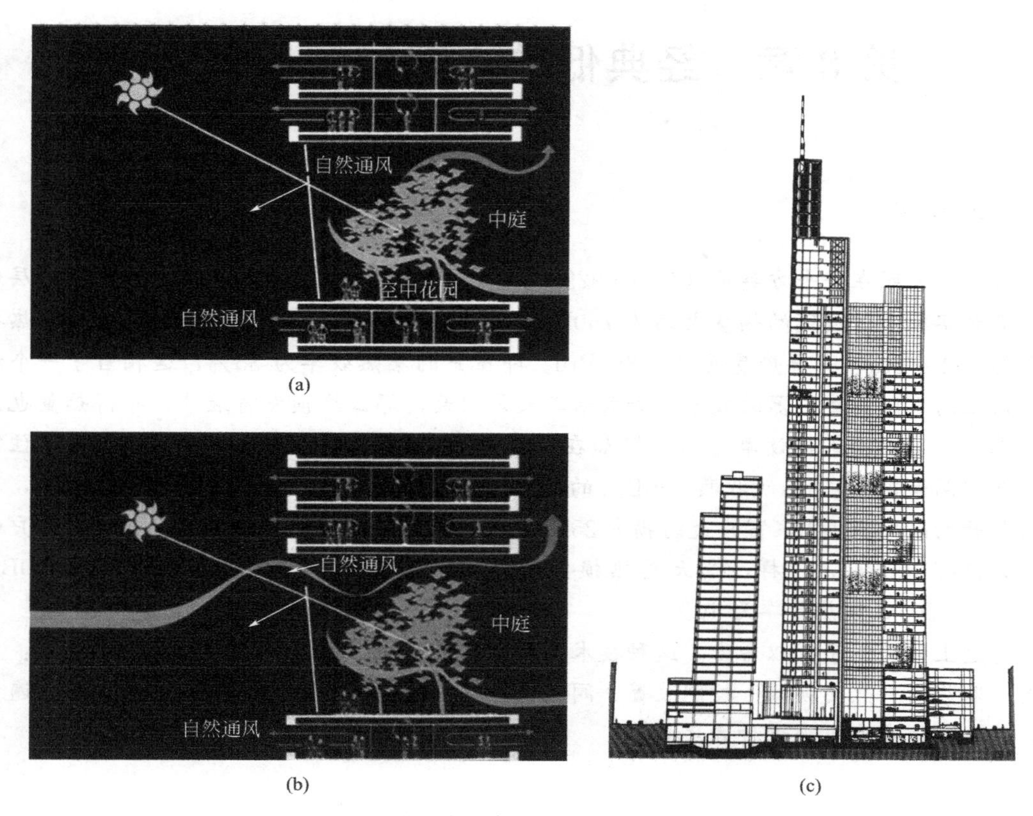

图 7-49　法兰克福商业银行自然通风示意图

（a）冬季自然通风示意图；（b）夏季自然通风示意图；（c）剖面图

本章小结

通风是建筑的最基本功能之一。降低建筑能耗，使建筑的人工环境与自然环境达到动态平衡，是建筑在满足了基本的使用功能和美学要求后应追求的更高目标。通过本章可以加深对自然通风原理的理解。本章根据自然通风的功能对建筑布局、建筑开口、屋顶设计、双层围护结构的优化设计进行了详细论述，这对一些建筑的更新起到了一定指导。新民居的设计，不仅要关注自然通风技术，更要注意把这一传统技术与当地的地理气候特征和气候因素等相结合，提出多层次的、全面的、适宜的建筑技术，体现“气候决定建筑”的设计理念。

第 8 章　经典低碳太阳能利用技术

引例

假设每天照在每平方英尺（约 0.0929m^2）窗户上的热量是 1000Btu[①]，窗户有两层玻璃，那么实际透过玻璃的热量大约为 750Btu。如果室外平均温度是 35℉，则 24h 的热损失大约为 400Btu，净得热量近似为 350Btu。即窗户的集热效率为 35%，这相当于一个放在屋顶上的太阳能集热器的效率。如果第二天是阴天，那么热损失将继续，净得热量也许变为零，即窗户的集热效率为零。假如在夜晚或一天中三分之二的时间用百叶窗遮住窗户，在这两天内窗户 8h 可收集 750Btu 的热量，而热损失的时间是 48h。在这 48h 内，百叶窗打开的时间有 16h，窗户大约损失 250Btu 的热量，而在百叶窗被关闭的 32h 内窗户的热损失仅有 100Btu，这样，两天总热损失为 350Btu。因此，窗户的净得热量为 400Btu（即 750－350），集热效率为 40%。

通过上面的例子可以看出，这种技术方法在某种条件下要比设计一套太阳能系统：集热器—贮热器—热交换器—控制装置—阀门—管路—泵—风扇等更容易实现且具有普遍意义，因此应该高度重视这种方法。

8.1　集热

所谓低成本太阳能利用技术是指在不采用优质材料、复杂结构和活动机械零部件的前提下合理地利用太阳能的一种技术方法。虽然这种技术的太阳能利用效率可能不高，但其投资成本一般较低。例如，利用玻璃窗、绝热百叶窗、遮荫物、建筑物的热惯性、温差环流式太阳能集热器等。这些方法的特点是，它们是和建筑物结合在一起的，因此有人把它们看作是建筑物的“扩建部分”。从价格和技术的复杂性来看，低效技术法较之高效技术法简单、经济，可以大大简化太阳房设计。

8.1.1　温差环流式太阳能集热原理

温差环流式太阳能集热器可使空气或水自然循环，不需要任何辅助热源。其原理非常简单，当空气或水被太阳能集热板加热时，它们会膨胀、上升，形成温差对流循环。最简单的形式如图 8-1 所示，整个墙壁为一集热器，冷空气从墙壁底部吸入，热空气从墙壁的顶部排出。

① 1Btu≈1055J。

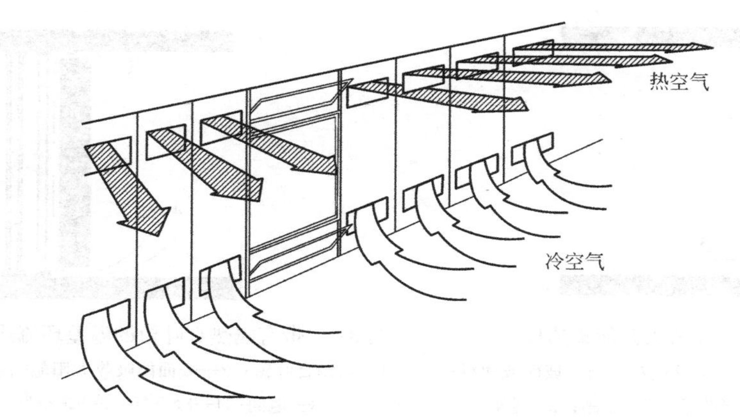

图 8-1　空气通过太阳能集热板的自然对流形式

法国科学技术中心对温差环流式太阳能集热器作了大量的研究。在其建造的一座 9 层建筑物中，除了北面呈凹形接受北面山坡上镜子的反射光线外，东、南两面墙壁皆由窗户和温差环流式太阳能集热器组成，大约可以获得供暖需要能量的 50%，图 8-2 是温差环流式太阳能集热器示意图。太阳光线透过玻璃照在黑色的金属波纹吸收板上，当金属板被加热时，其两侧的空气温度升高，热空气上升，从通风口排出室内，而室内冷空气同时由该通风口吸入，形成空气对流循环。

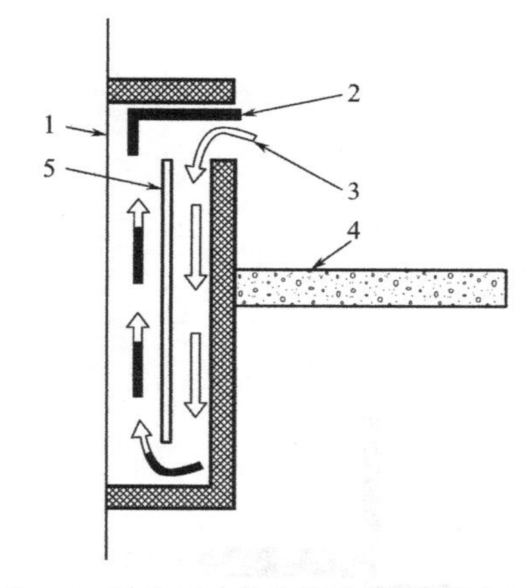

图 8-2　温差环流式太阳能集热器示意图
1—窗户；2—热空气；3—冷空气；4—能吸收、贮热的混凝土地面；5—黑色吸收板

8.1.2　温差环流式太阳能集热应用

从理论上来说，吸收板和室内墙壁之间不需要隔热，如图 8-3 所示。但是，为了降低夜间的热损失。墙壁应该适当隔热，阴天时，在玻璃的外面使用隔热的百叶窗。图 8-4 为装在窗外活动式百叶窗，在两层透明盖板（玻璃或塑料）之间可以充填聚乙烯微粒。微粒在早晨被抽出来，使阳光射进建筑物；在夜间重新充满，使建筑物绝热。

在温差环流式太阳能集热器中，并非都需要安装金属吸收板，也可以用其他材料代替，如黑石子、混凝土板等。

有人研究出一种用铝盒制作的吸收面（图 8-5），铝盒高约两英寸，呈圆形，贴在胶合板上，整个部件涂成黑色，用塑料或玻璃等透明盖板遮住，每平方英尺大约需要 10 个铝盒，结构示意图如图 8-6 所示。

图 8-7 为冬夏两用软帘式百叶窗安装位置图。这种百叶窗安装在两层玻璃之间，百叶的一面涂成黑色，另一面为银白色。百叶窗可有几种位置，其功能随位置不同而异，如图 8-8 所示。

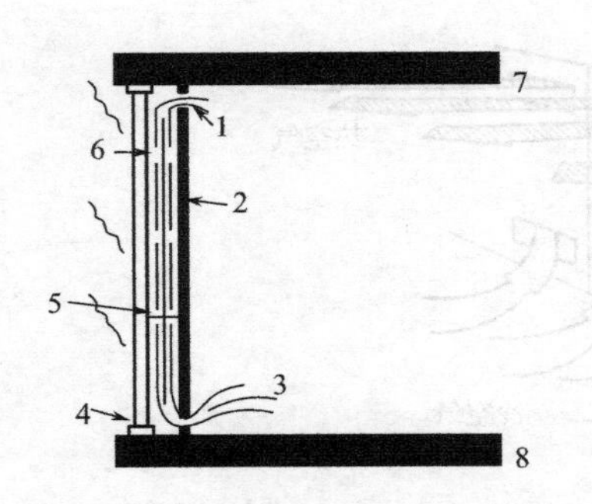

图 8-3 温差环流式太阳能集热板

1—暖空气；2—涂料层；3—冷空气；4—玻璃或塑料；5—空气通道；6—吸收板；7—顶棚；8—地面

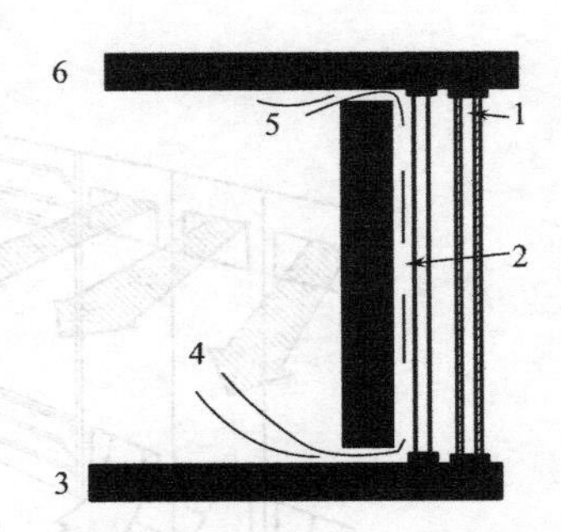

图 8-4 带有隔热百叶窗的温差环流式太阳能集热器

1—活动百叶窗；2—表面能吸收太阳能的黑石子混凝土墙；3—地面；4—冷空气；5—暖空气；6—顶棚

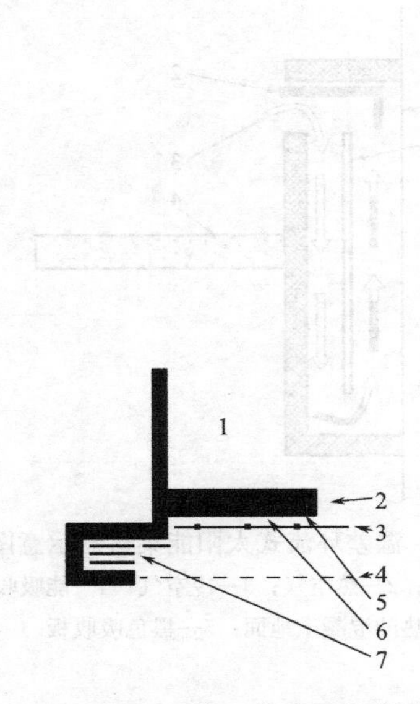

图 8-5 用铝盒作吸热收面的集热器

1—房间；2—混凝土墙；3—玻璃；4—突出物；5—黑色吸收面；6—空气通道；7—硬质绝热百叶窗

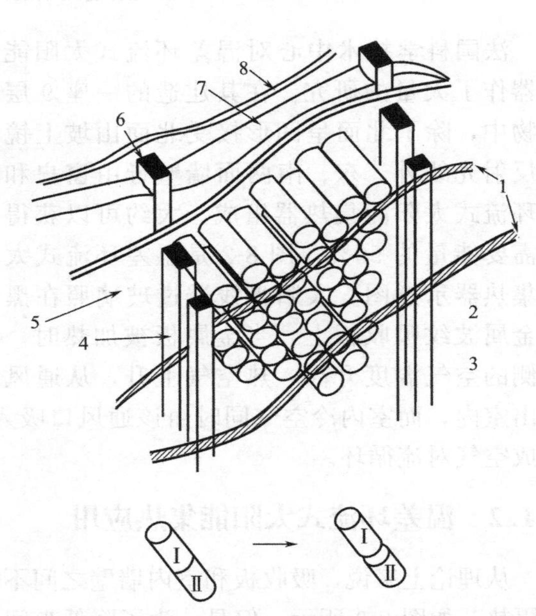

图 8-6 安装在外墙上的空气集热器

1—玻璃或塑料；2—隔板；3—用铝盒做的吸收面；4—集热器框架；5—涂黑色的胶合板；6—墙内木框；7—绝热材料；8—内涂层

（1）为了使阳光直接射入屋内，百叶窗可以拉到窗户顶部，使玻璃的暴露面最大。

（2）将百叶窗放下来，并旋转一定角度使光线平行通过。

（3）为了控制热量，可使百叶黑面朝向太阳，或调整百叶倾角，以增加或减少进入房间的光线。

（4）图 8-8（d）所示的形式，空气可以在玻璃之间流动，与百叶黑色表面接触。这些热空气可直接输送到房间或贮热区。

（5）为了阻止阳光透过窗户，可以转动百叶窗，使它形成一个连续的垂面。冬天，百叶黑色表面朝外，热空气被收集起来；夜间，百叶也可以处在这个位置。如果百叶窗很

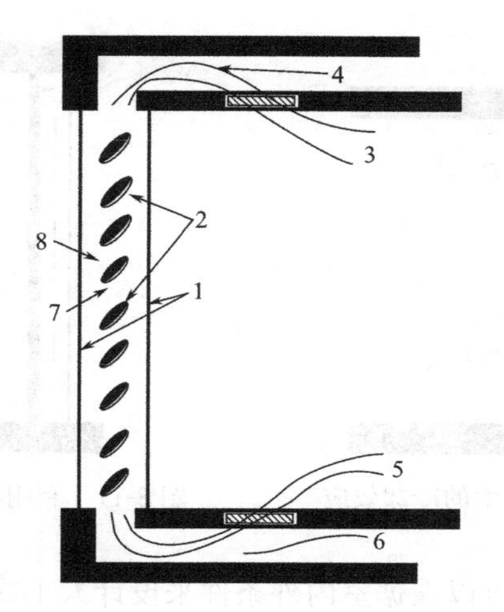

图 8-7　软帘式百叶窗
1—玻璃或塑料；2—百叶；3—热空气至房间；4—至贮热器或北面房间；5—房间里的冷空气；
6—从贮热器或北面房间来的冷空气；7—银白色面；8—黑色面

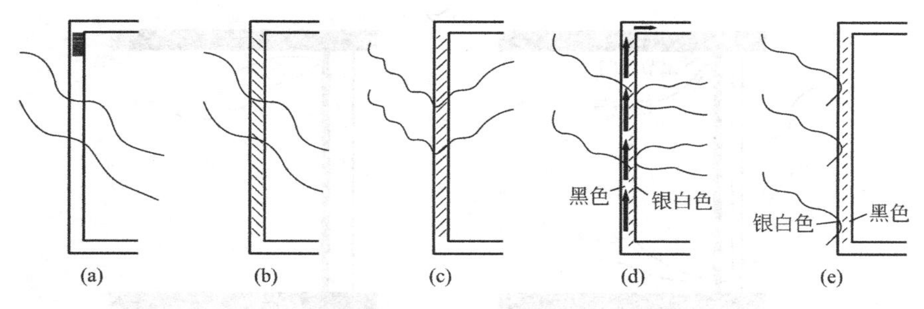

图 8-8　软帘式百叶窗的几种形式

厚，或能填充绝热材料，则会降低夏天进入室内的热量和冬天的热损失。

（6）夏天，银白色表面朝外，将太阳光线反射出去，使室内保持凉爽；夜间，百叶窗也应保持这个位置。

为了增加集热效率，必须加快气流在吸收板上的流速和开较小的进气通风口。为此，在进气通风口处加一个风扇，以便迅速地把热空气传给房间，如图 8-9 所示。

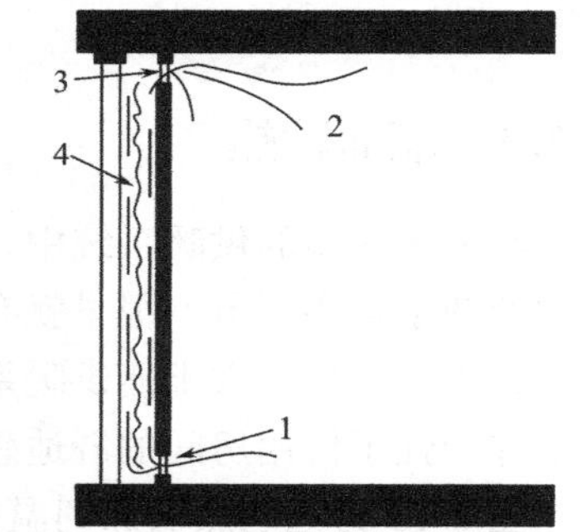

图 8-9　带有风扇的温差环流式太阳能集热器
1—冷空气；2—热空气；
3—调节风门；4—空气通道

为了控制气流量和由于逆向热对流而引起的冷却效应，往往需要设置调节风门。冷却效应是发生在太阳落山之后，由于向外界热传导和热辐射，集热器内的空气会被冷却，冷却的空气就沿吸收板表面移动传给室内，随后集热器顶部将室内的暖空气吸出，如图 8-10 所示。当然，在夏天闷热的夜晚，冷却效应是有益的；而在冬天就应该避免。如果把调节风口设计得恰到好处，在闷热的夏天就能防止室内过热，增强自然通风的能力，在冬天也能防止冷空气进入，如图 8-11 所示。

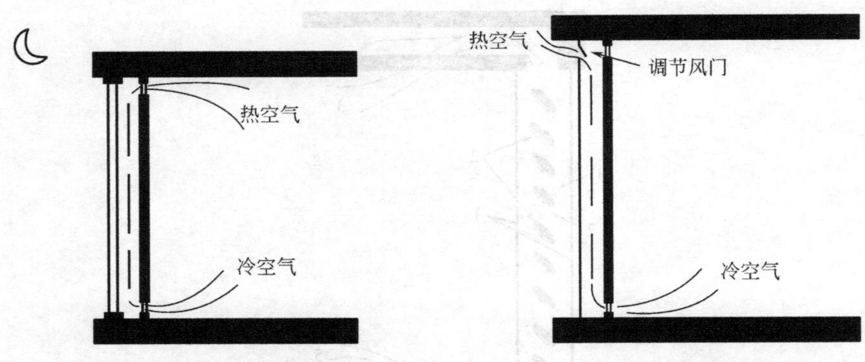

图 8-10　逆向热对流产生的冷却效应　　　　图 8-11　利用温差环流的自然通风

无论上述哪种情况，都可以根据室内外条件来设计人工或自动控制调节风门，也可以靠风扇压力开关调节风门。图 8-12 表示了靠自然空气压力控制调节风门的情况。尽管调节风门在设计和使用上比较简单，但其严密性要求较高，尽量少用。

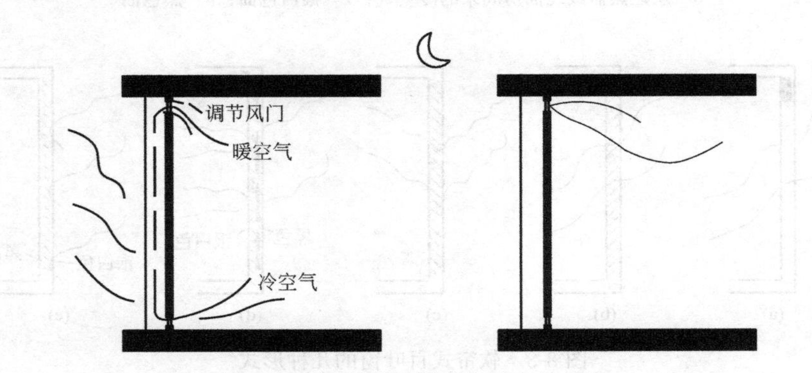

图 8-12　用调节风门防止逆向热对流

8.2　贮热

8.2.1　墙面贮热

在上述简易的供暖系统中，还可以增加一个重要环节：贮热。集热和贮热是太阳能热利用的两个重要环节，很早就有人研究把集热器和贮热器结合在一起的方法。研究结果表明，它不仅简化了太阳能供暖系统和制冷系统，而且节省了大量资金，方便用户使用和维修，并增强了使用房间的舒适感。

图 8-13 为把贮热墙加到温差环流式垂直太阳能集热器中的情况。当太阳光线照在黑色表面混凝土墙壁上时，一部分热量被墙壁吸收，一部分热量直接传给室内，混凝土墙表面热量慢慢向墙体内移动。当太阳落山时，混凝土墙壁和透明盖板之间的热对流仍在进行，所贮存的热量又传给室内。

利用逆向温差环流过程可以制冷，在夏季闷热的夜晚，贮热墙也可以吸收夜间的冷气，把它们贮存起来供白天使用，也可以在建筑物的内墙壁贴上绝热材料，防止室内过热。贮存在墙壁中的热量主要是靠热对流被重新利用的。图 8-14 是一座太阳房的侧面图，房屋朝南，南面全由玻璃组成，玻璃后面是大约 16 英寸（约 406mm）厚、表面粗糙、被涂成黑色的混凝土墙壁，它既是集热器又是贮热器。当太阳光线透过玻璃时，会被黑色涂料吸收，即加热了混凝土墙壁。因为长波热辐射不易穿透玻璃，所以混凝土墙和玻璃之间的空气会温度升高，并向上运动。当热空气上升时，它会从墙上部的通风口进入室内，同时室内的冷空气从墙下部导管被吸出。另外，一部分热量被墙壁贮存起来。为了防止夜间冷空气产生冷却效应，墙下部导管要稍高于集热器底部，这样，冷空气就不会逆转流入。

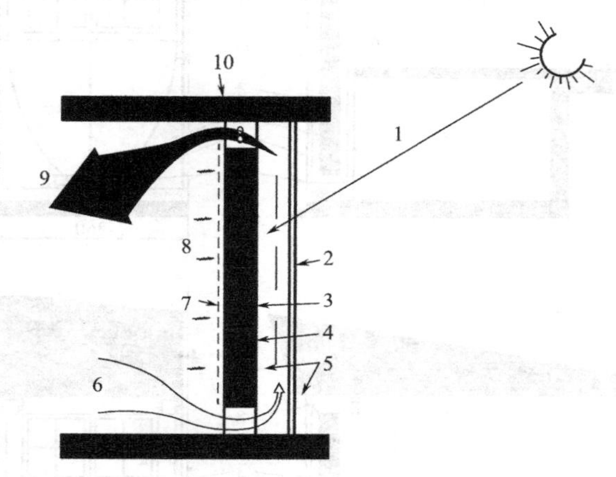

图 8-13　朝南垂直式太阳能集热器与墙面

1—太阳光线；2—透明盖板；3—吸收器；4—贮热墙；5—空气通道；6—冷空气；7—绝热材料；8—热辐射；9—热空气；10—风扇

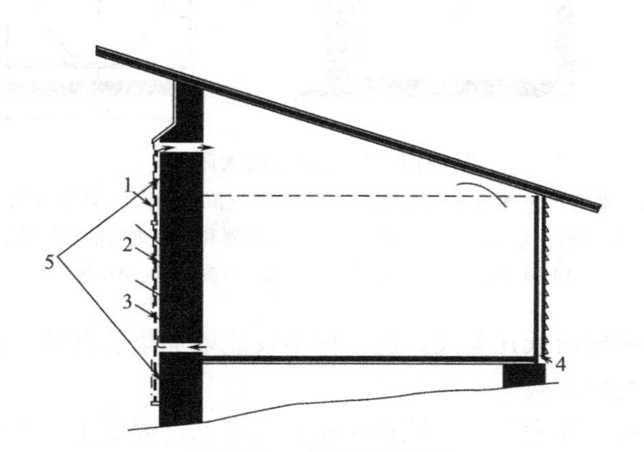

图 8-14　太阳房侧面图

1—玻璃；2—贮热墙吸收面；3—贮热墙；4—通道；5—光线

据报道，这种建造在法国的太阳房所需热量有 1/3 是由太阳能提供的。如果房间面积为 1000 平方英尺（约 93m²），那么集热器的面积约 480 平方英尺（约 44.6m²）就够了。这样，一个季度每平方英尺集热器可提供 200000Btu 的热量，相当于 600kWh/m²。

图 8-15 分别为冬夏使用的太阳房侧剖切面图和立面图。这种供暖系统和上文中两个

太阳房系统的主要差别是：南墙上的窗户是与混凝土墙和玻璃组合在一起的。集热器与房间的通气口有两个，并装有调节风门，热空气既可以进入室内又可排出，以在不同季节使用。除了南墙下部有冷空气通风口之外，在北墙上还开有净化冷空气的入口，以调节室内空气的净化程度。

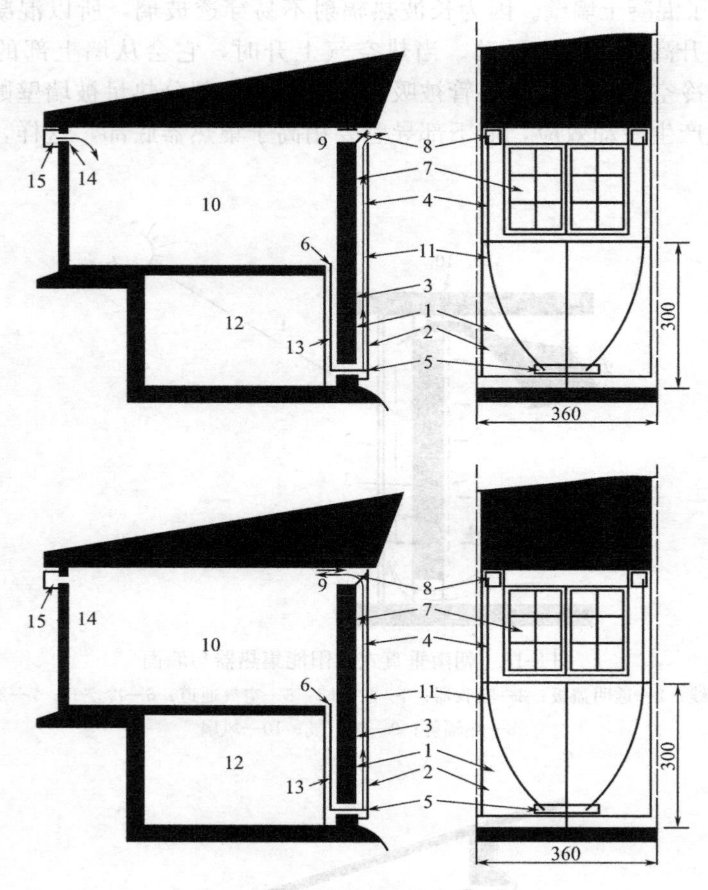

图 8-15　冬夏使用的太阳房

1—混凝土贮热墙；2—玻璃；3—粗糙的黑色吸热面；4—热气流空间；5—冷空气入口；6—室内冷空气；7—窗户；8—调节风门；9—热空气入口；10—房间；11—集热器和玻璃之间的空气流；12—车库或其他用房；13—间墙；14—北墙冷空气入口；15—空气净化器

南面的集热墙应比地面低几英尺，这样做不仅能增加集热器的面积，而且能够防止冬天逆向温差环流引起的冷却效应。

法国还建造了这样一种太阳房：贮热介质是水而不是混凝土。太阳能集热器实际上是涂成黑色的水暖散热器，水通过热对流过程循环。在集热器的上方，即顶棚上安装一个贮槽，以贮存热水，散热器恰好在窗台下边，如图 8-16 所示。

吸热和贮热墙也可用砖砌，缝隙中可填充砂子、土或盛水的塑料袋，也要为热对流导管留一部分空隙。此外，吸热和贮热墙也可以用盛满相变盐的小容器堆砌起来，如图 8-17 所示。

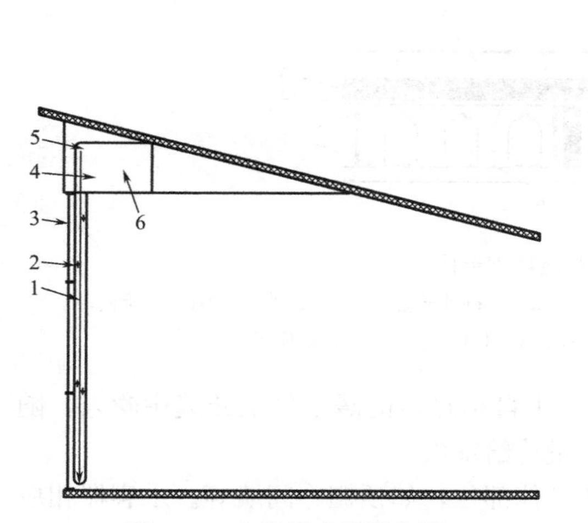

图 8-16　太阳能水暖散热器

1—液体流向；2—吸收板；3—玻璃；
4—冷水；5—热水；6—热水贮槽

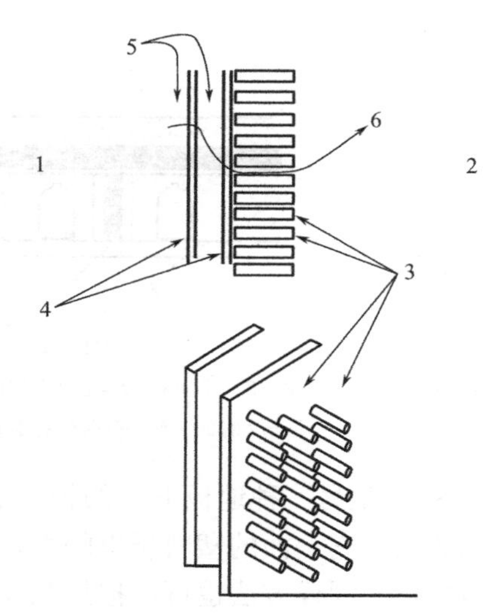

图 8-17　由相变盐小容器组成的吸热贮热槽

1—屋外；2—屋内；3—相变盐贮热器；4—玻璃或塑料板；
5—可调空间；6—部分光线被盐吸收，部分光线进入房间

8.2.2　地面贮热

上文所述的都是集热器和贮热器做在一起的太阳能供暖装置。当然，如果建筑物本身的贮热能力满足不了供热需求，那么也可以分设贮热器。图 8-18 是设置在地板下面的辅助贮热器，用风扇可以把热空气输送到任何地方。热量贮存过程：经太阳能集热器加热出来的暖空气吹进地板下面的空间，该空间衬有反光的金属薄片（铝箔），以降低热损失和暖空气流动，然后把热传给盛水的容器。水容器可以用塑料、玻璃或金属制作，不规则地排列起来，绝热材料放在混凝土板和贮热器之间，这样就会降低传给外界的热损失（图 8-19）。

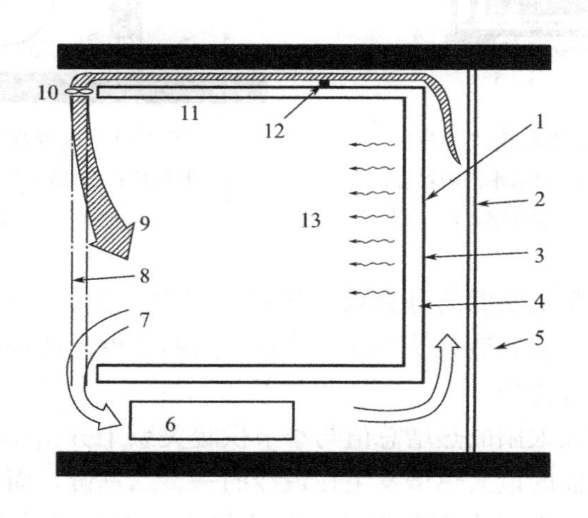

图 8-18　地板下的辅助贮热器

1—太阳光线；2—透明盖板；3—吸收面；4—贮热墙；5—可调空间阀门；6—辅助贮热器；7—冷空气；
8—房间不需要热时的通道；9—热空气；10—风扇；11—顶棚；12—空气通道；13—辐射热

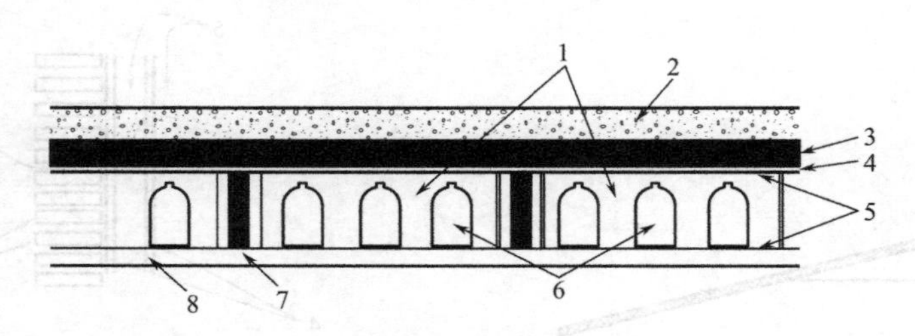

图 8-19 地板下面贮热器细部图

1—热空气通道；2—2″（5.08cm）混凝土地面；3—1″（2.54cm）硬质绝热板；4—1/2″（1.27cm）层板；5—反射面；6—盛水小容器；7—地板支撑；8—3/4″（1.905cm）硬质板

图 8-20 是另一种地板下面的辅助贮热系统，来自集热器的暖空气从砖缝中吹入，随后砖加热放在它上面的塑料袋里的水，最后将热量传给室内。

当然，用同样方法也可以把热贮存在房间的其他部位，如顶棚、间墙等。水容器相应地也就能分层垂直堆砌了。

贮热器尽可能放在冷热相间的地方。在图 8-21 中，贮槽中的水被集热器加热，随后石头被贮水槽加热，室内冷空气从底部进入后，在上升的过程中即被加热进入室内。如果不需要热量，则可关闭贮热槽顶上的阀门。贮热槽和室内一定要用绝热材料分开，当室内需要热量时，移去绝热板，热量就会传递给室内。

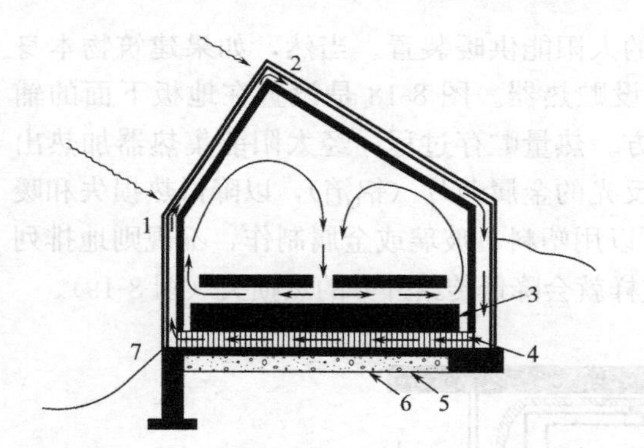

图 8-20 被砖加热的塑料水袋式贮热器

1—集热器；2—热空气；3—盛温水的塑料袋；4—石砌通道；5—绝热层；6—砂砾层；7—冷空气

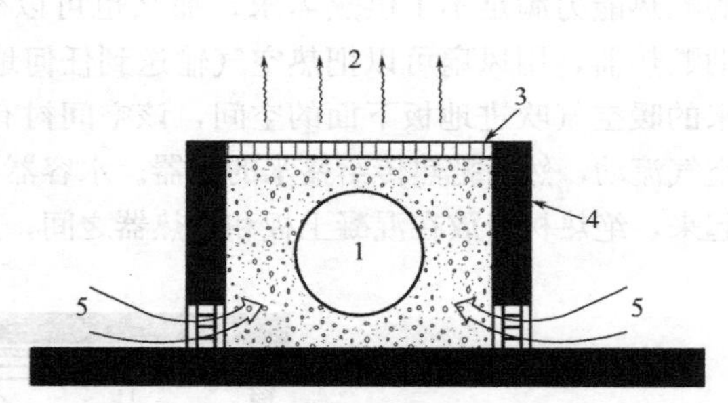

图 8-21 设置在采暖室内的贮热槽

1—贮热槽；2—暖空气；3—放热板（不需要热时关闭）；4—石块；5—冷空气

总之，上文所述的朝南设置的垂直式集热器与窗户结合在一起使用是有很多优点的，它和倾斜式集热器相比，从制造难易程度、价格、透明盖板光洁程度、不受气候影响以及利用房间布局等方面都有优势。

对于南墙表面，晴天太阳的热增总值与季节供暖关系十分密切，在北纬 30°～45°的大部分地区，垂直南墙表面的最大热增发生在最冷的一、二月份，而最小的热增发生在最热的七、八月份。冬至时，垂直表面获得的日照值仅比倾斜表面低 10%，但由于雪能反射 10%～30%的阳光，垂直表面吸收的太阳热还是多于倾斜表面。

8.3　倾斜式和水平式太阳能系统

对于简单的太阳能系统，除了使用垂直式集热器外，还广泛使用倾斜式或水平式集热器。图 8-22 为倾斜式集热器与窗户结合供暖的示意图，倾斜式集热器的结构如图 8-23 所示。靠自然对流和热虹吸作用使暖空气从石头（10cm 左右大小）贮热器通过。石头贮热器放在房间或门口的下边，空气的循环过程如图 8-22 中箭头所示。冬天当房间需要暖空气时，打开调节风门，使冷空气通过石头贮热器下面的导管，空气上升时即被石头加热后进入室内。

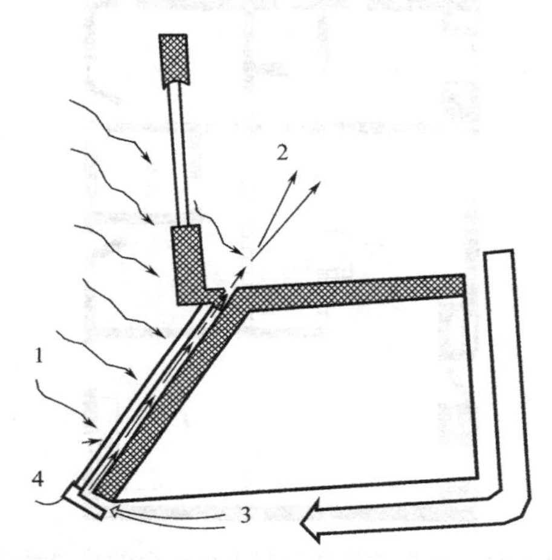

图 8-22　倾斜集热器与窗户结合供暖示意图

1—集热器；2—暖空气；3—冷空气；4—排于水槽

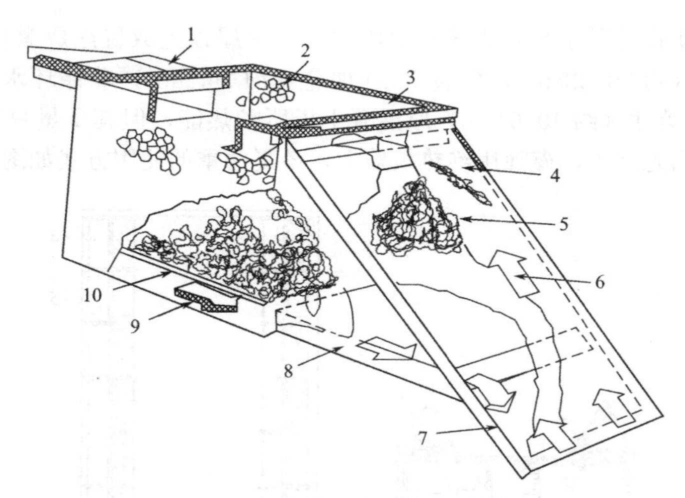

图 8-23　倾斜式集热器结构图

1—暖空气通道至房间；2—石块；3—石头贮热器；4—玻璃盖板；5—吸热面；6—热空气流；7—集热器；8—冷空气通道；9—冷空气；10—地板条开口

图 8-24 所示是石头贮热器与柴火炉结合的供暖系统，冬天柴火炉能帮集热器加热石头贮热器，而夏天贮热器顶部的开口可使室内自然通风，冷却的石头还能致冷。

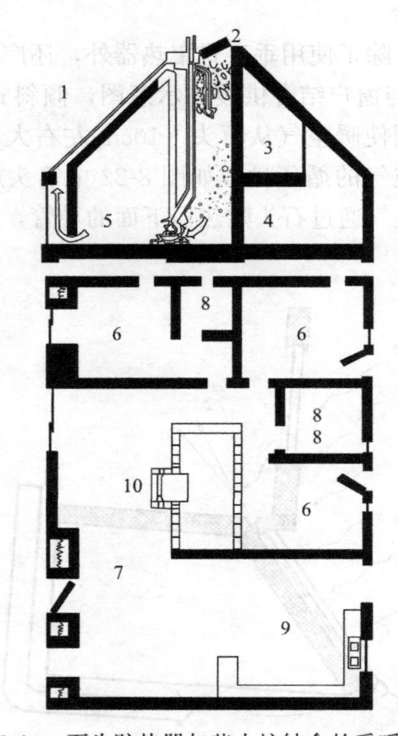

图 8-24 石头贮热器与柴火炉结合的采暖系统

1—集热器玻璃盖板；2—夏天用的通风口；3—仓库；4—石头储藏室；5—气流；6—卧室；7—客厅；8—洗脸和洗澡间；9—厨房；10—柴火炉

美国 H·海伊设计的水平式集热器太阳房是在平屋顶上放置涂成黑色的大塑料水袋，水袋厚约 8 英寸（约 20.32cm），可装 7000 加仑（约 26.5m³）非循环水。这些水所贮存的热能相当于 16 英寸（约 40.64cm）厚混凝土板所贮热能，但其重量只有混凝土的 1/4。白天水袋暴露在阳光之中，夜晚用绝热板盖上，冬夏两季的使用方式如图 8-25 所示。

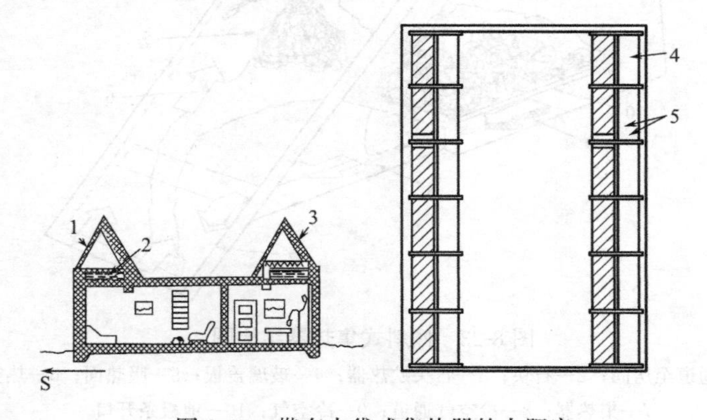

图 8-25 带有水袋式集热器的太阳房

1—接受太阳热的位置；2—玻璃盖板下面的水袋；3—防止散热和结冻位置；4—盖板；5—支撑架

8.4　旧房屋改造的太阳房

目前，从事太阳房的研究人员大都对新建建筑物感兴趣，而对旧房屋没多大兴趣，这显然是不正确的。随着能源紧张、供暖和制冷费用成倍地增长，将旧房屋改造成太阳房必将被提到重要日程上来。

改造旧房屋和设计新型太阳房一样，也存在技术和经济等许多问题。最简单有效的方法（图 8-26），有以下几种方案可供参考：

（1）把集热器装在现有的或稍加改建的房屋外面（墙或屋顶表面）；

（2）把集热器装在房屋的附属设施（如门斗、车库等）上面；

（3）建造独立的太阳能系统。

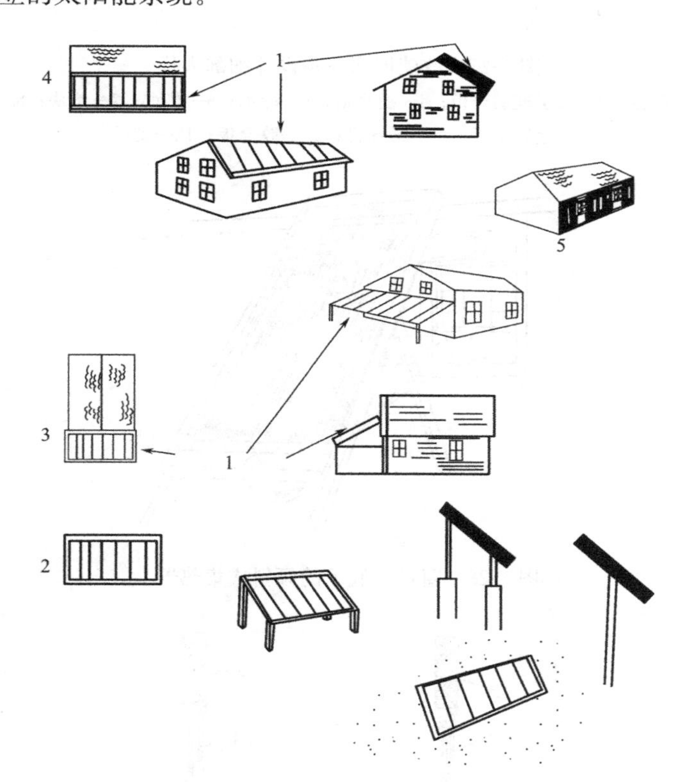

图 8-26　在旧房上安装集热器方法

1—集热器；2—单独设置集热器；3—临街房屋或墙上设置集热器；
4—在房盖或墙上设置集热器；5—在垂直墙上设置集热器

集热器的方向和倾角往往受到旧房屋的约束，对于家用太阳能热水器，由于它占地面积较小且全年使用，因而设计不难进行，而制冷用的集热器则难于达到最佳效率。对于供暖系统，集热器的大小可以做到 100 平方英尺（约 9.3m²）或为地板面积的一半。其方向可以选在东南至西南这个方位范围。这种集热器倾角可以在当地纬度至当地纬度加 50°之内变化。如北纬 40°地区，集热器倾角的变化范围是 40°～90°。对于家用太阳能热水器，集热器倾角的变化范围是从当地纬度减 10°到当地纬度加 25°之间。例如北纬 40°地区，其变化范围为 30°～

75°。在上述变化范围内，全年或季节集热总效率与最佳效率仅差10%～20%。

图8-27表示一些可行的设计细部大样图，部分南墙宜于用气式集热器构成。图8-28是装在窗户台底下的集热器，它类似一个窗户空调器，其特点是易于安装和拆除。图8-29是安装在窗户台底下的倾斜式和垂直式集热器，它特别适合大型建筑物，如果需要增大集热器的面积，可以做成如图8-30所示的形状。

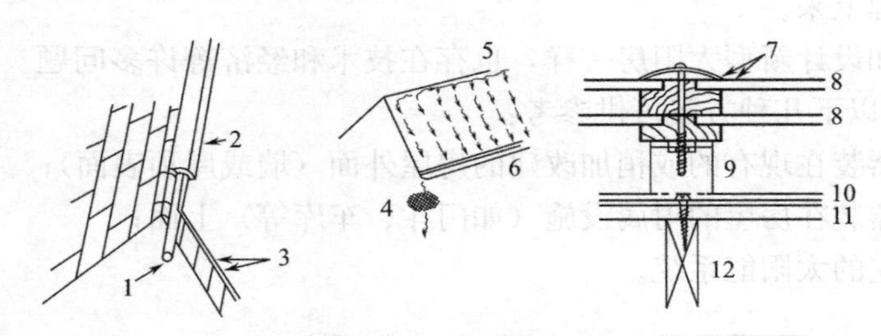

图8-27　改建旧房屋顶设计细部大样

1—导管；2—帽盖；3—二层玻璃盖板；4—滤水器；5—冷水；6—热水；7—垫块；8—玻璃盖板；9—金属夹板；10—锻压件；11—胶合板；12—支承

图8-28　窗户台底下的倾斜式集热器

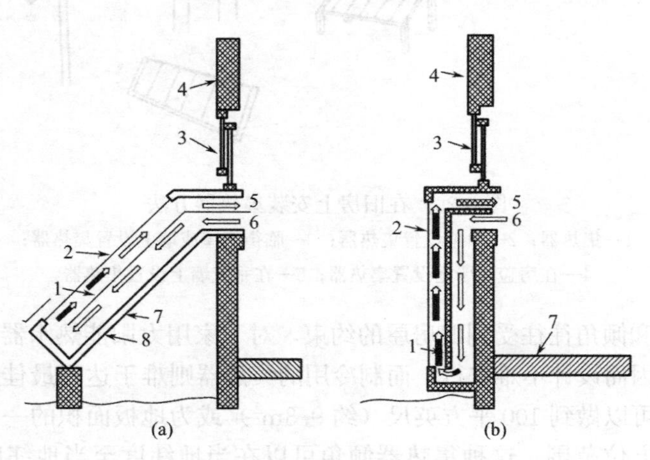

图8-29　窗户底下倾斜式和垂直式集热器

(a)倾斜式；(b)垂直式

1—吸热板；2—玻璃板；3—外层窗户；4—外墙；5—暖空气；6—冷空气；7—胶合板；8—绝热材料

根据原有建筑物的方位，也有采用图 8-31 所示的供室内供暖的集热器。这种集热器面朝南，靠在建筑物上，贮热器靠室内墙壁放置。水通过热虹吸作用流经平板式集热器，上升进入贮热器，在贮热器底部又流回集热器。热量通过辐射传给室内。对于结冻天气，需要在水中加防冻剂。

图 8-30　窗户台底下集热器扩大面积的形状

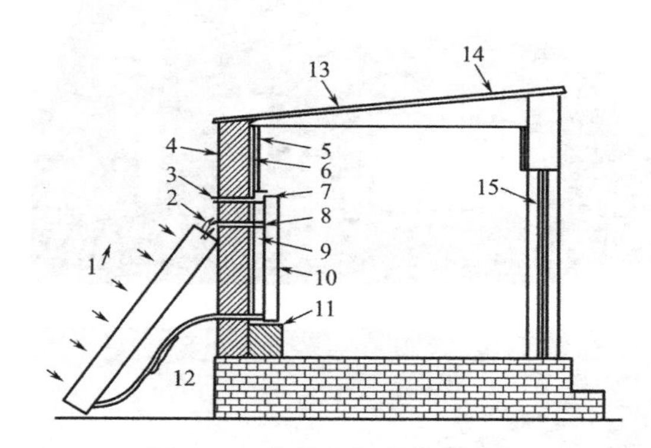

图 8-31　简易太阳房供暖系统

1—集热器；2—热水管；3—溢流管；4—墙；5—纤维绝热层；6—气隙；7—排气管；8—水嘴；9—玻璃纤维；10—贮水箱；11—冷水箱；12—冷水；13—层板；14—干玻璃丝；15—门

8.5　低碳太阳能建筑案例分析

8.5.1　丹麦生命之家

丹麦生命之家是按照碳中和理念设计的生态可持续节能示范住宅建筑，该建筑由丹麦威卢克斯集团设计建造，位于丹麦奥尔胡斯市北部，建筑面积为 190m²。生命之家从低能耗、碳中和以及节能建筑舒适度等方面实现了家居生活质量与住宅周围生态环境的价值最大化。

1. 低能耗

在满足建筑功能要求的前提下，生命之家减少体形系数，提高外墙、门窗等外围护结构的保温性能，设置活动的木质幕墙，提高大面积玻璃的保温能力。整座建筑使用了极具保温隔热性能的节能窗、智能电控窗、电控遮阳产品，以及太阳能动力系统，使建筑整体热量损失降低到最低限度，如图 8-32 所示。

2. 碳中和

生命之家充分考虑自然采光和太阳能利用，建筑本身产生的能源不仅可以满足一家四口使用，还能够将多余的能源提供给公共电网。建筑宽阔的南侧屋顶为利用太阳能提供了良好的自然条件，在两个屋顶窗之间安装了 6 个同样规格的太阳能集热板，这些集热板能够满足建筑整体 65%的能源需求，包括取暖和热水供应，并且可以为建筑热力泵提供动力，这 6 块集热板每年产生的电能约为 2000kWh，预计该项目投入使用 30 年以后所生产的剩余能量累计总额，将与生产所使用的所有建材所耗费的能量相等，实现碳中和。

图 8-32　生命之家低能耗技术

3. 节能建筑舒适度等统筹考虑

生命之家试图对未来家居“能源机器”型住宅概念做一个诠释，建筑师通过设计努力实现建筑与环境、自然与室内生活之间的良性互动。该建筑的部分建筑立面可以活动，用户可以根据季节变化和不同需求进行调节。所有房间都至少在两个方向上设置了窗户，这样做既可以引入自然光，又可调节室内通风。在供暖季节，新鲜空气可以通过机械通风经过加温后引入室内；在非供暖季节，新鲜空气则可以通过自然通风系统引入室内。每个房间的温度都可以独立调节控制。总而言之，生命之家力图在舒适性、节能和建筑美观方面建立一个平衡（图 8-33）。

开窗位置是该项目能量设计中考虑的一个关键因素，为确保能源技术和建筑外观的完美结合，窗户的设置数量和位置确保了采光、通风和热能吸收达到最佳状态。该建筑窗地面积比达到了 0.4（图 8-34）。

8.5.2　英国 BRE 生态环境楼

BRE 生态环境楼坐落于英国南部瓦特福德（Watford）市郊的建筑研究所（BRE），该区域气候温和，受噪声和空气污染影响的程度较轻。BRE 生态环境楼是一座平面呈 L 形的办公建筑，采用了保温隔热、主动与被动式建筑设计、先进的热绝缘节能技术、自然通风技术、遮阳技术、新能源利用等，是一座较为成功的绿色生态建筑。

为了实现 BRE 生态环境楼良好的保温隔热性能，建筑的密封性很好，热绝缘，窗户是双层的，中间填充有惰性气体以增加外窗的保温隔热性能。为了实现自然通风，可以打

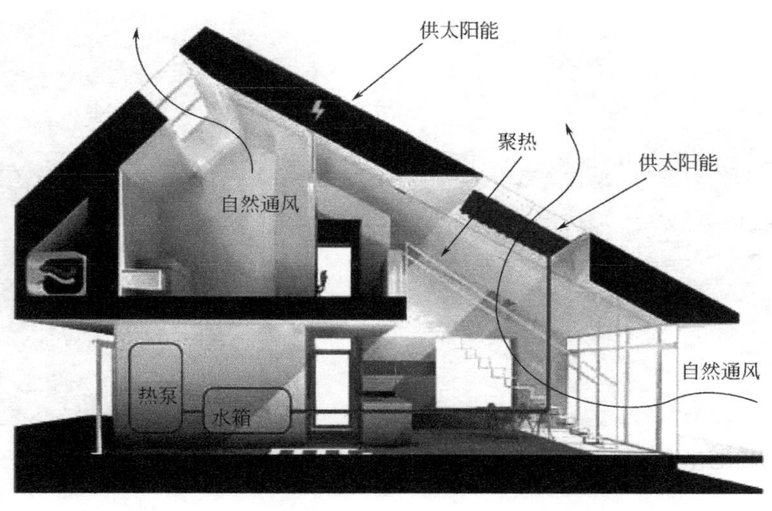

图 8-33　生命之家节能舒适度考虑

图 8-34　生命之家开窗与采光

开的窗户占了主要立面约一半左右的面积，通过 BMS（建筑自动化管理系统）控制的高窗可以用来进行通风控制，顶层还设有通风口，借助风塔作用实现垂直方向自然通风。为了防止夏季直射阳光进入室内引起室内过热，南侧的窗户由外部的可活动的挑檐来遮蔽直射日光。在地热能以及太阳能利用等方面也采用了相应节能措施（图 8-35）。

1. 采光

该建筑办公室的层高为 3.7m，比普通办公室高很多。较高的层高保证了自然光照明的需要，在上班时间，95%以上的室内能够有足够的自然光照明。大窗和南侧室外的百叶窗结合，尽量争取了最大的阳光，而且这些百叶窗也可以避免炫光（图 8-36）。

2. 自然通风

南侧立面上有 5 个高耸的风塔，并装有玻璃益于采光，通风口设有低速风扇，可以在炎热或无风季节帮助通风；在气温适中时，可以直接打开窗户通风。

图 8-35　BRE 生态环境楼助风塔自然通风

图 8-36　BRE 生态环境楼天然采光

3. 地下水降温、低温地板辐射

在炎热的夏天，利用地板中的地下水管道冷却楼板，以达到降低室内温度的效果。在寒冷的冬天，建筑内部则通过地板下的加热管道以及环绕四周的散热器供暖。热量来自于锅炉，这些锅炉通过 BMS 系统控制的高窗得到新鲜空气（图 8-37）。

图 8-37　BRE 生态环境楼低温地板辐射

4. 照明

T5 照明灯具高效、节能、安全、稳定，与普通荧光灯相比，其管径小，且普遍采用稀土三基色荧光粉发光材料，并涂敷保护膜，光效明显提高（图 8-38）。该建筑为了将人工照明的耗电量降到最小，还使用了感光器（由 BMS 系统控制）。

5. 遮阳系统

从图 8-39 可以看到遮阳板的具体细节。遮阳百叶由半透明的陶瓷材料制成，可以阻挡直射太阳光，但会将阳光漫射入室内，百叶的角度可以自动控制，也可以由办公室的使用者人工调节。

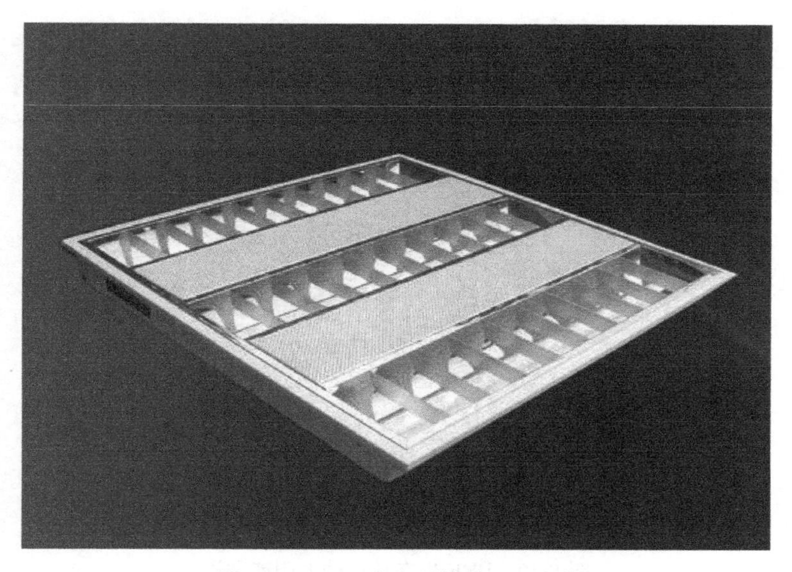

图 8-38　BRE 生态环境楼 T5 照明

图 8-39　BRE 生态环境楼遮阳

6. 太阳能利用

南侧立面设置有太阳能光伏板，最高可以提供 3kW 的额外电能（图 8-40）。

7. 其他技术

在环境设计方面，重新利用基地上原有建筑的结构，在新的建筑中，重新使用的材料包括砖、整面拆除的混凝土墙（用到新建筑的地基、地板以及结构体中），这在英国是第一次尝试。在环保措施方面，加强运营管理，避免不必要的能源和材料浪费；在总图设计时就考虑了建筑的环保需要（太阳能、风、遮阳、排水等问题）；制定和实施能减少垃圾产生和有利于废弃物循环利用的管理措施。

图 8-40 BRE 生态环境楼太阳能利用

本章小结

通过本章内容可以了解建筑中经典低成本太阳能利用技术，深入理解建筑太阳能利用中温差环流式太阳能集热原理，熟悉常用的建筑集热、蓄热材料和构造，掌握低成本墙面、地面蓄热构造做法，关注太阳能与建筑一体化设计问题。

参考文献

[1] 柳孝图．建筑物理［M］．3版．北京：中国建筑工业出版社，2010.

[2] 柳孝图．建筑物理环境与设计［M］．2版．北京：中国建筑工业出版社，2010.

[3] 黄晨．建筑环境学［M］．北京：机械工业出版社，2007.

[4] Hazim B. Awbi. 建筑通风［M］．李先庭，等译．北京：机械工业出版社，2011.

[5] 王立雄．建筑节能［M］．2版．北京：中国建筑工业出版社，2009.

[6] 徐占发．建筑节能技术实用手册［M］．北京：机械工业出版社，2005.

[7] 沈致和．住宅节能原理与设计［M］．合肥：安徽科学技术出版社，2006.

[8] 周岚，江里程．建筑节能适宜技术专业指南［M］．南京：江苏人民出版社，2009.

[9] 中华人民共和国住房和城乡建设部．公共建筑节能设计标准：GB 50189—2005［S］．北京：中国建筑工业出版社，2005.

[10] 江苏省建设厅．江苏省居住建筑热环境和节能设计标准：DGJ 32/J 71—2008［S］．北京：中国建筑工业出版社，2008.

[11] 江苏省建设厅．蒸压加气混凝土板应用技术规程：DGJ 32/J 06-2004［S］．南京：江苏省工程建设标准站，2004.

[12] 江苏省建设厅．页岩模数多孔砖建筑技术规程：JG/T 004-2005［S］．南京：江苏省工程建设标准站，2005.

[13] 中华人民共和国住房和城乡建设部．夏热冬冷地区居住建筑节能设计标准：JGJ 134-2010［S］．北京：中国建筑工业出版社，2001.

[14] 杨维菊．夏热冬冷地区生态建筑与节能技术［M］．北京：中国建筑工业出版社．2007.

[15] 韩喜林．节能建筑设计与施工［M］．北京：中国建材工业出版社．2008.

[16] 丁大钧．墙体改革与可持续发展［M］．北京：机械工业出版社．2006.

[17] 许锦峰，吴志敏，张海遐，等．自保温墙体技术在节能工程中的应用［J］．建设科技．2008（18）：12-16

[18] 吴志敏．自保温墙体在夏热冬冷地区的应用［J］．建筑节能．2009，37（219）：8-12.

[19] 刘加平，谭良斌．何泉．建筑创作中的节能设计［M］．北京 中国建筑工业出版社，2009.

[20] 安德森．布鲁克．太阳能房屋［M］．聂鑫，陈立坚，译．哈尔滨：黑龙江科学技术出版社，1985.

[21] 纪雁，斯泰里奥斯·普莱尼奥斯．可持续建筑设计实践［M］．北京：中国建筑工业出版社，2006.

[22] 王丁丁．建筑设计与自然风［D］．郑州：郑州大学，2007.

[23] 唐一峰．生物气候图与建筑被动式设计策略分析［D］．济南：山东建筑大学，2010.

[24] 陈晓杨．大体量建筑的单元分区自然通风策略［J］．建筑学报，2009（11）：4.

[25] G·Z·布朗，等．太阳辐射·风·自然光——建筑设计策略［M］．北京：中国建筑工业出版社，2008.

[26] 窦以德．诺曼·福斯特［M］．北京：中国建筑工业出版社，1997.

[27] 诺伯特·莱希纳（NorbertLechner）建筑师技术设计指南：采暖·降温·照明［M］．张利，等译．北京：中国建筑工业出版社，2004.

[28] 伊利莎白·史密斯．4×4 新高技派建筑［M］．陈珍诚，译．南京：东南大学出版社，2001.

[29] 吉沃尼，建筑设计和城市设计中的气候因素［M］. 汪芳，等译．北京：中国建筑工业出版社，2011.
[30] 玛丽·古佐夫斯基．可持续建筑的自然光运用［M］. 汪芳，李天骄，谢亮蓉，译．北京：中国建筑工业出版社，2004.
[31] 麦克哈格．设计结合自然［M］. 芮经纬，译．北京：中国建筑工业出版社，1992.
[32] 宋皓晔．利用热压促进自然通风——以张家港生态农宅通风计算分析为例［J］. 建筑学报，2000（12）：12-14.
[33] 陈飞．建筑与气候——夏热冬冷地区建筑风环境研究［D］. 上海：同济大学，2007.
[34] 曹伟．太阳能利用：从生物气候建筑到自治建筑［J］. 现代城市研究，2003（3）：64-69.
[35] 范晨禹．基于风环境分析的寒冷地区高层建筑综合体节能策略研究［D］. 天津：天津大学，2012.
[36] 马淳靖．现代住宅外围护结构设计研究［D］. 南京：东南大学，2005.
[37] 金月梅，刘福智．自然通风在适宜地域建筑设计中的运用//建筑环境与建筑节能研究进展——2007 全国建筑环境与建筑节能学术会议论文集［C］，2007.
[38] 阿尔温德·克里尚，尼克·贝克，西莫斯·扬纳斯，S·V·索科洛伊．建筑节能设计手册——气候与建筑［M］. 刘加平，张继良，谭良斌，译．北京：中国建筑工业出版社，2005.
[39] 大卫·劳埃德·琼斯．建筑与环境——生态气候学建筑设计［M］. 王茹，等译．北京：中国建筑工业出版社，2006.
[40] 陈飞，蔡镇钰，王芳．风环境理念下建筑形式的生成及意义［J］. 建筑学报，2007（7）：29-33.
[41] 林其标．住宅人居环境设计［M］. 广州：：华南理工大学出版社，2000.
[42] 丁文婷，杜俊生，永濑修，胡睿，潘毅群．上海中信广场自然通风性能实测［J］. 现暖通空调，2014，44（5）：27-31.
[43] 周敏．我国传统民居建筑的通风设计研究——以南京老街为例［J］. 城市发展研究，2015，22（12）：6.
[44] 刘加平，杨柳．室内热环境设计［M］. 北京：机械工业出版社，2005.
[45] 刘加平．建筑物理［M］. 4 版．北京：中国建筑工业出版社，2005.
[46] 刘念雄，秦佑国．建筑热环境［M］. 北京：中国建筑工业出版社，2005.
[47] 陈仲林，唐鸣放．建筑物理（图解版）［M］. 北京：中国建筑工业出版社，2009.
[48] 柳孝图．人与物理环境［M］. 北京：中国建筑工业出版社，1996.
[49] 杨柳．建筑气候学［M］. 北京：中国建筑工业出版社，2010.
[50] 宋德萱．节能建筑设计与技术［M］. 上海：同济大学出版社，2003.
[51] 诺波特·莱希纳．建筑师技术设计指南——采暖·降温·照明［M］. 2 版．张利，周玉鹏，汤羽阳，等译．北京：中国建筑工业出版社，2004
[52] 薛一冰，杨倩苗，王崇杰．建筑节能及节能改造技术［M］. 北京：中国建筑工业出版社，2012.
[53] 朱新荣．北方办公建筑夜间通风降温研究［D］. 西安：西安建筑科技大学，2010.
[54] 钟军立，曾艺君．建筑的自然通风设计浅析［J］. 重庆建筑大学学报，2004（2）：18-21.
[55] 杨柳，朱新荣，刘大龙，张毅．建筑物理［M］. 北京：中国建材工业出版社．2014.
[56] 李涛，韦佳．论建筑设计中的自然通风［J］. 工业建筑，2006（36）：97-100.
[57] 李华东．高技术生态建筑［M］. 天津：天津大学出版社，2002.
[58] 张允．现代建筑屋顶与建筑的自然通风［J］. 山西建筑，2005（31）：107-108.
[59] 厄斯特勒．双层幕墙［M］. 大连理工大学出版社，2008.
[60] 谢晶，施骏业，瞿晓华．食品热物性的多项式数学模型［J］. 制冷，2004（4）：6-10.
[61] 周智勇，邸倩倩，刘 斌，杨瑞丽．马铃薯热物性的测量［J］. 制冷与空调，2015（3）：307-309
[62] 刘抚英．绿色建筑设计策略［M］. 北京：中国建筑工业出版社，2013.

[63] 保拉·萨西．可持续性建筑的策略［M］．徐燊，译．北京：中国建筑工业出版社，2011.

[64] 马薇，张宏伟．美国绿色建筑理论与实践［M］．北京：中国建筑工业出版社，2013.

[65] 中城联盟．绿色建筑的探索与实践［M］．长沙：湖南人民出版社，2013.

[66] 深圳市建筑科学研究院有限公司．共享设计［M］．北京：中国建筑工业出版社，2010.

[67] 陈波．水源热泵空调系统与 VRV 空调系统之比较［J］．制冷，2013（3），78-83.

[68] 邢巧云．温湿度独立控制空调系统的节能效果及其工程实例［J］．建筑节能，2011（5），11-15.

[69] 洪雯．建筑节能——绿色建筑对亚洲未来建筑发展的重要性［M］．北京：中国大百科全书出版社，2008.

[70] 胡海波．绿色建筑设计要点分析［J］．科技创新导报，2010（16）：52.

[71] 崔志宽，李建龙，李卉，李天．建设绿色大学的必要性、存在的问题及其策略分析［J］．绿色科技，2013（7）：319-321.

[72] CA PRESS. 概念空间：国际建筑竞赛年鉴［M］．谢风媛，杨霞，李乐茹，译．大连：大连理工大学出版社，2007.

[73] 北京方亮文化传播有限公司．世界绿色建筑设计［M］．北京：中国建筑工业出版社，2008.

[74] 费衍慧，林震．低碳城市建设中的绿色建筑发展研究［J］．中国人口·资源与环境，2010，20（5）：169-172.

[75] 邹涛，栗德祥．"生态城市"与绿色建筑的关联性博弈［J］．建筑学报，2008（9）：80-83.

[76] Annie R Pearce，Yong Han Ahn，HanmiGlobal. Sustainable Buildings and Infrastructure：Path to future［M］. New York：Routledge，2012.

[77] Attmann，Osman. Green Architecture：Advanced Technologies and Materials［M］. New York：McGraw-Hill：4.

[78] Umberto Berardi：Moving to Sustainable Buildings：Paths to Adopt Green Innovations in Developed Countries［M］. London：Versita，2013.

[79] Corporate Author. Advanced Energy Design Guide for Refrigerati American Society of Heating［M］. Atlanta：American Society of Heating，2006.

[80] Dominique Gauzin-Muller，Nicolas Favet. Sustainable Architecture and Urbanism：Concepts，Technologies，Examples［M］. Boston：Birkhauser，2002：49.

[81] Pete Silver，William McLean，Dason Whitsett. Introduction to Architectural Technology［M］. London：Laurence King Publishing，2013.

[82] Norbert Lechner. Heating，cooling，lighting：design methods for rchitects［M］. Washington，D. C.：John Wiley & Sons，2001.

[83] David A. Bainbridge，Ken Haggard. Passive Solar Architecture［M］. New York：Chelsea Green Publishing，2011.

[84] Karsten Voss，Eike Musall. Net Zero Energy Buildings：International Projects of Carbon Neutrality in Buildings［M］. Munich：Institut fÜr internationale Architektur-Dokumentation GmbH & Co. KG，2013. 86 — 104.

[85] Maggie Haslam. Inspired innovation：watershed at the university of Maryland［M］. Maryland：University of Maryland，2012.

[86] Sandy，Halliday. Sustainable Construction［M］. Oxford：Butterworth-Heinemann，2008.

[87] Susan Roaf，Manuel Fuentes，Stephanie Thomas. Ecohouse 2：a design guide［M］. Oxford：Architectural Press，2003.

[88] Ken Yeang. Ecodesign：a manual for ecological design［M］. Great Britain：John Wiley & Sons，2006.

[89] Steffen Lehmann. Green Urbanism: Formulating a Series of Holistic Principles [J]. Sapiens, 2010 (12): 7-8.

[90] Wood, A., P. & Safarik, D. Green Walls in High-Rise Buildings: An output of the CTBUH Sustainability Working Group [M]. Australia: The Images Publishing Group Pty Ltd, 2014.